普通高等教育“十一五”国家级规划教材
住房和城乡建设部“十四五”规划教材
高等学校建筑学专业指导委员会规划推荐教材

建筑节能

（第四版）

Building Energy Efficiency

天津大学
主　编　党　睿
副主编　赵建华　刘魁星
主　审　王立雄

中国建筑工业出版社

图书在版编目（CIP）数据

建筑节能 = BUILDING ENERGY EFFICIENCY / 党睿主编；赵建华，刘魁星副主编 .—4 版 .—北京：中国建筑工业出版社，2022.9

普通高等教育“十一五”国家级规划教材 住房和城乡建设部“十四五”规划教材 高等学校建筑学专业指导委员会规划推荐教材

ISBN 978-7-112-27774-2

Ⅰ.①建… Ⅱ.①党…②赵…③刘… Ⅲ.①建筑—节能—高等学校—教材 Ⅳ.① TU111.4

中国版本图书馆 CIP 数据核字（2022）第 152859 号

为了更好地支持相应课程的教学，我们向采用本书作为教材的教师提供课件，有需要者可与出版社联系。

建工书院：http://edu.cabplink.com

邮箱：jckj@cabp.com.cn　　电话：（010）58337285

责任编辑：王　惠　陈　桦

责任校对：董　楠

普通高等教育“十一五”国家级规划教材

住房和城乡建设部“十四五”规划教材

高等学校建筑学专业指导委员会规划推荐教材

建筑节能（第四版）

BUILDING ENERGY EFFICIENCY

天津大学

主　编　党　睿

副主编　赵建华　刘魁星

主　审　王立雄

*

中国建筑工业出版社出版、发行（北京海淀三里河路9号）

各地新华书店、建筑书店经销

北京点击世代文化传媒有限公司制版

天津翔远印刷有限公司印刷

*

开本：787毫米 × 1092 毫米　1/16　印张：21¾　字数：401千字

2022年11月第四版　2022年11月第一次印刷

定价：**59.00**元（赠教师课件）

ISBN 978-7-112-27774-2

（39962）

修订版前言

《建筑节能》（第四版）是在普通高等教育“十一五”国家级规划教材《建筑节能》的基础上，通过“十二五”期间的《建筑节能》（第二版）和“十三五”期间的《建筑节能》（第三版）两次修订，依照我国最新颁布的各项建筑节能标准，并增加了近年来出现的建筑节能新理念、新方法、新技术和工程实例而重新编写的。

设计、建造、使用节能建筑，有利于改善建筑的物理环境，提高能源利用效率，促进国民经济持续、快速、健康发展。从1986年颁布的首个建筑节能标准起，建筑节能基础理论、设计方法、实践技术已历经近40年的发展。随着2020年我国提出2030年“碳达峰”与2060年“碳中和”的目标，建筑业作为碳排放大户，需要进一步提升节能标准、优化设计方法、创新节能技术，推动行业发展建立在高效用能和绿色低碳的基础之上，这是建筑从业人员所面临的新挑战。建筑节能设计已是建筑设计体系中的必备专篇，建筑节能课程已是高校建筑院系的常设课程，建筑节能教育在本行业人员未来发展中的作用也愈发重要。

根据最新研究成果，本书进行了如下修订：第1章更新了建筑节能的现状和任务、与建筑节能相关的标准、绿色建筑评价等内容，并增加了关于碳排放的介绍；第2章对上一版教材内容进行了重新组合，并增加了居住建筑供暖能耗的动态方法计算方法；第3章和第4章更新了部分内容和配图；第5章增加了建筑外墙外保温、夹心保温、外墙内保温的类型及技术参数，修订了墙体、门、窗、地面的热工参数限值；第6章合并了上一版教材的第6章遮阳设计和第9章采光与照明节能技术，更新了遮阳系数评价计算方法和照明系统节能内容；第7章对采暖节能设计体系进行了内容重构，结合最新标准更新了相关数据，另新加入了城镇智慧供热的概念与技术；第8章对规范和相关论述进行了更新，扩充了中央空调节能和蓄冷空调节能；第9章增加了可再生能源概述部分，并在上一版太阳能利用的基础上补充了空气源热泵、地源热泵、生物质能等其他可再生能源技术；第10章为新增章节，介绍了建筑智能化节能的发展与应用，并针对目前建筑领域兴起的运维大数据应用内容做了简要分析；对附录内容全部进行了更新。

本版教材的编著者均为天津大学建筑学院教师。党睿主编并编写了第1章和第6章，赵建华编写了第2章、第3章、第4章、第5章，刘魁星编写了第7章、第8章、第9章、第10章，由王立雄教授担任本书的主审。在修编过程中得到了沈天行教授的悉心指导，胡振宇、郭松磊、黄一凯、贺嘉、游伟洁等为本书的编写承担了许多辅助性工作，在此深表谢意。

限于编者的水平，书中的不妥之处，恳切希望得到各方面的及时批评和指正。

第一版前言

节约建筑用能源是贯彻可持续发展战略和实施科教兴国战略的一个重要方面，是执行节约能源、保护环境基本国策和中华人民共和国《节约能源法》的重要组成部分。积极推进建筑节能，有利于改善人民生活和工作环境，保证国民经济持续稳定发展，减轻大气污染，减少温室气体排放，缓解地球变暖的趋势，是发展我国建筑业和节能事业的重要工作。

建筑节能是建筑技术进步的一个重大标志，也是建筑界实施可持续发展战略的一个关键环节。发达国家为此进行了长久的努力，并取得了十分丰硕的成果。在我国，建筑用能在能源消耗中占有较大比重。2003 年我国建筑使用过程中消耗能源共计 4.6 亿 t 标准煤，占当年全社会终端能耗的比重为 27.5%。按照目前建筑能耗水平发展，到 2020 年，我国建筑能耗将达到 10.89 亿 t 标准煤，超过 2000 年的 3 倍，接近发达国家建筑用能占全社会能源消费量的 1/3 左右的水平。建筑节能工作任务巨大，刻不容缓。

本书依照我国最新颁布的各种建筑节能标准，重点介绍了在建筑设计中节能的原理和途径，提供了有效的节能设计依据和方法。内容主要有以下几个特色：一、建筑规划及单体节能途径、围护结构节能设计、相关的热工计算是建筑节能中相互关联的核心内容，书中分配了较大篇幅重点介绍；二、由于建筑节能领域涉及很多概念、术语，这些内容容易在实际工作中混淆，所以书中用专门章节加强了这一部分；三、专门介绍供热节能设计及热计量技术，以满足节能 50% 的目标中供热系统承担 20% 的任务要求；四、针对夏热冬冷地区建筑节能，介绍了制冷系统的节能原理。

“十一五”期间，我国建筑节能要实现节约 1 亿 t 标准煤，节能建筑的总面积累计要超过 21.6 亿 m^2。目前，北京、天津等直辖市已开始试行节能 65% 的居住建筑节能地方标准。按照节能工作从居住建筑向公共建筑发展的部署，国家于 2005 年 7 月 1 日开始施行《公共建筑节能设计标准》GB 50189—2005。要求新建公共建筑与未采取节能措施前相比，全年供暖、通风、空调和照明的总能耗应减少 50%。《建筑照明设计标准》GB 50034—2004 中对建筑照明节能的具体指标及技术措施做出规定。以上知识内容，读者可从现行国家标准和相关网站中进行补充。

在本书编写过程中得到天津大学沈天行教授的悉心指导，臧志远为本书绘制了全部插图，作者在此深表谢意。

限于编者的水平，书中难免有不妥之处，恳切希望得到各方面的及时批评和指正。

王立雄

2006 年 8 月于天津大学

目　录

第1章
建筑节能基本知识

Chapter 1
Basic Concepts in Building Energy Efficiency

1.1 建筑节能的现状、任务和意义

建设资源节约型社会，是我们国家为实现可持续发展目标而作出的战略决策。节约能源是资源节约型社会的重要组成部分。我国建筑用能已超过全国能源消费总量的 1/3。自 20 世纪 70 年代开始的能源危机以来，各国专家对各用能领域可能产生的节能潜力进行研究，结果表明建筑用能是节能潜力最大的用能领域，因此应将其作为节能工作的重点。

经过几十年的探索，人们对建筑节能含义的认识也不断深入。其中经历了三个阶段：最初称之为“能源节约（energy saving）”；之后又进一步定义为“在建筑中保持能源（energy conservation）”，即减少建筑中能量的散失；目前得到广泛认可、更具积极性的定义是“提高建筑中的能源利用效率（energy efficiency）”，即以主动性、积极性的策略节省能源消耗、提高能源利用效率。

2019 年国务院发布了《绿色建筑创建行动方案》，要求以城镇建筑作为创建对象。绿色建筑指在全寿命期内节约资源、保护环境、减少污染，为人们提供健康、适用、高效的使用空间，最大限度实现人与自然和谐共生的高质量建筑。《绿色建筑创建行动方案》提出了重点任务：推动新建建筑全面实施绿色设计；完善星级绿色建筑标识制度；提升建筑能效水平；提高住宅健康性能；推广装配化建造方式；推动绿色建材应用；加强技术研发推广；建立绿色住宅使用者监督机制。

2020 年我国提出 2030 年“碳达峰”与 2060 年“碳中和”的目标。国务院于 2021 年发布了《2030 年前碳达峰行动方案》，该方案立足新发展阶段，完整、准确、全面贯彻新发展理念，构建新发展格局，坚持系统观念，处理好发展和减排、整体和局部、短期和中长期的关系，把碳达峰、碳中和纳入经济社会发展全局，有力有序有效做好碳达峰工作。建筑业作为碳排放较大的行业，需要提高节能标准、创新节能技术、优化用能结构，建筑业发展应建立在高效用能和绿色低碳的基础之上，确保在 2030 年实现碳达峰。

1.1.1 国内外能耗和碳排对比

在建筑能耗方面，2020 年全球建筑业建造和运行的终端用能占全球总能耗的 36%，其中建造终端用能占全球总能耗的比例为 6%，运行终端用能占全球总能耗的比例为 30%。2020 年中国建筑业建造和运行的终端用能占社会总能耗的 32%，与全球比例接近；其中建造用能占全社会能耗的比例超过 10%，高于

全球 6% 的比例；运行用能占全社会总能耗的比例为 21%，低于全球 30% 的比例。① 由于我国处于城镇化建设时期，因此建造能耗仍是全社会能耗的重要组成部分，未来随着我国逐渐进入城镇化新阶段，建设速度放缓，运行能耗占全社会的比例将进一步增大。图 1–1 为各国建筑运行能耗的对比图。从图 1–1 中可以看出，我国的建筑运行用能总量已较高，但用能强度仍处于较低水平，无论是人均能耗还是单位面积能耗都比美国、加拿大、欧洲、日本、韩国要低。

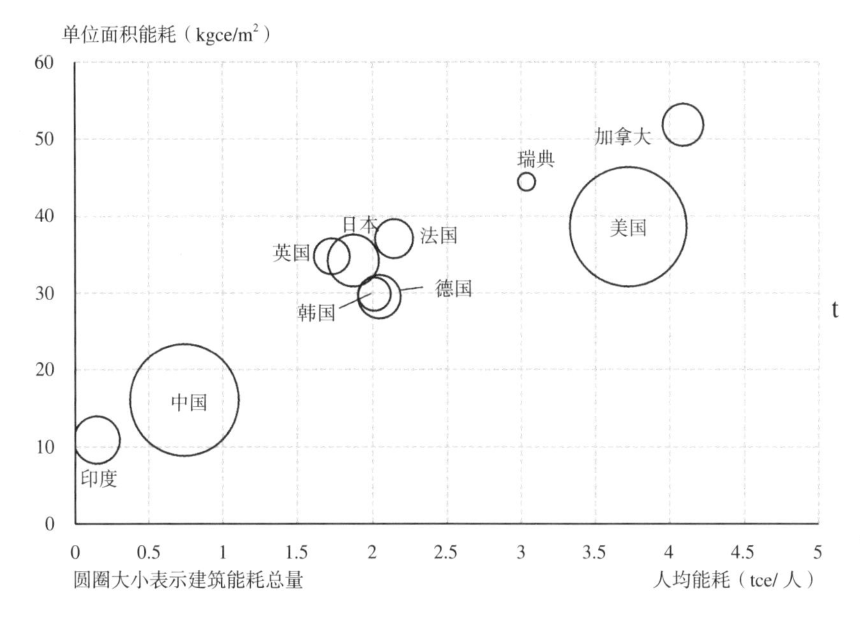

数据来源:《中国建筑节能年度发展研究报告 2022》。

图 1–1　各国建筑运行能耗对比

在 CO_2 排放方面，2020 年全球建筑业建造和运行相关 CO_2 排放占全球总 CO_2 排放的 37%，其中建造排放占比为 10%，运行排放占比为 27%。2020 年中国建筑业建造和运行相关 CO_2 排放占全社会能源活动总 CO_2 排放的比例约为 32%，其中建造排放占比为 13%，运行排放占比为 19%。各国人均碳排放与建筑部门碳排放占比情况如图 1–2 所示。从图中可以发现，我国人均碳排放略高于全球平均水平，但远低于美国、加拿大、澳大利亚等国水平。从人均建筑运行碳排放指标来看，也是略高于全球平均水平而显著低于发达国家水平。

① 数据来源:《中国建筑节能年度发展研究报告 2022》。

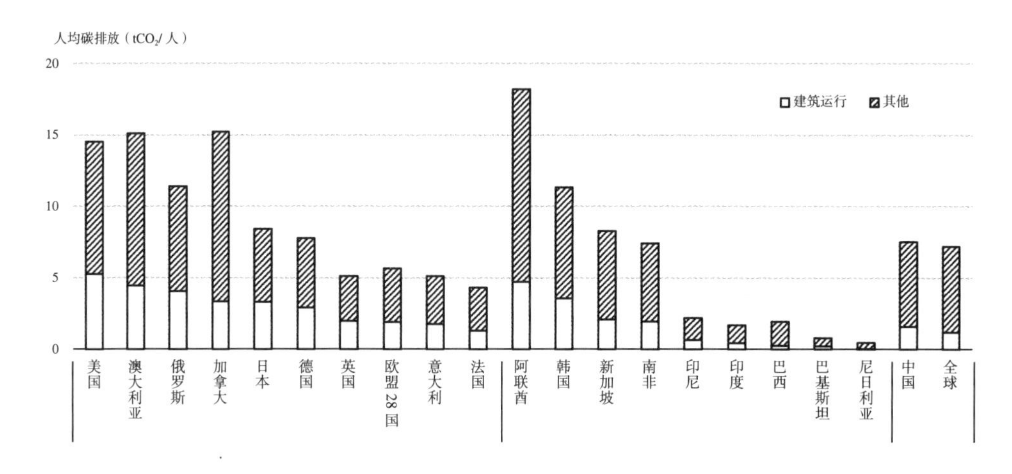

数据来源：《中国建筑节能年度发展研究报告 2022》。

图 1-2　各国人均碳排放与建筑部门碳排放占比对比

建筑领域的碳排放不仅受到能源消耗总量的影响，也明显受到各国能源结构的影响。由于我国建筑运行能耗较低，所以建筑运行的人均碳排放和单位面积碳排放低于大部分发达国家。但法国的能源结构以低碳的核电为主，所以尽管建筑用能强度比中国高，但折算到碳排放强度实际比中国低。这说明，在实现碳中和的路径上，不仅需要注意建筑节能和能效的提升，也需要实现能源系统的低碳化和建筑用能结构的低碳化。

1.1.2　我国建筑能耗概况和节能任务

2020 年，我国城镇人口达到 9.02 亿，农村人口 5.10 亿，城镇化率从 2001 年的 37.7% 增长到 63.9%。同时从 2007 年到 2020 年，我国建筑建造速度增长迅速，城乡建筑面积大幅增加。2001—2014 年平均每年竣工的房屋建筑面积约 20 亿 m^2，2014—2019 年平均每年竣工的房屋建筑面积约 40 亿 m^2，2020 年受国内疫情影响下降至 38 亿 m^2，截至 2020 年底我国建筑面积总量约 660 亿 m^2。

2020 年我国建筑运行的总商品能源消耗为 10.6 亿 t 标准煤，约占全国能源消费总量的 21%，其中城乡建筑总耗电量为 20000 亿 kWh。2020 年我国建筑运行过程中的碳排放总量为 21.8 亿 tCO_2，折合人均建筑运行碳排放指标为 1.5t/人，折合单位面积平均建筑运行碳排放指标为 $33kg/m^2$。在总碳排放中，直接碳排放占比 27%，电力相关间接碳排放占比 52%，热力相关间接碳排放占比 21%。

2020 年我国建筑商品能源消耗情况如表 1-1 所示。

2020年中国建筑商品能耗总量及其中电量消耗量　　表1-1

用能分类	宏观参数（面积或户数）	电（亿kWh）	商品能耗（亿tce）	能耗强度	占建筑总能耗的比例
北方城镇供暖	156亿m^2	639	2.14	13.7kgce/m^2	20%
城镇住宅（不含北方地区采暖）	292亿m^2	5694	2.67	759kgce/户	25%
公共建筑（不含北方地区采暖）	140亿m^2	10221	3.46	24.7kgce/m^2	33%
农村住宅	227亿m^2	3446	2.29	1212kgce/户	22%
合计	14.1亿人 660亿m^2	20000	10.6	—	100%

数据来源:《中国建筑节能年度发展研究报告2022》。

我国目前建筑能耗特点可概括为：

（1）北方城镇供暖能耗强度较大，近年来持续下降，显示了节能减排工作的成效。

（2）公共建筑单位面积能耗强度持续增长,各类公共建筑终端用能需求（如空调、设备、照明等）的增长，是建筑能耗强度增长的主要原因，尤其是近年来许多城市新建的一些大体量并应用大规模集中系统的建筑，能耗强度大大高出同类建筑。

（3）城镇住宅户均能耗强度增长，这是由于生活热水、空调、家电等用能需求增加，夏热冬冷地区冬季供暖问题也引起了广泛的讨论；由于节能灯具的推广，住宅中照明能耗没有明显增长，炊事能耗强度也基本维持不变。

（4）农村住宅的户均商品能耗缓慢增加，在农村人口和户数缓慢减少的情况下，农村商品能耗基本稳定，其中，由于农村各类家电用品普及程度增加和北方清洁取暖“煤改电”等原因，近年来用电量提升显著。同时，生物质能使用量持续减少，因此农村住宅总用能近年来呈缓慢下降趋势。

我国目前建筑CO_2排放主要包括：

（1）直接碳排放：主要包括直接通过燃烧方式使用燃煤、燃油和燃气这些化石能源在建筑中排放的CO_2，2020年建筑直接碳排放为6亿tCO_2；

（2）电力间接碳排放：是指从外界输入到建筑内的电力，其在生产过程中所相应的碳排放，2020年我国建筑电力间接碳排放为11.3亿tCO_2；

（3）热力间接碳排放：是指北方城镇地区集中供热导致的间接碳排放，2020年我国北方供暖建筑热力间接碳排放为4.5亿tCO_2。

我国目前建筑碳排放特点可概括为：

（1）公共建筑由于建筑能耗强度最高，所以单位建筑面积的碳排放强度也最高，2020 年碳排放强度为 45.7kgCO_2/m^2，随着公共建筑用能总量和强度的稳步增长，这部分碳排放的总量仍处于上升阶段；

（2）北方城镇供暖分项由于大量燃煤，碳排放强度仅次于公共建筑，2020 年碳排放强度为 34.9kgCO_2/m^2，由于需热量的增长与供热效率提升，能源结构转换的速度基本一致，这部分碳排放基本达峰，近年来稳定在 5.5 亿 tCO_2 左右；

（3）农村住宅和城镇住宅单位面积的一次能耗强度相差不大，但农村住宅电气化水平低，燃煤比例高，所以单位面积的碳排放强度高于城镇住宅：农村住宅单位建筑面积的碳排放强度为 22.5kgCO_2/m^2，由于农村地区的“煤改电”和“煤改气”，农村住宅的碳排放总量已经达峰并在近年来逐渐下降；而城镇住宅单位建筑面积的碳排放强度为 16.4kgCO_2/m^2，随着用电量的增加而缓慢增长。

根据国务院“十四五”节能减排综合性工作方案，到 2025 年建筑运行一次二次能源消费总量应控制在 11.5 亿 t 标准煤以内，为城乡建设领域 2030 年前实现碳达峰奠定坚实基础。这一目标重点需要在以下几个方面落实：提升绿色建筑发展质量；提高新建建筑节能水平；加强既有建筑节能绿色改造；推动可再生能源应用；实施建筑电气化工程；推广新型绿色建造方式；促进绿色建材推广应用；推进区域建筑能源协同；推动绿色城市建设。

1.1.3　建筑节能的意义

设计、建造使用节能建筑，有利于改善建筑物的热环境，提高能源利用效率，有利于国民经济持续、快速、健康发展，保护生态环境。建筑节能的重要意义具体体现在以下三个方面。

1）经济可持续发展的需要

20 世纪 70 年代的石油危机使人们明白，我们浪费不起能源，能源将是调制经济可持续发展的重要因素。近年来我国以 2.7% 的能源消费增长，支撑了年均 7% 的经济增长[①]，而随着中国经济的持续发展和工业化、城镇化进程的持续推进、人民生活持续改善，我国能源需求将持续增长。如果主要依靠开发原生资源或进口满足能源需求，无论是能源安全保障还是生态环境容量都将承受很大压力。节约能源是缓解能源供需矛盾的根本措施：在 2013—2019 年，我国单位国内生产总值能耗累计下降 24.6%，累计节能 12.7 亿 t 标准煤，节能量接近目前京津冀、长三角地区一年能源消费量之和[①]。而 2020 年我国建筑耗能占全

① 数据来源：《节能提高能效 推动高质量发展》，张勇，《人民日报》2020 年 6 月 30 日。

社会耗能的32%[1]，是节能潜力最大的用能领域。所以需要将建筑节能作为节能工作重点，从而有效地缓解我国能源供需矛盾，保障我国经济持续而健康发展。

2）大气环保的需要

矿物燃料在燃烧时排放的硫和氮的氧化物会危害人体健康、造成环境酸化，燃烧时产生的二氧化碳将导致地球产生重大气候变化、危及人类生存。建筑采暖所用燃料无疑是造成大气污染的一个主要因素，我国建筑建造和运行相关碳排放量约占全社会总碳排放量的32%，其中北方城市冬季供暖分项中用煤的比例超过了80%，这导致了大量的直接碳排放，空气污染指数是世界卫生组织推荐最高标准的2～5倍。近年来我国很多地区所出现的严重雾霾问题与建筑排放有着密切关系，世界各发达国家的节能政策也是以减少燃料燃烧的排放物为明确目标，因此建筑节能可减轻对大气环境的污染。

3）建筑热环境的需要

舒适宜人的建筑热环境是现代生活的基本标志。随着我国经济社会的发展和人民生活水平的提高，对建筑热环境的舒适性要求也越来越高。由于地理位置的特点，我国大部分地区冬冷夏热，与世界同纬度地区相比，1月份平均气温我国东北低14～18℃、黄河中下游低10～14℃、长江以南低8～10℃、东南沿海低5℃左右，7月份平均气温我国绝大部分地区却要高出1.3～2.5℃，加之热天整个东部地区温度均高、冷天东南地区仍保持高温度，因此夏天闷热冬天潮冷是我国主要的气候情况，冬冷夏热问题比较突出。创造舒适宜人的室内热环境，冬天需采暖，夏天要用空调，这些都需要有能源的支持。而我国的能源供应十分紧张，这样，在节能技术的支持下改善室内环境质量就是必然之路。

1.2　建筑节能领域中常用的名词术语

1）导热系数（λ）thermal conductivity，heat conduction coefficient

在稳态条件和单位温差作用下，通过单位厚度、单位面积的匀质材料的热流量，也称热导率，单位为W/（m·K）。

2）蓄热系数（S）coefficient of heat accumulation

当某一足够厚度的匀质材料层一侧受到谐波热作用时，通过表面的热流波幅与表面温度波幅的比值，单位：W/（m^2·K）。

①　数据来源：《中国建筑节能发展研究报告2022》。

3）围护结构 building envelope

分隔建筑室内与室外，以及建筑内部使用空间的建筑部件。

4）热桥 thermal bridge

围护结构中热流强度显著增大的部位。

5）围护结构传热系数（K）overall heat transfer coefficient of building envelope

围护结构两侧空气温度差为 1K，在单位时间内通过单位面积围护结构的传热量，单位：W/（$m^2 \cdot K$）。

6）外墙平均传热系数（Km）average overall heat transfer coefficient of external walls

外墙主体部位和周边热桥部位的传热系数平均值。按外墙各部位的传热系数对其面积的加权平均计算求得。单位：W/（$m^2 \cdot K$）。

7）围护结构传热阻（R_o）total thermal resistance

围护结构（包括两侧空气边界层）阻抗传热能力的物理量，为结构热阻（R）与两侧表面换热阻之和。单位：$m^2 \cdot K/W$。

8）围护结构传热系数的修正系数（ε_i）

correction factor for overall heat transfer coefficient of building envelope

考虑太阳辐射和天空长波辐射对外围护结构传热影响的修正系数。

9）围护结构温差修正系数（n）temperature difference correction factor of envelope

根据围护结构同室外空气接触状况，在设计计算中对室内外计算温差采取的修正系数。

10）热惰性指标（D）index of thermal inertia

表征围护结构抵御温度波动和热流波动能力的无量纲指标，其值等于各构造层材料热阻与蓄热系数的乘积之和。

11）单一立面窗墙面积比 single facade window to wall ratio

建筑某一个立面的窗户洞口面积与该立面的总面积之比，简称窗墙面积比。

12）外窗的综合遮阳系数（SC_W）overall shading coefficient of window

考虑窗本身和窗口的建筑外遮阳装置综合遮阳效果的一个系数，其值为窗本身的遮阳系数（SC）与窗口的建筑外遮阳系数（SD）的乘积。

13）建筑物体形系数（S）shape factor

建筑物与室外空气直接接触的外表面积与其所包围的体积的比值，外表面积不包括地面和不供暖楼梯间内墙的面积。

14）换气体积（*V*）volume of air circulation

需要通风换气的房间体积。

15）换气次数 air change rate

单位时间内室内空气的更换次数，即通风量与房间容积的比值。

16）计算供暖期天数（*Z*）heating period for calculation

采用滑动平均法计算出的累年日平均温度低于或等于供暖室外临界温度的天数。

17）计算供暖期室外平均温度（*te*）mean outdoor temperature during heating period

计算供暖期室外日平均温度的算术平均值。

18）供暖度日数（*HDD*）heating degree days

一年中，当某天室外日平均温度低于18℃时，将该日平均温度与18℃的差值乘以1d，所得乘积的累加值，简称*HDD*。

19）供冷度日数（*CDD*）cooling degree days

一年中，当某天室外日平均温度高于26℃时，将该日平均温度与26℃的差值乘以1d，所得乘积的累加值，简称*CDD*。

20）典型气象年（*TMY*）typical meteorological year

以近10年的月平均值为依据，从近10年的资料中选取一年各月的平均值作为典型气象年，简称*TMY*。

21）采暖能耗（*Q*）energy consumed for heating

用于建筑物采暖所消耗的能量，其中包括采暖系统运行过程中消耗的热量和电能，以及建筑物耗热量。

22）建筑物耗热量指标（*qH*）index of heat loss of building

按照冬季室内热环境设计标准和设定的计算条件，计算出的单位建筑面积在单位时间内消耗的需要由采暖设备提供的热量，单位：W/m^2。

23）采暖设计热负荷指标（*qHL*）index of design heat load for space heating of residential building

在采暖室外计算温度条件下，为保持室内计算温度，单位建筑面积在单位时间内需由室内散热设备供给的热量。由于采暖室外计算温度低于采暖期室外平均温度，因此在数值上，采暖设计热负荷指标大于建筑物耗热量指标，单位：W/m^2。

24）建筑物耗冷量指标 index of cool loss of building

按照夏季室内热环境设计标准和设定的计算条件，计算出的单位建筑面积在单位时间内消耗的需要由空调设备提供的冷量。

25）空调采暖年耗电量（*EC*）annual cooling and heating electricity consumption

按照设定的计算条件，计算出的单位建筑面积空调和采暖设备每年所要消耗的电能。

26）空调、采暖设备能效比（*EER*）energy efficiency ratio

在额定工况下，空调、采暖设备提供的冷量或热量与设备本身所消耗的能量之比。

27）水力平衡度（*HB*）hydraulic balance level

供热系统运行时，热力站或热用户的规定流量与实际流量之比。

28）围护结构热工性能的权衡判断 building envelope thermal performance trade-off

当建筑设计不能完全满足规定的围护结构热工性能要求时，计算并比较参照建筑和设计建筑的全年供暖能耗，来判定围护结构的总体热工性能是否符合节能设计要求的方法，简称：权衡判断。

29）参照建筑 Reference building

进行围护结构热工性能权衡判断时，作为计算满足标准要求的全年供暖和空气调节能耗用的基准建筑。

30）照明功率密度（*LDP*）lighting power density

正常照明条件下，单位面积上一般照明的额定功率（包括光源、镇流器、驱动电源或变压器等附属用电器件），单位为瓦特每平方米（W/m^2）。

31）综合部分负荷性能系数（*IPLV*）integrated part load value

基于机组部分负荷时的性能系数值，按机组在各种负荷条件下的累积负荷百分比进行加权计算获得的表示空气调节用冷水机组部分负荷效率的单一数值。

32）集中供暖系统耗电输热比（*EHR*-h）electricity consumption to transferred heat quantity ratio

设计工况下，集中供暖系统循环水泵总功耗（kW）与设计热负荷（kW）的比值。

33）空调冷（热）水系统耗电输冷（热）比 [*EC*（*H*）R-a] electricity consumption to transferred cooling（heat）quantity ratio

设计工况下，空调冷（热）水系统循环水泵总功耗（kW）与设计冷（热）负荷（kW）的比值。

34）电冷源综合制冷性能系数（*SCOP*）system coefficient of refrigeration performance

设计工况下，电驱动的制冷系统的制冷量与制冷机、冷却水泵及冷却塔净输入能量之比。

35）绿色建筑 green building

在全寿命期内，节约资源、保护环境、减少污染，为人们提供健康、适用、高效的使用空间，最大限度地实现人与自然和谐共生的高质量建筑。

36）绿色性能 green performance

涉及建筑安全耐久、健康舒适、生活便利、资源节约（节地、节能、节水、节材）和环境宜居等方面的综合性能。

37）绿色建材 green building material

是在全寿命期内可减少对资源的消耗、减轻对生态环境的影响，具有节能、减排、安全、健康、便利和可循环特征的建材产品。

1.3　与建筑节能相关的标准

随着我国国民经济的迅速发展，国家对环境保护、节约能源、改善居住条件等问题高度重视，法制逐步健全，相应制定了一批技术法规和标准规范，深刻理解、全面贯彻执行这些法规是我国节能工作有效开展的重要依据。本节就目前与节能设计、施工相关的法规作概括性的介绍。

1.3.1 《民用建筑热工设计规范》GB 50176—2016

该规范的目的是使民用建筑热工设计与地区气候相适应，保证室内基本的热环境要求，符合国家节能减排的方针。该规范适用于新建、扩建和改建民用建筑的热工设计。该规范不适用于室内温湿度有特殊要求和特殊用途的建筑，以及简易的临时性建筑。该规范于 2017 年 4 月 1 日起施行，主要包括以下七个部分的内容：

（1）热工计算基本参数和方法，包括室外气象参数、室外计算参数、室内计算参数、基本计算方法。

（2）建筑热工设计原则，包括热工设计分区、保温设计、防热设计、防潮设计。

（3）围护结构保温设计，包括墙体、楼面、屋面、门窗、幕墙、采光顶、地面、地下室。

（4）围护结构隔热设计，包括外墙、屋面、门窗、幕墙、采光顶。

（5）围护结构防潮设计，包括内部冷凝验算、表面结露验算、防潮技术措施。

（6）自然通风设计，包括一般规定和技术措施。

（7）建筑遮阳设计，包括建筑遮阳系数的确定和建筑遮阳措施。

需要说明:该规范自 2022 年 4 月 1 日起废止条文第 4.2.11、6.1.1、6.2.1、7.1.2 条。

1.3.2 《严寒和寒冷地区居住建筑节能设计标准》JGJ 26—2018

该标准适用于严寒和寒冷地区新建、改建和扩建居住建筑的节能设计。严寒和寒冷地区居住建筑应进行节能设计，应在保证室内热环境质量的前提下，通过建筑热工和暖通设计将供暖能耗控制在规定的范围内。通过给水排水及电气系统的节能设计，提高建筑物给水排水、照明和电气系统的用能效率。该标准于 2019 年 8 月 1 日起施行，主要包括以下五个部分的内容：

（1）气候区属和设计能耗。严寒和寒冷地区城镇的气候区属应符合现行国家标准《民用建筑热工设计规范》GB 50176 的规定。

（2）建筑与围护结构，包括一般规定、围护结构热工设计和围护结构热工性能的权衡判断。

（3）供暖、通风、空气调节和燃气，包括一般规定；热源、换热站及管网；室内供暖系统；通风和空气调节系统。

（4）给水排水，包括建筑给水排水和生活热水系统。

（5）电气，包括一般规定、电能计量与管理、用电设施。

需要说明:该标准自 2022 年 4 月 1 日起废止条文第 4.1.3、4.1.4、4.1.5、4.1.14、4.2.1、4.2.2、4.2.6、5.1.1、5.1.4、5.1.9、5.1.10、5.2.1、5.2.4、5.2.8、5.4.3、6.2.3、6.2.5、6.2.6、7.3.2 条。

1.3.3 《夏热冬冷地区居住建筑节能设计标准》JGJ 134—2010

该标准主要是为改善夏热冬冷地区居住建筑热环境、提高采暖和空调系统的能源利用效率而制定，适用于夏热冬冷地区新建、改建和扩建居住建筑的建筑节能设计。该标准于 2010 年 8 月 1 日起施行，主要包括以下四个部分的内容：

（1）室内热环境设计计算指标。

（2）建筑和围护结构热工设计。

（3）建筑围护结构热工性能的综合判断。

（4）采暖、空调和通风节能设计。

需要说明:该标准自 2022 年 4 月 1 日起废止条文第 4.0.3、4.0.4、4.0.5、4.0.9、6.0.2、6.0.3、6.0.5、6.0.6、6.0.7 条。

1.3.4 《夏热冬暖地区居住建筑节能设计标准》JGJ 75—2012

该标准主要是为改善夏热冬暖地区居住建筑热环境、提高空调和采暖系统的能源利用效率而制定的，适用于夏热冬暖地区新建、扩建和改建居住建筑的建筑节能设计。该标准于 2013 年 4 月 1 日起施行，主要包括以下四个部分的内容：

（1）建筑节能设计计算指标。夏季空调室内设计计算指标：居住空间室内设计计算温度为 26℃，换气次数为 1.0 次 /h。北区冬季采暖室内设计计算指标：居住空间室内设计计算温度为 16℃，换气次数为 1.0 次 /h。

（2）建筑和建筑热工节能设计。对北区住宅的体形系数做了建议性规定，规定了建筑各朝向的窗墙面积比，同时针对外墙的不同传热系数和热惰性指标，规定了外窗的平均窗墙面积比与传热系数的对应关系。

（3）建筑节能设计的综合评价。

（4）暖通空调和照明节能设计。

需要说明：该标准自 2022 年 4 月 1 日起废止条文第 4.0.4、4.0.5、4.0.6、4.0.7、4.0.8、4.0.10、4.0.13、6.0.2、6.0.4、6.0.5、6.0.8、6.0.13 条。

1.3.5 《公共建筑节能设计标准》GB 50189—2015

该标准主要是为改善公共建筑的室内环境、提高能源利用效率、促进可再生能源的建筑应用、降低建筑能耗、贯彻国家有关法律法规和方针政策。适用于新建、扩建和改建的公共建筑节能设计。公共建筑节能设计应根据当地的气候条件，在保证室内环境参数条件下，改善围护结构保温隔热性能，提高建筑设备及系统的能源利用效率，利用可再生能源，降低建筑暖通空调、给水排水及电气系统的能耗。该标准于 2015 年 10 月 1 日施行，主要包括以下五个部分的内容：

（1）建筑与建筑热工，包括一般规定、建筑设计、围护结构热工设计、围护结构热工性能的权衡判断。

（2）供暖通风与空气调节，包括一般规定；冷源与热源；输配系统；末端系统；监测、控制与计量。

（3）给水排水，包括一般规定、给水与排水系统设计、生活热水。

（4）电气，包括一般规定、供配电系统、照明、电能监测与计量。

（5）可再生能源应用，包括一般规定、太阳能利用、地源热泵系统。

需要说明：该标准自 2022 年 4 月 1 日起废止条文第 3.2.1、3.2.7、3.3.1、3.3.2、3.3.7、4.1.1、4.2.2、4.2.3、4.2.5、4.2.8、4.2.10、4.2.14、4.2.17、4.2.19、4.5.2、4.5.4、4.5.6 条。

1.3.6 《既有居住建筑节能改造技术规程》JGJ/T 129—2012

该规程适用于我国各类型气候区的既有居住建筑节能改造，于 2013 年 3 月

1 日起施行，主要包括以下五个部分的内容：

（1）建筑节能诊断。

（2）节能改造方案。

（3）建筑围护结构节能改造。

（4）严寒和寒冷地区集中供暖系统节能与计量改造。

（5）施工质量验收。

1.3.7 《居住建筑节能检测标准》JGJ/T 132—2009

该标准是为了通过对居住建筑节能效果的检验，保证各项节能指标真正落实在居住建筑的设计、施工和运行管理全过程中。标准于 2010 年 7 月 1 日起施行，主要包括以下两个部分的内容：

（1）检测方法，包括室内平均温度、外围护结构热工缺陷；外围护结构热桥部位内表面温度；建筑围护结构主体部分传热系数；外窗窗口气密性能；外围护结构隔热性能；外窗外遮阳设施；室外管网水力平衡度；补水率；室外管网热损失率；锅炉运行效率；耗电输热比。

（2）检验规则，包括检验对象的确定和合格判据两部分。

1.3.8 《建筑节能与可再生能源利用通用规范》GB 55015—2021

该规范是为执行国家有关节约能源、保护生态环境、应对气候变化的法律、法规，落实碳达峰、碳中和决策部署，提高能源资源利用效率，推动可再生能源利用，降低建筑碳排放，营造良好的建筑室内环境，满足经济社会高质量发展的需要所制定。新建、扩建和改建建筑以及既有建筑节能改造工程的建筑节能与可再生能源建筑应用系统的设计、施工、验收及运行管理必须执行本规范。该规范于 2022 年 4 月 1 日起实施，主要包括以下五个部分的内容：

（1）新建建筑节能设计。包括建筑和围护结构，供暖、通风与空调，电气，给水排水及燃气。

（2）既有建筑节能改造设计。包括围护结构、建筑设备系统。

（3）可再生能源建筑应用系统设计。包括太阳能系统、地源热泵系统、空气源热泵系统。

（4）施工、调试及验收。包括围护结构、建筑设备系统、可再生能源应用系统。

（5）运行管理。包括运行与维护和节能管理两部分。

1.3.9 《绿色建筑评价标准》GB/T 50378—2019

该标准是为贯彻落实绿色发展理念，推进绿色建筑高质量发展，节约资源，保护环境，满足人民日益增长的美好生活需要所制定的，适用于民用建筑绿色性能的评价。标准指出：绿色建筑评价应遵循因地制宜的原则，结合建筑所在地域的气候、环境、资源、经济和文化等特点，对建筑全寿命期内的安全耐久、健康舒适、生活便利、资源节约、环境宜居等性能进行综合评价；绿色建筑应结合地形地貌进行场地设计与建筑布局，且建筑布局应与场地的气候条件和地理环境相适应，并应对场地的风环境、光环境、热环境、声环境等加以组织和利用。标准于 2019 年 8 月 1 日起施行，主要包括以下三个部分的内容：

（1）基本规定：包括绿色建筑评价的一般规定和绿色建筑的评价与等级划分。

（2）绿色建筑评价指标体系：由安全耐久、健康舒适、生活便利、资源节约、环境宜居 5 类指标组成，且每类指标均包括控制项和评分项，评价指标体系还统一设置了加分项。

（3）提高与创新：包括依据该项进行绿色建筑评价时的一般规定和对应的加分项。

（4）除了以上的规范和标准，与建筑节能设计密切相关的规范和标准还有：《民用建筑供暖通风与空气调节设计规范》GB 50736—2012、《工业建筑供暖通风与空气调节设计规范》GB 50019—2015、《建筑照明设计标准》GB 50034—2020 等。

1.4　绿色建筑的评价

1.4.1　我国的绿色建筑的评价方法

绿色建筑主要涉及三个层面：一是节约，这个节约是广义上的，包含了节能、节地、节水、节材“四节”，主要是强调减少各种资源的浪费；二是保护环境，强调的是减少环境污染，减少二氧化碳排放；三是满足人们使用上的要求，为人们提供健康、适用、高效的使用空间。

我国的绿色建筑的评价，是依照《绿色建筑评价标准》GB/T 50378—2019（以下简称《标准》）进行。《标准》由 5 类指标组成，每类指标均包括控制项和评分项，此外为了鼓励采用新技术和新产品建造更高性能的绿色建筑，还统一设置“提高与创新”加分项。《标准》中的分值情况见表 1–2。

绿色建筑评价分值　表 1-2

	控制项基础分值	评分项满分值					提高创新加分项满分值
		安全耐久	健康舒适	生活便利	资源节约	环境宜居	
预评价分值	400	100	100	70	200	100	100
评价分值	400	100	100	100	200	100	100

绿色建筑评价的总得分应按下式进行计算：

$$Q=(Q_0+Q_1+Q_2+Q_3+Q_4+Q_5+Q_A)/10$$

式中：

Q——总得分；

Q_0——控制项基础分值，当满足所有控制项的要求时取 400 分；

$Q_1 \sim Q_5$——分别为评价指标体系 5 类指标（安全耐久、健康舒适、生活便利、资源节约、环境宜居）评分项得分；

Q_A——提高与创新加分项得分。

绿色建筑评价按总得分确定等级，分为基本级、一星级、二星级、三星级。当建筑项目满足全部控制项的要求时，绿色建筑的等级即达到基本级。一星级、二星级、三星级 3 个等级的绿色建筑均应满足全部控制项的要求，且每类指标的评分项得分不应小于其评分项满分值的 30%；一星级、二星级、三星级 3 个等级的绿色建筑均应进行全装修，全装修工程质量、选用材料及产品质量应符合国家现行有关标准的规定；当总分值分别达到 60 分、70 分、85 分且满足表 1-3 的要求时，绿色建筑等级分别为一星级、二星级、三星级。

一星级、二星级、三星级绿色建筑的技术要求　表 1-3

	一星级	二星级	三星级
围护结构热工性能的提高比例，或建筑供暖空调负荷降低比例	围护结构提高 5%，或负荷降低 5%	围护结构提高 10%，或负荷降低 10%	围护结构提高 20%，或负荷降低 15%
严寒和寒冷地区住宅建筑外窗传热系数降低比例	5%	10%	20%
节水器具用水效率等级	3 级	2 级	
住宅建筑隔声性能	—	室外与卧室之间、分户墙（楼板）两侧卧室之间的空气声隔声性能以及卧室楼板的撞击声隔声性能达到低限标准限值和高要求标准限值的平均值	室外与卧室之间、分户墙（楼板）两侧卧室之间的空气声隔声性能以及卧室楼板的撞击声隔声性能达到高要求标准限值

续表

	一星级	二星级	三星级
室内主要空气污染物浓度降低比例	10%	20%	
外窗气密性能	符合国家现行相关节能设计标准的规定，且外窗洞口与外窗本体的结合部位应严密		

《标准》中的绿色建筑评价体系要点见表1-4。

绿色建筑评价标准体系要点 **表1-4**

	控制项	评分项	加分项
安全耐久	1. 场地应避开滑坡、泥石流等地质危险地段，易发生洪涝地区应有可靠的防洪涝基础设施；场地应无危险化学品、易燃易爆危险源的威胁，应无电磁辐射、含氡土壤的危害。 2. 建筑结构应满足承载力和建筑使用功能要求。 3. 外遮阳、太阳能设施、空调室外机位、外墙花池等外部设施应与建筑主体结构统一设计、施工，并应具备安装、检修与维护条件。 4. 建筑内部的非结构构件、设备及附属设施等应连接牢固并能适应主体结构变形。 5. 建筑外门窗必须安装牢固，其抗风压性能和水密性能应符合国家现行有关标准的规定。 6. 卫生间、浴室的地面应设置防水层，墙面、顶棚应设置防潮层。 7. 走廊、疏散通道等通行空间应满足紧急疏散、应急救护等要求，且应保持畅通。 8. 应具有安全防护的警示和引导标识系统	1. 安全 2. 耐久	1. 采取措施进一步降低建筑供暖空调系统的能耗，评价总分值为30分。建筑供暖空调系统能耗相比国家现行有关建筑节能标准降低40%，得10分；每再降低10%，再得5分，最高得30分。 2. 采用适宜地区特色的建筑风貌设计，因地制宜传承地域建筑文化，评价分值为20分。 3. 合理选用废弃场地进行建设，或充分利用尚可使用的旧建筑，评价分值为8分。 4. 场地绿容率不低于3.0，评价总分值为5分。 5. 采用符合工业化建造要求的结构体系与建筑构件，评价分值为10分。 6. 应用建筑信息模型（BIM）技术，评价总分值为15分。 7. 进行建筑碳排放计算分析，采取措施降低单位建筑面积碳排放强度，评价分值为12分
健康舒适	1. 室内空气中的氨、甲醛、苯、总挥发性有机物、氡等污染物浓度应符合现行国家标准《室内空气质量标准》GB/T 18883的有关规定。 2. 应采取措施避免厨房、餐厅、打印复印室、卫生间、地下车库等区域的空气和污染物串通到其他空间；应防止厨房、卫生间的排气倒灌。 3. 给水排水系统的设置应符合标准。 4. 主要功能房间的室内噪声级和隔声性能应符合标准。 5. 建筑照明应符合标准。 6. 应采取措施保障室内热环境。采用集中供暖空调系统的建筑，房间内的温度、湿度、新风量等设计参数应符合现行国家标准《民用建筑供暖通风与空气调节设计规范》GB 50736的有关规定；采用非集中供暖空调系统的建筑，应具有保障室内热环境的措施或预留条件。 7. 合理设计围护结构热工性能。 8. 主要功能房间应具有现场独立控制的热环境调节装置。 9. 地下车库应设置与排风设备联动的一氧化碳浓度监测	1. 室内空气品质 2. 水质 3. 声环境与光环境 4. 室内热湿环境	
生活便利	1. 建筑、室外场地、公共绿地、城市道路相互之间应设置连贯的无障碍步行系统。 2. 场地人行出入口500m内应设有公共交通站点或配备联系公共交通站点的专用接驳车。 3. 停车场应具有电动汽车充电设施或具备充电设施的安装条件，并应合理设置电动汽车和无障碍汽车停车位。 4. 自行车停车场所应位置合理、方便出入。 5. 建筑设备管理系统应具有自动监控管理功能。 6. 建筑应设置信息网络系统	1. 出行与无障碍 2. 服务设施 3. 智慧运行 4. 物业管理	

续表

	控制项	评分项	加分项
资源节约	1. 应结合场地自然条件和建筑功能需求，对建筑的体形、平面布局、空间尺度、围护结构等进行节能设计，且应符合国家有关节能设计的要求。 2. 应采取措施降低部分负荷、部分空间使用下的供暖、空调系统能耗。 3. 应根据建筑空间功能设置分区温度，合理降低室内过渡区空间的温度设定标准。 4. 主要功能房间的照明功率密度值不应高于现行国家标准《建筑照明设计标准》GB 50034 规定的现行值；公共区域的照明系统应采用分区、定时、感应等节能控制；采光区域的照明控制应独立于其他区域的照明控制。 5. 冷热源、输配系统和照明等各部分能耗应进行独立分项计量。 6. 垂直电梯应采取群控、变频调速或能量反馈等节能措施；自动扶梯应采用变频感应启动等节能控制措施。 7. 制定水资源利用方案，统筹利用各种水资源。 8. 不应采用建筑形体和布置严重不规则的建筑结构。 9. 建筑造型要素应简约，应无大量装饰性构件。 10. 合理选用建筑材料	1. 节地与土地利用 2. 节能与能源利用 3. 节水与水资源利用 4. 节材与绿色建材	8. 按照绿色施工的要求进行施工和管理，评价总分值为 20 分。 9. 采用建设工程质量潜在缺陷保险产品，评价总分值为 20 分。 10. 采取节约资源、保护生态环境、保障安全健康、智慧友好运行、传承历史文化等其他创新，并有明显效益，评价总分值为 40 分
环境宜居	1. 建筑规划布局应满足日照标准，且不得降低周边建筑的日照标准。 2. 室外热环境应满足国家现行有关标准的要求。 3. 配建的绿地应符合所在地城乡规划的要求，应合理选择绿化方式，植物种植应适应当地气候和土壤，且应无毒害、易维护，种植区域覆土深度和排水能力应满足植物生长需求，并应采用复层绿化方式。 4. 场地的竖向设计应有利于雨水的收集或排放，应有效组织雨水的下渗、滞蓄或再利用；对大于 $10hm^2$ 的场地应进行雨水控制利用专项设计。 5. 建筑内外均应设置便于识别和使用的标识系统。 6. 场地内不应有排放超标的污染源。 7. 生活垃圾应分类收集，垃圾容器和收集点的设置应合理并应与周围景观协调	1. 场地生态与景观 2. 室外物理环境	

1.4.2 《绿色建筑评价标准》GB/T 50378—2019 与建筑节能的关系

建筑节能的含义范围小于绿色建筑，属于绿色建筑体系中的一部分。但它是《绿色建筑评价标准》GB/T 50378—2019 中的核心，同时与建筑学专业的相关性最强，因此作为建筑学专业学生应该重点掌握该部分内容。

需要注意的是，在《绿色建筑评价标准》GB/T 50378—2019 中，绿色建筑应结合地形地貌进行场地设计与建筑布局，并且建筑布局应与场地的气候条件和地理环境相适应，并应对场地的风环境、光环境、热环境、声环境等加以组织和利用。例如第 5.2.1 条空气中氨、甲醛、苯、总挥发性有机物、氡等污染物浓度不得劣于现行国家标准《室内空气质量标准》GB/T 18883 规定限值的 90%，提高了室内空气污染物的浓度要求，进一步体现了新标准对于改善建筑室内健康品质、营造宜人舒适室内环境的重视程度；第 7.1.4 条明确建筑所有区域包括各功能房间和公共区域，照明功率密度值应符合《建筑照明设计标准》

GB 50034—2020 中现行值要求，对于现场照明检测提高了检测要求，从强制性满足照明功率密度现行值要求上升为强制性满足目标值要求，反映了加大照明节能措施的落实力度对于降低建筑能源消耗意义重大，开展照明节能现场检测是量化节能工作的关键手段；环境噪声问题一直是建筑使用者普遍关注的重点，第 8.2.6 条文对于场地声环境提出不小于《声环境质量标准》GB 3096—2018 中 3 类声环境功能区标准，若场地声环境不小于《声环境质量标准》GB 3096—2018 中 2 类声环境功能区标准，予以更多加分鼓励。因此看出建筑节能始终贯穿于《绿色建筑评价标准》GB/T 50378—2019，是实现绿色建筑的关键。

第2章
建筑节能设计原理

Chapter 2
Design Principle in Building Energy Efficiency

2.1 建筑热工设计分区与建筑能耗

2.1.1 建筑热工设计分区

我国地域广阔，各地气候条件差别很大，太阳辐射量也不一样，即使在同一个严寒地区，其寒冷时间与严寒程度也有相当大的差别。建筑物的采暖与制冷的需求各有不同。炎热的地区需要隔热、通风、遮阳，以防室内过热；寒冷地区需要保温、采暖，以保证室内具有适宜温度与湿度。因而，从建筑节能设计的角度，必须对不同气候区域的建筑进行有针对性的设计。为了明确建筑和气候两者的科学联系，使建筑物可以充分地适应和利用气候条件，《民用建筑热工设计规范》GB 50176—2016 从建筑热工设计的角度，把我国划分为五个气候分区，即严寒地区、寒冷地区、夏热冬冷地区、夏热冬暖地区和温和地区，表 2-1 为不同热工分区的指标和建筑热工设计要求。

建筑热工设计一级分区区划指标及设计原则　　表 2-1

一级分区名称	区划指标		设计要求
	主要指标	辅助指标	
严寒地区（1）	$t_{min\cdot m} \leq -10℃$	$145 \leq d_{\leq 5}$	必须充分满足冬季保温要求，一般可以不考虑夏季防热
寒冷地区（2）	$-10℃ < t_{min\cdot m} \leq 0℃$	$90 \leq d_{\leq 5} < 145$	应满足冬季保温要求，部分地区兼顾夏季防热
夏热冬冷地区（3）	$0℃ < t_{min\cdot m} \leq 10℃$ $25℃ < t_{max\cdot m} \leq 30℃$	$0 \leq d_{\leq 5} < 90$ $40 \leq d_{\geq 25} < 110$	必须满足夏季防热要求，适当兼顾冬季保温
夏热冬暖地区（4）	$10℃ < t_{min\cdot m}$ $25℃ < t_{max\cdot m} \leq 29℃$	$100 \leq d_{\geq 25} < 200$	必须充分满足夏季防热要求，一般可不考虑冬季保温
温和地区（5）	$0℃ < t_{min\cdot m} \leq 13℃$ $18℃ < t_{max\cdot m} \leq 25℃$	$0 \leq d_{\leq 5} < 90$	部分地区应考虑冬季保温，一般可不考虑夏季防热

注：$t_{min\cdot m}$ 表示最冷月平均温度；$t_{max\cdot m}$ 表示最热月平均温度。
$d_{\leq 5}$ 表示日平均温度≤ 5℃的天数；$d_{\geq 25}$ 表示日平均温度≥ 25℃的天数。
本表据《民用建筑热工设计规范》GB 50176—2016。

以上每个热工一级区划的面积非常大，同一分区内的气候也可能存在较大差别。因此，可以在建筑热工各一级区划基础上进一步细分。热工设计二级分区采用“*HDD*18、*CDD*26”作为区划指标，与一级区划指标（最冷、最热月平均温度）相比，该指标既表征了气候的寒冷和炎热的程度，也反映了寒冷和炎热持续时间的长短（表 2-2）。

建筑热工设计二级区划指标及设计要求　　表 2–2

<table>
<tr><th>二级区划名称</th><th colspan="2">区划指标</th><th>代表城市</th><th>设计要求</th></tr>
<tr><td>严寒 A 区（1A）</td><td colspan="2">$6000 \leq HDD18$</td><td rowspan="2">哈尔滨、齐齐哈尔、佳木斯、牡丹江、黑河、满洲里、二连浩特</td><td>冬季保温要求极高，必须满足保温设计要求，不考虑防热设计</td></tr>
<tr><td>严寒 B 区（1B）</td><td colspan="2">$5000 \leq HDD18 < 6000$</td><td>冬季保温要求非常高，必须满足保温设计要求，不考虑防热设计</td></tr>
<tr><td>严寒 C 区（1C）</td><td colspan="2">$3800 \leq HDD18 < 5000$</td><td>长春、沈阳、呼和浩特、乌鲁木齐 、西宁、酒泉</td><td>必须满足保温设计要求，可不考虑防热设计</td></tr>
<tr><td>寒冷 A 区（2A）</td><td rowspan="2">$2000 \leq HDD18 < 3800$</td><td>$CDD26 \leq 90$</td><td rowspan="2">大连、张家口、唐山、青岛、太原、延安、北京、天津、西安、吐鲁番</td><td>应满足保温设计要求，可不考虑防热设计</td></tr>
<tr><td>寒冷 B 区（2B）</td><td>$CDD26 > 90$</td><td>应满足保温设计要求，宜满足隔热设计要求，兼顾自然通风、遮阳设计</td></tr>
<tr><td>夏热冬冷 A 区（3A）</td><td colspan="2">$1200 \leq HDD18 < 2000$</td><td rowspan="2">南京、合肥、上海、杭州、温州、长沙、桂林、重庆、成都、遵义、武汉</td><td>应满足保温、隔热设计要求，重视自然通风、遮阳设计</td></tr>
<tr><td>夏热冬冷 B 区（3B）</td><td colspan="2">$700 \leq HDD18 < 1200$</td><td>应满足隔热、保温设计要求，强调自然通风、遮阳设计</td></tr>
<tr><td>夏热冬暖 A 区（4A）</td><td colspan="2">$500 \leq HDD18 < 700$</td><td rowspan="2">福州、龙岩、柳州、厦门、广州、深圳、汕头、北海、海口、三亚</td><td>应满足隔热设计要求，宜满足保温设计要求，强调自然通风、遮阳设计</td></tr>
<tr><td>夏热冬暖 B 区（4B）</td><td colspan="2">$HDD18 < 500$</td><td>应满足隔热设计要求，可不考虑保温设计，强调自然通风、遮阳设计</td></tr>
<tr><td>温和 A 区（5A）</td><td rowspan="2">$CDD26 < 10$</td><td>$700 \leq HDD18 < 2000$</td><td>昆明、贵阳、丽江、大理</td><td>应满足冬季保温设计要求，可不考虑防热设计</td></tr>
<tr><td>温和 B 区（5B）</td><td>$HDD18 < 700$</td><td>瑞丽、澜沧、临沧、蒙自</td><td>宜满足冬季保温设计要求，可不考虑防热设计</td></tr>
</table>

注：本表据《民用建筑热工设计规范》GB 50176—2016。

2.1.2　建筑能耗范围

建筑全寿命周期（The Life Cycle of The Architecture，简称 LCA）中，与建筑相关的能源消耗包括：建筑材料生产能耗、房屋建造材料运输能耗、建筑运行（维修）能耗、建筑拆除与处理能耗。建筑领域相关的绝大部分用能发生在建筑的建造和运行这两个阶段。我国目前仍处于城市建设高峰期，城市建设的飞速发展促使建材业、建造业迅猛发展，由此造成的能源消耗已占到我国全社会总能耗的 20%～30%。然而，这部分能耗完全取决于建造业的发展，与建筑运行能耗属完全不同的两个范畴。建筑运行的能耗，即建筑物采暖、空调、照明和各类建筑内使用电器的能耗，将一直伴随建筑物的使用过程而发生。在建筑全寿命周期中，建筑材料和建造过程所消耗的能源一般只占其总能源消耗的

20%左右，大部分能源消耗发生在建筑物运行过程中。因此，建筑运行能耗是建筑节能任务中最主要的关注点。本书仅讨论建筑运行能耗，书中提到的建筑能耗均为民用建筑运行能耗。

2.2 不同热工分区下的建筑节能设计原理

我国房屋建筑划分为民用建筑和工业建筑。民用建筑又分为居住建筑和公共建筑，居住建筑主要是指住宅建筑，公共建筑则包含办公建筑（包括写字楼、政府部门办公楼等），商业建筑（如商场、金融建筑等），旅游建筑（如旅馆饭店、娱乐场所等），科教文卫建筑（包括文化、教育、科研、医疗、卫生、体育建筑等），通信建筑（如邮电、通信、广播用房）以及交通运输用房（如机场、车站建筑等）。

在公共建筑中，尤以办公建筑、大中型商场以及高档旅馆饭店等几类建筑，在建筑的标准、功能及设置全年空调采暖系统等方面有许多共性，而且其采暖空调能耗特别高，采暖空调节能潜力也最大。居住建筑的能源消耗量，根据其所在地点的气候条件、围护结构及设备系统情况的不同，有相当大的差别，但绝大部分用于采暖空调的需要，小部分用于照明。

不同热工分区的气候条件不同，建筑节能措施也各有侧重。

2.2.1 严寒与寒冷地区

严寒与寒冷地区冬季气候寒冷，采暖时间长，建筑的采暖能耗占全国建筑总能耗的比重很大，严寒和寒冷地区采暖节能潜力均为我国各类建筑能耗中最大的，应是我国目前建筑节能的重点。这一地区建筑群的总体布局及单体建筑设计应充分考虑环境因素，在冬季最大限度地利用日照，并在朝向上尽量避开当地冬季主导风向。同时，严寒和寒冷地区建筑体形的变化直接影响建筑供暖能耗的大小。建筑体形系数越大，单位建筑面积对应的外表面面积越大，热损失越大。从降低建筑能耗的角度出发，应该将体形系数控制在一个较小的水平上。另外，窗墙面积比既是影响建筑能耗的重要因素，也受建筑日照、采光、自然通风等室内环境需求的制约，因此需要合理地限制窗墙面积比。

严寒与寒冷地区可以实现采暖节能的技术途径如下：

（1）改进建筑物围护结构保温性能，进一步降低采暖需热量。通过建筑物围护结构的传热耗热量是严寒和寒冷地区建筑能耗的主要组成部分，因此提升围护结构的热工性能对于建筑节能尤为重要。我国北方建筑节能目前经历了四个阶段，每一阶段节能建筑设计依据《严寒和寒冷地区居住建筑节能设计标准》JGJ 26，以 20 世纪 80 年代初的北方建筑采暖能耗为基准，采用“节能百分比”的概念，分别对应了 30%、50%、65% 和 75% 的集中供热系统的节能目标。每一标准对建筑物各类围护结构热工性能参数都提出了限值要求。以北京市（寒冷 B 区）为例，各节能标准对围护结构热工性能的规定如表 2–3 所示。

不同节能设计标准中北京市
居住建筑围护结构传热系数限值 [W/（$m^2 \cdot K$）]　　表 2–3

	外墙	窗户	屋面
基准建筑（1980s）	1.57	6.4	1.26
30% 节能（JGJ 26—1986）	1.28	6.4	0.91
50% 节能（JGJ 26—1995）	1.16	4.7	0.80
65% 节能（JGJ 26—2010）	0.6	3.1	0.45
75% 节能（JGJ 26—2018）	0.45	2.2	0.30

注：表中数据为北京地区层数≥ 4，窗墙比≤ 0.2 的建筑设计规范限制，源自 2021 中国建筑节能年度发展研究报告（中国建筑工业出版社）。

（2）推广各类专门的通风换气窗，实现可控制的通风换气，避免为了通风换气而开窗，造成过大的热损失。这可以使实际的通风换气量控制在 0.5 次 /h 以内。

（3）改善采暖的末端调节性能，避免过热。

（4）推行地板采暖等低温采暖方式，从而降低供热热源温度，提高热源效率。

（5）积极挖掘利用目前的集中供热网，发展以热电联产为主的高效节能热源。

2.2.2　夏热冬冷地区

夏热冬冷地区包括长江流域的重庆、上海、湖北等 14 个省（直辖市）的部分地区，是中国经济和生活水平高速发展的地区。然而这些地区过去基本上都属于非采暖地区，建筑设计上不考虑采暖的要求，更顾不上夏季空调降温。如传统的建筑围护结构是 240 普通砖墙、简单架空屋面和单层玻璃的钢窗，围护结构的热工性能较差。

在这样的气候条件和建筑围护结构热工性能下，住宅室内热环境自然相当恶劣。随着经济的发展、生活水平的提高，采暖和空调以不可阻挡之势进入长江流域的寻常百姓家，迅速在大众家庭中普及。在长江中下游城镇，电暖器或煤气红外辐射炉的使用也越来越广泛，而在上海、南京、武汉、重庆等大城市，热泵型冷暖两用空调器已成为主要的家庭取暖设施。与此同时，住宅用于采暖空调能耗的比例不断上升。

根据夏热冬冷地区的气候特征，住宅的围护结构热工性能首先要保证夏季隔热要求，并兼顾冬季防寒。

和北方采暖地区相比，体形系数对夏热冬冷地区住宅建筑全年能耗的影响程度要小。另外，由于体形系数不只是影响围护结构的传热损失，它还与建筑造型、平面布局、功能划分、采光通风等若干方面有关。因此，节能设计时不应过于追求较小的体形系数，而是应该和住宅采光、日照等要求有机地结合起来。例如，处于夏热冬冷地区的西部全年阴天很多，建筑设计应充分考虑利用天然采光以降低人工照明能耗，而不是简单地考虑降低采暖空调能耗。

夏热冬冷的部分地区室外风小，阴天多，因此需要从提高住宅日照、促进自然通风角度综合确定窗墙比。由于在夏热冬冷地区，人们无论是过渡季节还是冬、夏两季普遍有开窗加强房间通风的习惯，目的是通过自然通风改善室内空气品质。同时当夏季在阴雨降温过程或雨后升温过程的夜间，室外气候凉爽宜人，加强房间通风能带走室内余热和积蓄冷量，可以减少空调运行时的能耗。因此住宅设计时应有意识地考虑自然通风设计，即适当加大外墙上的开窗面积，同时注意组织室内的通风，否则南北窗面积相差太大，或缺少通畅的风道，则自然通风无法实现。此外，南窗大有利于冬季日照，可以通过窗口直接获得太阳辐射热。因此，在提高窗户热工性能的基础上，应适当提高窗墙的面积比。

对于夏热冬冷气候条件下的不同地区，由于当地不同季节的室外平均风速不同，因此在进行窗墙比优化设计时要注意灵活调整。例如，对于上海、南京、合肥、武汉等地，冬季室外平均风速一般都大于 2.5m/s，因此北向窗墙比建议不超过 0.25。而西部重庆、成都地区冬、夏季室外平均风速一般在 1.5m/s 左右，且西部地区冬季室外气温比上海、南京、合肥、武汉等地偏高 3 ~ 7℃，因此，这些地区的北向窗墙比建议不超过 0.3，并注意与南向窗墙比匹配。

对于夏热冬冷地区，由于夏季太阳辐射强，持续时间久，因此要特别强调外窗遮阳、外墙和屋顶隔热的设计。在技术经济可能的条件下，通过提高优化屋顶和东、西墙的保温隔热设计，尽可能降低这些外墙的内表面温度。例如，如果外墙的内表面最高温度能控制在 32℃以下，只要住宅能保持一定的自然通风，即可让人感觉到舒适。此外，还要利用外遮阳等方式避免或减少主要功能房间的东晒或西晒情况。

2.2.3 夏热冬暖地区

在夏热冬暖地区，由于冬季暖和，而夏季太阳辐射强烈，平均气温偏高，因此住宅设计以改善夏季室内热环境、减少空调用电为主。在当地住宅设计中，屋顶、外墙的隔热和外窗的遮阳主要用于防止大量的太阳辐射得热进入室内，而房间的自然通风则可有效带走室内热量，并对人体舒适感起调节作用。

因此，隔热、遮阳、通风设计在夏热冬暖地区中非常重要。例如在过去，广州地区的传统建筑没有机械降温手段，比较重视通风遮阳，室内层高较高，外墙采用370mm厚的实心砖墙，屋面采用一定形式的隔热，如利用通风屋面等，起到较好的隔热效果。

空调已成为居民住宅降温的主要手段。对于夏热冬暖地区而言，空调能耗已经成为住宅能耗的大户。此外，由于这些地区的经济水平相对较发达，未来空调装机容量还会继续增加，可能会对国家电力供求以及能源安全性带来威胁，因此必须依托集成化的技术体系，通过改善设计来实现住宅节能，改善室内热环境，并减少空调装机容量及运行能耗。

在设计中首先应考虑的因素是如何有效防止夏季的太阳辐射。外围护结构的隔热设计主要在于控制内表面温度，防止对人体和室内过量的辐射传热，因此要同时从降低传热系数、增大热惰性指标、保证热稳定性等目标出发，合理选择结构的材料和构造形式，达到隔热保温要求。目前夏热冬暖地区居住建筑屋顶和外墙采用重质材料居多，如以混凝土板为主要结构层的架空通风屋面，在混凝土板上铺设保温隔热板、实心砖墙和空心砖墙等。但是随着新型建筑材料的发展，轻质高效保温隔热材料作为屋顶和墙体材料也日益增多。有研究表明，传热系数为3.0W/（m^2·K）的传统架空通风屋顶，在夏季炎热的气候条件下，屋顶内外表面最高温度差值只有5℃左右，居住者有明显的被烘烤感。而使用挤塑泡沫板铺设的重质屋顶，传热系数为1.13W/（m^2·K），屋顶内外表面最高温度差值达到15℃，居住者没有烘烤感，感觉较舒适。因此推荐使用重质围护结构构造方式。

同时，在围护结构的外表面要采取浅色粉刷或光滑的饰面材料，以减少外墙表面对太阳辐射热的吸收。为了屋顶隔热和美化的双重目的，应考虑通风屋顶、蓄水屋顶、植被屋顶、带阁楼层的坡屋顶以及遮阳屋顶等多种样式的结构形式。

窗口遮阳对于改善夏热冬暖地区住宅的热环境并实现节能非常重要。它的主要作用在于阻挡直射阳光进入室内，防止室内局部过热。对于遮阳设施的形式和构造的选择，要充分考虑房屋不同朝向对遮挡阳光的实际需要和特点，综合平衡夏季遮阳和冬季阳光入内，设计有效的遮阳方式。例如根据建筑所在经纬度的不同，南向可考虑采用水平固定外遮阳，东西朝向可考虑采用带一定倾角的垂直外遮阳。同时也可以考虑利用绿化和结合建筑构件的处理方式来解决，如利用阳台、挑檐、凹廊等。此外，建筑的总体布置还应避免主要的使用房间受东、西向日晒。

合理组织住宅的自然通风同样很重要。对于夏热冬暖地区中的湿热地区，由于昼夜温差小，相对湿度高，因此可设计连续通风以改善室内热环境。而对于干热地区，则考虑白天关窗、夜间通风的方法来降温。另外，我国南方亚热带地区有季候风，因此在住宅设计中要充分考虑利用海风、江风的自然通风优越性，并按自然通风为主、空调为辅的原则来考虑建筑朝向和布局。为此，要合理地选择建筑间距、朝向、房间开口的位置及其面积。此外，还应控制房间的进深以保证自然通风的有效性。同时，在设计中还要防止片面追求增加自然通风效果，盲目开大窗而不注重遮阳设施设计的做法，因为这样容易把大量的太阳辐射得热带入室内，引起室内过热，得不偿失。

同时，建筑设计要注意利用夜间长波辐射来冷却，这对于干热地区尤其有效。在相对湿度较低的地区可利用蒸发冷却来增加室内的舒适程度。

2.2.4　温和地区

温和地区位于我国西南部，包括云南绝大部分地区，以及四川、贵州、西藏的少量城镇，处于东亚季风和南亚季风交汇区域，西北又受青藏高原影响，形成了复杂多样的气候条件。总体来说，温和地区有全年室外太阳辐射强、昼夜温差大、夏季日平均温度不高、冬季寒冷时间短且气温不极端的特征。

温和地区对墙体和屋顶传热系数的要求并不高，但应注意轻质结构的热惰性指标，防止室内温度波动过大。冬季部分地区居住建筑室内温度偏低，有供暖的实际需求，需要考虑保温。在冬季应避开主导风向以减少房间热损失，通过合理设置外窗面积和玻璃透射比等尽可能获得太阳能，从而提升室温，使居住建筑在实际使用过程中减少、甚至不产生能耗。建筑平面布置时，尽量将主要卧室、客厅设置在南向。

温和地区所覆盖大部分区域地处低纬高原，海拔较高，冬季（12 月、1 月、2 月）太阳能丰富（除贵州大部分温和地区外），最冷月平均气温大于 0℃，可以利用被动式太阳房进行辅助取暖，减少主动式设备的能耗。

温和地区居住建筑西向太阳辐射对夏季室内热环境影响较大，部分房间存在过热的情况，合理设置遮阳能够明显改善居住舒适性。夏季顶层房间屋面做有效的遮阳构架，屋顶热流强度可降低约 50%。在热流强度相同时，做有效遮阳的屋顶热阻值可以减少 60%，因此，可以采用百叶板遮阳棚和爬藤植物遮阳棚进行遮阳设计。另外，通过种植屋面、蓄水屋面进行屋面隔热也是降低屋顶内表面温度的有效措施。同时，夏季应充分利用自然通风降低房间室温。

2.3 居住建筑节能设计方法

2.3.1 采暖居住建筑节能基本原理

1）采暖居住建筑的主要特点

统计显示，在居住建筑中住宅大约占 92%，其余的为集体宿舍、招待所、托幼建筑等。这些建筑的共同特点是供人们昼夜连续使用，所以这类建筑常对室内热环境和空气质量有较高要求，室内都设计安装有采暖设备及通风换气装置。冬季室内温度一般要求达到 16 ~ 18℃，高级别建筑要求达到 20 ~ 22℃。从建筑尺度上看，居住建筑层高一般为 2.7 ~ 3.0m，开间一般为 3.3 ~ 4.5m。住宅建筑中人均占有居住面积约为 7 ~ 8m^2，占有居住容积 18.2 ~ 20.8m^3。城镇居住建筑中以多层建筑为主，大城市中有一定数量的中高层住宅。近年来由于建筑设计的多样化，城镇新建居住建筑物体形系数有变大的趋势。例如，在北京市和天津市等寒冷地区，多层住宅体形系数已从原来的 0.30 左右向 0.35 左右增大。

2）采暖居住建筑的能耗构成

采暖居住建筑的耗热量由通过围护结构的传热耗热量和通过门窗缝隙的空气渗透耗热量两部分组成。以北京地区 20 世纪 80 年代典型多层住宅为例，建筑物耗热量主要由通过围护结构的传热耗热量构成，约占 73% ~ 77%；其次为通过门窗缝隙的空气渗透耗热量，约占 23% ~ 27%。传热耗热总量中，外墙约占 23% ~ 34%；窗户约占 23% ~ 25%；楼梯间隔墙约占 6% ~ 11%；屋顶约占 7% ~ 8%；阳台门下部约占 2% ~ 3%；户门约占 2% ~ 3%；地面约占 2%。窗户总耗热量，即窗的传热耗热量加上空气渗透耗热量约占建筑物全部耗热量的 50%。

从上述可见，窗户是耗热较大的构件，改善建筑物窗户（包括阳台门）的保温性能和加强窗户的气密性是节能的关键措施。另一方面我国对保证室内空气卫生要求所需的换气次数有明确标准，加强窗户的气密性以减少冷风渗透耗热量须注意保证室内最低换气次数，使用气密性很高的窗户时应考虑增加主动式排风装置。

从围护结构各部位传热耗热量所占比例看，外墙最大，第二是窗户，之后是楼梯间隔墙（以楼梯间不采暖住宅为例）和屋顶等。所以外墙仍是节能设计的重点部位。

3）采暖居住建筑节能基本原理

采暖居住建筑物在冬季为了获得适于居住生活的室内温度，必须有持续稳定的得热途径。建筑物总的热量中采暖供热设备供热占大多数，其次为太阳辐射得热，建筑物内部得热（包括炊事、照明、家电和人体散热等）。这些热量的一部分会通过围护结构的传热和门窗缝隙的空气渗透向室外散失。当建筑物的总得热和总失热达到平衡时，室温得以稳定维持。所以建筑节能的基本原理是，最大限度地争取得热，最低限度地向外散热。根据严寒和寒冷地区的气候特征，住宅设计中首先要保证围护结构热工性能满足冬季保温要求，并兼顾夏季隔热。表 2–4 为严寒 B 区居住建筑围护结构热工性能参数限值。

严寒 B 区居住建筑围护结构热工性能参数限值　　表 2–4

围护结构部位	传热系数 K [W/（m^2·K）]	
	≤ 3 层	>3 层
屋面	≤ 0.20	≤ 0.20
外墙	≤ 0.25	≤ 0.35
架空或外挑楼板	≤ 0.25	≤ 0.35
阳台门下部芯板	≤ 1.20	≤ 1.20
非供暖地下室顶板（上部为供暖房间时）	≤ 0.40	≤ 0.40
分隔供暖与非供暖空间的隔墙、楼板	≤ 1.20	≤ 1.20
分隔供暖与非供暖空间的户门	≤ 1.50	≤ 1.50
分隔供暖设计温度温差大于 5K 的隔墙、楼板	≤ 1.50	≤ 1.50
围护结构部位	保温材料层热阻 R [（m^2·K）/W]	
周边地面	≥ 1.80	≥ 1.80
地下室外墙（与土壤接触的外墙）	≥ 2.00	≥ 2.00

同时，通过降低建筑体形系数、采取合理的窗墙比、提高外墙及屋顶和外窗的保温性能，以及尽可能利用太阳得热等，可以有效地降低采暖能耗。具体的冬季保温措施有：

（1）建筑群的规划设计，单体建筑的平、立面设计和门窗的设置应保证在冬季有效地利用日照并避开主导风向；

（2）尽量减小建筑物的体形系数，平、立面不宜出现过多的凹凸面；

（3）建筑北侧宜布置次要房间，北向窗户的面积应尽量小，同时适当控制东西朝向的窗墙比和单窗尺寸；

（4）加强围护结构保温能力，以减少传热耗热量，提高门窗的气密性，减少空气渗透耗热量；

（5）改善采暖供热系统的设计和运行管理，提高锅炉运行效率；加强供热管线保温；加强热网供热的调控能力。

因此，对于严寒和寒冷地区的住宅建筑，还应该注意通过优化设计来改善夏季室内的热环境，以减少空调使用时间，降低建筑的空调能耗。而通过模拟计算表明，对于严寒和寒冷气候条件下的多数地区，可以通过合理的建筑设计，实现夏季不用空调或少用空调以达到舒适的室内环境的要求。

2.3.2　空调居住建筑节能原理

1）影响空调负荷的主要因素

热动态模拟研究结果表明，影响空调负荷的主要因素如下：

（1）围护结构的热阻和蓄热性能

对于非顶层房间，当窗墙面积比为 30% 时，增加建筑物各朝向外墙热阻，对空调设计日冷负荷和运行负荷的降低并不显著。例如外墙热阻从 0.34 增到 1.81（$m^2 \cdot K$）/W，设计日冷负荷降低 10% ~ 13%。对于顶层房间，当窗墙面积比为 30% 时，增加屋顶热阻值，可使设计日冷负荷降低 42%，运行负荷降低 32%，效果明显。对于任何位置任何朝向的空调房间，外墙和屋顶的蓄热能力对空调负荷的影响极小，仅 2% 左右。但当外墙和屋顶蓄热能力较小时，增加热阻带来的效果很明显，而外墙和屋顶蓄热能力较大时，增加热阻带来的降低空调负荷的效果较差。也就是说从降低空调负荷效果上看，热阻作用大于蓄热能力的作用。即采用热阻较大，蓄热能力较小的轻质围护结构，以及内保温的构造作法，对空调建筑的节能是有利的。

（2）房间朝向状况，蓄热能力

房间朝向对空调负荷影响很大，不论围护结构热阻和蓄热能力怎样，顶层及东西向房间的空调负荷都大于南北向房间。因此将空调房间避开顶层设置以及减少东西向空调房是空调建筑节能的重要措施。

对于允许室温有一定波动范围的舒适性空调房间，增加围护结构的蓄热能力，对降低空调能耗具有显著作用。例如，当室温允许波动范围为 ±2℃时。厚重的围护结构房间的运行能耗仅为轻质房间的 1/3 左右。

（3）窗墙面积比与空气渗透情况

空调设计日冷负荷和运行负荷是随着窗墙面积比增大而增加的。大面积窗户，特别是东西向大面积窗户，对空调建筑节能极为不利。同时加强门窗的气密性，对空调建筑节能有一定意义。

（4）遮阳

提高窗户的遮阳性能，能较大幅度地降低空调负荷，特别是运行负荷。因此要根据窗的朝向及形式选择适当的外置、内置或中置遮阳设施，合理设计遮阳参数，条件允许情况下应采用手动或自动可变遮阳调节技术，在空调运行期内最大程度阻隔太阳辐射热量。

（5）室内自然通风

自然通风可通过对流方式有效带走室内热量，不仅可以降低室内温度，从而减少空调开启时间，还能够改善室内空气质量。所以应采用建筑设计手段合理组织室内横向和纵向通风，还可以利用风帽、通风井、通风塔等技术手段提高自然通风效率。

2）空调建筑节能基本原理

我国夏热冬冷的长江流域中下游地区和夏热冬暖的广东、广西、福建地区，空调器在建筑中的使用越来越普遍。这些地区空调耗电已成为建筑能耗的重点。因此，必须通过技术途径实现空调建筑的节能。本书所述空调建筑系指一般夏季空调降温建筑，即室温允许波动范围为 ±2℃的舒适性空调建筑。

空调建筑得热一般有以下三种途径：①太阳辐射通过窗户进入室内构成太阳辐射得热；②围护结构传热得热；③门窗缝隙空气渗透得热。这些得热随时间而变化，且部分得热被内部围护结构所吸收和暂时贮存，其余部分构成空调负荷。空调负荷有设计日冷负荷和运行负荷之分。设计日冷负荷专指在空调室内外设计条件下，空调逐小时冷负荷的峰值，其目的在于确定空调设备的容量。运行负荷系指在夏季空调期间为维持室内恒定的设计温度，需由空调设备从室内除去的热量。空调运行能耗系指在夏季空调期间，在空调设备采用某种运行方式的条件下（连续空调或间歇空调），为将室温维持在允许的波动范围内需由空调设备从室内除去的热量。

根据空调建筑物夏季得热途径，总结出以下节能设计要点：

（1）空调建筑应尽量避免东西朝向或东西向窗户，以减少太阳直接辐射得热；

（2）空调房应集中布置，上下对齐。温湿度要求相近的空调房间宜相邻布置；

（3）空调房间应避免布置在转角处、有伸缩缝处及顶层。当必须布置在顶层时，屋顶应有良好的隔热措施；

（4）在满足功能要求的前提下，空调建筑外表面积宜尽可能地小，表面宜采用浅色，房间净高宜降低；

（5）外窗面积应尽量减小，向阳或东西向窗户，宜采用热反射玻璃、反射阳光镀膜和有效的遮阳构件；

（6）外窗气密性等级不应低于《建筑幕墙、门窗通用技术条件》GB/T 31433—2015中的相关规定；

（7）围护结构的传热系数应符合节能标准中规定的要求；

（8）间歇使用的空调建筑，其外围护结构内侧和内围护结构宜采用轻质材料；连续使用的空调建筑，其外围护结构内侧和内围护结构宜采用厚重材料。

2.4　公共建筑节能设计方法

在公共建筑的全年能耗中，供暖空调系统的能耗约占40%～50%，照明能耗约占30%～40%，其他用能设备约占10%～20%。而在供暖空调能耗中，外围护结构传热所导致的能耗约占20%～50%（夏热冬暖地区大约20%，夏热冬冷地区大约35%，寒冷地区大约40%，严寒地区大约50%）。[①] 近年来，随着公共建筑规模的增长及平均能耗强度的增长，公共建筑的能耗已经成为中国建筑能耗中比例最大的一部分。

公共建筑的节能设计，必须结合当地的气候条件，在保证室内环境质量，满足人们对室内舒适度要求的前提下，提高围护结构保温隔热能力，提高供暖、通风、空调和照明等系统的能源利用效率。

2.4.1　公共建筑分类

公共建筑按使用功能分为教育建筑、办公建筑、酒店建筑、商业建筑、医疗卫生建筑和其他建筑：

（1）教育建筑：包括托儿所、幼儿园、寄宿学校、中小学校、高等院校、专科院校、职业技术学校、特殊教育学校等；

（2）办公建筑：包括办公楼、商务写字楼、科研楼、档案馆、行政办公楼、法院、检察院、司法建筑、科学实验建筑、公寓式办公楼、酒店式办公楼、档案楼等；

（3）酒店建筑：包括酒店、快捷酒店、宾馆、旅馆、招待所、度假村等；

（4）商业建筑：包括超级市场（自选商场）、购物中心、商业街、综合商厦、百货商店、批发商店、农贸市场、菜市场、联营商场、专卖店、便利店、饮食广场、餐馆、快餐店、食堂、银行、金融建筑、典当行、储蓄所等；

（5）医疗卫生建筑：包括综合医院、专科医院、急救中心、救护站、康复医院、社区卫生服务中心、疗养院、卫生所、防疫站、药品检疫所、医务室等；

① 数据来源：《公共建筑节能标准》GB 50189—2015。

（6）其他建筑：除以上 5 种建筑类型之外的公共建筑。

公共建筑分类应符合下列规定：

（1）单栋建筑面积大于 $300m^2$ 的建筑，或单栋建筑面积小于或等于 $300m^2$ 总建筑面积大于 $1000m^2$ 的公共建筑群，应为甲类公共建筑；

（2）除甲类公共建筑外的公共建筑，为乙类公共建筑。

2.4.2　公共建筑节能设计要点

公共建筑在节能设计中应注意的要点与居住建筑类似，如建筑的总体规划和总平面设计应充分利用冬季日照和夏季自然通风，建筑的主朝向宜选择南向或接近南向的朝向，且避开冬季主导风向；建筑设计应遵循被动节能措施优先的原则，充分利用天然采光、自然通风，结合围护结构的保温隔热和遮阳措施，降低建筑的用能需求；建筑物体形应规整紧凑，且应合理控制体形系数及建筑层高；建筑围护结构采用的材料和产品应满足被动节能构造措施要求，并应符合国家现行相关标准及规定；建筑除北向外其他朝向外窗（包括透光幕墙）均应采取遮阳措施，遮阳系数的计算方法与居住建筑相同。

但公共建筑的建筑形式与功能较居住建筑更为复杂，采暖、供冷、照明等方式也与居住建筑存在较大差别，因此在节能设计中与居住建筑的主要差异如下：

1）体形系数

有采暖要求的地区，建筑体形的变化直接影响建筑能耗的大小，是被动节能的主要措施之一，因此居住建筑和公共建筑均将体形系数限值作为强制性标准。但相对于居住建筑，公共建筑的功能更为复杂且造型更加丰富，若体形系数限值规定过小，将制约建筑师的创造性，致使建筑造型呆板，平面布局困难，甚至损害建筑功能。因此，公共建筑对于体形系数的限制比居住建筑更为宽松。表 2–5 为严寒和寒冷地区公共建筑体形系数限值。在夏热冬冷和夏热冬暖地区，建筑体形系数对空调和供暖能耗也有一定的影响，但由于室内外的温差远不如严寒和寒冷地区大，尤其是对部分内部发热量很大的商业类建筑，还存在夜间散热问题，所以不对体形系数提出具体的要求，但仍需考虑建筑体形系数对能耗的影响。

严寒和寒冷地区公共建筑体形系数限值　　表 2–5

单栋建筑面积 A（m^2）	建筑体形系数
$300 < A \leq 800$	≤ 0.50
$A > 800$	≤ 0.40

2）窗墙面积比

外窗的保温隔热性能比外墙差很多，一般情况下，窗墙面积比越大，供暖和空调能耗也越大。因此，从降低建筑能耗的角度出发，应适当限制窗墙面积比。但公共建筑出于功能或造型方面的考虑，窗的面积较居住建筑更大，还有大量玻璃幕墙的使用。公共建筑的窗墙面积比是指单一立面窗墙面积比，其定义为建筑某一个立面的窗户洞口面积与该立面总面积之比，同一朝向不同立面不能合在一起计算窗墙面积比。公共建筑对于窗墙面积比的限制为屋顶透光部分面积不宜大于屋顶总面积的 20%，严寒地区甲类建筑单一立面窗墙面积比（包括透光幕墙）均不宜大于 0.60，其他地区甲类建筑单一立面窗墙面积比（包括透光幕墙）均不宜大于 0.70。可见公共建筑并未如居住建筑那样对各个朝向的窗墙面积比均进行限定，且限值也更大。

3）围护结构热工性能

采用热工性能良好的围护结构是降低公共建筑能耗的重要途径。我国幅员辽阔，气候差异大，各地区公共建筑围护结构的设计应根据建筑物所处的气候特点和技术情况，确定满足节能要求的建筑围护结构热工性能参数。其中，非透光围护结构（外墙、屋顶）的热工性能主要以传热系数来衡量，对于透光围护结构，传热系数和太阳得热系数是衡量外窗、透光幕墙热工性能的两个主要指标。

严寒、寒冷地区主要考虑建筑的冬季保温，对围护结构传热系数的限值要求相对高于其他气候区。表 2–6 为严寒 A、B 区甲类公共建筑围护结构热工性能限值。夏热冬暖和夏热冬冷地区，空调期太阳辐射得热是建筑能耗的主要原因，因此，对窗和幕墙的玻璃（或其他透光材料）的太阳得热系数的要求高于北方地区。当采用通透、大面积透光幕墙时，要根据建筑所处的气候区和窗墙面积比选择玻璃（或其他透光材料），使幕墙的传热系数和玻璃（或其他透光材料）的热工性能符合节能标准的规定。

公共建筑的外围护结构热工性能参数限值比居住建筑更大，有利于设计师更加灵活地采用围护结构设计方案，满足公共建筑的功能和形式需要。

严寒 A、B 区甲类公共建筑围护结构热工性能限值　　表 2–6

围护结构部位	体形系数≤ 0.30	0.30 < 体形系数≤ 0.50
	传热系数 K [W/（m^2·K）]	
屋面	≤ 0.25	≤ 0.20
外墙（包括非透光幕墙）	≤ 0.35	≤ 0.30

续表

围护结构部位		体形系数≤ 0.30	0.30＜体形系数≤ 0.50
		传热系数 K [W/（m²·K）]	
底面接触室外空气的架空或外挑楼板		≤ 0.35	≤ 0.30
地下车库与供暖房间之间的楼板		≤ 0.50	≤ 0.50
非供暖楼梯间与供暖房间之间的隔墙		≤ 0.80	≤ 0.80
单一立面外窗（包括透光幕墙）	窗墙面积比≤ 0.20	≤ 2.50	≤ 2.20
	0.20＜窗墙面积比≤ 0.30	≤ 2.30	≤ 2.00
	0.30＜窗墙面积比≤ 0.40	≤ 2.00	≤ 1.60
	0.40＜窗墙面积比≤ 0.50	≤ 1.70	≤ 1.50
	0.50＜窗墙面积比≤ 0.60	≤ 1.40	≤ 1.30
	0.60＜窗墙面积比≤ 0.70	≤ 1.40	≤ 1.30
	0.70＜窗墙面积比≤ 0.80	≤ 1.30	≤ 1.20
	窗墙面积比＞0.80	≤ 1.20	≤ 1.10
屋顶透光部分（屋顶透光部分面积≤ 20%）		≤ 1.80	
围护结构部位		保温材料层热阻 R [（m²·K）/W]	
周边地面		≥ 1.10	
供暖地下室与土壤接触的外墙		≥ 1.50	
变形缝（两侧墙内保温时）		≥ 1.20	

4）门窗气密性

为了保证建筑的节能，要求公共建筑外窗具有良好的气密性能，以抵御夏季和冬季室外空气过多地向室内渗漏，因此对外窗的气密性具有较高的要求，且与居住建筑基本相同。公共建筑外门窗气密性应符合国家现行标准《建筑幕墙、门窗通用技术条件》GB/T 31433—2015，并满足下列规定：10 层及以上建筑的外窗气密性不应低于 7 级；10 层以下建筑的外窗气密性不应低于 6 级；严寒和寒冷地区外门气密性不应低于 4 级。

但与居住建筑不同的是，公共建筑中经常采用玻璃幕墙，且由于透光幕墙的气密性能对建筑能耗也有较大的影响，为了达到节能目标，要求透光幕墙的气密性不应低于 3 级。

5）能耗指标

不同类型的公共建筑影响能耗的因素较为繁杂，建筑的体量、朝向、规模、空间形态、围护结构的热工性能、供暖空调和照明设备的能效以及运行的状况和时间，均对最终设计建筑的能耗有着直接或间接的约束。统一的建筑节能措施和围护结构的限值难于将各类公共建筑的能耗都控制在理论上的范围内。因此，为做到公平、公正地将各类公共建筑的能耗合理合法地控制在“规定的范围内”，则必然需要制定统一能耗限值。以天津市对于各类公共建筑的设计总能耗指标为例，各类公共建筑年单位建筑面积供暖、空调和照明设计总能耗指标见表 2–7。

各类公共建筑年单位建筑面积供暖、空调和照明设计总能耗指标（$kWh/m^2 \cdot a$）　表 2–7

教育建筑	办公建筑	酒店建筑	商业建筑	医疗卫生建筑	其他类建筑
≤ 39	≤ 38	≤ 51	≤ 68	≤ 75	≤ 62

注：1 其他类建筑为除上述五类建筑之外的建筑，例如文化、体育、交通、广播电影电视建筑等；
2 包含多种类型的综合建筑能耗指标按面积加权平均的方法计算；
3 总能耗指标不包含建筑地下室的能耗；
4 设计总能耗指标计算应由建筑、暖通、电气专业分别提供计算参数，由工程设计主持人（项目负责人）统一协调，满足指标要求。

6）其他

相比于居住建筑，公共建筑节能设计中还应注意以下问题：

（1）对同一公共建筑尤其是大型公建的内部，往往有多个不同的使用单位和空调区域。若分散设置多个冷热源机房，既增加占地面积和土建投资，同时分散的各机房中空调冷热源主机等设备需按其所在空调系统最大冷热负荷选型，势必会加大整个建筑冷热源设备和辅助设备以及变配电设施的装机容量和初投资，增加电力消耗和运行费用。对同一公共建筑的不同使用单位和空调区域，宜集中设置一个冷热源机房（能源中心）。集中设置冷热源机房具有装机容量低、综合能效高的特点。但集中机房系统较大，如果其位置设置偏离冷热负荷中心较远，同样也可能导致输送能耗增加。因此，建筑总平面设计及平面布置应合理确定能源设备机房的位置，缩短能源供应输送距离，能源站和设备机房应靠近负荷中心。

（2）公共建筑的主要出入口外门开启频繁，冬季外门的频繁开启易造成室外冷空气大量进入室内，导致供暖能耗增加。采取设置门斗、两道门等措施可以避免冷风直接进入室内，在节能的同时，也提高门厅的热舒适性。西、北向主要出入口应设置门斗或双道门，其他外门宜设门斗或采取其他减少冷风渗透的措施。

（3）具有高大空间的建筑内部，夏季太阳辐射将会使中庭内温度过高，增大建筑物的空调能耗。而自然通风则是改善建筑内部热环境，节约空调能耗最为简单、经济，具有良好效果的技术措施。对于建筑中庭空间高大，一般应考虑在中庭上部的侧面开一些窗口或其他形式的通风口，充分利用自然通风，达到降低中庭温度的目的。必要时，应考虑在中庭上部的侧面设置排风机加强通风，改善中庭热环境。尤其在室外空气的焓值小于建筑室内空气的焓值时，自然通风或机械排风能有效地带走中庭内的散热量和散湿量，改善室内热环境，节约建筑能耗。

2.5 建筑能耗计算方法

居住建筑的能耗是指建筑使用过程中的能耗，包括供暖、空调、通风、热水供应、照明、炊事、家用电器、电梯等的能耗。公共建筑能耗主要由采暖、供冷、照明、办公电器设备、电梯及特定功能设备等的能耗组成。供暖及空调能耗是建筑能耗比例最大的分项。

早期的建筑节能设计标准中对于能耗的计算采用稳态传热法，将室外温度、辐射简化为一个固定不变的参数。随着能耗计算方法的不断提升，建筑的能耗计算已采用动态方法，按给定建筑的构件、围护结构热工及室内湿热参数，利用建筑能耗模拟软件计算获得。虽然稳态传热法已不再适用于评价建筑物的热性能，为了便于理解能耗计算过程，此处将能耗计算的两种方法分别进行介绍。

2.5.1 建筑能耗的稳态传热计算法

建筑能耗的稳态传热计算法是一种简化的能耗计算方法，通过建立传热方程，简化外界环境来计算为维持稳定的室内空气温度、湿度所需要向室内提供的热（冷）量和湿量。本节以建筑物采暖能耗为例，介绍建筑能耗稳态传热法的计算过程。

建筑物采暖能耗水平可以用建筑物耗热量指标进行评价。耗热量指标指在采暖期室外平均温度条件下采暖建筑为保持室内计算温度，单位建筑面积在单位时间内消耗的，需由室内采暖设备供给的热量，其单位为 W/m^2，将其乘上采暖的时间，就得到单位建筑面积需要供热系统提供的热量。

建筑物耗热量指标计算公式为

$$q_{\mathrm{H}}=q_{\mathrm{H\cdot T}}+q_{\mathrm{INF}}-q_{\mathrm{I\cdot H}} \tag{2-1}$$

式中　q_{H}——建筑物耗热量指标，W/m^2；

$q_{H\cdot T}$——折合到单位建筑面积通过围护结构的传热耗热量，W/m^2；

q_{INF}——折合到单位建筑面积的空气渗透耗热量，W/m^2；

$q_{I\cdot H}$——折合到单位建筑面积的建筑内部得热（包括餐厨、照明、家电和人体散热），W/m^2，住宅建筑取 $3.80W/m^2$。

1）折合到单位建筑面积上通过建筑围护结构的传热量

在设计阶段，要控制建筑物耗热量指标，最主要的就是控制折合到单位建筑面积上单位时间内通过建筑围护结构的传热量。

折合到单位建筑面积上单位时间内通过建筑围护结构的传热量 q_{HT} 按式（2–2）计算：

$$q_{H\cdot T}=q_{Hq}+q_{Hw}+q_{Hd}+q_{Hmc}+q_{Hy} \tag{2-2}$$

式中　q_{Hq}——折合到单位建筑面积上单位时间内通过墙的传热量，W/m^2；

q_{Hw}——折合到单位建筑面积上单位时间内通过屋顶的传热量，W/m^2；

q_{Hd}——折合到单位建筑面积上单位时间内通过地面的传热量，W/m^2；

q_{Hmc}——折合到单位建筑面积上单位时间内通过门、窗的传热量，W/m^2；

q_{Hy}——折合到单位建筑面积上单位时间内非采暖封闭阳台的传热量，W/m^2。

折合到单位建筑面积上单位时间内通过墙的传热量 q_{Hq} 按式（2–3）计算：

$$q_{Hq}=\frac{\sum q_{Hqi}}{A_0}=\frac{\sum \varepsilon_{qi}K_{mqi}F_{qi}(t_n-t_e)}{A_0} \tag{2-3}$$

式中　t_n——室内计算温度，取18℃；当外墙内侧是楼梯间时，则取12℃；

t_e——采暖期室外平均温度，℃，根据《民用建筑热工设计规范》GB 50176—2016附录A确定；

ε_{qi}——外墙传热系数的修正系数；

K_{mqi}——外墙平均传热系数，$W/(m^2\cdot K)$，根据附录一计算确定；

F_{qi}——外墙的面积，m^2，参照附录二的规定计算确定；

A_0——建筑面积，m^2，参照附录二的规定计算确定。

对于严寒和寒冷地区住宅建筑大量使用的外保温墙体，如果窗口等节点处理得比较合理，其热桥的影响可以控制在一个相对较小的范围。为了简化计算方便设计，针对外保温墙体附录二中也规定了修正系数，墙体的平均传热系数可以用主断面传热系数乘以修正系数来计算，避免复杂的线传热系数计算。

折合到单位建筑面积上单位时间内通过屋顶的传热量 q_{Hw} 按式（2–4）计算：

$$q_{Hw}=\frac{\sum q_{Hwi}}{A_0}=\frac{\sum \varepsilon_{wi}K_{wi}F_{wi}(t_n-t_e)}{A_0} \tag{2-4}$$

式中　ε_{wi}——屋顶传热系数的修正系数；

K_{wi}——屋顶平均传热系数，W/（$m^2 \cdot K$），根据附录一计算确定；

F_{wi}——屋顶的面积，m^2，参照附录二的规定计算确定。

屋顶传热系数的修正系数主要是考虑太阳辐射和夜间天空辐射对屋顶传热的影响。与外墙相比，屋顶上出现热桥的可能性要小得多。因此，如果确有明显的热桥，同样用附录一中的计算方法计算屋顶的平均传热系数，如无明显的热桥，则屋顶的平均传热系数就等于屋顶主断面的传热系数。

折合到单位建筑面积上单位时间内通过地面的传热量 q_{Hd} 按式（2–5）计算

$$q_{Hq}=\sum q_{Hqi}/A_0=[\sum K_{di}F_{qi}(t_n-t_e)]/A_0 \tag{2-5}$$

式中　K_{di}——地面的传热系数，W/（$m^2 \cdot K$），参照附录三的规定计算确定；

F_{qi}——地面的面积，m^2，参照附录二的规定计算确定。

由于土壤的巨大蓄热作用，地面的传热是一个很复杂的非稳态传热过程，而且具有很强的二维或三维（墙角部分）特性。式（2–5）中的地面传热系数实际上是一个当量传热系数，无法简单地通过地面的材料层构造计算确定，只能通过非稳态二维或三维传热计算程序确定。式中的温差项也是为了计算方便取的，并没有很强的物理意义。附录三给出了几种常见地面构造的当量传热系数供设计时选用。

外窗、外门的传热分成两部分来计算，前一部分是室内外温差引起的传热，后一部分是透过外窗、外门的透明部分进入室内的太阳辐射得热。

折合到单位建筑面积上单位时间内通过外窗（门）的传热量 q_{Hmc} 按式（2–6）计算：

$$q_{Hmc}=\sum q_{Hmci}/A_0=[\sum K_{mci}F_{mci}(t_n-t_e)-I_{tyi}C_{mci}F_{mci}]/A_0 \tag{2-6}$$

$$C_{mci}=0.87\times 0.70\times SC$$

式中　K_{mci}——窗（门）的传热系数，W/（$m^2 \cdot K$）；

F_{mci}——窗（门）的面积，m^2；

I_{tyi}——窗（门）外表面采暖期平均太阳辐射热，W/m^2；

C_{mci}——窗（门）的太阳辐射修正系数；

SC——窗的综合遮阳系数，按式（6–2）计算；

0.87——3mm 普通玻璃的太阳辐射透过率；

0.70——折减系数。

通过非采暖封闭阳台的传热分成两部分来计算，前一部分是室内外温差引起的传热，后一部分是透过两层外窗（门）的透明部分进入室内的太阳辐射得热。

折合到单位建筑面积上单位时间内通过非采暖封闭阳台的传热量 q_{Hy} 按式（2–7）计算：

$$q_{Hy}=\sum q_{Hyi}/A_0=[\sum K_{qmci}F_{qmci}\zeta_i(t_n-t_e)-I_{tyi}C'_{mci}F_{mci}]/A_0 \qquad (2\text{-}7)$$

$$C'_{mci}=(0.87\times SC_W)\times(0.87\times 0.70\times SC_N)$$

式中 K_{qmci}——分隔封闭阳台和室内的墙、窗（门）的面积加权平均传热系数，W/（$m^2\cdot K$）；

F_{qmci}——分隔封闭阳台和室内的墙、窗（门）的面积，m^2；

ζ_i——阳台的温差修正系数；

I_{tyi}——封闭阳台外表面采暖期平均太阳辐射热，W/m^2；

F_{mci}——分隔封闭阳台和室内的窗（门）的面积，m^2；

C'_{mci}——分隔封闭阳台和室内的窗（门）的太阳辐射修正系数；

SC_W——外侧窗的综合遮阳系数，按式（6–2）计算；

SC_N——内侧窗的综合遮阳系数，按式（6–2）计算。

2）折合到单位建筑面积的空气渗透耗热量应按下式计算

折合到单位建筑面积的空气渗透耗热量应按下式计算：

$$q_{INF}=(t_i-t_e)(C_p\cdot\rho\cdot N\cdot V)/A_0 \qquad (2\text{-}8)$$

式中 C_p——空气比热容，取 0.28W·h/（kg·K）；

ρ——空气密度（kg/m^3），取 t_e 条件下的值；

N——换气次数，住宅建筑取 0.5（1/h）；

V——换气体积（m^3），应按本书附录二的规定计算。

2.5.2　建筑能耗的动态负荷计算方法

建筑的类型多样，结构复杂、所用设备种类众多，对建筑能耗计算精度的要求也不断提高，稳态传热简化计算方法已经不能满足节能设计的需求。随着计算机技术与能耗计算方法的结合，动态建筑能耗模拟方法成为建筑能耗计算的主流发展方向，相应的能耗模拟软件为研究建筑能耗规律提供了有效工具。该方法依据逐时变化的室外气象数据、室内人员活动状况、室内热源、照明等信息计算满足室内环境要求的逐时能耗及采暖和空调总能耗。

1）建筑能耗模拟计算软件应具有的功能

（1）采用动态负荷计算方法；

（2）能逐时设置人员数量、照明功率、设备功率、室内温度、供暖和空调系统运行时间；

（3）能计入建筑围护结构蓄热性能的影响；

（4）能计算建筑热桥对能耗的影响；

（5）能计算10个以上建筑分区；

（6）能够生成建筑围护结构热工性能计算报告。

常用的软件有DeST、PKPM、EnergyPlus、eQUEST、TRNSYS、爱必宜（IBE）等，但无论采用何种软件，建筑模型及能耗计算相关参数取值应与设计文件一致。

2）建筑供暖和供冷能耗计算

对公共建筑和居住建筑全年供暖和供冷总耗电量按下式计算：

$$E=E_H+E_C \tag{2-9}$$

式中 E——全年供暖和供冷总耗电量，kWh/m^2；

E_C——全年供冷耗电量，kWh/m^2；

E_H——全年供暖耗电量，kWh/m^2。

全年供冷耗电量应按下式计算：

$$E_C=\frac{Q_C}{A\times COP_C} \tag{2-10}$$

式中 Q_C——全年累计耗冷量（kWh），通过动态模拟软件计算得到；

A——总建筑面积，m^2；

COP_C——公共建筑供冷系统综合性能系数，取3.50；寒冷B区、夏热冬冷、夏热冬暖地区居住建筑取3.60。

严寒地区和寒冷地区全年供暖耗电量应按下式计算：

$$E_H=\frac{Q_H}{A\eta_1 q_1 q_2} \tag{2-11}$$

式中 Q_H——全年累计耗热量（kWh），通过动态模拟软件计算得到；

η_1——热源为燃煤锅炉的供暖系统综合效率，取0.81；

q_1——标准煤热值，取8.14kWh/kgce；

q_2——综合发电煤耗（kgce/kWh），取0.330kgce/kWh。

夏热冬暖 A 区、夏热冬冷、夏热冬暖和温和地区公共建筑全年供暖耗电量应按下式计算：

$$E_H = \frac{Q_H}{A\eta_2 q_3 q_2}\phi \quad (2\text{-}12)$$

式中　η_2——热源为燃气锅炉的供暖系统综合效率，取 0.85；

q_3——标准天然气热值，取 9.87kWh/m^3；

ϕ——天然气与标煤折算系数，取 1.21kgce/m^3。

夏热冬暖 A 区、夏热冬冷和温和地区居住建筑全年供暖耗电量应按下式计算：

$$E_H = \frac{Q_H}{A\times COP_H} \quad (2\text{-}13)$$

式中　Q_H——全年累计耗热量，kWh；

A——总建筑面积，m^2；

COP_H——供暖系统综合性能系数，取 2.6。

2.5.3　建筑能耗计算举例

【例 2–1】试用稳态传热法求天津地区一住宅建筑耗热量。已知该住宅为钢筋混凝土框架结构，2 个单元 6 层。层高 2.8m，南北向，外窗均为单框双玻铝合金窗；外窗及分隔封闭阳台的内、外侧窗综合遮阳系数 0.70；楼梯间不采暖；天津地区采暖期为 Z=119d，采暖期室外平均温度 t_e=–0.2℃，建筑面积 A_0=2498.25m^2；建筑体积 V_0=6854.39m^3；外表面积 F_0=2048.08m^2；体形系数 S=0.30。建筑立面及平面见图 2–1、图 2–2。各部分围护结构构造做法与传热面积见表 2–8。

图 2–1　建筑立面图

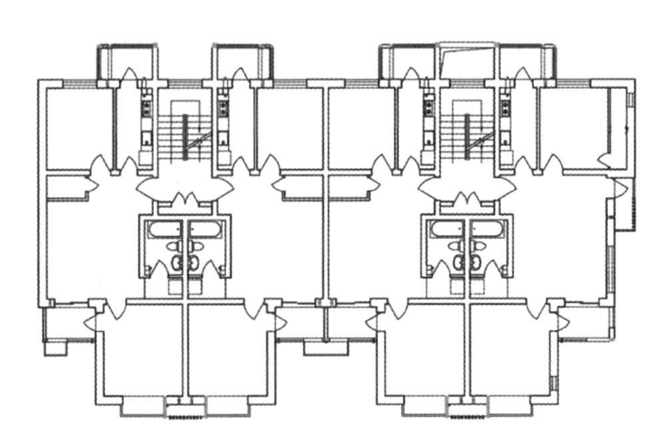

图 2-2　建筑平面图

各部分围护结构构造做法与传热面积　　表 2-8

<table>
<tr><th colspan="2">名称</th><th>构造做法</th><th>传热系数 K_i [W/（m^2·K）]</th><th>传热面积 F_i（m^2）</th></tr>
<tr><td rowspan="2">屋顶</td><td>平</td><td>10mm 地砖；40mm 刚性防水层；20mm 水泥砂浆找平层；平均 70mm 厚水泥焦砟找坡；60mm 挤塑型聚苯板；120mm 现浇钢筋混凝土楼板；20mm 石灰砂浆内抹灰</td><td rowspan="2">平顶 K=0.25
坡顶 K=0.23
平均传热系数 0.24</td><td rowspan="2">平顶面积 74.2
坡顶面积 355.8
总面积 430</td></tr>
<tr><td>坡</td><td>20mm 陶瓦；20mm 防水层；20mm 水泥砂浆找平层；70mm 挤塑型聚苯板保温层；120mm 现浇钢筋混凝土楼板；20mm 石灰砂浆内抹灰</td></tr>
<tr><td rowspan="2">外墙</td><td>1</td><td>20mm 水泥抹面；50mm 挤塑型聚苯板；190mm 炉渣空心砌块；20mm 石灰砂浆内抹灰</td><td rowspan="2">平均传热系数 0.40</td><td rowspan="2">南，160.9（130.9）
东西，449.5（58.2）
北，245.8（101.8）</td></tr>
<tr><td>2</td><td>20mm 水泥抹面；50mm 挤塑型聚苯板；200mm 钢筋混凝土；20mm 石灰砂浆内抹灰</td></tr>
<tr><td rowspan="2">楼梯间隔墙</td><td>1</td><td>20mm 石灰砂浆抹灰；20mm 挤塑型聚苯板；190mm 炉渣空心砌块；20mm 石灰砂浆抹灰</td><td rowspan="2">平均传热系数 1.10</td><td rowspan="2">561.1</td></tr>
<tr><td>2</td><td>20mm 石灰砂浆抹灰；20mm 挤塑型聚苯板；200mm 钢筋混凝土；20mm 石灰砂浆抹灰</td></tr>
<tr><td colspan="2">窗户（包括阳台处落地玻璃门）</td><td>中空玻璃隔热断桥铝合金窗</td><td>1.8</td><td>南，123.3（121.0）
东西，24.5（51.8）
北，81.2（42.2）</td></tr>
<tr><td colspan="2">户门</td><td>三防保温门</td><td>1.2</td><td>50.4</td></tr>
</table>

注：传热面积一项中括号部分为有阳台处的面积。

【解】

1）天津地区相关计算参数

（1）室内外计算温度：t_i=18℃；t_e=−0.2℃；t_i−t_e=18.2℃。

（2）其他相关参数见表 2-9。

相关参数表　　表 2-9

项目	位置				
	屋顶	南向	北向	东向	西向
窗（门）外表面采暖期平均太阳辐射热 I_{tyi}（W/m^2）	99	106	34	56	57
非透明围护结构传热系数修正值 ε	0.98	0.85	0.95	0.92	0.92
阳台温差修正系数 ζ	—	0.35	0.47	0.43	0.43

（3）C_{mci}——窗（门）的太阳辐射修正系数：

C_{mci}=0.87×0.70×SC=0.87×0.70×0.70=0.43

（4）C'_{mci}——分隔封闭阳台和室内的窗（门）的太阳辐射修正系数：

C'_{mci}=（0.87×SC_W）×（0.87×0.70×SC_N）=（0.87×0.70）×（0.87×0.70×0.70）=0.26

2）折合到单位建筑面积通过各围护结构传热量（W/m^2）

（1）外墙

$q_{Hq}=(\sum q_{Hqi})/A_0=[\sum \varepsilon_{qi}K_{mqi}F_{qi}(t_n-t_e)/A_0$ =（0.85×291.8+0.92×507.7+0.95×347.6）×0.40×18.2/2498.25=3.05W/m^2

（2）屋顶

$q_{Hw}=(\sum q_{Hwi})/A_0=[\sum \varepsilon_{wi}K_{wi}F_{wi}(t_n-t_e)/A_0$ =0.98×409.69×0.24×18.2/2498.25=0.70W/m^2

（3）地面

$q_{Hd}=(\sum q_{Hdi})/A_0=[\sum K_{di}F_{di}(t_n-t_e)/A_0$ =（0.34×151.32+0.10×190.94）×18.2/2498.25=0.51W/m^2

（4）外窗

①传热部分：

$q_{Hmc^1}=(\sum q_{Hmci^1})/A_0=[\sum K_{mci}F_{mci}(t_n-t_e)/A_0$ =（121+24.5+81.2）×1.8×18.2/2498.25= 2.97W/m^2

②太阳辐射得热部分：

$q_{Hmc^2}=\sum q_{Hmci^2}/A_0=(\sum I_{tyi}C_{mci}F_{mci})/A_0$ =（106×121+56×24.5+34×81.2）×0.43/2498.25=2.92W/m^2

③合计：

$$q_{\mathrm{Hmc}}=q_{\mathrm{Hmc^1}}-q_{\mathrm{Hmc^2}}=2.97-2.92=0.05\mathrm{W/m^2}$$

（5）阳台窗

①传热部分：

$q_{\mathrm{Hy^1}}=(\sum q_{\mathrm{Hyi^1}})/A_0=[\sum K_{\mathrm{qmci}}F_{\mathrm{qmci}}\zeta_i(t_n-t_e)/A_0$ =（0.35×123.3+0.43×51.8+0.47×42.2）×1.8×18.2/2498.25=1.12W/m^2

②太阳辐射得热部分：

$q_{\mathrm{Hy^2}}=(\sum q_{\mathrm{Hyi^2}})/A_0=(\sum I_{\mathrm{tyi}}C'_{\mathrm{mci}}F_{\mathrm{mci}})/A_0=$（106×123.3+56×51.8+34×42.2）×0.26/2498.25=1.81W/m^2

③合计：

$$q_{\mathrm{Hy}}=q_{\mathrm{Hy^1}}-q_{\mathrm{Hy^2}}=1.12-1.81=-0.69$$

（6）围护结构总传热量

$$q_{\mathrm{H\cdot T}}=q_{\mathrm{Hq}}+q_{\mathrm{Hw}}+q_{\mathrm{Hd}}+q_{\mathrm{Hmci}}+q_{\mathrm{Hy}}=3.05+0.70+0.51+0.05-0.69=3.62\mathrm{W/m^2}$$

3）折合到单位建筑面积空气渗透耗热量（W/m^2）

$$q_{\mathrm{INF}}=(t_i-t_e)(C_p\cdot\rho\cdot N\cdot V)/A_0=13490.55/2498.25=5.40\mathrm{W/m^2}$$

4）建筑物耗热量（W/m^2）

$$q_{\mathrm{H}}=q_{\mathrm{H\cdot T}}+q_{\mathrm{INF}}-q_{\mathrm{I\cdot H}}=3.62+5.40-3.80=5.22\mathrm{W/m^2}$$

【例 2–2】计算天津地区某办公楼的设计能耗，包括照明、供暖和空调设计能耗，并验证其是否满足天津市公共建筑节能设计要求。该建筑为钢筋混凝土框架结构，共 23 层，层高 4.2m，建筑总高度 110.7m，总建筑面积 24071.69m^2，正南北向，建筑立面及平面图见图 2–3，建筑围护结构热工性能指标见表 2–10。

建筑围护结构热工性能指标 表 2–10

主要围护结构传热系数 K[W/（m^2·K）]		外墙	0.42
		屋面	0.33
窗墙面积比		外窗（包括透明幕墙）传热系数	外窗（包括透明幕墙）综合遮阳系数
南	0.44	2.2	0.60
东	0.63	2.2	0.30
西	0.63	2.2	0.30
北	0.48	2.0	—

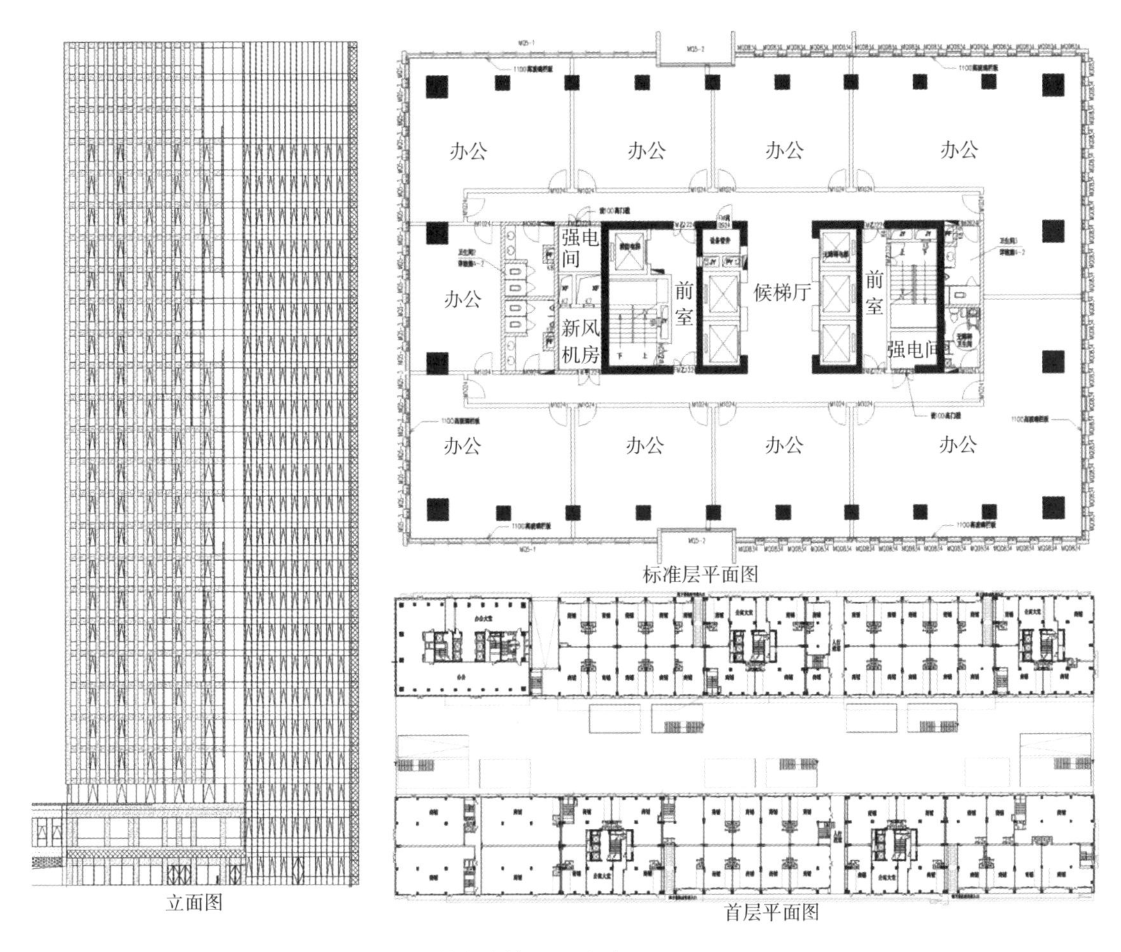

图 2-3　某办公楼立面及平面

【解】

1）能耗计算方法

要得到科学的公共建筑能耗数据，需要对建筑物全年 8760h 的逐时冷、热负荷以及照明负荷进行计算。包含多种类型的综合建筑能耗指标的计算按面积加权平均法，将不同类型建筑年度单位建筑面积的能耗指标乘以其建筑面积后相加求和再除以综合建筑中采暖空间的总建筑面积，即为综合建筑的年度单位建筑面积供暖、空调和照明能耗指标。但这一运算过程极为庞大和复杂，必须借助专业软件进行动态负荷计算完成。

当通过模拟方法得到供暖、空调和照明设计能耗数据后，公共建筑单位建筑面积全年供暖空调及照明能耗（B_0）可按下式计算：

$$B_0=E_{01}+E_{02}+E_{03} \tag{2-14}$$

式中　B_0——单位建筑面积全年供暖空调及照明能耗（kWh/m^2）;

E_{01}——单位建筑面积全年冷热源能耗（kWh/m^2）;

E_{02}——单位建筑面积全年循环水泵能耗（kWh/m^2）;

E_{03}——单位建筑面积全年照明能耗（kWh/m^2）。

其中，公共建筑单位建筑面积全年冷热源能耗（E_{01}）可按下列公式计算:

$$E_{01}=E_{01h}+E_{01c} \tag{2-15}$$

式中　E_{01h}——单位建筑面积全年热源折合的耗电量（kWh/m^2）;

E_{01c}——单位建筑面积全年冷源折合的耗电量（kWh/m^2）。

2）软件模拟

（1）图纸分析

能耗模拟首先要对建筑形态进行简化，以提高模拟运算效率。因此需要分析既有图纸，主要包括建筑设计图、暖通图、电气设备图。

建筑设计图主要用于理解建筑形态与建筑内部空间划分特点与功能布置，特别需要注意的是建筑外围护结构构造方式、各朝向透明围护结构与非透明围护结构的面积比例、室内特殊空间的分布等；在暖通图中需要了解被模拟建筑中的空调区域与非空调区域、空调区域的采暖或制冷形式、不同功能空间内的空调控制标准，进而统计各区内的末端数量、送风量、制冷制热量等空调参数；电气设备图用于辅助统计室内单位面积的设备耗能功率。

完成图纸分析后，要对建筑进行能耗模拟的分区整合，分区整合过程是对建筑内部功能相近以及空调控制方式相同的空间进行划分，以简化模型。

（2）模型建立

在图纸分析的基础上，要在模拟软件中建立基本模型。

首先对建筑各层进行建模，创建模拟所需要的各个楼层后，对各楼层进行关键部位描点；进而对其内部空间进行基本类型划分，定义每层建筑空间中的空调类型，包括空调空间、非空调空间以及中庭空间等；其次需要定义不同的功能空间类型，包括功能区名称、所占楼层的面积比例、最大人员密度以及通风量，然后对不同的空调区域进行空间类型的赋值定义；最后在模型中还需要设置建筑围护结构的热工性能、窗墙面积比例、建筑运行时间表、人员时间表以及设备时间表。

将上述信息确定之后便完成了基本模型建立。

（3）设备参数设置

基本模型建立后，可以先对模型进行一次能耗模拟初步计算以检验是否有建模错误，但计算结果不能作为最终所需要数据。若无问题便可进行具体设备参数设置，主要包括冷热源及机组能效和设备末端。

冷热源及机组能效：在建立基本模型过程中确定了空调的基本形式后，还需对机组的性能细节做进一步的深入设置，包括电制冷机组、锅炉、冷却塔、机组效能等。

设备末端：设备末端中将定义不同的设备组件及容量大小，包括制冷制热量、风机送风量、与末端类型相对应的时间表。

（4）模拟计算

完成上述设置后便可对整个模型进行计算了，计算由电脑自动完成，所需时间根据模型复杂程度会有较大差异。该模型的计算结果如表2-11所示。

模拟结果参数　　表2-11

建筑热源能耗	E_{01h}=13.1kWh/m^2	建筑照明能耗	E_{03}=6.5kWh/m^2
建筑冷源能耗	E_{01c}=7.3kWh/m^2	水泵能耗	E_{02}=9.5kWh/m^2

3）建筑设计能耗计算

将模拟得到的建筑热源能耗和建筑冷源能耗按式（2-15）计算：

$$E_{01}=E_{01h}+E_{01c}=13.1+7.3=20.4\text{kWh/m}^2$$

公共建筑单位建筑面积全年供暖空调及照明能耗按式（2-14）计算：

$$B_0=E_{01}+E_{02}+E_{03}=20.4+9.5+6.5=36.4\text{kWh/m}^2$$

4）节能判定

根据表2-7可知，天津地区办公建筑的年单位建筑面积供暖、空调和照明设计总能耗指标为38kWh/m^2，该办公楼计算得到的能耗为36.4kWh/m^2，因此该设计满足天津市公共建筑节能设计要求。

第3章
建筑规划设计与节能

Chapter 3
Energy Efficiency Principle in Urban Plan and Design

建筑的规划设计是建筑节能设计的重要内容之一，规划节能设计应从分析地区的气候条件出发，将设计与建筑技术和能源利用有效地结合，使建筑在冬季最大限度地利用自然能采暖，多获得热量和减少热损失；在夏季最大限度地减少得热和利用自然条件来降温冷却。规划节能设计要从建筑选址、建筑组团布局及道路走向、建筑朝向、间距与日照关系、建筑自然通风几个方面对建筑能耗的影响进行分析。

3.1 建筑选址

在进行节能建筑设计时，首先要全面了解建筑所在位置的气候条件、地形地貌、地质水文资料和当地建筑材料情况等资料。综合不同资料作为设计的前期准备工作，使节能建筑的设计首先考虑充分利用建筑所在环境的自然资源条件，并在尽可能少用常规能源的条件下，遵循气候设计方法和建筑技术措施，创造出人们生活和工作所需要的室内环境。

3.1.1 合理利用气候条件

具有节能意义的建筑规划设计只有在恰当的气候条件下才能取得成功，恰当的气候条件——就是必须与当地的微观气候条件相适应。气候因素包括温度、风和太阳辐射。

建筑的热量损失在很大程度上取决于室外的温度。从这个角度上讲，传送过程中的热量损失受到三个同等重要的因素的影响：传热表面、保温隔热性能以及内外的温差。这里，第三个因素是无法改变的当地气候特征之一。外部的温度条件越恶劣，对前两个因素的优化就显得越重要。

对于节能建筑来说，太阳辐射是最重要的气候因素。在寒冷地区太阳能可以帮助我们采暖，而在炎热地区，主要的问题是避免太阳辐射引起的室内过热。在规划设计中应十分重视研究太阳对建筑的影响。

太阳辐射由直射光和漫射光组成。漫射光是间接的太阳辐射。因此，即使是北立面也能接收到一定的太阳辐射，尽管它比其他朝向的立面所接收的要少得多。被动式太阳能建筑主要是利用太阳辐射的直射能量。它会影响到朝向、建筑间距，以及街道和开放区域的太阳入射情况。

风会在两个方面对建筑的能量平衡产生影响：首先是通过建筑表皮的对流增加传送过程中热量的损失，其次是通过建筑表皮的渗漏增加通风热量损失。

夏季一天中的室外温度的变化也会很大。经过精心设计的通风系统可以让建筑体量在晚上凉快下来，使之能够吸收极端的温度和白天在室内积聚的热量。

在设计开放空间的时候，风的影响是一个非常重要的考虑因素。当地风力气候条件的重要性远远超过所有的地形和植物、朝向和建筑形体或者是建筑相互之间的位置关系，它决定着缝隙空间的风力情况以及外部空间的舒适性。密集的建筑群和开放的空间或者有导向性缺口的街道可以避免出现风道效应。附属建筑（库房、工棚、车库等）以及挡土墙或者防风林（树木、树篱等）可以起到保护建筑环境的作用。

除了气候因素，场地、位置、朝向、地形和植物都是当地条件的重要因素。

场地的特征对选择何种节能措施非常重要。在城市环境中，建筑的基地变得越来越小，而且会比乡村的建筑更容易受到周围环境的影响。地形影响了建筑的朝向或者通风情况。例如，顶层为利用太阳能创造了有利的条件，但同时由于强大的风力作用而带来了更多的热量损失。相反，南向坡地上的场地可以减小建筑之间的间距，从而实现更高的建筑密度。

在建筑的周围种植物可以改善与开放空间相邻的建筑表皮的气候条件（如太阳入射情况、风力条件）。落叶树可以在夏天带来阴凉，而在冬天又可以保证太阳的入射。成排的树还可以形成挡风的屏障，或者在必要的时候形成自然通风的通道。通过蒸发作用，夏天植物还能用作室外降温的工具，从而促进自然通风的效果。

3.1.2 合理利用地形条件

建筑的选址应根据气候分区进行选择。对于严寒或寒冷地区，选址时建筑不宜布置在山谷、洼地、沟底等凹形地域。这主要是考虑冬季冷气流在下凹地里形成对建筑物的“霜洞”效应，位于凹地的底层或半地下室层面的建筑若保持所需的室内温度会多消耗一部分采暖能量。图 3–1 显示了这种现象。

但是，对于夏季炎热的地区而言，建筑布置在上述地方却是相对有利的，因为在这些地方往往容易实现自然通风，尤其是到了晚上，高处凉爽气流会“自然”地流向凹地，把室内热量带走，在节约能耗的基础上还改善了室内的热环境。

江河湖泊丰富的地区，因地表水陆分布、地势起伏、表面覆盖植被等不同，受白天太阳辐射作用和地表长波辐射的影响，产生水陆风而形成气流运动。在进行建筑设计时，充分利用水陆风以取得穿堂风的效果，对于改善夏季热环境、节约空调能耗是非常有利的。

建筑物室外地面覆盖层会影响小气候环境，地表面植被或是水泥地面都直

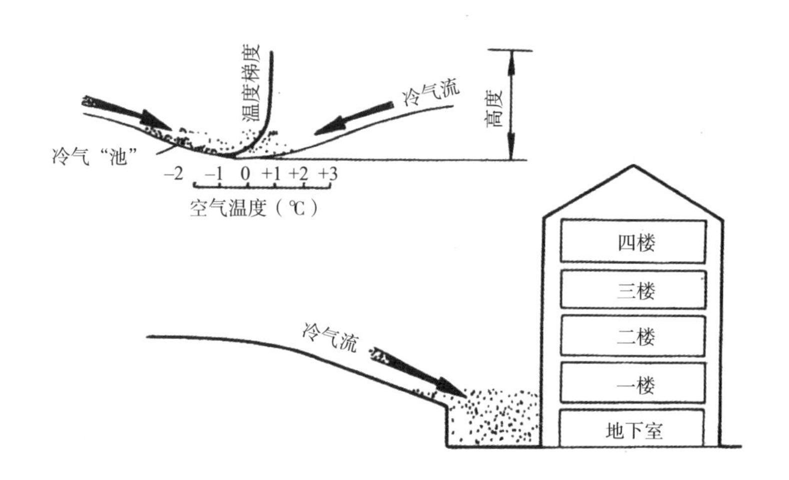

图 3-1　低洼地区对建筑物的“霜洞”效应

接影响建筑采暖和空调能耗的大小。建筑室外铺砌的坚实路面大多为不透水层（部分建筑材料能够吸收一定的降水，亦可变成蒸发面，但为数不多），降雨后雨水很快流失，地面水分在高温下蒸发到空气中，形成局部高温高湿闷热气候，这种情况加剧了空调系统的能耗。因此，规划设计时建筑物周围应有足够的绿地和水面，严格控制建筑密度，尽量减少硬化地面面积，并应利用植被和水域减弱城市热岛效应，改善居住区热湿环境。

3.1.3　合理利用日照与避风

人们日常生活、工作中离不开阳光，太阳光对人类有着不可替代的作用。在居住建筑设计中应从以下几个方面争取最佳日照：

（1）居住建筑的基地应选择在向阳、避风的地段上

冷空气对建筑物围护体系的风压和冷风渗透均会对建筑物冬季防寒保温带来不利影响，尤其严寒地区和寒冷地区冬季对建筑物和室外气候威胁很大。居住建筑应选择避风基址建造，应以建筑物围护体系不同部位的风压分析图作为设计依据，进行围护体系的建筑保温与建筑节能以及开设各类门窗洞口和通风口的设计。

（2）注意选择建筑的最佳朝向

对严寒和寒冷地区居住建筑朝向应以南北向为主，这样可使每户均有主要房间朝南，对争取日照有利。同时，建筑朝向可在不同地区的最佳建筑朝向范围内作一定的调整，以争取更多的太阳辐射量和节约用地。

（3）选择满足日照要求、不受周围其他建筑严重遮挡的基地

（4）利用住宅建筑楼群合理布局争取日照

住宅组团中各住宅的形状、布局、走向都会产生不同的风影区，随着纬度的增加，建筑身后的风影区的范围也增大。所以在规划布局时，注意从各种布局处理中争取最好的日照。

3.2　建筑组团布局

影响建筑规划设计组团布局的主要气候现象有：日照、风向、气温、雨雪等。在我国严寒地区及寒冷地区进行规划设计时，可利用建筑的布局，形成优化微气候的良好界面，建立气候防护单元，对节能很有利。设计组织气候防护单元，要充分根据规划地域的自然环境因素、气候特征、建筑物的功能、人员行为活动特点等形成完整的庭院空间。充分利用和争取日照、避免季风的干扰，组织内部气流，利用建筑的外界面，形成对冬季恶劣气候条件的有利防护，改善建筑的日照和风环境以做到节能。

建筑群的布局可以从平面和空间两个方面考虑。一般的建筑组团平面布局有行列式（包括并列、错列、斜列）、周边式、自由式几种，如图 3–2 所示。它们都有各自的特点。

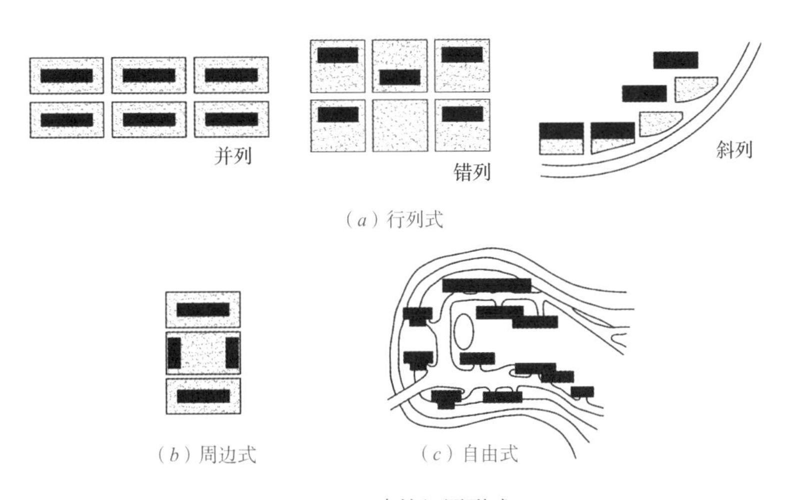

图 3–2　建筑组团形式

行列式——建筑物成排成行地布置，这种方式能够争取最好的建筑朝向，使大多种居住房间得到良好的日照，并有利于通风，是目前我国城乡中广泛采用的一种布局方式。

周边式——建筑沿街道周边布置，这种布置方式虽然可以使街坊内空间集中开阔，但有相当多的居住房间得不到良好的日照，对自然通风也不利。所以这种布置仅适于北方寒冷地区。

自由式——当地形复杂时，密切结合地形构成自由变化的布置形式。这种布置方式可以充分利用地形特点，便于采用多种平面形式和高低层及长短不同的体型组合。自由式布置可以避免互相遮挡阳光，对日照及自然通风有利，是最常见的一种组团布置形式。

另外，规划布局中要注意点、条组合布置，将点式住宅布置在好朝向的位置，条状住宅布置在其后，有利于利用空隙争取日照（图 3–3）。

建筑布局时，还要尽可能注意使道路走向平行于当地冬季主导风向，这样有利于避免积雪。

在建筑布局时，若将高度相似的建筑排列在街道的两侧，并用宽度是其高度的 2 ~ 3 倍的建筑与其组合会形成风漏斗现象，见图 3–4，这种风漏斗可以使风速提高 30%左右，加速建筑热损失。所以在布局时应尽量避免。

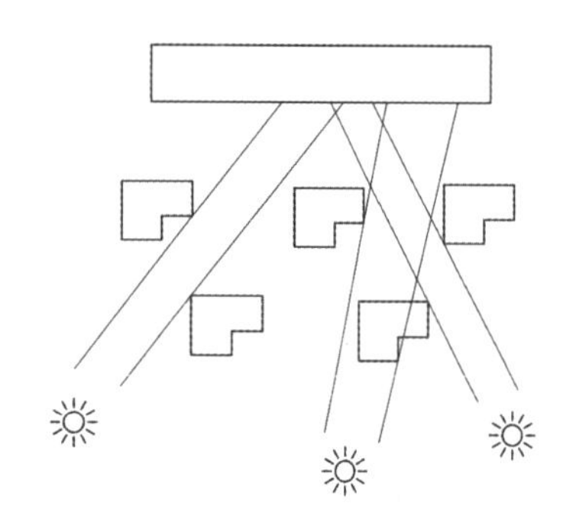

图 3–3　条形与点式建筑结合布置争取最佳日照

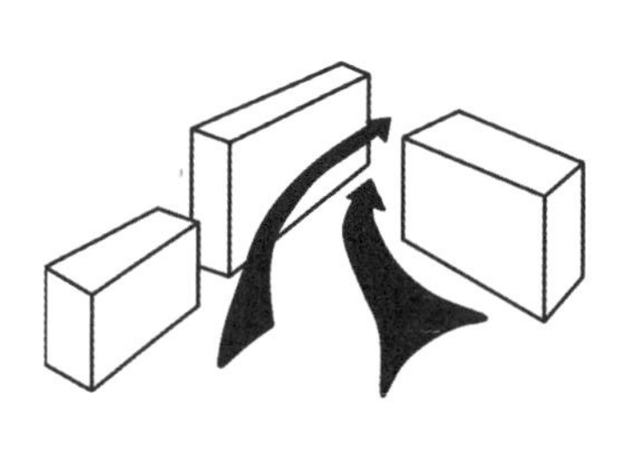

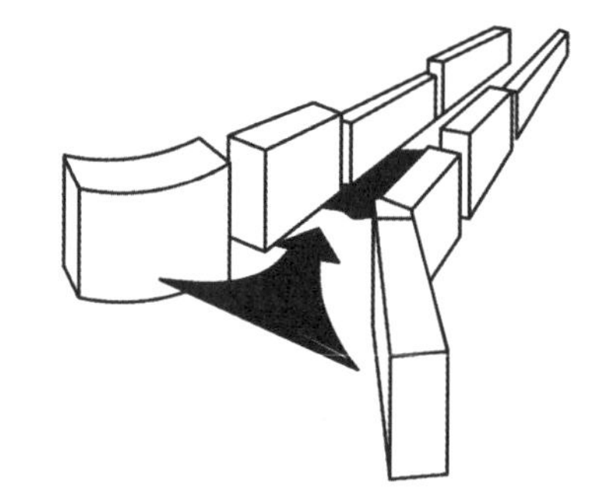

图 3–4　风漏斗改变风向与风速

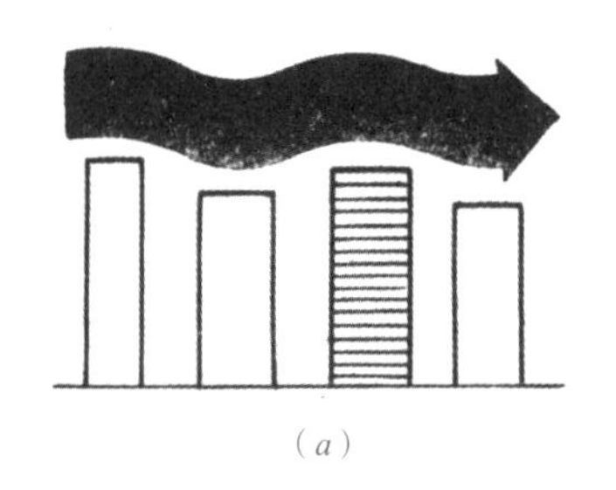

（a）

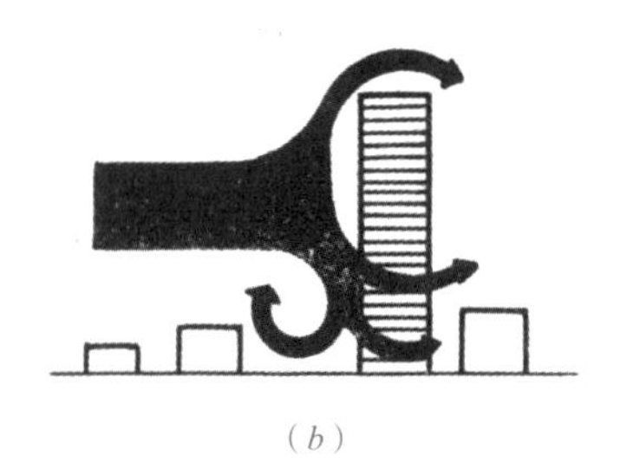

（b）

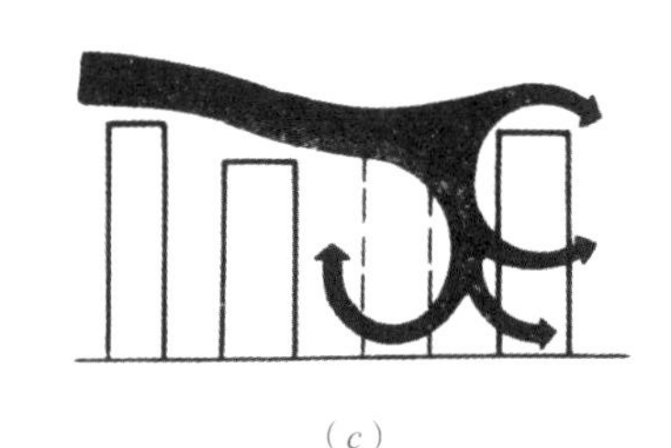

（c）

图 3–5　建筑物组合产生的下冲气流

在组合建筑群中，当多栋建筑的高度差别不大时，气流从建筑顶部吹过，如图 3–5（*a*）所示。当一栋建筑远高于其他建筑时，它在迎风面上会受到沉重的下冲气流的冲击，如图 3–5（*b*）所示。另一种情况出现在若干栋建筑组合时，在迎冬季来风方向减少某一栋，均能产生由于其间的空地带来的下冲气流，如图 3–5（*c*）所示，这些下冲气流与附近水平方向的气流形成高速风及涡流，从而加大风压，造成热损失加大。

3.3　建筑朝向

建筑物的朝向对建筑的采光与节能有很大的影响。朝向选择的原则是冬季能获得足够的日照并避开主导风向，夏季能利用自然通风并防止太阳辐射。

在规划设计中影响建筑朝向的因素很多，如地理纬度、地段环境，局部气候特征及建筑用地条件等。尤其是公共建筑受到社会历史文化、地形、城市规划、道路、环境等条件的制约，要想使建筑物的朝向对夏季防热、冬季保温都很理想是有困难的，如果再考虑小区通风及道路组织等因素，会使得“良好朝向”或“最佳朝向”范围成为一个相对的提法，它是在只考虑地理和气候条件下对朝向的研究结论。设计中应通过多方面的因素分析、优化建筑的规划设计，采用本地区建筑最佳朝向或适宜的朝向，尽量避免东西向日晒。

朝向选择需要考虑的因素有以下几个方面：

（1）冬季有适量并具有一定质量的阳光射入室内；

（2）炎热季节尽量减少太阳直射到室内和居室外墙面；

（3）夏季有良好的通风，冬季避免冷风吹袭；

（4）充分利用地形并注意节约用地；

（5）考虑居住建筑组合的需要。

3.3.1　朝向对建筑日照及接收太阳辐射量的影响

充分的日照条件是居住建筑不可缺少的，对于不同地区和气候条件下，居住建筑在日照时数和日照面积上是不尽相同的。由于冬季和夏季太阳方位角度变化幅度较大从而导致各个朝向墙面所获得的日照时间相差很大。因此，要对不同朝向墙面在不同季节的日照时数进行统计，求出日照时数的平均值，作为综合分析朝向的依据。在炎热地区，居住建筑的居室的多数房间应避开最不利的日照方位（即午后气温最高时的几个方位）。分析室内日照条件和朝向的关系时，应选择在最冷月有较长的日照时间和较高日照面积，而在最热月有尽可能小的日照面积的朝向。

对于太阳辐射作用，在这里只考虑太阳直接辐射作用。设计参数的依据一般选用最冷月和最热月的太阳累计辐射强度。图 3–6 为北京和上海地区太阳辐射量图。从图中可以看到北京地区冬季各朝向墙面上接收的太阳直接辐射热量以南向为最高（3948kcal/m^2·d），东南和西南次之，东、西则更少，而在北偏东或偏西 30° 朝向范围内，冬季接收不到太阳直射辐射热。在夏季北京地区以东、西为最多，分别为 1716（kcal/m^2·d）和 2109（kcal/m^2·d）；南向次之，为 1192（kcal/m^2·d）；北向最少，为 724（kcal/m^2·d）。由于太阳直接辐射强度一般是上午低、下午高，所以无论是冬季或是夏季，建筑墙面上所受太阳辐射量都是偏西比偏东的朝向稍高一些。

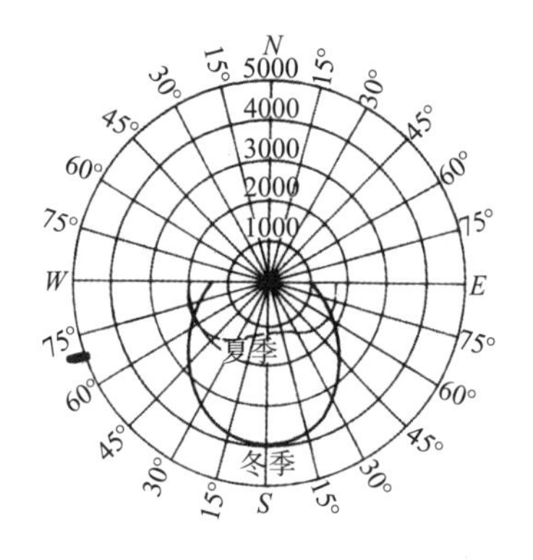

（a）北京地区太阳辐射热日总量的变化（kcal/m^2·d）

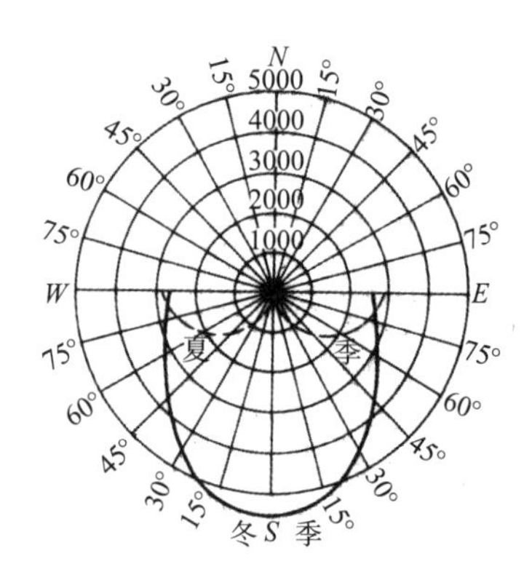

（b）上海地区太阳辐射热日总量的变化（kcal/m^2·d）

图 3–6　太阳辐射量图

太阳辐射中，紫外线是随太阳高度角增加而增加的，一般正午前后紫外线最多，日出及日落时段最少。表 3–1 中提供了在不同高度角太阳光线的成分。通过测量得出：冬季以南向、东南和西南居室接收紫外线较多，东西向较少，大约是南向的一半，东北、西北和北向最少，约为南向的 1/3。

不同高度角时太阳光线的成分　　表 3–1

太阳高度角	紫外线	可视线	红外线
90°	4%	46%	50%
30°	3%	44%	53%
0.5°	0	28%	72%

所以在选定建筑朝向时要注意居室所获得的紫外线量。另外还要考虑主导风向对建筑物冬季热耗损和夏季自然通风的影响。表 3-2 是综合考虑以上几方面因素后，给出我国各地区建筑朝向的建议，作为设计时朝向选择的参考。

全国部分地区建议建筑朝向　　表 3-2

地区	最佳朝向	适宜朝向	不宜朝向
北京地区	南偏东 30° 以内 南偏西 30° 以内	南偏东 45° 以内 南偏西 45° 以内	北偏西 30° ~ 60°
上海地区	南至南偏东 15°	南偏东 30° 以内 南偏西 15°	北、西北
石家庄地区	南偏东 15°	南至南偏东 30°	西
太原地区	南偏东 15°	南偏东至东	西北
呼和浩特地区	南至南偏东 南至南偏西	东南、西南	北、西北
哈尔滨地区	南偏东 15° ~ 20°	南至南偏东 20° 南至南偏西 15°	西北、北
长春地区	南偏东 30° 南偏西 10°	南偏东 45° 南偏西 45°	北、东北、西北
沈阳地区	南、南偏东 20°	南偏东至东 南偏西至西	东北东至西北西
济南地区	南偏东 10° ~ 15°	南偏东 30°	西偏北 5° ~ 10°
南京地区	南偏东 15°	南偏东 25° 南偏西 10°	西、北
合肥地区	南偏东 5° ~ 15°	南偏东 15° 南偏西 5°	西
杭州地区	南偏东 10° ~ 15°	南、南偏东 30°	北、西
福州地区	南、南偏东 5° ~ 10°	南偏东 20° 以内	西
郑州地区	南偏东 15°	南偏东 25°	西北
武汉地区	南偏西 15°	南偏东 15°	西、西北
长沙地区	南偏东 9° 左右	南	西、西北
广州地区	南偏东 15° 南偏西 5°	南偏东 22° 30′ 南偏西 5° 至西	
南宁地区	南、南偏东 15°	南偏东 15° ~ 25° 南偏西 5°	东、西
西安地区	南偏东 10°	南、南偏西	西、西北
银川地区	南至南偏东 23°	南偏东 34° 南偏西 20°	西、北
西宁地区	南至南偏西 30°	南偏东 30° 至南偏西 30°	北、西北

3.3.2 建筑体形与建筑朝向

建筑体形不同会使建筑物在不同朝向有不同的太阳辐射面积。图 3–7 是三种典型的建筑平面形式，通过对不同朝向建筑上太阳辐射面积的分析获得以下结论：

（1）不同体形的建筑对朝向变化的敏感程度不同，在前面三种体形中：长方形最敏感；Y 形体形次之；正方形对朝向的敏感程度最小；

（2）不论朝向变化如何，总辐射面积变化多大，建筑上总有一个辐射面的平均辐射面积较大；

（3）板式体形建筑以南北主朝向时获得太阳辐射最多；

（4）点式体形与板式相同，但总辐射面积小于板式建筑；

（5）Y 形体形由于自身遮挡，总平均辐射面积小于上述两种体形。

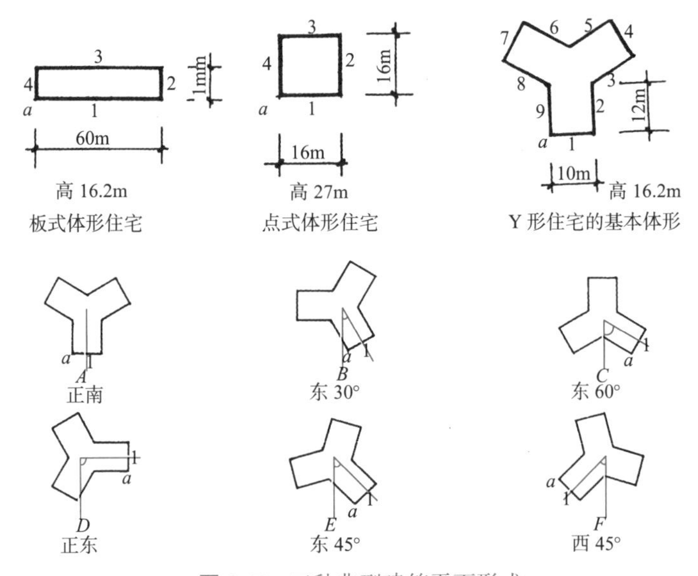

图 3–7　三种典型建筑平面形式

3.4 建筑间距

在确定好建筑朝向之后，还要特别注意建筑物之间应具有较合理的间距，以保证建筑能够获得充足的日照。建筑设计时应结合建筑日照标准、建筑节能节地原则，综合考虑各种因素来确定建筑间距。

居住建筑的日照标准一般由日照时间和日照质量来衡量。

日照时间：我国地处北半球温带地区，居住建筑总希望在夏季能够避免较强的日照，而冬季又希望能够获得充分的直接阳光照射，以满足建筑采光得热的要求。居住建筑的常规布置为行列式，考虑到前排建筑物对后排房屋的遮挡，为了使居室能得到最低限度的日照，一般以底层居室获得日照为标准。北半球太阳高度角在全年最小值是冬至日，因此，选择居住建筑日照标准时通常取冬至日正午前后有两小时日照为下限（也有将大寒日定为日照下限），再根据各地的地理纬度和用地状况加以调整。

日照质量：居住建筑的日照质量是通过日照时间内日照面积的累计而达到的。根据各地的具体测定，在日照时间内居室内每小时地面上阳光投射面积的积累来计算。日照面积对于北方居住建筑在冬季提高室温有显著作用。

3.4.1　平地日照间距计算

日照间距是建筑物长轴之间的外墙距离，它是由建筑用地的地形、建筑朝向、建筑物的高度及长度、当地的地理纬度及日照标准等因素决定的。

在平坦地面上，前后有任意朝向的建筑物，如图 3–8 所示。计算点 m 设于后栋建筑物底层窗台高度，建筑间距计算公式为：

$$D_0=H_0\cot h\cos\gamma \tag{3-1}$$

式中　D_0——日照间距；

H_0——前栋建筑物计算高度；

h——太阳高度角；

γ——后栋建筑物墙面法线与太阳方位所夹的角，可由 $\gamma=A-\alpha$ 求得。

当建筑物为南北朝向时，计算公式可简化为：

$$D_0=H_0\cot h\cos A \tag{3-2}$$

当建筑物为南北朝向，求正午的日照间距（$\gamma=0$）：

$$D_0=H_0\cot h \tag{3-3}$$

3.4.2　坡地日照间距计算

在坡地上布置建筑时，因坡度不同建筑会有不同的间距，向阳坡上的房屋间距可以缩小，背阳坡处间距则会加大。另外建筑的方位与坡向的变化，都会不同程度地影响建筑物之间的间距。一般情况下，当建筑物方向与等高线关系一定时，向阳坡的建筑以东南或西南向间距最小，南向次之，东西向最大。北坡则以建筑南北向布置时间距最大。参考图 3–9 可得出相应的间距计算公式。

向阳坡间距计算公式

$$D_0=\frac{[H-(d+d')\sin\sigma\tan i-H_1]\cos\gamma}{\tan h+\sin\sigma\tan i\cos\gamma} \tag{3-4}$$

背阳坡间距计算公式

$$D_0=\frac{[H-(d+d')\sin\sigma\tan i-H_1]\cos\gamma}{\tan h-\sin\sigma\tan i\cos\gamma} \tag{3-5}$$

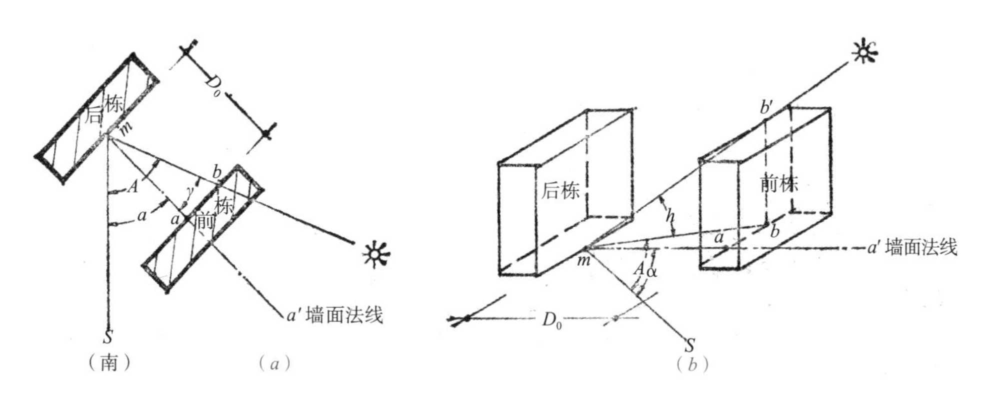

图 3-8　日照间距示意

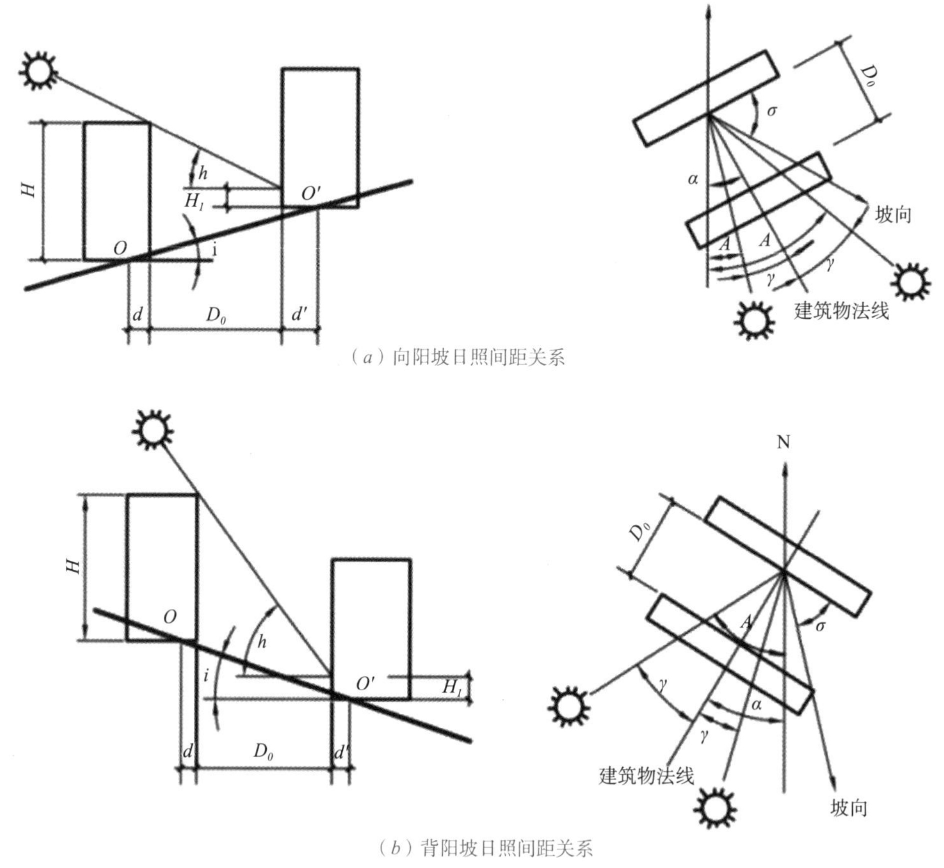

图 3-9　坡地日照间距计算

式中 D_0——两建筑物的日照间距（m）；

H——前幢建筑物的高度（m）；

H_1——后幢建筑物底层窗台距设计基准点（或室外地面）高差；

h——太阳高度角；

i——地面坡度角；

γ——建筑方位与太阳方位差角，可由 $y=A-\alpha$ 求得；

σ——地形坡向与墙面的夹角；

d、d'——前幢、后幢建筑的基准标高点距外墙表面的长度。

3.5 建筑与风环境

风是太阳能的一种转换形式，从物理学上它是一种矢量，既有速度又有方向。风向以22.5°为间隔共计16个方位表示，如图3-10所示。静风则用“C”表示。一个地区不同季节风向分布可用风玫瑰图表示。我国的风向类型可分为：季节变化型、主导风向型；无主导风向型和准静止风型等四个类型。

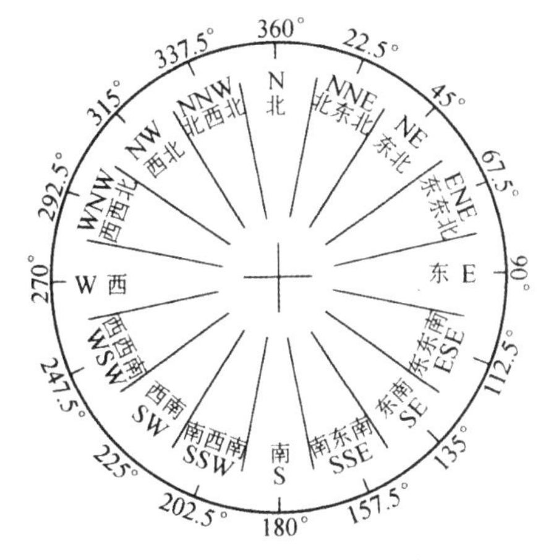

图3-10 风的16方位

季节变化型：风向随季节而变，冬、夏季基本相反，风向相对稳定。我国东部，从大兴安岭经过内蒙古过河套绕四川东部到云贵高原，这些地区多属于季节变化型风向地区。

主导风向型：该种地区全年基本上吹一个方向的风。我国新疆、内蒙古和黑龙江部分地区属于这种风型。

无主导风向型：该种地区全年风向不定，各风向频率相差不大，一般在10%以下。这种风型主要在我国的宁夏、甘肃的河西走廊等地区。

准静风型：该类型是指静风频率全年平均在50%以上，有的甚至达到75%，年平均风速只有0.5m/s。主要分布在以四川为中心的地区和云南西双版纳地区。

建筑节能设计应根据当地风气候条件作相应处理。

3.5.1 冬季防风的设计方法

我国北方严寒、寒冷地区城市冬季主要受来自西伯利亚的寒冷空气影响，形成主要以西北风为主要风向的冬季寒流。而各地区在最冷的一月份主导风向也多是不利风向。表 3–3 为我国主要城市的一月份风向的统计结果。

我国寒冷地区主要城市一月份风向分布　　表 3–3

城市	风向频率（%）	风速（m/s）	城市	风向频率（%）	风速（m/s）
北京	C NNW 18 14	2.8	沈阳	N 13	3.1
石家庄	C N 31 10	1.8	长春	SN 21	4.2
太原	C NNW 24 14	2.6	哈尔滨	S 14	4.8
包头	N 17	3.2	黑河	NW 49	3.6

注：此表根据建筑气象资料标准有关数据整理，其中 C 为静风，N 为北风，NNW 为西北偏北风，S 为南风，NW 为西北风，WSW 为西南偏西风。

从节能的需要出发，在规划设计时可采取以下具体措施：

（1）建筑主要朝向注意避开不利风向。建筑在规划设计时应避开不利风向，减轻寒冷气候产生的建筑失热，同时对朝向冬季寒冷风向的建筑立面应多选择封闭设计。我国北方城市冬季寒流主要来自西伯利亚冷空气的影响，所以冬季寒流风向主要是西北风。故建筑规划中为了节能，应封闭西北向，同时合理选择封闭或半封闭周边式布局的开口方向和位置，使得建筑群的组合避风节能。

（2）利用建筑的组团阻隔冷风。通过合理地布置建筑物，降低寒冷气流的风速，可以减少建筑物和周围场地外表面的热损失，节约能源。

迎风建筑物的背后会产生一个所谓的背风涡流区，这个区域也称风影区。这部分区域内风力弱，风向也不稳定。从实验分析得出：当风向投射角为 30° 时建筑身后风影区为 3H（H 为建筑高度）；45° 投射角时，身后风影区为 1.5H。所以，建筑物紧凑布局，使建筑物间距在 2.0H 以内，可以充分发挥风影特点，使后排建筑避开寒冷风的侵袭。此外，还应利用建筑组合，将较高层建筑背向冬季寒流风向，减少寒风对中、低层建筑和庭院的影响。图 3–11 是一些建筑的避风组团方案。

（3）设置风障。可以通过设置防风墙、板、防风带之类的挡风措施来阻隔冷风。以实体围墙作为阻风措施时，应注意防止在背风面形成涡流。解决方法是在墙体上做引导气流向上穿透的百叶式孔洞，使小部分风由此流过，大部分的

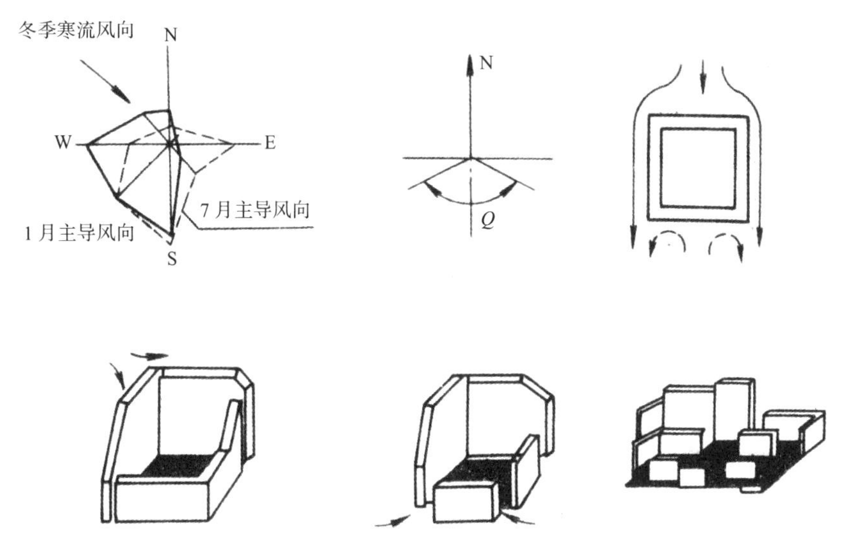

图 3-11　一些建筑的避风组团方案

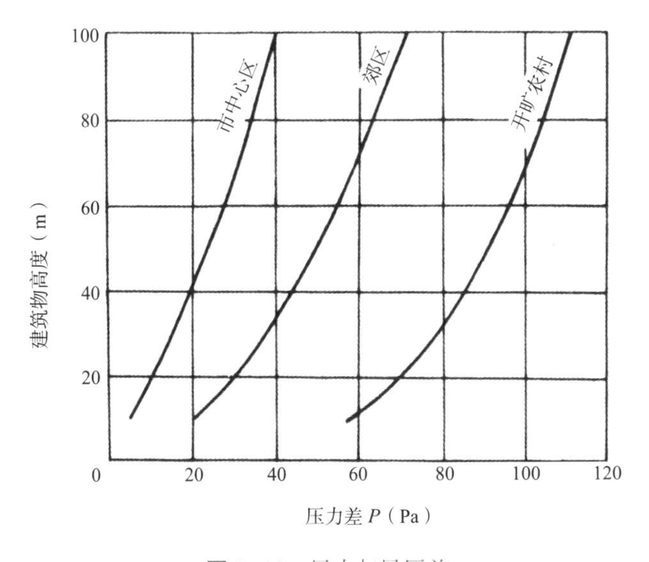

图 3-12　风力与风压差

气流在墙顶以上的空间流过。

（4）减少建筑物冷风渗透耗能。建筑物的门窗缝隙是冬季寒冷气流的主要入侵部位，冷空气渗透量与风压有关。风压的计算公式为：

$$P_w=0.613v^2 \quad (\mathrm{Pa}) \tag{3-6}$$

式中　v——风速。

上述公式表明风压与风速的平方成正比，风速随地面上高度变化的规律如

图 3-12 所示。建筑在受风面上，由于建筑表面阻挡，会产生风的正压区，当气流从建筑上方或两侧绕过建筑时，在其身后会产生负压区，如图 3-13 所示。

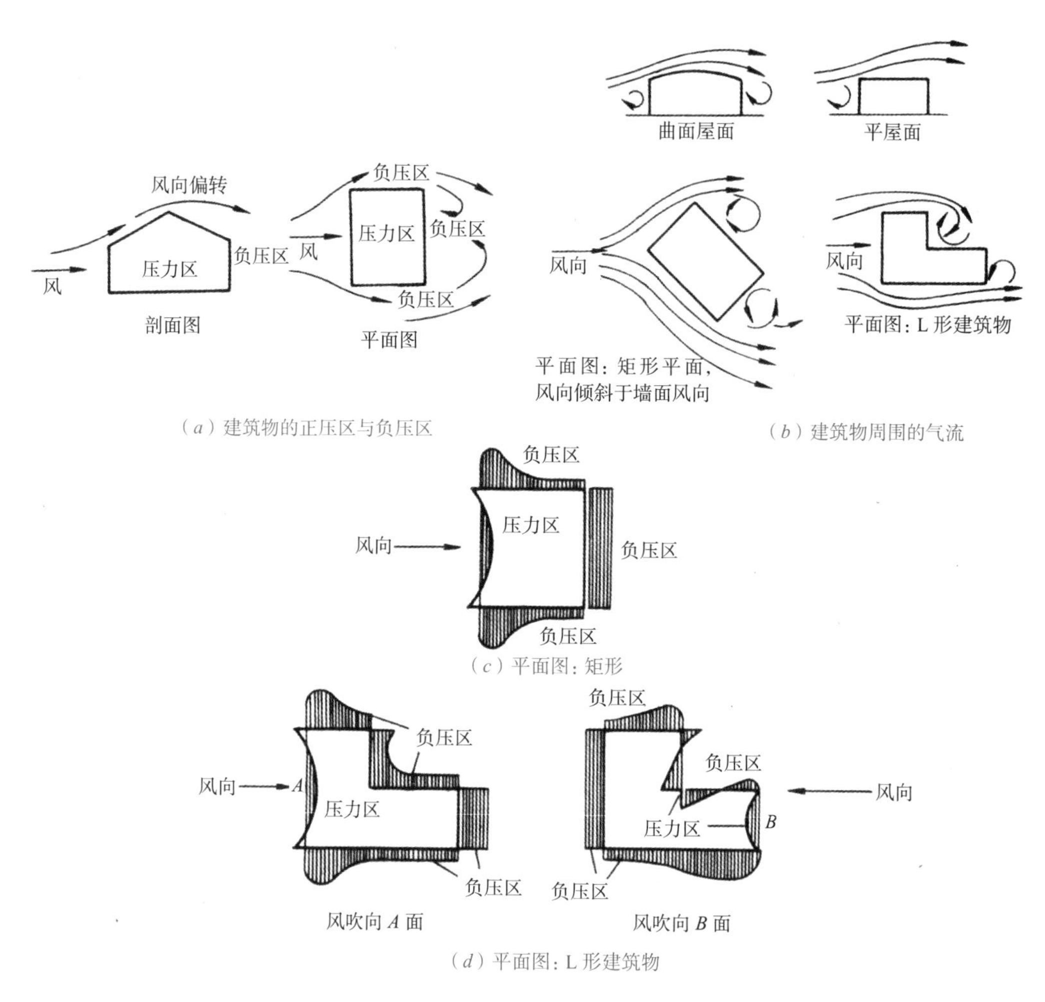

图 3-13　建筑受风示意图

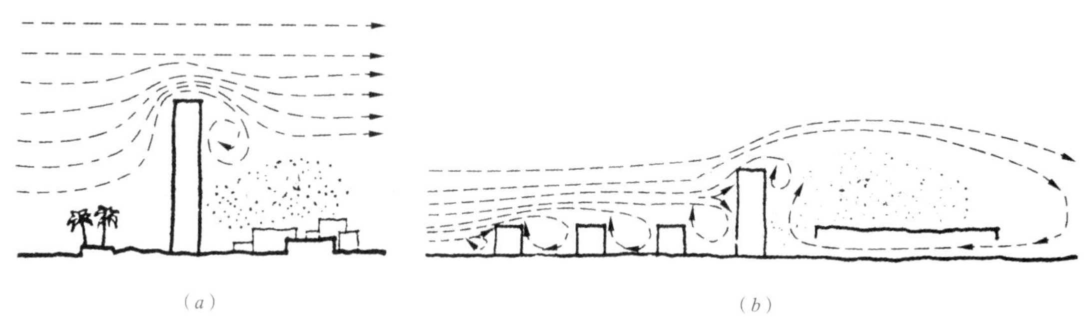

图 3-14　建筑背风处的风旋区

当底层建筑与高层建筑如图 3–14 布置时，在冬季季风时节，在建筑物之间会形成比较大的风旋区（也称涡流区），使风速加快，进而增大风压，造成建筑的热能损失。在这方面，曾有研究表明：当高层建筑物迎风面前方有低层建筑物时，在行人高度处的风速比在开阔地面上同一高度的自由风速增大 1.3 倍；为满足防火或人流疏散要求设计的过街门洞处，建筑下方门洞穿过的气流速度增大 3 倍。设计中应根据当地风环境、建筑的位置、建筑物的形态、注意避免冷风对建筑物的侵入。

3.5.2　夏季通风的设计方法

在炎热的夏季，不需要设备和能源驱动的被动式通风降温是世界范围内最主要的降温方法。在白天和夜晚风直接吹过人体，能加速皮肤水分的蒸发使人感到凉爽，从而增加了人的热舒适感觉。对于建筑物，夜间的通风使房屋预先冷却，为第二天的酷热做好准备。所以，规划中良好的通风设计，对降低建筑物夏季空调能耗是十分重要的。

我国南方特别是夏热冬暖地区地处沿海，4 ~ 9 月大多盛行东南风和西南风，建筑物南北向或接近南北向布局，有利于自然通风、增加舒适度。在具有合理朝向的基础上，还必须合理规划整个建筑群的布局和间距，以获得较好的室内通风。如果另一个建筑物处在前面建筑的涡流区内，是很难利用风压组织起有效的通风的。

影响涡流区长度的主要因素是建筑物的尺寸和风向投射角。单个建筑物的三维尺度会对其周围的风环境带来较大的影响。图 3–15 ~图 3–17 具体描述了这些影响的大小。建筑物越长、越高、进深越小，其背面产生的涡流区越大，流场越紊乱，因此建筑物的布局和间距应适当避开这些涡流区。

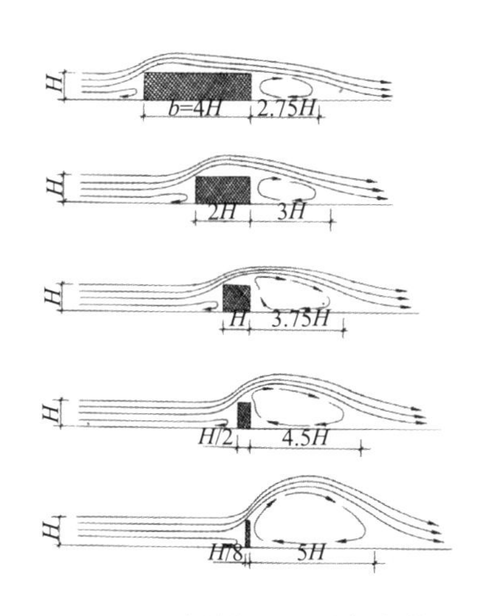

图 3–15　建筑物进深对气流的影响

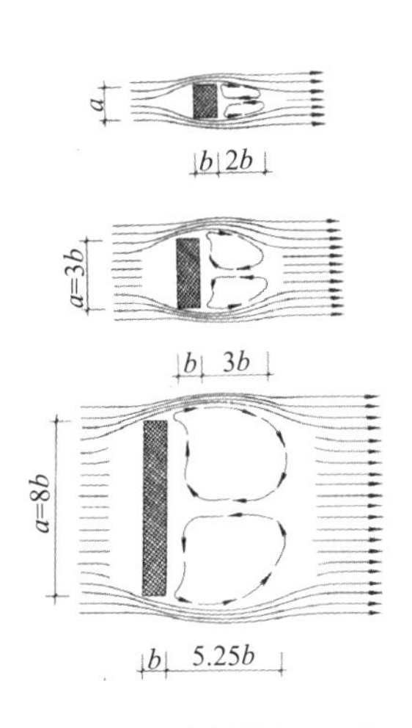

图 3–16　建筑物长度对气流的影响

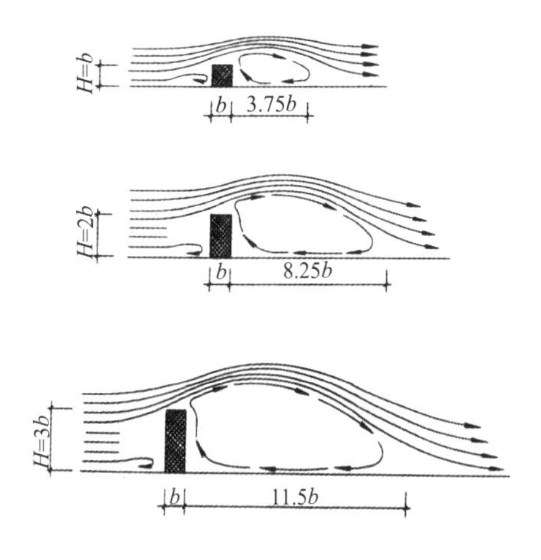

图 3–17　建筑物高度对气流的影响

居住建筑常因考虑节地等因素而多选择行列式的组团排布方式。这种组团形式应注意控制风向与建筑物长边的入射角，如图 3–18 所示情况。另外，对于高层建筑，如果只考虑避让漩涡区则会使得建筑间距非常大才能满足要求，这在实际工程中是难以实现的。因此，如果存在高层与低层并存的情况时，最佳的设计方法是，在合理调整建筑群总体布局的基础上，采用计算机模拟预测（CFD）或风洞实验的方法加以优化。

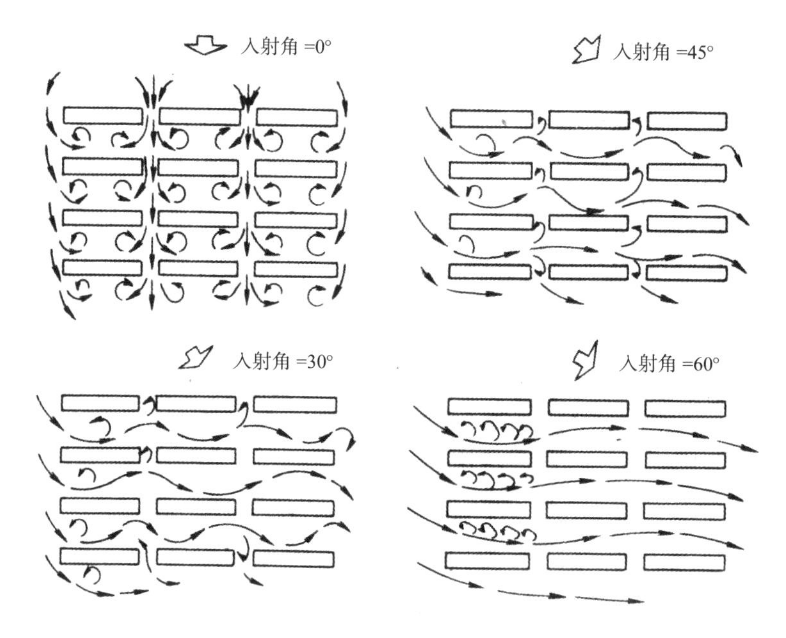

图 3–18　不同入射角情况下气流状况

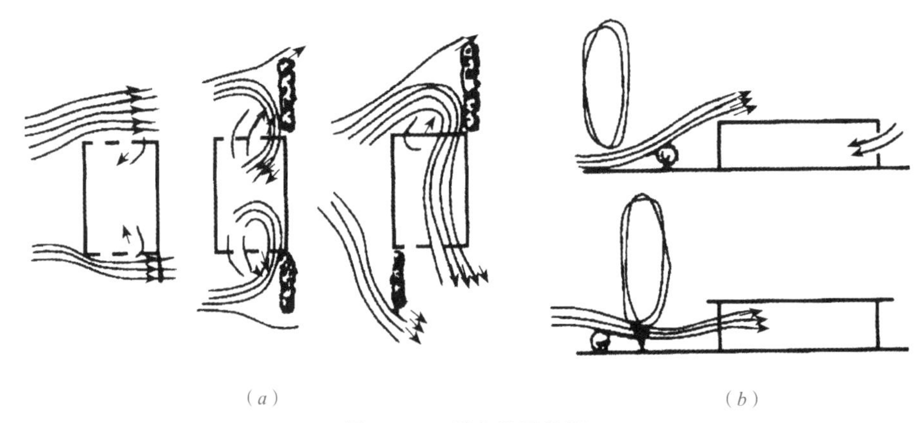

图 3–19　绿化导风作用

在规划设计中还可以利用建筑周围绿化进行导风的方法，如图 3–19 所示，其中图（a）是沿来流风方向在单体建筑两侧的前、后方设置绿化屏障。使得来流风受到阻挡后可以进入室内；图（*b*）则是利用低矮灌木顶部较高空气温度和高大乔木树荫下较低空气温度形成的热压差，将自然风导向室内的方法。但是对于寒冷地区的住宅建筑，需要综合考虑夏季、过渡季通风及冬季通风的矛盾。

利用地理条件组织自然通风也是非常有效的方法。例如，如果在山谷、海滨、湖滨、沿河地区的建筑物，就可以利用“水陆风”“山谷风”提高建筑内的通风。所谓水陆风，指的是在海滨、湖滨等具有大水体的地区，因为水体温度的升降要比陆地上气温的升降慢得多，白天陆上空气被加热后上升使海滨水面上的凉风吹向陆地，到晚上，陆地上的气温比海滨水面上的空气冷却得快，风又从陆地吹向海滨，因而形成水陆风，如图 3–20 所示。所谓山谷风，指的是在山谷地区，当空气在白天变得温暖后，会沿着山坡往上流动；而在晚上，变凉了的空气又会顺着山坡往下吹，这就形成了山谷风，如图 3–20 所示。

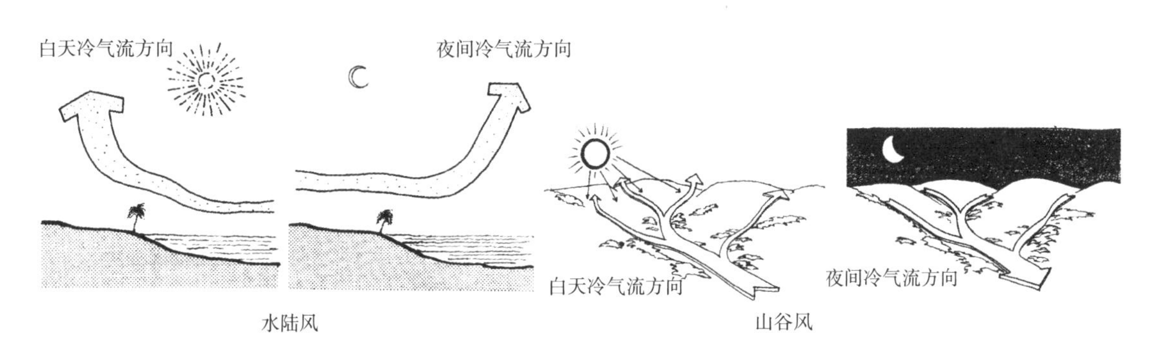

图 3–20　水陆风、山谷风的形成

图 3–21 是建在德国柏林斯普林河畔的国际太阳能研究中心，从图中可看出其建筑物是在老房子后面新盖的，建筑内部是一个很大的中庭，图中 A 处是建

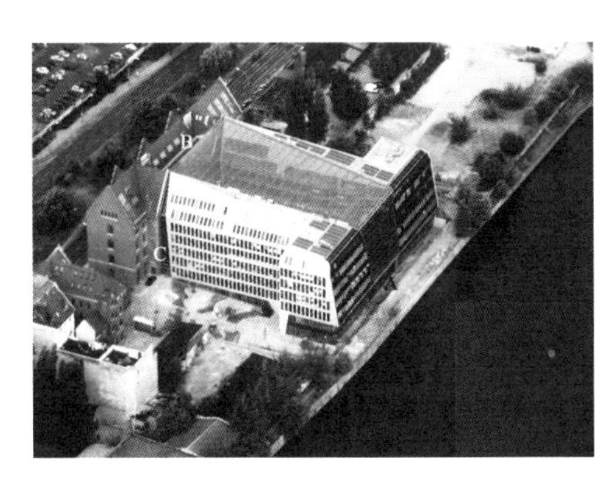

图 3–21　斯普林河畔的国际太阳能研究中心

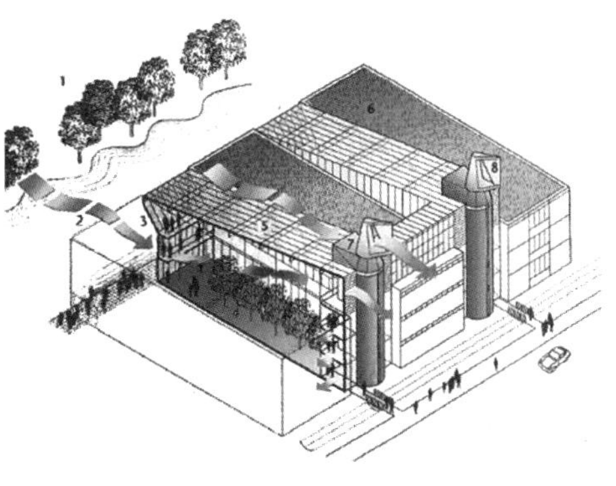

图 3–22　英国诺丁汉大学朱比丽校区

筑物临河立面开在首层入口上方入风口，B 处是建在中庭最高处的出风口。在夏季，经过河面冷却的空气，在热压和风压的作用下，由 A 进入中庭，在建筑内被加热后，从 B 排出，整个中庭中充满了舒适的微风。这一自然通风设计有效地改善了建筑内部的热舒适性。

图 3–22 是由迈克·霍普金斯设计的英国诺丁汉大学朱比丽校区。校园主体建筑全部沿线性人工湖布置，并在湖边种植高大乔木。夏季时，主导风吹经湖面得到自然冷却，进入中庭后，从建筑背立面的楼梯间顶部流出，起到室内通风降温作用。为增强自然通风效果，设计师还将背立面楼梯间设计为通风塔形式。冬季时，沿人工湖排列的树木成为有效挡风屏障，阻挡冷风对建筑的侵袭，如图 3–23 所示。

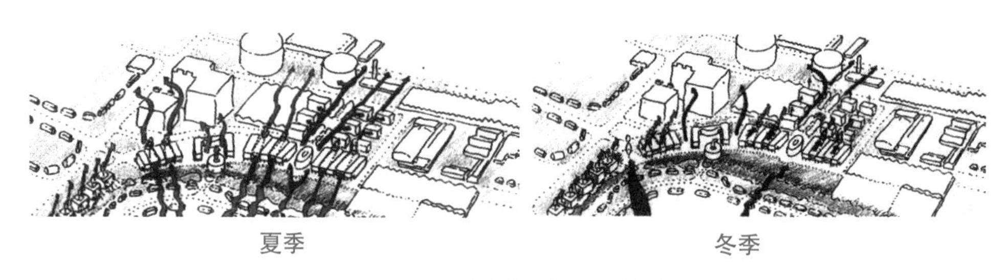

图 3–23　不同季节的通风效果

图 3–24 是伦佐·皮亚诺设计的吉巴欧文化中心。当地气候温暖潮湿，一年中的温度变化较小，年均气温 30° 左右，常年有稳定的季风，雨季也会有强风出现，气候条件与我国夏热冬暖地区类似。该建筑除具有典型的地域性特色外，在自然通风设计方面也取得了巨大成功，皮亚诺也因此获得了当年的普利兹克建筑奖。

为了利用当地季风气候，在建筑物内部形成有效的被动式通风，建筑师设计了双层皮系统，如图 3–25 所示。该系统由外层弯曲肋板和内层垂直肋板构成，空气能够在两层肋板结构间自由流通，并在顶部设有天窗。外层肋板在底部开口，用于引导来自海洋的季风进入建筑内部。内层肋板下部安装有可调节式百叶窗，能够根据风力大小而启闭，靠近屋顶的百叶窗为固定打开式，以便平衡维持室内外的压力差，避免屋顶被室内的高气压托起，还可起到室内通风作用。

双层皮肋板上水平条板的分布和间距不同，见图 3–26。位于底部的水平板条间距较大，可使空气水平流动，利于室内的通风；中间水平条板密集，迫使水平流动受阻的空气在两层肋板之间上升；顶部水平条板间距也相对较宽，空气在水平流动时形成负压区，有助于将下部空气向上拔出，促进纵向自然通风。

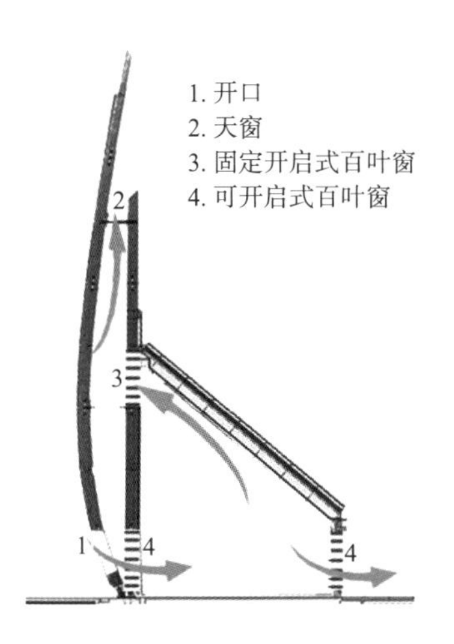

图 3-24　吉巴欧文化中心　　图 3-25　自然通风设计　　图 3-26　肋板上的水平条板

当有风吹过时，气流由外层开口引导进入，内层可调节式百叶窗打开，风穿过双层皮围护结构进入建筑内部，再通过位于办公室和展览区侧墙上百叶窗流出；当风力很大时，底部的可调节式百叶窗关闭，阻止强风穿过建筑，强风吹过建筑时会在屋顶固定打开式百叶窗附近形成负压区，室内空气被迅速吸出，实现通风；当无风或风力非常微弱时，通风主要依靠纵向空气对流完成，室内空气由于热压效应沿倾斜的屋顶上升并从顶部的固定式百叶窗排出，而另一股位于内外围护结构之间的上升热气流使这一效应得到加强。

3.5.3　高层建筑群区域风环境

近年来诸如中央商务区等高层建筑群发展迅速，在较小的区域内同时存在大量高层和超高层建筑，将对局部风环境产生重要影响，甚至产生如下风害现象：

（1）峡谷效应：风流经由街道两侧的高层建筑围合成的“峡谷”时被急剧加速；

（2）风洞效应：气流从建筑预留的孔洞穿过时产生 3 倍风速；

（3）静风区：由于建筑间距不适宜，风在流经建筑群时并未到达某些区域，使得这些区域的空气不能及时与外界交换；

（4）尾流区：气流经过高层建筑群时，在其背风面形成下冲流，产生极大的涡旋区；

（5）分离涡群：风在绕经高层建筑时会产生不同频率的分离涡群，这些涡群相互诱导和干扰而形成更为复杂的涡群。

研究表明，在高层建筑群中，来流风向角、建筑高度、建筑间距三个因素对区域风环境的影响最为显著。

来流风向角：当建筑高度和间距一定时，随着来流风向角的增加，高层建筑群内部气流强度变大，有利于促进自然通风，但在建筑群背风区的漩涡数量和影响范围也随之增加。当来流风向角 θ=0° 时，建筑群内部的风场分布最为平顺，背风区漩涡数量和影响范围最小；当 θ=45° 时，建筑群内部的风场分布最为强烈，背风区漩涡数量和影响范围最大，见图 3–27。

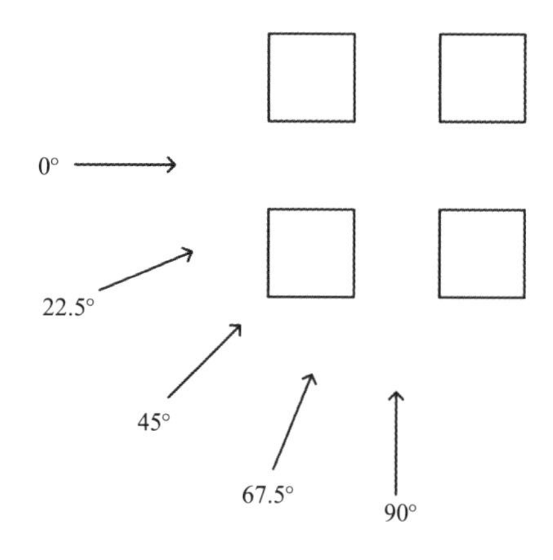

图 3–27　来流风向角

建筑间距：当来流风向角和建筑高度一定时，建筑间距大小与建筑群内部气流强度成正比。但当建筑间距和建筑高度的比值为 1/4 时，建筑群内部风场最弱，气流变得平缓，不利于通风的组织。

建筑高度：当来流风向角和建筑间距一定时，建筑群内部气流强度随着建筑高度的上升而增大。当建筑群平均高度由 60m 上升到 150m 时，通风效果明显加强，但气流会在建筑转角或者侧面有明显加速，形成局部风速过大甚至涡流现象。

因此，来流风向角、建筑间距、建筑高度对高层建筑群风环境有显著影响，且三者均与建筑群内部气流强度成正比，与背风区漩涡数量和影响范围也成正比。在有常年或季节性主导风向的城市中，应仔细权衡三者的相互关系，以保证高层建筑群具有良好的风环境，改善通风条件、减小冷风渗透、避免局部风速过大和减小背风区涡流。

3.5.4　建筑风环境辅助优化设计

在实际的规划设计中，建筑布局往往比较复杂，特别是如果需要兼顾冬夏通风的特点，以及考虑地形的不规整、植物绿化等存在的时候，简单利用传统经验做法已经很难指导规划设计优化室外风环境。这时候需要采取风洞模型实验或者计算机数值模拟实验的方法进行预测。

风洞模型实验方法如图 3–28 所示。研究风环境的风洞一般是近地面大气边界层风洞，它首先再现接近地面的近地面层，然后将需要测定的建筑物和周围的环境模型化，模型比例大小取决于建筑物侧面积和风洞剖面面积的比例关系。近年来，一些研究者通过风洞实验，了解了建筑物周围风环境的一些基本规律，如单栋建筑物迎风面和背风面的气流规律、具有规则外形的建筑在遵循一定规律的平面布置情况下的气流流动情况等。

但是，实际的小区建筑布局形式是多种多样的，而且建筑物形状也较为复杂。风洞实验中调整规划方案较慢、成本费较高，周期也较长（通常为数月甚至一二年），这给实际应用带来了较大的困难，难以直接应用于设计阶段的方案预测和分析。

计算机数值模拟是在计算机上对建筑物周围风流动所遵循的动力学方程进行数值求解（通常称为计算流体力学 CFD：Computational Fluid Dynamics），从而仿真实际的风环境。由于近年来计算机运算速度和存储能力大大提高，对住区建筑风环境这样的大型、复杂问题可以在较短周期（20 天左右）内完成数值模拟，并且可借助计算机图形学技术将模拟结果形象地表示出来，使得模拟结果直观、易于理解。同时，由于计算机模拟不受实际条件的限制，因此不论实际小区布局形式如何、建筑物形状是否规则等，都可以对其周围风环境进行模拟，从而获得详尽的信息。并且，利用计算机数值模拟方法可以方便地仿真不同自然条件下的风环境，只需在计算机程序中改变相应的边界条件即可。

根据不同季节的环境盛行风向、风速对不同规划方案的住区周围风环境进行模拟。图 3–29 是天津一新建居住小区的局部在夏季东南风向、风速下，在距地面 1.5m 高度的风速模拟图。该结果是利用 AIRPARK 软件分析得到的。图 3–30 为整个小区的风压模拟分析图。

图 3-28　风洞模型实验

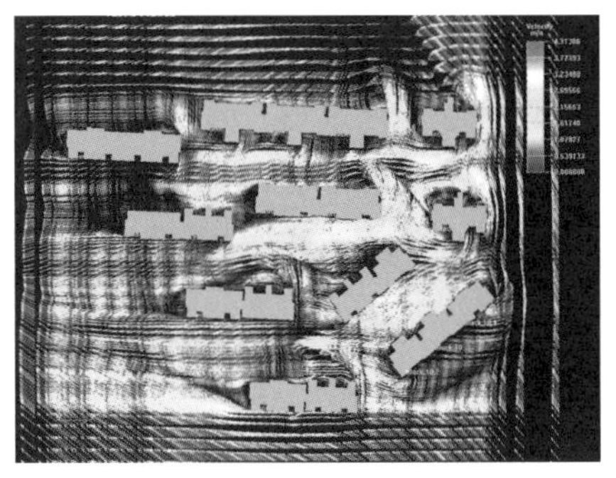

图 3-29　居住小区局部风速模拟分析图

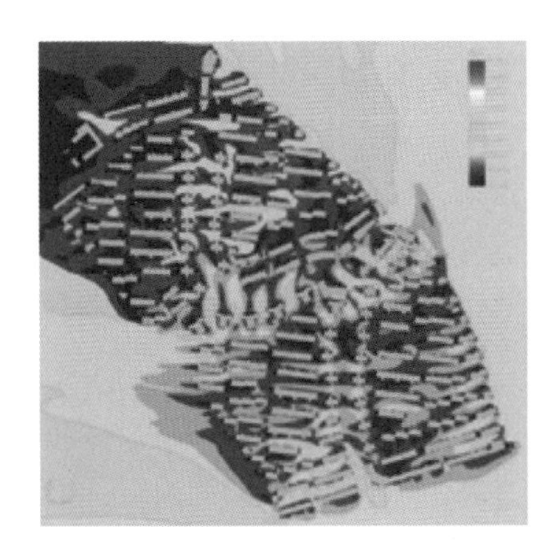

图 3-30　整个小区的风压模拟分析图

第4章
建筑单体设计与节能

Chapter 4
Energy Efficiency Principle in Building Design

具有节能作用的规划设计为建筑节能创造了良好的外部环境，合理的建筑单体设计是建筑节能的重要基础。只有在符合节能原则的建筑单体上，围护结构、采暖空调设备的节能措施才能充分发挥其效能。建筑单体的节能设计主要通过建筑形状、尺寸、体形、平面布局等多方面的有效设计，使建筑物具有冬季有效利用太阳能并减少采暖能耗，夏季能够隔热、通风、遮阳、减少空调设备能耗这两个方面能力。

4.1 建筑平面尺寸与节能的关系

4.1.1 建筑平面形状

建筑物的平面形状主要取决于建筑物用地地块形状与建筑的功能，但从建筑热工的角度上看，平面形状复杂势必增加建筑物的外表面积，并带来冬季采暖能耗的增加。从建筑节能的观点出发，在建筑体积 V 相同的条件下，当建筑功能要求得到满足时，平面设计应注意使围护结构表面积 A 与建筑体积 V 之比尽可能地小，以减少表面的散热量。

对于居住建筑，板式住宅、塔式住宅、独栋住宅（别墅）不同建筑平面形状的单位能耗水平有所差异。当建筑窗墙比按照节能设计标准取限值，建筑能耗按夏季空调能耗、冬季采暖能耗、室内照明能耗以及辅助设备能耗进行统计计算时，三种居住建筑的单位能耗水平如下：

板式住宅：长方形平面的住宅能耗水平最低，L 形平面的住宅能耗最高。假设长方形平面板式住宅的单位能耗为 q_{cb}W/m^2，则对于相同平面面积、相同建筑高度的其他类型的板式住宅单位建筑能耗值如表 4-1 所示。

不同平面形状的板式住宅单位建筑能耗　　表 4-1

平面形状	长方形	正方形	Z 字形	L 形
单位建筑能耗	q_{cb}	$1.046q_{cb}$	$1.043q_{cb}$	$1.050q_{cb}$

塔式住宅：长方形平面的单位能耗水平最低，其余类型由小到大依次为 Z 字形、方形、凸字形、H 形、井字形、Y 字形、U 字形、十字形。假设长方形平面塔式住宅的单位建筑能耗为 q_{ct}，则对于相同平面面积、相同建筑高度的其他类型塔式住宅单位能耗的值如表 4-2 所示。

不同平面形状的塔式住宅单位建筑能耗　　表 4-2

平面形状	长方形	Z 字形	方形	凸字形	H 形	井字形	Y 字形	U 字形	十字形
单位建筑能耗	q_{ct}	$1.044q_{ct}$	$1.045q_{ct}$	$1.056q_{ct}$	$1.111q_{ct}$	$1.162q_{ct}$	$1.176q_{ct}$	$1.178q_{ct}$	$1.198q_{ct}$

独栋住宅（别墅）：长方形平面的单位建筑能耗最低，能耗水平由低到高依次是正方形、圆形、三角形平面。假设长方形平面的住宅单位建筑能耗为 q_{cd}，则其他三种平面形状住宅的能耗水平如表 4–3 所示。

不同平面形状的低层独栋住宅单位建筑能耗　　表 4–3

平面形状	长方形	正方形	圆形	三角形
单位建筑能耗	q_{cd}	$1.018q_{cd}$	$1.025q_{cd}$	$1.047q_{cd}$

因此，对于任何类型的住宅，采用长方形平面的住宅能耗水平最低，节能效果最好。在住宅节能设计中，建筑平面应尽量减少进退变化，建筑形体应尽量简洁，趋近于长方形平面为最佳。

4.1.2　建筑长度、高度与节能

图 4–1 为相同宽度，不同长度的 3 层、6 层、9 层板式住宅，单位建筑能耗随平面长度的变化趋势。可见随着长度的增大，单位建筑能耗呈线性减小趋势。同时随着建筑高度增加，建筑能耗水平降低。图中三条曲线的斜率大致相同，说明随着平面长度增大，不同高度住宅的单位建筑能耗变化趋势基本相同。

图 4–2 为相同宽度，不同长度的 9 层、18 层、25 层塔式住宅，单位建筑能耗随平面长度的变化趋势。对于采用相同平面宽度的塔式住宅，单位建筑能耗随着平面长度的增加而下降。18 层和 25 层的曲线几乎完全重合，且略低于 9 层住宅的能耗水平。

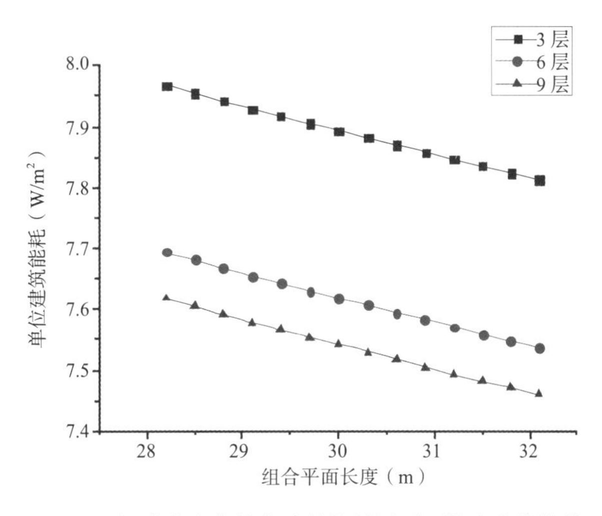

图 4–1　板式住宅的单位建筑能耗随平面长度变化趋势

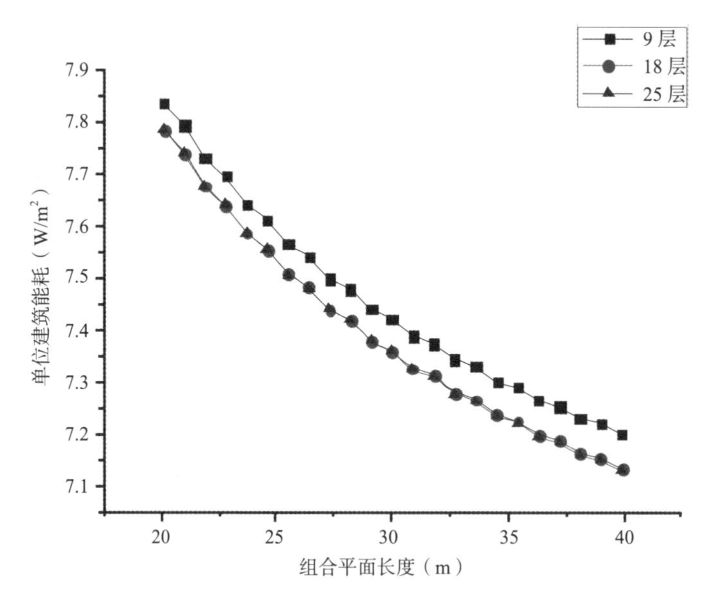

图 4-2　塔式住宅的单位建筑能耗随平面长度变化趋势

因此，对于不同平面长度的板式和塔式住宅，在建筑宽度和高度不变的情况下，平面长度与单位建筑能耗呈反比例变化关系，说明增加长度有利于建筑节能，且基本呈线性关系。建筑高度对住宅能耗也有影响，单位建筑能耗随高度的增加而降低。对于多层和小高层住宅，建筑高度对能耗的影响大于平面长度；对于高层住宅，平面长度对能耗的影响更大。

此外，平面长度小于 100m，能耗增加较大。例如，从 100m 减至 50m，能耗增加 8%～10%；从 100m 减至 25m，对 5 层住宅，能耗增加 25%，对 9 层住宅，能耗增加 17%～20%，见表 4-4。

建筑长度与热耗的关系（单位%）　　表 4-4

室外计算温度（℃）	住宅建筑长度（m）				
	25	50	100	150	200
−20	121	110	100	97.9	96.1
−30	119	109	100	98.3	96.5
−40	117	108	100	98.3	96.7

4.1.3　建筑宽度、高度与节能

相同建筑长度、不同宽度的 3 层、6 层、9 层板式住宅，单位建筑能耗随平面宽度变化趋势见图 4-3。随着建筑平面宽度的增大，单位建筑能耗呈线性下

降趋势。随着建筑高度的升高，能耗水平随之降低，而且 3 层建筑的能耗明显高于 6 层和 9 层。

图 4–4 展示了相同建筑长度、不同宽度的 3 层、6 层、9 层塔式住宅，单位建筑能耗随平面宽度的变化趋势。从图中可以看出，与板式住宅类似，塔式住宅的能耗水平与平面宽度和建筑高度均成反比。

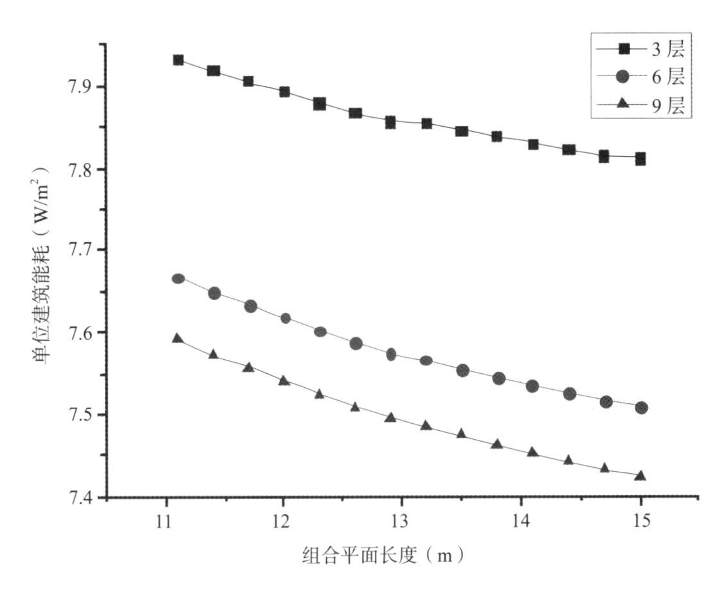

图 4–3　板式住宅的单位建筑能耗随宽度变化趋势

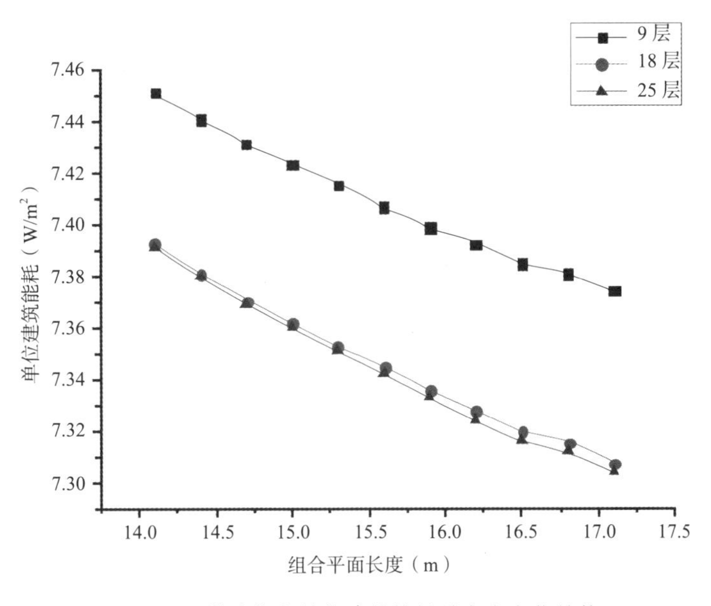

图 4–4　塔式住宅单位建筑能耗随宽度变化趋势

因此，无论是板式住宅还是塔式住宅，随着住宅平面宽度的增大，建筑能耗水平均呈线性下降趋势，说明在平面长度不变时，加大建筑进深有利于节能。另外，随着建筑高度的增加，单位建筑能耗下降，而且高度对于能耗的影响比宽度更为明显。

对于九层的住宅，如建筑平面宽度从 11m 增加到 14m，能耗可减少 6%~7%，如果增大到 15 ~ 16m，则能耗可减少 12%~ 14%，见表 4–5。

建筑宽度与热耗的关系（单位%） 表 4–5

室外计算温度（℃）	住宅建筑宽度（m）							
	11	12	13	14	15	16	17	18
–20	100	95.7	92	88.7	86.2	83.6	81.6	80
–30	100	95.2	93.1	90.3	88.3	86.6	84.6	83.1
–40	100	96.7	93.7	91.9	89.0	87.1	84.3	84.2

4.1.4 建筑平面布局与节能

合理的建筑平面布局使建筑在使用上带来极大的方便，同时也能有效地提高室内的热舒适度和有利于建筑节能。在建筑热工环境中，主要从合理的热工环境分区及温度阻尼区的设置两个方面来考虑建筑平面布局。

各种房间的使用要求不同，其室内热环境也各异。在设计中，应根据这种对热环境的需求而合理分区，即将热环境质量要求相近的房间相对集中布置。对热环境质量要求高的设于温度较高区域，从而最大限度利用日辐射保持室内具有较高温度，而将要求较低的房间集中设于平面中温度相对较低的区域，以减少供热能耗。

为了保证主要使用房间的室内热环境质量，可在该热环境区与温度很低的室外空间之间，结合使用情况，设置各式各样的温度阻尼区。这些阻尼区就像是一道“热闸”，不但可使房间外墙的传热损失减少，而且大大减少了房间的冷风渗透，从而减少了建筑的渗透热损失。设于南向的日光间、封闭阳台等都具有温度阻尼区作用，是冬季减少耗热的一个有效措施。

4.2 建筑体形与节能的关系

4.2.1 围护结构面积与节能

建筑物围护结构总面积 A 与建筑面积 A_0 之比 A/A_0 与建筑能耗的关系可见表 4–6。从表中可以看出，随着这一比值的增加，建筑的能耗也相应地提高。需要说明的是，考察围护结构对节能的影响时，必须考虑外墙（含外窗）与屋顶保温性能之比。通常的办法是：计算屋顶传热系数与外墙和外窗的加权平均传热系数之比。这是因为对楼层面积相同的建筑而言，随着层数的增加，屋顶面积占全部外围护结构的面积之比逐渐减小。同时，屋顶耗热量占整个建筑外围护结构耗热的比例也在减少。图 4–5 表示北京与哈尔滨市建筑耗热与建筑面积的关系。

其中 N 代表建筑的层数。我们可以看出，当建筑为一层时，建筑面积增加对于降低建筑物采暖能耗贡献很小。这是因为建筑面积的增加，直接的结果就是建筑物屋顶面积大幅度增加，即散热面积大幅度增加，以至于能耗难以下降。

围护结构总面积 A 与建筑面积 A_0 之比与节能的关系　　表 4–6

A/A_0	5 层住宅			9 层住宅		
	室外计算温度（℃）					
	–20	–30	–40	–20	–30	-40
0.24	100	100	100	100	100	100
0.26	102.5	103	103.5	103	103.5	104
0.28	105	106	107	106	107	108
0.30	107.5	109	110.5	109	110.5	112
0.31	110	112	114	112	114	116
0.33	112.5	115	117.5	115	117.5	120
0.35	115	118	120	118	121	124

对于多层建筑（即图 4–5 中 N=6），建筑面积在 1000 ~ 3000m^2，由建筑面积增加带来的采暖能耗的下降非常明显。这之后，建筑面积增加产生的节能效果就变得比较弱了。

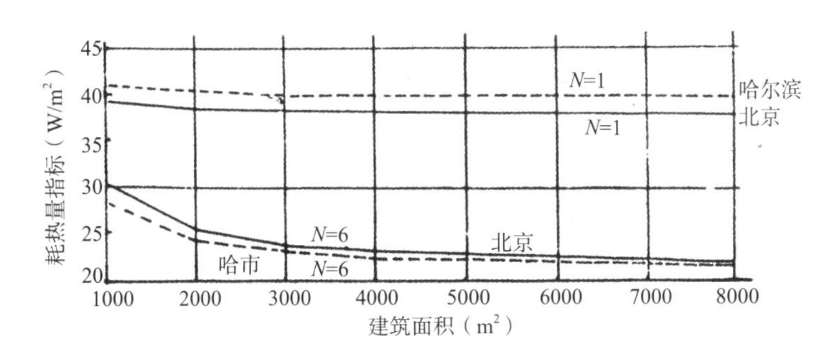

图 4–5　北京与哈尔滨市住宅的能耗指标比对

4.2.2　表面面积系数与节能

利用太阳能作为房屋热源之一，从而达到建筑节能的目的已越来越被人们重视。如果从利用太阳能的角度出发，建筑的南墙是得热面，通过合理设计，可以做到南墙收集的热辐射量大于其向外散失的热量。扣除南墙面之外其他围护结构的热损失为建筑的净热负荷，这个负荷量是与面积的大小成正比的。因此，从节能建筑的角度考虑，以外围护结构总面积越小越好这一标准来评价建筑节能的效果是不够的，应以建筑的南墙足够大，其他外表面积尽可能小为标准去评价。为此，这里引入“表面面积系数”这一概念，即建筑物其他外表面面积之和 A_1（单位 m^2）与南墙面积 A_2（单位 m^2）之比。这一系数更能反映建筑表面散热与建筑利用太阳能而得热的综合热工情况。

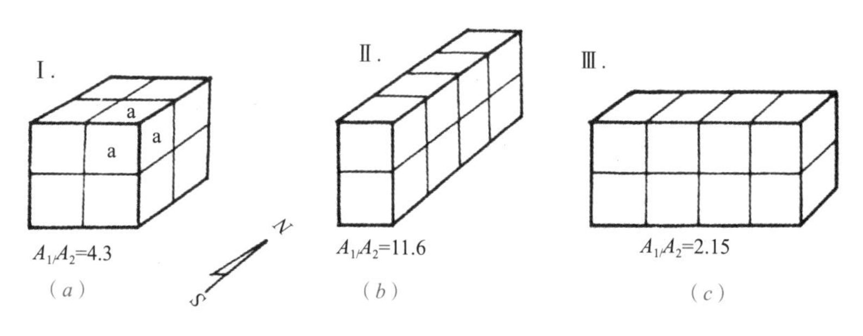

图 4–6　相同体积的三种体形表面面积系数比较

节能住宅地面也散失部分热量，但比外表面小得多，根据通常节能住宅外围护结构及地面的保温情况，地面面积按 30% 计入外表面积。

图 4–6 体积相同的三种体形的表面面积系数 A_1/A_2 的比较。通过大量分析，可以得出建筑物表面面积系数随建筑层数、长度、进深的变化规律，见图 4–7 ~ 图 4–9。根据这些曲线可以总结出用表面面积系数评价节能建筑的几点结论：

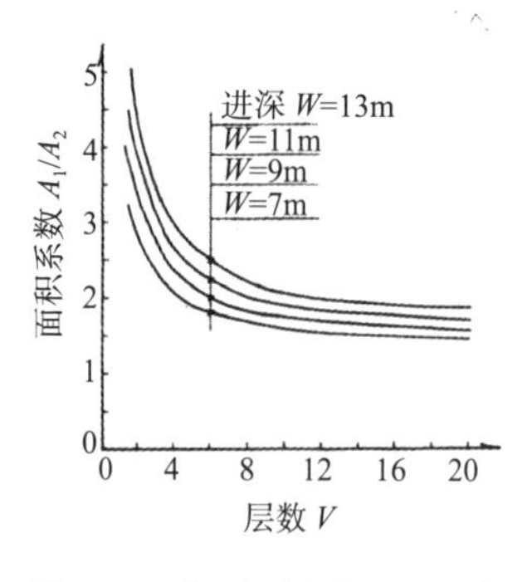

图 4–7　住宅长度 50m 时，层数、进深与表面面积系数的关系

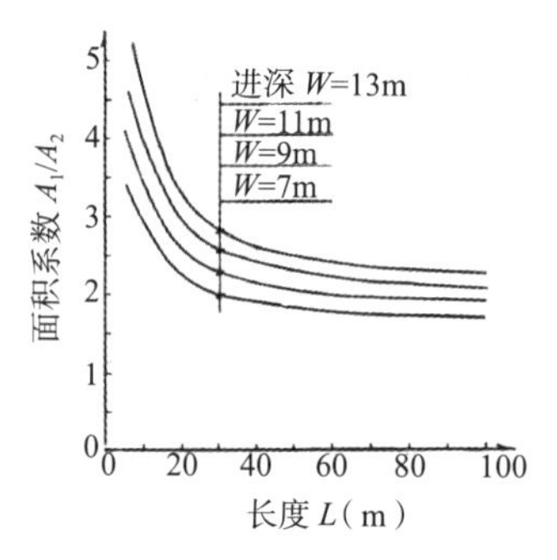

图 4–8　住宅层数为 6 层时，长度、进深与表面面积系数的关系

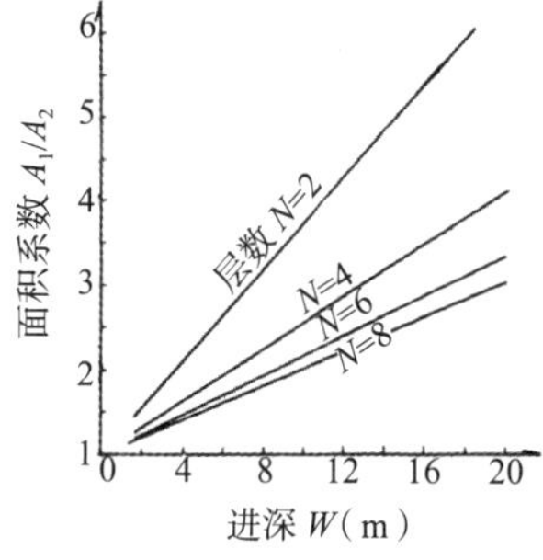

图 4–9　住宅长度 50m 时，进深、层数与表面面积系数的关系

（1）对于长方形节能建筑，最好的体形是长轴朝向东西的长方形，正方形次之，长轴南北向的长方形最差。以节能住宅为例，板式住宅优于点式住宅。

（2）增加建筑的长度对节能建筑有利。长度增加到 50m 后，长度的增加给节能建筑带来的好处趋于不明显。所以节能建筑的长度最好在 50m 左右，以不小于 30m 为宜。

（3）增加建筑的层数对节能建筑有利。层数增加到 8 层以上后，层数的增加给节能建筑带来的好处趋于不明显。

（4）加大建筑的进深会使表面面积系数增加，从这个角度上看，节能建筑的进深似乎不宜过大，但进深加大，其单位集热面的贡献不会减小，而且建筑体形系数也会相应减小。所以无论住宅进深大小都可以利用太阳能。综合考虑，大进深对建筑的节能还是有利的。

（5）体量大的节能建筑比体量小的节能建筑节能上更有利。也就是说发展城市多层节能住宅比农村低层节能住宅效果好，收益大。

4.2.3　建筑高度与节能

图 4–10 展示了在建筑平面不变的情况下，不同高度的板式住宅单位能耗变化情况。可见，建筑高度与单位能耗呈反比例变化关系，并且当建筑高度达到 20m 时，能耗下降趋势逐渐放缓。说明对于板式住宅，从 10m 上升到 20m 时，节能效果非常明显，而大于 20m 后，建筑高度的节能贡献率降低。

相同建筑平面，不同高度的塔式住宅单位能耗情况见图 4–11。随着建筑高度的增加，单位能耗下降非常显著，但高度达到 60m 后，能耗反而开始上升，说明从节能角度出发，应在一定程度上控制塔式住宅的高度。

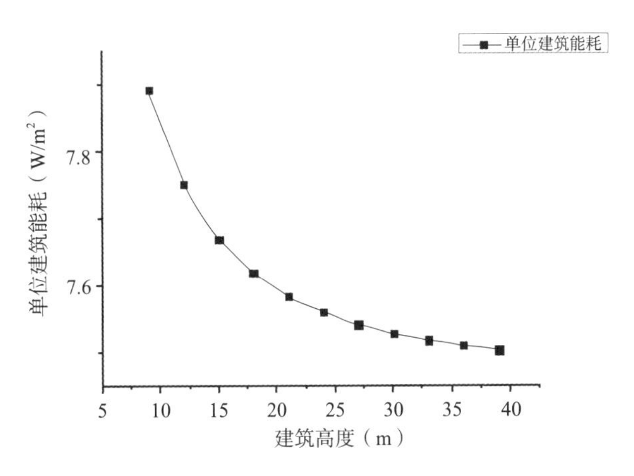

图 4–10　板式住宅能耗随建筑高度变化趋势

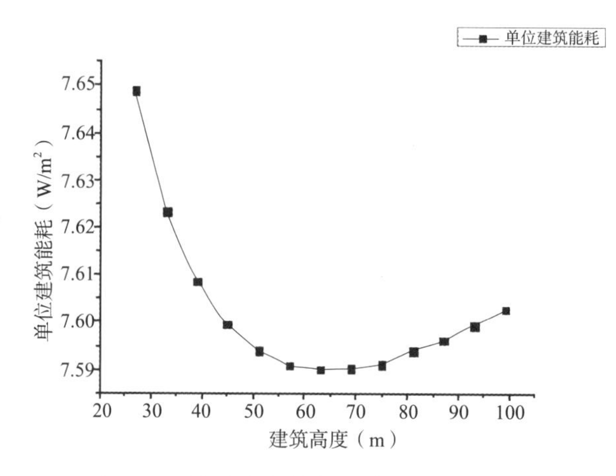

图 4–11　塔式住宅能耗随建筑高度变化趋势

4.2.4　建筑体形系数与节能

体形系数系指建筑物与室外大气接触的外表面积（不包括地面）与其所包围的体积的比值。体形系数的大小影响建筑能耗，体形系数越大，单位建筑面积对应的外表面积越大，外围护结构的传热损失也越大。因此从降低建筑能耗的角度出发，应该考虑体形系数这个因素。研究资料表明，体形系数每增加 0.01，耗热量指标增加 2.5%。对于居住建筑，体形系数宜控制在 0.30 以下。

建筑物体形系数常受多种因素影响，且人们的设计常常追求建筑形体的变化，而不满足于仅采用简单的几何形体。所以，详细地讨论建筑的体形系数的控制途径是比较困难的。一般来说，可以采取以下几种方法控制建筑物的体形系数：

（1）加大建筑的体量，即加大建筑的基底面积，增加建筑物的长度和进深尺寸；

（2）外形变化尽可能地减至最低限度；

（3）合理提高层数；

（4）对于体型不易控制的点式建筑，可采用群楼连接多个点式的组合体形式。

但需要注意的是，体形系数不只影响外围护结构的传热损失，它也影响到建筑造型、平面布局和采光通风等。表 4–7 为我国各气候区居住建筑体形系数限值。

居住建筑体形系数限值　　　　表 4–7

热工区划	建筑层数	
	≤ 3 层	>3 层
严寒地区	≤ 0.55	≤ 0.30

续表

热工区划	建筑层数	
	≤ 3 层	>3 层
寒冷地区	≤ 0.57	≤ 0.33
夏热冬冷 A 区	≤ 0.60	≤ 0.40
温和 A 区	≤ 0.60	≤ 0.45

4.2.5　建筑日辐射得热量

在冬季通过太阳辐射得热可提高建筑物内部空气温度，减少采暖能耗。在夏季，过多的太阳辐射会加重建筑的冷负荷。从图 4–12 中可以看出，当建筑物体积相同时，D 是冬季日辐射得热最少的建筑体形，同时也是夏季得热最多的体形；E、C 两种体形的全年日辐射得热量较为均衡，而长、宽、高比例较为适宜的 B 形，在冬季得热较多而夏季得热相对较少。

建筑的长宽比对节能亦有很大影响。当建筑为正南朝向时，一般是长宽比越大得热也越多。但随着朝向的变化，其得热量会逐渐减少。当偏向角达到 67° 时，各种长宽比体形建筑的得热基本趋于一致。而当偏向角为 90° 时，则长宽比越大，得热越少。表 4–8 描述了这一变化情况。

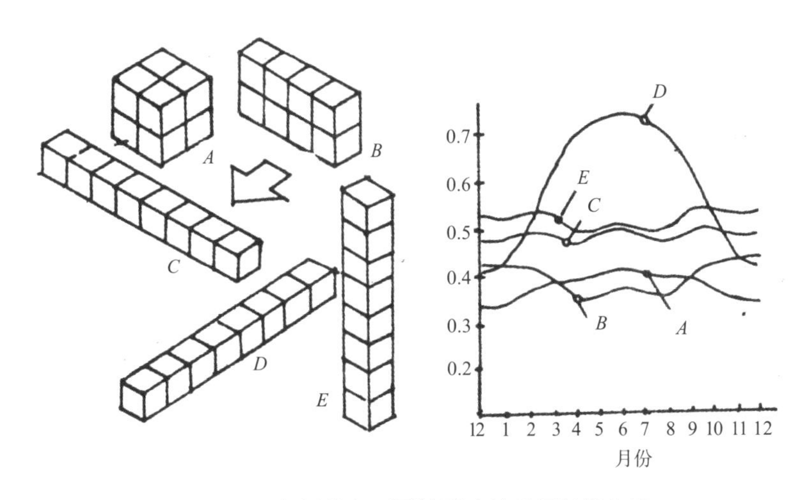

图 4–12　相同体积不同体形建筑日辐射得热量

不同长宽比及朝向的建筑外墙获得太阳辐射的比值　　表 4–8

长宽比 \ 朝向	0°	15°	30°	45°	67.5°	90°
1 : 1	1	1.015	1.077	1.127	1.071	1

续表

长宽比＼朝向	0°	15°	30°	45°	67.5°	90°
2：1	1.27	1.27	1.264	1.215	1.004	0.851
3：1	1.50	1.487	1.441	1.334	1.021	0.851
4：1	1.70	1.678	1.603	1.451	1.059	0.81
5：1	1.87	1.85	1.752	1.562	1.103	0.81

4.2.6 最佳节能体形

根据对天津市住宅情况的调查统计，发现板式住宅的建筑体形参数范围主要集中在：15.2m ≤长度 $a \leqslant$ 86.9m、10.4m ≤宽度 $b \leqslant$ 16.7m、高度 $H \leqslant$ 45m；塔式住宅的建筑体形参数范围主要集中在：23.9m ≤长度 $a \leqslant$ 66.3m、11.9m ≤宽度 $b \leqslant$ 25.8m、高度 $H \geqslant$ 30m。在上述范围内通过对大量模型的分析，得到最佳节能体型设计参数。由表 4–9 可以看出，最节能居住建筑的平面参数是相同的，板式住宅均为 86.9m × 16.7m，塔式住宅均为 66.3m × 25.8m，只是不同住宅类型的建筑高度参数有所区别。

最佳节能住宅的设计参数　　表 4–9

住宅类型	低层板式（1 ~ 3 层）	多层板式（4 ~ 8 层）	小高层板式（9 ~ 13 层）	小高层塔式（9 ~ 13 层）	高层塔式（≥ 14 层）
住宅平面长度 a（m）	86.9	86.9	86.9	66.3	66.3
住宅平面宽度 b（m）	16.7	16.7	16.7	25.8	25.8
住宅建筑高度 H（m）	9	23.6	27	27.7	42
单位建筑能耗 Q（W/m^2）	5.790	5.545	5.550	5.827	5.857

4.3 合理选择外墙保温方案

建筑物特别是采暖居住建筑的外墙，由于所受太阳辐射得热和冬季冷气流吹拂的情况不同，其保温层的布置和做法可有多种选择。在计算建筑物耗热量指标时，由于朝向不同，各墙面传热系数的修正系数有很大差别。例如，天津地区建筑物南向外墙的传热系数的修正系数 ε 为 0.85，东、西向的 ε 为 0.92，而北向的 ε 为 0.95。这也就是说，相同的保温构造放在北向外墙上使用更有利些。依据这一观点，我们根据下面的例子选择更优化的外墙保温布置方案。

例：天津地区某采暖住宅建筑面积为 3000m²，建筑朝向为南北向，层高 3m，按照以下方案布置外墙的保温层：

A 方案：各朝向外墙保温构造做法均相同，墙体平均传热系数均为 0.45W/（m²·K）。

B 方案：降低南向和东西向外墙的保温性能，同时提高北向外墙的保温性能，使南向、东西向外墙平均传热系数均为 0.50W/（m²·K），北向外墙平均传热系数为 0.30W/（m²·K）。

C 方案：只降低南向外墙的保温性能，使其 K=0.50W/（m²·K），提高东西及北向外墙保温性能，使其达到 K=0.35W/（m²·K）。

不同层数建筑的三种保温方案耗热量指标见表 4–10。

三种保温方案的耗热量指标比较　　表 4–10

总层数	进深（m）	长度（m）	深长比	耗热量指标（W/m²）		
				A	B	C
4	12 14	62.5 53.57	1/5.2 1/3.82	4.65 4.22	4.26 3.91	4.23 3.81
5	10 12	60 50	1/6 1/4.17	5.46 4.84	4.97 4.47	4.98 4.38
6	10 12	50 41.67	1/5 1/3.47	5.62 5.03	5.15 4.68	5.11 4.53
7	10	42.86	1/4.3	5.65	5.21	5.10
8	8 10	46.88 37.5	1/5.86 1/3.75	6.85 5.94	6.39 5.62	6.25 5.35

结论：

（1）将需要增加的保温层集中于北墙（B 方案），或均匀设置在北、东西三处墙面（C 方案），其传热耗热量指标均低于均匀布置保温层的 A 方案。

（2）从以上比较看，B 方案与 C 方案节能效果相差不大，C 方案略优于 B 方案。考虑东西墙一般端头住房的室内热工环境，同时多数住宅房型中，北面常安排辅助房间，所以宜采用 C 方案。

4.4　以防热为主的外墙方案

我国南方地区的气候特点是夏季时间长，太阳辐射强，气温高且湿度大，降雨多，季风旺盛。因此，外墙热工设计主要考虑墙体的保温和隔热。

1）外墙保温

南方地区设置外墙保温的目的不同于北方。北方地区是通过增加外墙热阻来减小采暖期室内向室外的传热量，从而达到节约采暖能耗的目的。而南方地区是通过改善外墙的传热系数和热惰性指标，降低外墙内表面平均温度和波动程度，减小夏季从室外传入室内的热量，从而节约空调制冷能耗。

由于南方地区夏季室外绝对气温不高，室内外温差较小，空调运行时室内外温差不超过 5℃，因此只需适当降低外墙传热系数即可。研究表明，当传热系数值低于 1.5W/（m^2·K）时，外墙保温对降低能耗的作用就不显著了。此外，如果传热系数很小，白天外墙所蓄积的热量会在夜间向室内辐射，室内热量不易通过墙体向室外传递，造成室内过热。外墙传热系数及热惰性指标值直接影响建筑的冷热负荷的大小，也直接影响到建筑能耗。我国夏热冬暖地区居住建筑屋顶、外墙的传热系数及热惰性指标见表 4-11。

夏热冬暖地区居住建筑围护结构热工性能参数限值　　表 4-11

围护结构部位	传热系数 K [W/（m^2·K）]	
	热惰性指标 $D \leqslant 2.5$	热惰性指标 $D > 2.5$
屋面	≤ 0.40	≤ 0.40
外墙	≤ 0.70	≤ 1.50

相比于在我国北方地区多采用的外墙外保温方案，内保温由于平均传热系数较高、热桥部位处理困难、墙体结构内表面容易结露、占用室内面积等问题而应用较少。但内保温具有耐久性好、施工简便、成本较低等优势，而且内保温在北方地区存在的缺陷在南方地区并不明显。首先，内保温平均传热系数较高的问题在南方并不存在，由前面内容可知，南方建筑的外墙并不需要太小的传热系数；其次，对于热桥保温不易处理问题，南方地区由于夏季室内外温差较小，由热桥造成的能耗损失微乎其微；再次，对于结露问题，南方建筑多为空调制冷，在该状态下墙体内表面温度高于室内空气温度，因此不会产生结露现象；最后，南方建筑的外墙内保温一般采用保温砂浆等轻薄材料，对室内面积占用并不明显，而北方地区所采用的厚型外保温材料虽不占用室内面积，但却增加了占地面积。因此，外墙内保温在我国南方，尤其是夏热冬暖地区具有可行性。

目前在夏热冬暖地区，外围护结构的自保温隔热体系逐渐成为一大趋势。如加气混凝土、页岩多孔砖、陶粒混凝土空心砌块、自隔热砌块等材料的应用越来越广泛。这类砌块本身就能满足相关标准要求，同时也符合国家墙改政策。

2）外墙隔热

外墙面采用浅色饰面材料（如浅色粉刷，涂层和面砖等），在夏季能反射较多的太阳辐射，从而减小室内得热量和降低围护结构内表面温度。尤其是对于东、西外墙，一方面受太阳辐射影响较大，另一方面南方建筑的东、西向开窗少，墙体面积较大，采用浅色饰面材料节能效果更为明显。

另外，采用通风墙体和外墙绿化等技术也是提高隔热性能的有效手段。

4.5　窗的设计与节能的关系

窗在建筑上的作用至少有两个方面，一方面是挡隔室外大气环境变化对室内的影响，另一方面，通过窗又可满足室内的采光与得热及获得新鲜空气，还可以通过观赏室外景物满足人们视觉心理上的要求。这样一来，从热工的角度处理窗就有一定的难度。

从一般情况上分析，窗的耗热在建筑物总耗热量中所占的比重很大。统计分析表明，寒冷地区的住宅窗耗热占总建筑耗热量的 50% 左右。然而窗并不仅仅是耗热构件，在有阳光照射时，太阳辐射热透过窗进入室内。窗的玻璃对太阳辐射有选择性，它能透过短波辐射而阻止长波辐射。经估算，一扇高 1.5m、宽 1.8m 的南向窗口在京津地区每年在采暖期内可得日辐射热量为 1134kW·h（按当地冬季日照率为 0.8 计算），亦即每平方米南窗每年采暖可得 480kW·h 日辐射热。考虑窗棂的遮挡，单层玻璃透过率为 0.82，单层窗户为 336kW·h/m^2。若住户在晚间采用窗帘保温，则单层窗每年在采暖期可净得热 54kW·h/m^2，双层窗为 75kW·h/m^2。可见，通过精心的设计，窗户能够成为得热构件。

窗的热工状况除了主要与窗的传热系数有关，其面积尺寸、窗的朝向、遮挡状况、夜间保温等对窗的传热效果也有非常大的影响。下面分析这些因素与节能的关系。

4.5.1　窗墙比、玻璃层数及朝向对节能的影响

图 4-13 ~图 4-15 是采用北京地区气象数据，室内温度按采暖计算温度 18℃计算，以 360mm 砖墙、单玻璃钢窗为基本条件，在改变窗面积、层数时计算出的节能率的变化。

设南向窗户为 2.7m^2，图中以窗墙比为 0.26 时的节能率为 0，以此为基础，窗墙比增加时，单层窗节能率下降，而双层钢窗却上升，这说明南向双层窗的辐射得热量大于窗的耗热而使南窗成为得热构件。采暖期的规律与 1 月份大致

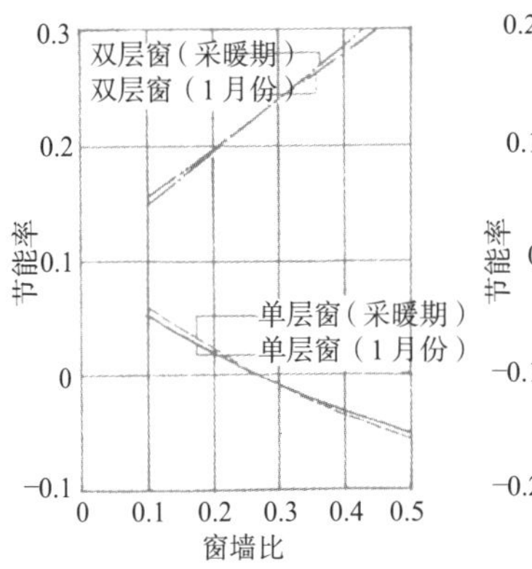

图 4–13　南向不同窗墙比与节能率的变化（采暖期,1月份）

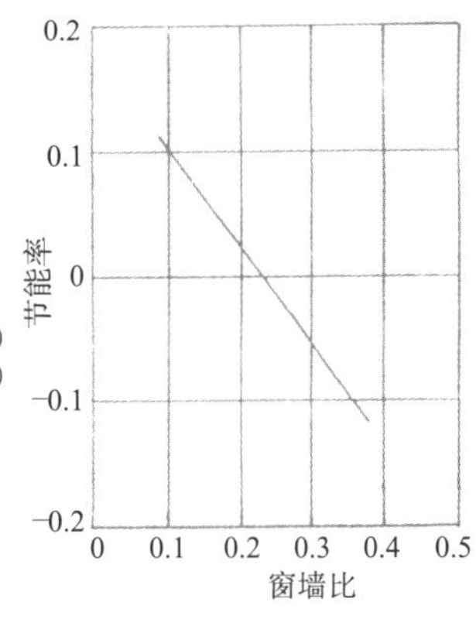

图 4–14　东向不同窗墙比与节能率的变化(单层窗,1月份)

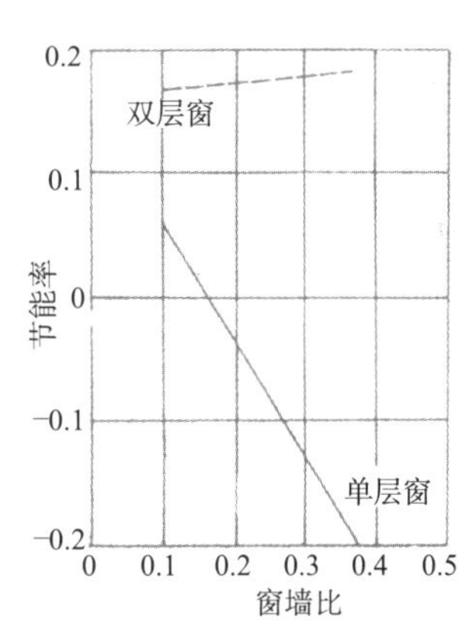

图 4–15　北向不同窗墙比与节能率的变化（1月份）

相同。东向和北向的单层窗节能率也随窗墙比增加而下降，北向用双层窗，窗墙比增加时节能率也略有增加。但三个不同朝向窗墙比增加时，节能率变化的灵敏度不同。单层窗时，北向窗的节能率灵敏度大，东向次之，南向最小。双层窗时，南向窗的节能率灵敏度比北向要高，这是由于北窗只接受散热辐射，采用双层窗时降低耗热与南向相同，但其日辐射得热却少得多的缘故。

表 4–12 是天津地区同等建筑面积、相同建筑体积的低层住宅，在不同窗墙比条件下的建筑能耗情况。三种平面形式的住宅在不同窗墙比情况下，单位建筑能耗均随着体形系数增加而增大。而各单项能耗的情况则不尽相同：对于照明能耗，窗墙比为 0.3 时的能耗水平明显低于窗墙比为 0 时，这是由于窗口天然采光减小了灯具开启数量，推迟了照明开始时间；对于采暖能耗，窗墙比 0.3 时的能耗水平稍稍高于窗墙比为 0 时，但增加幅度并不明显，原因在于南向窗冬季从外窗得到太阳辐射热量大于通过它散失的热量，使它为得热构件，从而降低了采暖能耗，因此南向窗的窗墙比可适当加大；对于空调能耗，窗墙比 0.3 的能耗水平几乎是窗墙比为 0 时的 6 倍，这是由于夏季大量的太阳辐射热量从窗口进入造成室内过热，因此应该减小东、西向窗口面积，并做好东、南、西向的遮阳设计。

采用不同窗墙比参数的三种平面住宅建筑能耗　　　表 4–12

	照明能耗（kWh）		采暖能耗（kWh）		空调能耗（kWh）		单位建筑能耗（W/m^2）		体形系数
窗墙比	0	0.3	0	0.3	0	0.3	0	0.3	—
长方形	6789	6294	24931	26190	993	6325	12.45	14.77	0.511

续表

	照明能耗（kWh）		采暖能耗（kWh）		空调能耗（kWh）		单位建筑能耗（W/m^2）		体形系数
正方形	6812	6329	24684	26401	1018	6794	12.37	15.04	0.501
圆形	6806	6376	23341	27881	994	5509	11.85	15.13	0.456

另外，窗户的日辐射得热还与住宅所在地的气象条件有关。同一时刻各地的太阳辐射强度不同，投射到窗口的日辐射热也不相同。以北京和长春两个城市不同类型南向窗在冬季各月份净得热或失热量的曲线（图 4–16、图 4–17）为例，在北京冬季使用双层钢窗就可使室内的日辐射得热量大于窗的热耗失量，而在长春，即使采用双层窗也依然是耗热构件。

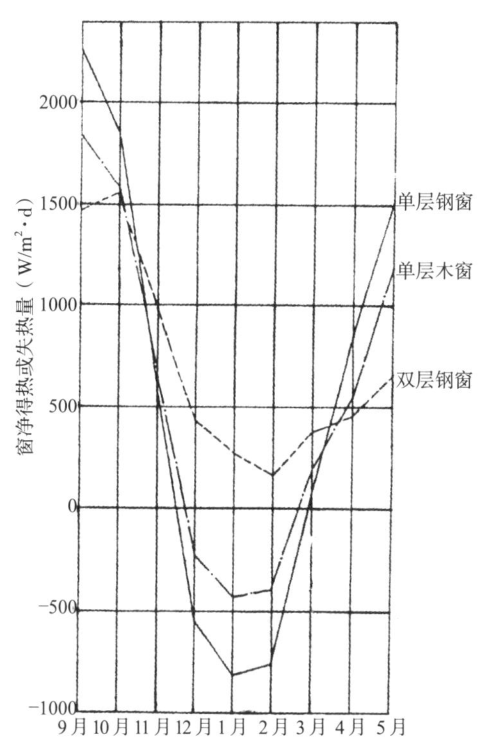

图 4–16　北京冬季各月南向单双层外窗的净得热量与失热量

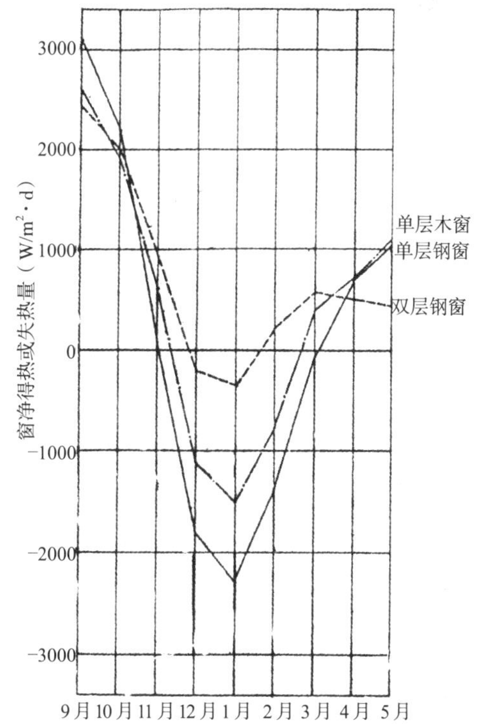

图 4–17　长春冬季各月南向单双层外窗的净得热量与失热量

由上述分析可知，在进行窗的设计时，应根据地区的不同，选择层数不同的窗户构件，使其在本地区尽可能成为得热构件。在窗墙比的选择上，应区别不同朝向。对南向窗户，在选择合适层数及采取有效措施减少热耗的前提下可适当增加窗户面积，充分利用太阳辐射热；而对其他朝向的窗户，应在满足居室光环境质量要求的条件下适当减少开窗面积以降低热耗。

4.5.2 附加物对窗节能的影响

1）窗的夜间保温对节能的影响

居室的窗帘通常能起到阻挡视线，保证室内私密性和丰富室内色彩的装饰作用。实际上，保温窗帘和保温板对减少夜晚窗的热耗起着重要的作用。

图 4–18 ~图 4–20 分别表示南、东和北向的窗户增加夜间保温热阻对节能率的影响，从三个图中可以看到，不论何种朝向，当夜间窗户的保温热阻由 0.156（$m^2 \cdot K$）/W 增加到 3.0（$m^2 \cdot K$）/W 时，窗户的节能率都随之增加；但是节能率的灵敏度在不同的热阻阶段不同，保温热阻从 0.156（$m^2 \cdot K$）/W 增至 1.0（$m^2 \cdot K$）/W 时的灵敏度最高，大于 1.0（$m^2 \cdot K$）/W 以后，再增加夜间保温热阻则节能率增加有限。因此，窗在夜间应加设保温窗帘或保温板，窗的夜间保温热阻应选择在临界值附近以取得较好的节能和经济效果。

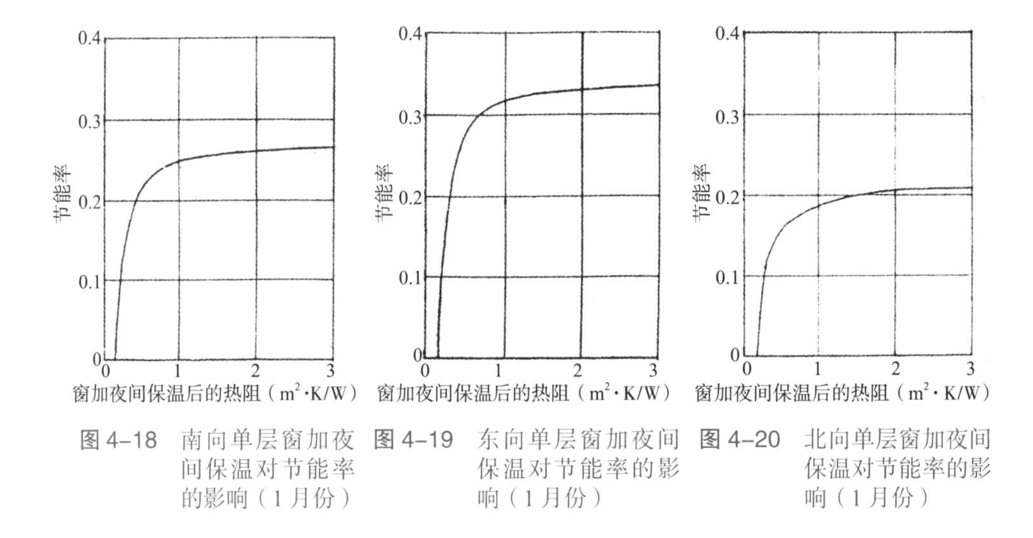

图 4–18 南向单层窗加夜间保温对节能率的影响（1 月份）

图 4–19 东向单层窗加夜间保温对节能率的影响（1 月份）

图 4–20 北向单层窗加夜间保温对节能率的影响（1 月份）

2）窗外遮挡对节能的影响

住宅的阳台在冬季会遮挡一部分进入窗的太阳辐射，遮挡的程度取决于阳台的挑出尺寸，且遮挡的情况还与朝向有关。在图 4–21 所示的南向阳台挑出尺寸与节能率的关系中看到，阳台挑出尺寸大于 0.5m 之后，节能率开始下降，而在图 4–22 中，东西向阳台挑出尺寸则对节能率影响不大。因此，在满足使用功能的前提下，适当减少南向阳台的挑出尺寸对节能有利，对其他方向的阳台则不必过多考虑。

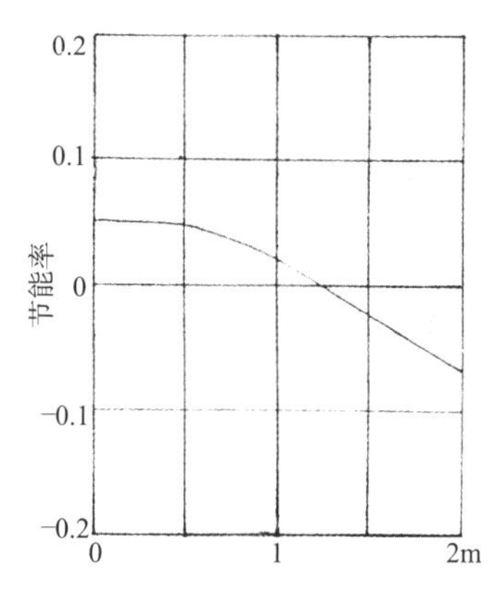

图 4–21　南向阳台挑出长度与节能率的关系（1 月份）

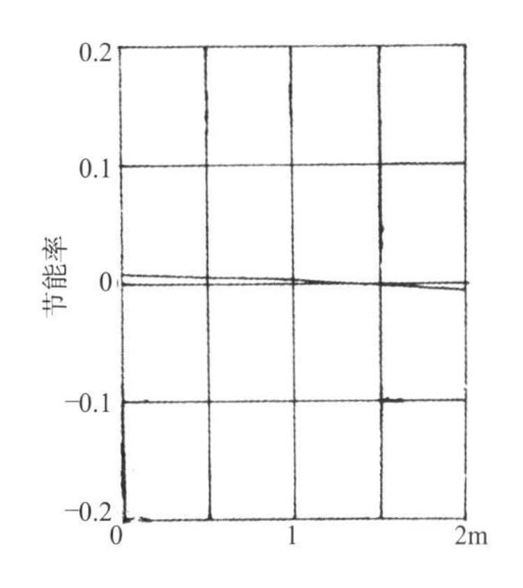

图 4–22　东向阳台挑出长度与节能率的关系（1 月份）

4.6　建筑自然通风与节能

第 3 章的第五节介绍了建筑在外部风环境的控制和利用，这一节主要介绍在夏季通过建筑物自身的自然通风获得舒适的室内热环境、降低空调能耗的方法。

4.6.1　利用风压和热压的传统自然通风

建筑内部自然通风的动力主要有风压和热压，当入风口与出风口水平高度相同时，自然通风的动力主要是风压。例如，我国居住建筑大部分为南北向，且一个单元内设计有南、北两个朝向的外窗，夏季室内容易获得“穿堂风”。建筑外部的正负风压分布情况可见图 3–13。

利用热压的能量（即“烟囱效应”）组织室内的自然通风是一项更能发挥建筑师创意的设计工作。热压的形成需要入风口与出风口具有一定的高度差和空气密度差。并且两个竖直通风口之间的温差大于两个通风口之间室外温差时，烟囱效应才会把内部空气排出室外。

图 4–23 是利用热压的通风示意图，其中（*a*）图利用建筑一侧的风帽提高出风口的高度，加强通风效果；（*b*）图是利用建筑内部的中庭作为风道起到依靠热压的“拔风”作用。上一章中介绍的柏林国际太阳能研究中心，在图 3–21 中的 A、B 两个通风口也是通过热压实现中庭内部通风。

烟囱效应的优点在于它不依赖于风就可以进行，但它的缺点是力量比较弱，不能使空气快速流动。为了增加它的效果，通风口应尽可能地大，尽量增强进出风口温差，彼此之间的垂直距离应该尽可能地远，使空气畅通无阻地从较低的通风口向较高通风口流动。

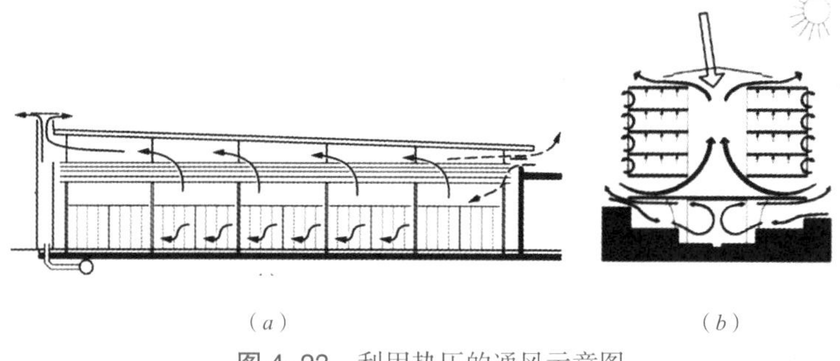
（a）　　　　　　（b）

图 4-23　利用热压的通风示意图

中国台湾绿色魔法学校的自然通风设计，在增强烟囱效应方面做出了很多有益尝试。比如为增加进出风口间的垂直距离，在建筑中庭的顶部设计了一个通风塔，同时为加大出风口面积，该塔并未采用常规的正方形或圆形截面，而是采用长宽比较大的矩形。此外，通风塔表皮为深色饰面，有利于吸收太阳辐射提高出风口温度，如图 4-24 所示。

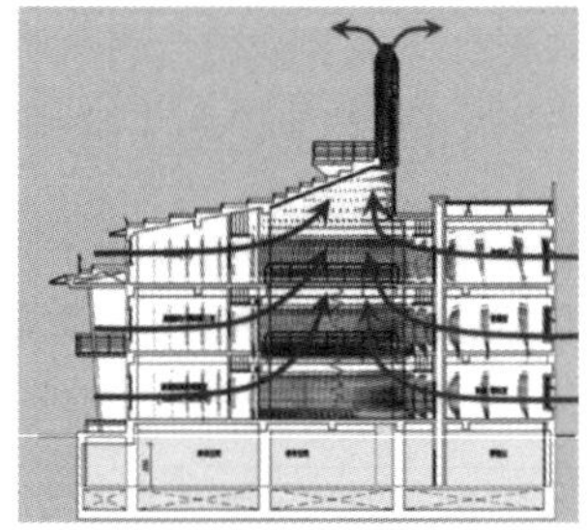

图 4-24　台湾绿色魔法学校

另外，现代的一些建筑通风设计中还利用伯努利效应（Bernoulli effect）来增加这种通风效果。

4.6.2　利用伯努利效应

伯努利效应是说，气流速度的增大，会使它的静压力减小。由于这一现象的存在，在文丘里管（Venturi tube）的细腰处，就会出现负压（图 4-25*a*）。飞机机翼的横截面就像是半个文丘里管（图 4-25*b*）。建筑设计中可以利用这一原理，制造出局部的负压，加强建筑内部的通风。上一章中介绍的柏林国际太阳能研究中心，从图 3-21 中看到的 C 处，是建筑师在新旧建筑交接处，依据伯努利效应将新建建筑物的端头墙体设计成一个“文丘里管”式通风道，图 4-26

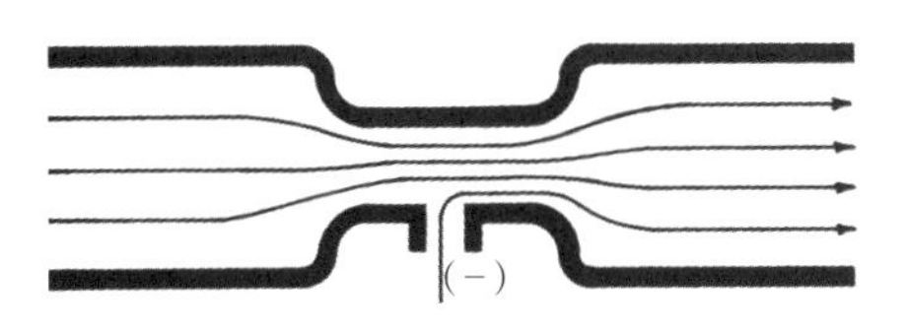

（a）文丘里管反映了伯努利效应：随着气流速度的增大，它的静压力也在减小

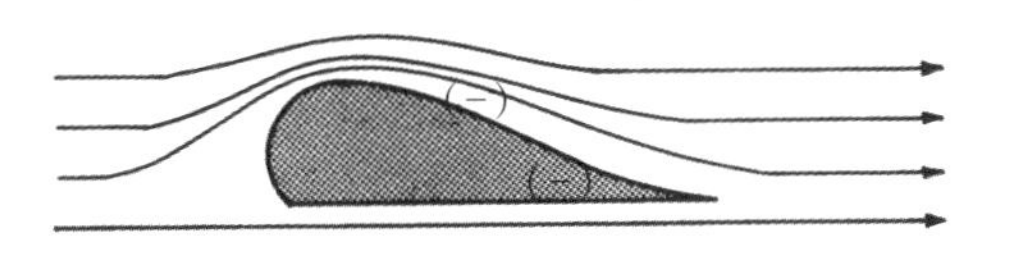

（b）飞机的机翼就像半个文丘里管。机翼上方的负压也被称为升力

图 4–25　文丘里管和飞机机翼的产生负压的示意图

是其内部情况。

另一个被公认的例子是柏林 GSW 房地产总部大楼。如图 4–27 所示，该栋大楼一侧朝西，外立面采用双层玻璃幕墙通风的“热能烟囱”做法。为了加强顶部的拔风能力，设计师在其屋顶设计了一个覆盖整个屋面的倒机翼式飘檐。当室外的风经过这个飘檐时，在伯努利效应的作用下，飘檐下面的空气形成了一个负压区。这个负压区能够有效地提高双层皮外墙的通风能力。当然，这个巨型的飘檐也起到屋顶遮阳的作用。

图 4–26　柏林国际太阳能研究中心中庭内部情况

图 4–27　柏林 GSW 总部大楼顶部的倒机翼式飘檐

双坡的屋顶也像是半个文丘里管。因此，屋脊附近任何形式的开口，都会使空气被吸出室内（图 4–28）。如果把屋顶设计成一个完整文丘里管的形状，伯努利效应就会表现得更为强烈（图 4–29）。

托马斯·赫尔佐格（Thomas Herzog）为汉诺威世博会设计的 26 号展馆也采用了顶部文丘里帽设计。在伯努利效应作用下，室内的空气通过屋顶上的开口排出（图 4–30）。

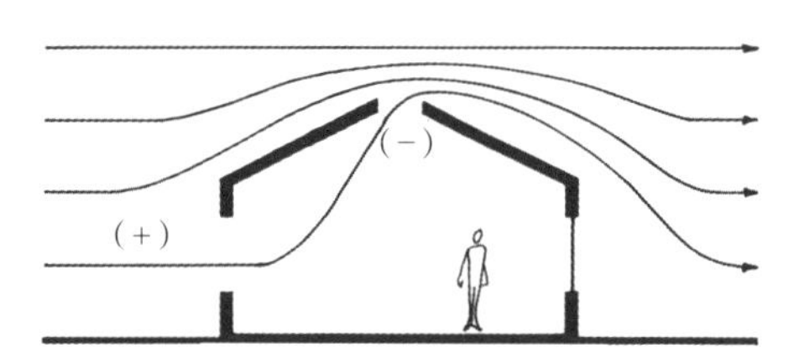

图 4-28 文丘里效应使空气经过屋顶脊部的通风口排到室外

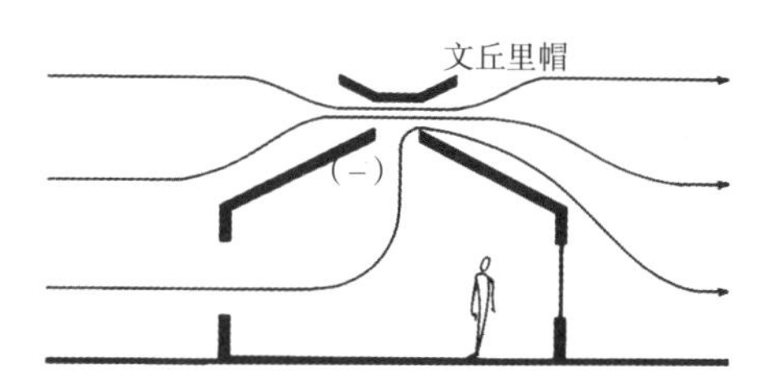

图 4-29 可以用文丘里管状的屋顶充当屋顶的通风机

图 4-31 是英国诺丁汉大学朱比丽校区所使用的风帽。它被安装于楼梯间通风井的顶部，风帽尾部有一个类似扰流板的构造形式，在风速为 2 ~ 40m/s 时能够随风向的改变而自由转动，可以使出风口始终位于下风向，在出风口处始终保持最低气压，利用伯努利效应增强拔风效果。

上面提到的绿色魔法学校通风塔也应用了伯努利效应的原理，见图 4-32。在通风塔顶端做了大坡度收口处理，形成半个文丘里管。同时内部进行了特殊构造设计，在两侧设置倾斜的金属通风格栅，可防止雨水从开口进入室内。用可开启的通风闸门控制气流的大小，夏季空调运行时关闭闸门节约制冷能耗、春秋季打开闸门进行自然通风、冬季闸门部分开启以调节气流进出，见图 4-33。

图 4-30 汉诺威 26 号展馆屋顶的文丘里帽

图 4-31 诺丁汉大学朱比丽校区的风帽

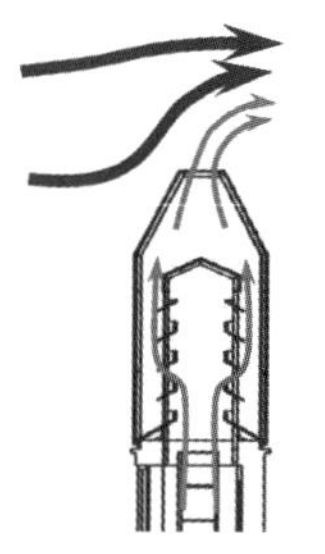

图 4-32 绿色魔法学校通风塔横剖面图

夏季完全关闭状态

春秋季完全开启状态

冬季部分开启状态

图 4-33 绿色魔法学校通风闸门

4.7　典型的低能耗建筑举例分析

4.7.1　马尔占公寓

新建建筑物节能的巨大潜力就在于“低能耗建筑”。这类建筑在项目规划及建筑单体设计过程中的指导思想是：在将建筑使用热能损耗减至最小的同时最大限度地利用太阳能。德国柏林马尔占（Marzahn）低能耗公寓大楼是低能耗建筑中很有代表性的一个。该项目由阿斯曼，萨洛蒙及沙伊特事务所（Assmann，Salomon & Scheidt）设计。这座以低技术建造的 7 层楼有 56 套居室，每套有 2～3 个房间。它是德国第一幢低能耗建筑物，其建筑直接来源于工程学原理。它的曲线外形、建造、立面外观、朝向及房间布局很大程度上取决于对能源的考虑。建筑师希望用这个建筑表明，建筑本身应是高效的，这样就不必太费心去寻求太阳能电池或其他设备的帮助。图 4–34 是其主立面效果。

图 4–34　马尔占（Marzahn）低能耗公寓大楼

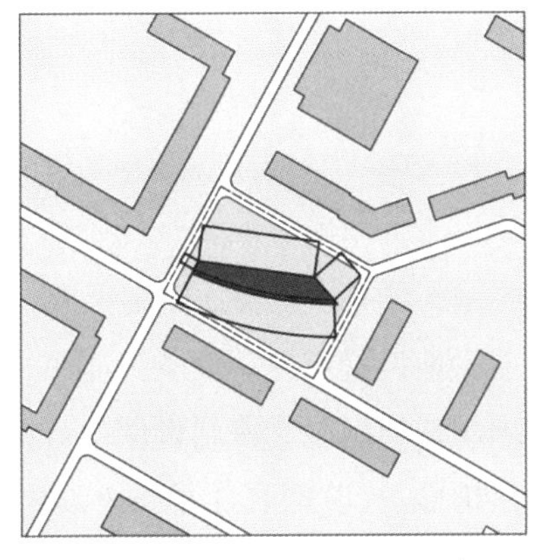

图 4–35　公寓大楼所在地块与周围的关系

这个建筑坐落的街区主要街道的走向为东南—西北向。为了更好地利用太阳能，建筑师选择南北朝向为建筑主立面朝向，这使得建筑的主立面与街道形成一定的夹角。这个朝向布置同时也提升了建筑的自身特色，见图 4–35。

建筑整体体形设计：在柏林的严冬里，建筑对能源的主要需求就是室内采暖需求。因此，建筑师从一开始就非常注重寻找体形与能源利用之间的精确关系。图 4–36（*a*）为它们首先筛选出的 6 种建筑平面几何形式。同时假定这 6 种平面形成的建筑在层数及总建筑面积均相同，在此基础上计算每种建筑形式年耗能量。耗能计算中不仅考虑建筑物围护体系的保温隔热的能力，更为关键的是，加入了建筑阳面所获得的太阳辐射得热对采暖的作用，以便做出合理的判断。

在前 5 种体形中，圆柱形建筑外表面积最小、自身能耗最低，但在获得太阳辐射热能和日照方面有很大不足。扇形平面样式的优点是所有房间都可以有阳面，并能够获更充分的日照。通过缩小耗能较高的北立面的尺寸，最终获得能耗最佳状态的扇形建筑物，图 4–36（*b*）是其平面图。

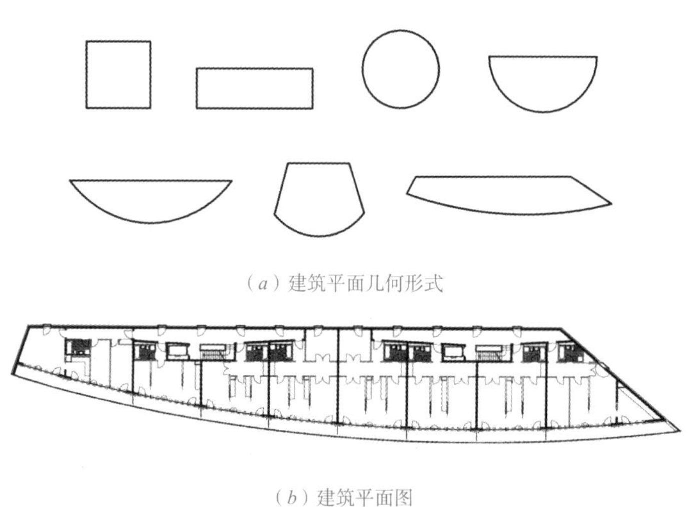

（*a*）建筑平面几何形式

（*b*）建筑平面图

图 4–36 马尔占低能耗公寓大楼平面图

围护结构：建筑师使用保温性能优良墙体将北立面几乎完全封闭，其上尽可能少地设置窗户，以减少耗热，见图 4–37（*a*）。南立面的墙表面整个都是用玻璃制成（保温、密封性能优异的门窗在南面放置时，其综合热工效果可视为得热构件），以争取日照和太阳能。图 4–38 中显示南立面的外门窗均是落地式的，而且划分方式极为简单，以提高太阳辐射得热效率。

平面布置：面向北向安排的冷房间、楼梯、走廊和浴室作为南面暖房间的一个传热缓冲带。它们通过滑动墙连接在一起，这样即使阳光从侧面照射过来，也可以散布到房间深处。起居室、厨房和卧室这些主要的房间朝阳，入口、门

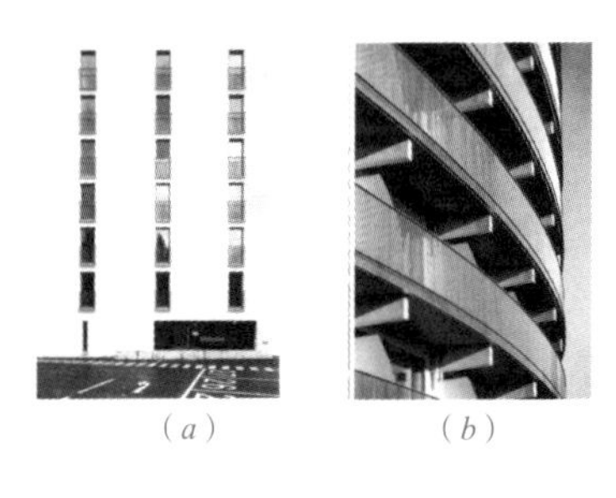

（*a*） （*b*）

图 4–37 北立面与南立面局部

图 4–38 公寓室内的活动隔断

厅和浴室则安排在背阴面。公寓南立面上所有阳台挑出的尺寸是经过仔细计算的，目的是使其在夏天可以通过遮挡阳光以避免室内过热，并在冬天可以让本来不强的阳光进入建筑物内，见图 4–37（*b*）。

该建筑供热和通风系统与计算机设备连在一起，以便节约能源并保证不间断控制。

4.7.2　太阳能设备公司

这是建在德国布朗施维根（Braunschweig）的 SOLVIS 太阳能设备制造公司的工厂。由于其出色的低能耗和较好地利用太阳能，该建筑获得了 2004 年欧洲能源之星大奖。图 4–39 是其建筑的外部情况，图 4–40 是其平面和剖面图。

图 4–39　布朗施维根的 SOLVIS 太阳能设备制造公司的工厂

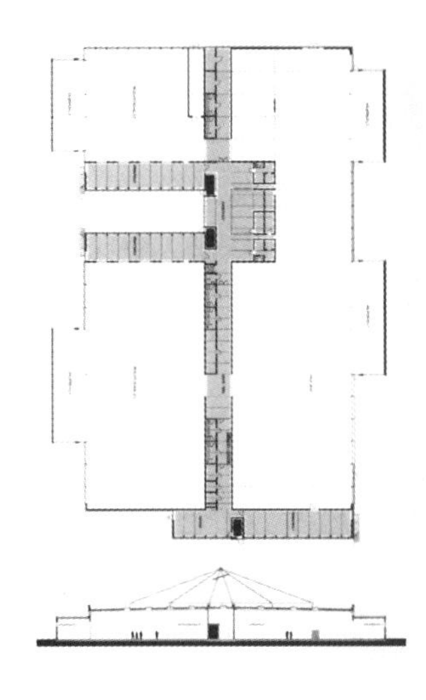

图 4–40　SOLVIS 工厂平面和剖面图

图 4–41　建筑内部可以看到非常平展的顶棚

从图中可以看出，这个建筑外形与其他的工厂没有太大的不同，是比较整洁的矩形盒子。但它的屋盖结构设计很有特色，完全是从节能的需求出发而选择了悬索结构。这是因为悬索结构的主要结构构件都在室外，内部顶棚非常平展（图 4–41）。因为没有屋盖板下面常规的交梁，屋盖内表面比常规的交梁结构降低了 1.5m，这样就减少了采暖空间，从建筑自身上具备了节能要素。

建筑的两侧设计了很大的门斗，门斗的面积完全能开进去一辆卡车。这样在冬季就不必因装卸货物而频繁开启外门而导致热能损失了。

在屋顶上该建筑还安装了板式太阳能集热器，可以提供生活热水，冬季还可以提供一部分采暖热能。

4.7.3 ULM 办公大楼

该建筑位于德国乌尔姆附近的埃因根（Energon），是一幢商务办公楼。其建筑的外部情况如图 4–42，图 4–43 是建筑的平面和剖面图。我们可以看到其平面是每边有一定弧度的三角形，建筑没有高耸、出挑的部分。这样的体形在保证最大建筑内部空间的要求下，体形系数达到最小。即建筑在体形上提供了节能的优异条件。

图 4–42　大楼外立面与鸟瞰图

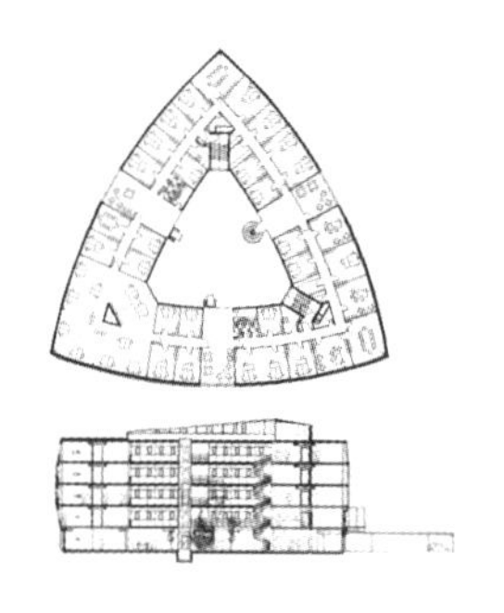

图 4–43　ULM 大楼平面和剖面图

图 4–44　建筑内部中庭里巨大的新风送风口、屋顶的活动遮阳膜、带有电动遮阳百叶的外窗

这个建筑物采用加热室外新风或对室外新风降温的方式提供采暖、空调的需求。从图 4–44 中可以看到竖立在中庭里巨大的新风送风口，其内部的每一房间也采用新风送风方式调节室内温度。由于采用新风加热方式，该建筑在屋顶的废气排放处还设计安装了大型废气余热收集设备，以达到高效利用能源。该建筑的能源系统可见图 4–45。

从图 4–42 中可以看到，建筑外立面的窗均安装有水平遮阳装置。从图 4–44 中可以看到，建筑中庭的屋顶双层玻璃天窗之间有自动控制活动遮阳膜。开启遮阳膜，能有效避免夏季太阳辐射引起的室内过热现象，降低空调能耗需求。冬季收起遮阳膜，能更充分利用太阳辐射能，提高室内空气温度，减少采暖用能。

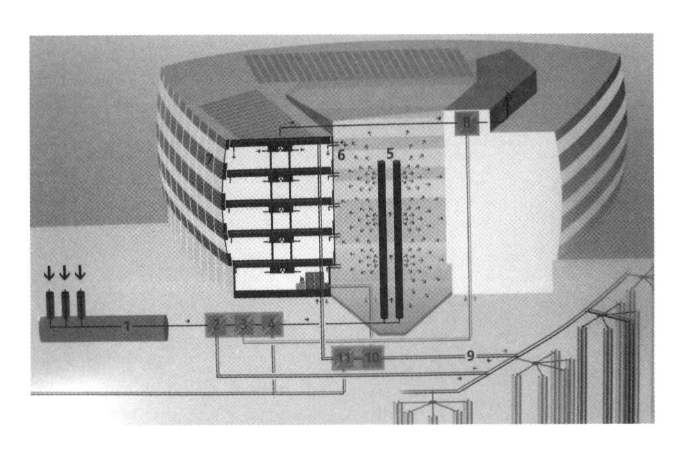

1. 室外新风过滤
2. 地源热泵对新风加热或制冷
3. 废气余热对新风进行加热
4. 远程市政热源对新风进行加热
5. 中庭中机械式新风送风口
6. 房间内部与中庭自然通风换热
7. 窗口外遮阳装置
8. 废气余热收集设备
9. 地埋 U 形管换热装置
10. 地源热泵为地辐采暖提供热能
11. 地源热泵为室内风机提供冷量

图 4–45　能源系统图

第5章
围护结构节能设计

Chapter 5
Energy Efficiency Design in Building Envelope

建筑围护结构热工性能直接影响居住建筑采暖和空调的负荷与能耗。其中，围护结构传热系数是建筑节能设计、节能效果评价的重要指标。由于我国幅员辽阔，各地气候差异很大，为使建筑物适应各地不同的气候条件，满足节能要求，应根据建筑物所处的气候分区，采用合理的建筑围护结构热工设计方法的技术。

5.1 外墙保温

建筑物耗热量主要由通过围护结构的传热耗热量构成。一般情况下，其数值约占总耗热量的 73% ~ 77%。在这一部分耗热量中，外墙占 25% 左右，楼梯间隔墙的传热耗热量占 15% 左右，改善墙体的传热耗热将明显提高建筑的节能效果。发展高效保温节能的复合墙体是墙体节能的主要途径。

外墙按其主体结构所用材料分类，目前主要有：加气混凝土外墙、黏土空心砖外墙、黏土（实心）砖外墙、混凝土空心砌砖外墙、钢筋混凝土外墙和其他非黏土砖外墙等。

从保温层与基层墙体之间的位置关系来分，外墙保温可分为外墙外保温、外墙内保温、外墙夹心保温和外墙自保温 4 种类型。以下按保温层在墙中的位置不同分别介绍。

5.1.1 外墙外保温

1）外墙外保温体系的组成

外墙外保温是指在建筑物外墙的外表面上建造保温层。这种外保温的做法，可用于扩建墙体，也可以用于原有建筑外墙的保温改造。一方面，由于保温层多选用高效保温材料，这种体系能明显提高外墙的保温效能。另一方面，由于保温层在室外侧，其构造必须能满足水密性、抗风压以及温湿度变化的要求，不致产生裂缝，并能抵抗外界可能产生的碰撞作用，还能与相邻部位（如门窗洞口，穿墙管等）之间以及在边角处，面层装饰等方面，均能得到适当的处理。有必要指出，外保温层的功能，仅限于增加外墙的保温效能以及由此带来的相关要求，而不应指望这层保温层对主体墙的稳定性起到作用。其主体墙，即外保温层的基底，必须满足建筑物的力学稳定性要求，承受垂直荷载和风荷载要求，并能经受撞击而能保证安全使用，还应使被覆的保温层和装修层得以牢牢固定。

不同外保温体系，其材料、构造和施工工艺各有一定的差别，图 5-1 为具有代表性的构造做法。

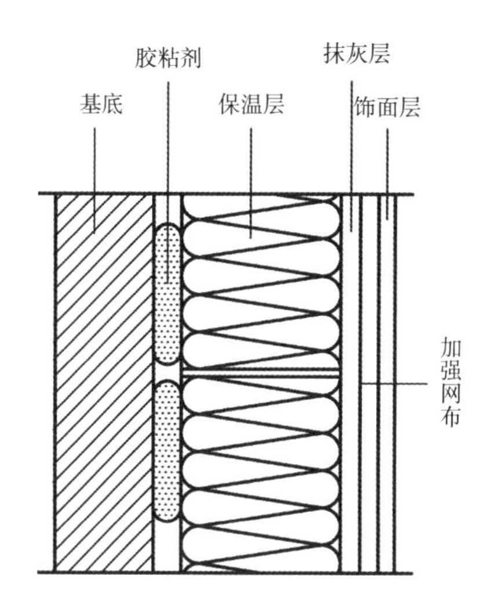

图 5–1 外墙外保温基本构造

（1）保温层

保温层主要采用导热系数小的高效轻质保温材料，其导热系数一般小于 0.05 W/（m·K）。根据设计计算，保温层具有一定厚度，以满足节能标准对该地区墙体的保温要求。此外，保温材料应具有较低的吸湿率及较好的粘结性能。为了使所用的胶粘剂及其表面层的应力尽可能减少，对于保温材料，一方面要用收缩率小的产品，另一方面，在控制其尺度变动时产生的应力要小。为此，可采用的保温材料有：模塑聚苯板（EPS）、挤塑聚苯板（XPS）、聚氨酯硬泡（PU）、岩棉板、玻璃棉毡以及胶粉聚苯颗粒保温浆料等。

（2）保温板的固定

不同的外保温体系，采用的固定保温板的方法各不相同，有的将保温板粘结或钉固在基底上，有的两者结合。

为了提高保温板在胶粘剂固化期间的稳定性，有的体系用机械方法作临时固定，一般用塑料钉钉固。

保温层永久固定在基底上的机械件，一般采用膨胀螺栓或预埋筋之类的锚固件。国外往往用不锈蚀而耐久的材料，由不锈钢，尼龙或聚丙烯等制成。国内常用钢制膨胀螺栓，并做相应的防锈处理。

超轻保温浆可直接涂抹在外墙外表面上。

（3）面层

保温板的表面层具有防护和装饰作用，其做法各不相同。薄面层一般为聚合物水泥胶浆抹面，厚面层则仍采用普通水泥砂浆抹面。有的则用在龙骨上吊挂板材或瓷砖覆面。

薄型抹灰面层为在保温层的所有外表面上涂抹聚合物水泥胶浆。直接涂覆于保温层上的为底涂层，厚度较薄（一般为 3 ~ 6mm），内部加有加强材料。加强材料一般为玻璃纤维网格布，有的则为纤维或钢丝网，包含在抹灰层内部，与抹灰层结合为一体。它的作用是改善抹灰层的机械强度，保证其连续性，分散面层的收缩应力与温度应力，防止面层出现裂纹。

不同外保温体系，面层厚度有一定差别，要求面层厚度必须适当。薄型的一般在 10mm 以内。厚型的抹面层，则为在保温层的外表面上涂抹水泥砂浆，厚度为 25 ~ 30mm。此种做法一般用于钢丝网架聚苯板保温层上（也可用于岩棉保温层上），其加强网用 Φ2 钢丝焊接而成，网孔尺寸为 50mm × 50mm，并通过交叉斜插入聚苯板内的钢丝固定。

为便于在抹灰层表面上进行装修施工、加强相互之间的粘结，有时还要在抹灰面上喷涂界面剂，形成极薄的涂层，上面再做装修层。外表面喷涂耐候性、防水性和弹性良好的涂料，也能对面层和保温层起到保护作用。

2）外墙外保温的特点

外墙外保温的主要特点为：

（1）外保温有利于保障室内的热稳定性。由于位于内侧的实体墙体蓄热性能好，热容量大，室内能蓄存更多的热量，使诸如太阳能辐射或间接采暖造成的室内温度变化减缓，室温较稳定，生活较为舒适。同时也使太阳辐射得热、人体散热、家用电器及炊事散热等因素产生的“自由热”得到较好的利用，有利于节能。

（2）外保温有利于提高建筑结构的耐久性。由于采用外保温，内部的砖墙或混凝土墙得到保护，室外气候变化引起的墙体内部温度变化发生在外保温层内，使内部的主体墙体冬季保温提高，湿度降低，温度变化较平缓，热应力减少，因而主体墙体产生裂缝、变形、破损的危险大为减轻，使墙体的耐久性得以加强。

（3）外保温可以减少墙体内部冷凝现象。密实厚重的墙体结构层在室内一侧有利于阻止水蒸气进入墙体形成内部冷凝。

（4）外保温可以避免产生热桥。在常规的内保温作法中钢筋混凝土的楼板、梁柱等处均无法处理，这些部位在冬季会形成热桥现象。热桥不仅会造成额外的热损失，还可能使外墙内表面潮湿、结露，甚至发霉和淌水，而外保温则不存在这种问题。由于外保温避免了热桥，在采用同样厚度的保温材料下（例如北京用 50mm 膨胀聚苯乙烯板保温），外保温要比内保温的热损失减少约 15%，从而提高了节能效果。

（5）有利于既有建筑节能改造。在旧房改造时，内侧保温存在使住户增加搬动家具，施工扰民，甚至临时搬迁等诸多麻烦，产生不必要的纠纷，还会因此减少使用面积。外保温则可以避免这些问题发生。当外墙必须进行装修加固时加装外保温是最经济、最有利的时机。

3）常用建筑外墙外保温系统介绍

（1）模塑聚苯板薄抹灰外墙外保温系统

模塑聚苯板薄抹灰外墙外保温系统由模塑聚苯板保温层、薄抹面层和饰面涂层构成。模塑聚苯板用胶粘剂固定在基层上，薄抹面层中满铺玻纤网，系统还包括必要时采用的锚栓、护角、托架等配件以及防火构造措施。该外墙外保温系统可见图 5–2、图 5–3。

这一系统在第二次世界大战后最先由德国开发成功，以后为欧洲各国广泛使用，在节能及改善居住条件上起到了很大的作用，因而在国际上得到公认。由于模塑聚苯板导热系数较小，单位面积重量较轻，价格适中，因此在我国应用范围最广。

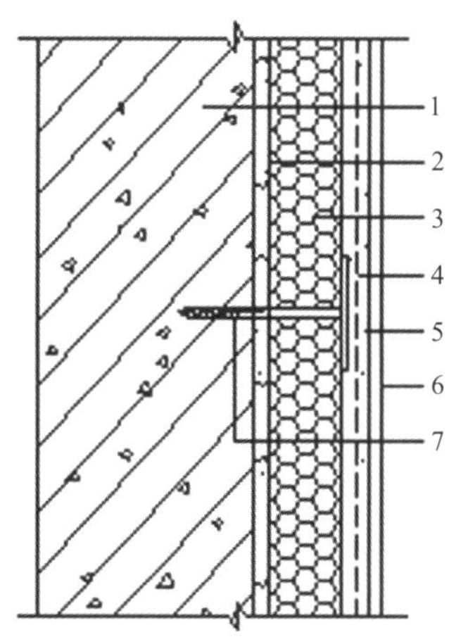

图 5–2　模塑聚苯板薄抹灰系统

1—基层；2—胶粘剂；3—模塑聚苯板；
4—玻纤网；5—薄抹面层；
6—饰面涂层；7—锚栓

图 5–3　模塑聚苯板薄抹灰系统样块

在我国以往的工程实践中，外墙外保温开裂的情况较多，其中一个重要的原因是聚苯板的使用不当。所采用的聚苯板的密度不合理、生产后的养护天数不够等原因，都会引起系统的开裂。因此严格控制聚苯板的技术性能，是保证系统质量的重要条件。表 5–1 为我国模塑聚苯板薄抹灰外墙外保温系统中聚苯板的主要技术指标。

模塑聚苯板的主要技术指标　　表 5-1

项目	性能指标	
	039 级	033 级
导热系数，W/（m·K）	≤ 0.039	≤ 0.033
表观密度，kg/m^3）	18 ~ 22	
垂直于板面方向的抗拉强度，MPa	≥ 0.10	
尺寸稳定性，%	≤ 0.3	
弯曲变形，nm	≥ 20	
水蒸气渗透系数，ng/（P_a·m·s）	≤ 4.5	
吸水率，V/V，%	≤ 3	
燃烧性能等级	不低于 B_2 级	B_1 级

在聚苯板外可附着专用抹面胶浆、玻璃纤维网格及专用面层涂料和专用罩面涂料。这些材料有多种品种，可用于不同的外墙基层墙体，获得不同的外墙颜色和纹理。

模塑聚苯板排布形式可见图 5-4。

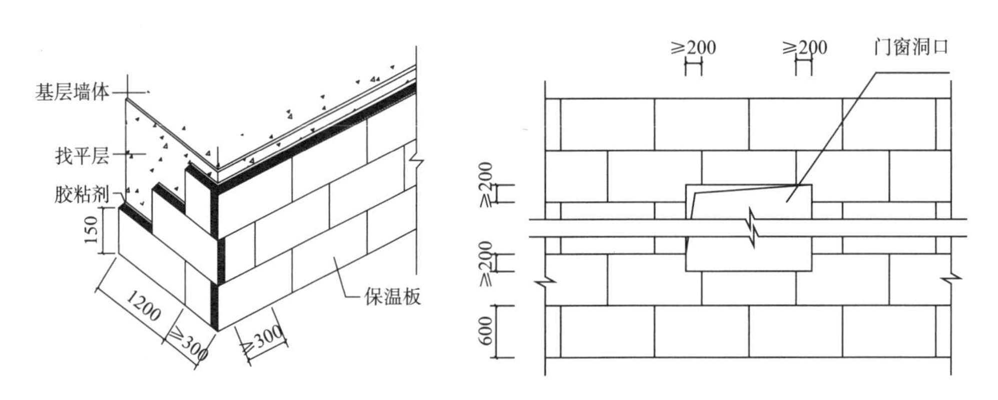

图 5-4　模塑聚苯板排布示意图

（2）胶粉聚苯颗粒保温浆料外墙外保温系统

胶粉聚苯颗粒保温浆料外墙外保温系统（以下简称保温浆料系统）由界面层、胶粉聚苯颗粒保温浆料保温层、抗裂砂浆薄抹面层和饰面层组成（图 5-5）。胶粉聚苯颗粒保温浆料经现场拌和后喷涂或抹在基层上形成保温层，薄抹面层中满铺玻纤网。当采用面砖饰面时，用热镀锌电焊网代替玻纤网，并用锚栓与基层墙体形成可靠连接。该保温材料可以被加工成任意形状，施工时不受外墙外形和平整度的影响，且胶粉聚苯颗粒保温浆料可以和砌筑聚苯板贴切复合使用。胶粉聚苯颗粒浆料性能指标如表 5–2 所示。

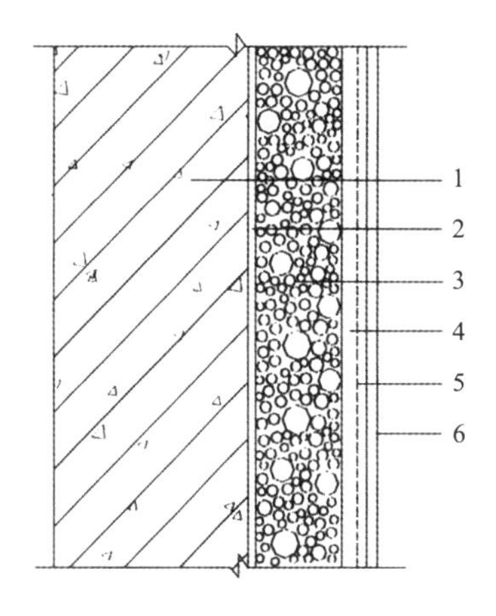

图 5–5　保温浆料系统

1—基层；2—界面砂浆；3—胶粉 EPS 颗粒保温浆料；4—抗裂砂浆薄抹面层；5—玻纤网；6—饰面层

保温绝热层是由胶粉材料与聚苯颗粒轻骨料两部分分别包装组成。胶粉材料采用预混合干拌技术，在工厂将胶凝材料与各种外加剂均混包装。使用时将一包净重 25kg 的胶粉与水按 1∶1 的比例在砂浆搅拌机中搅成胶浆，之后将一袋（约 150L）聚苯颗粒加入搅拌机中，3 ~ 5 分钟后可形成塑性很好的膏状浆料。将该浆料喷抹于墙体上，干燥后可形成保温性能优良的保温层。

抗裂罩面层由水泥抗裂砂浆复合玻纤网布组成。这种弹性的水泥砂浆有很好的弯曲变形能力，弹性水泥砂浆复合耐碱玻纤网布能够承受基层产生的变形应力，增强了罩面层的抗裂能力。

胶粉聚苯颗粒浆料性能指标　　　　表 5–2

项 目	单位	性能指标	
		保温浆料	贴砌浆料
干表观密度	kg/m^3	180 ~ 250	250 ~ 350
抗压强度	MPa	≥ 0.20	≥ 0.30
软化系数	—	≥ 0.5	≥ 0.6
导热系数	W/（m·K）	≤ 0.06	≤ 0.08
线性收缩率	%	≤ 0.3	≤ 0.3
抗拉强度	MPa	≥ 0.1	≥ 0.12

续表

项目			单位	性能指标		
				保温浆料	贴砌浆料	
拉伸粘结强度	与水泥砂浆	标准状态	MPa	≥ 0.1	≥ 0.12	破坏部位不应位于界面
		浸水处理			≥ 0.10	
	与聚苯板	标准状态		—	≥ 0.10	
		浸水处理			≥ 0.08	
燃烧性能等级			—	不应低于 B_1 级	A 级	

胶粉聚苯颗粒复合硅酸盐保温材料与其他保温材料比较有以下优点：

①容量小，导热系数较低，保温性能好。此材料的容量为 230kg/m^3，导热系数为 0.051 ~ 0.059W/（m·K）。

②软化系数高，耐水性能好。此材料软化系数在 0.7 以上，相当于实心黏土砖的软化系数，符合耐水保温材料的要求。

③静剪切力强，触变性好。

④材质稳定，厚度易控制，整体性好。

⑤干缩率低，干燥快。

（3）模塑聚苯板现浇混凝土外墙外保温系统

这种外保温体系又称大模内置聚苯板保温体系。与前面的模塑聚苯板外保温的主要差别在于施工方法不同。该技术适用于现浇混凝土高层建筑外墙的保温，其具体做法是将聚苯板（钢丝网架聚苯板）放置于将要浇筑墙体的外模内侧，当墙体混凝土浇灌完毕后，外保温板和墙体一次成活，可节约大量人力、时间以及安装机械费和零配件。但不足之处在于，混凝土在浇筑过程中引起的侧压力有可能引起对保温板的压缩而影响墙体的保温效果。此外，在凝结的过程中下面的混凝土由于重力作用，会向外侧的保温板挤压，待拆模后，具有一定弹性的保温板向外鼓出，会对墙体外立面的平整度有所破坏。这种体系又分有网、无网两种。

模塑聚苯板现浇混凝土外墙外保温系统（无网现浇系统）以现浇混凝土外墙作为基层，模塑聚苯板为保温层。模塑聚苯板内表面（与现浇混凝土接触的表面）沿水平方向开有矩形齿槽，内、外表面均满涂界面砂浆。在施工时将模塑聚苯板置于外模板内侧，并安装锚栓作为辅助固定件。浇灌混凝土后，墙体与模塑聚苯板以及锚栓结合为一体。模塑聚苯板表面抹抗裂砂浆薄抹面层，外表以涂料为饰面层（图 5-6），薄抹面层中满铺玻纤网。

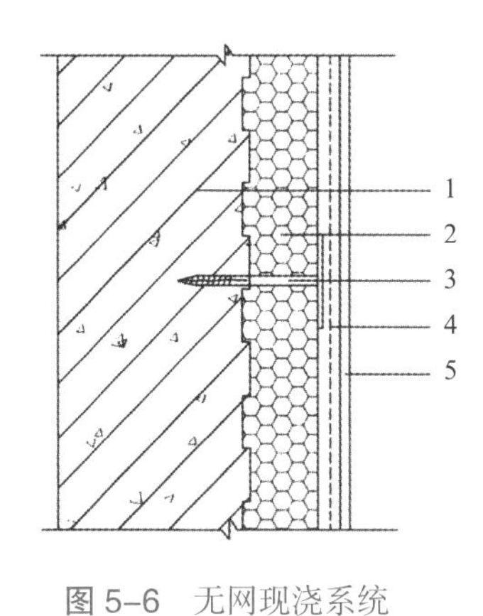

图 5–6　无网现浇系统

1—现浇混凝土外墙；2—EPS 板；3—锚栓；
4—抗裂砂浆薄抹面层；5—饰面层

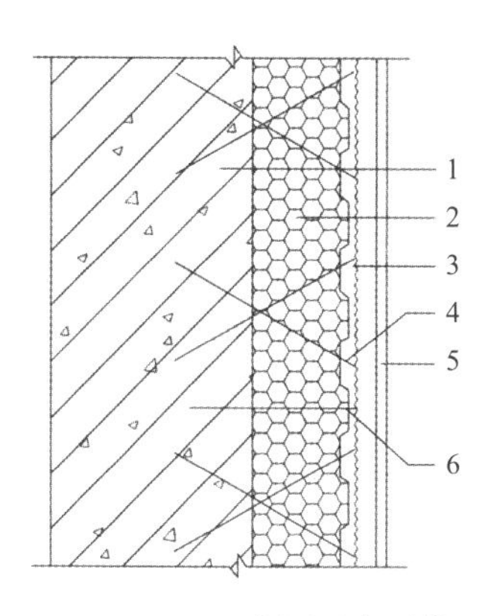

图 5–7　有网现浇系统

1—现浇混凝土外墙；2—EPS 单面钢丝网架板；
3—掺外加剂的水泥砂浆厚抹面层；4—钢丝网架；
5—饰面层；6—ϕ6 钢筋

模塑聚苯板钢丝网架板现浇混凝土外墙外保温系统（有网现浇系统）以现浇混凝土为基层，模塑聚苯板单面钢丝网架板置于外墙外模板内侧，并安装 ϕ6 钢筋作为辅助固定件。浇灌混凝土后，模塑聚苯板单面钢丝网架板挑头钢丝和 ϕ6 钢筋与混凝土结合为一体，模塑聚苯板单面钢丝网架板表面抹掺外加剂的水泥砂浆形成厚抹面层，外表做饰面层（图 5–7）。以涂料做饰面层时，应加抹玻纤网抗裂砂浆薄抹面层。图 5–8 为模塑聚苯板现浇混凝土外墙外保温系统的现场施工情况。

图 5–8　现场施工情况

（4）预制外挂保温板

这种外保温板的基本构造见图 5–9，它采用以普通水泥砂浆为基材并以镀锌网和钢筋加强的小板块预制盒形刚性骨架结构（一般尺寸为600mm×600mm×65mm），内部填有保温材料。图中1为一矩形盒槽（由镀锌丝网，水泥砂浆制成），3为一封闭的矩形内框，两者之间借助若干个小圆柱2相连，4为内框下的盒槽内填充的保温材料（聚苯板），5为在内框的外侧复合一个伸延出盒槽端面外的矩形密封保温条，6为预埋的金属挂钩实现与外墙体牢固可靠的双重连接（胶粘接和机械栓接），7为内框内侧的空气层，A为外装饰面，B为内墙体连接面。经测试BT型外保温板导热系数小于0.12W/（m·K）。

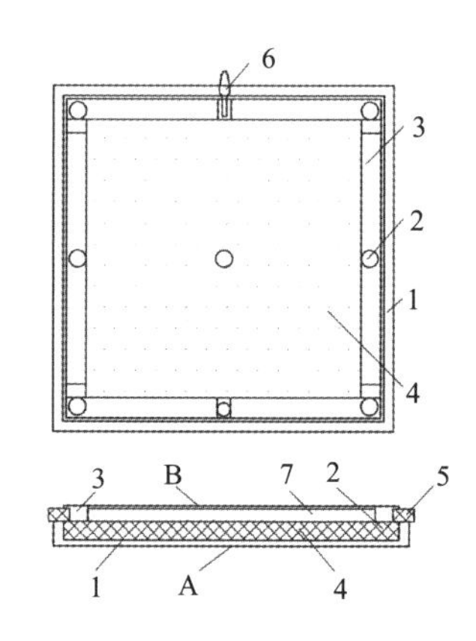

图5–9 BT型外保温板基本构造

由于预制外挂保温板是小板块预制件，在生产制作过程中可得到充分养护，故从根本上避免了那种整体式围护层因大面积抹灰造成的易裂、渗问题。预制件重约10kg，便于上墙安装，避免了大面积湿作业和施工难的弊病。但由于预制板块的大小受到限制，使其对围护结构细部节点的处理较为困难，较重的预制板在高层建筑的施工中会增加其施工难度。

（5）水泥聚苯外保温板

水泥聚苯外保温板是以废旧聚苯板破碎后的颗粒为骨料，以普通硅酸盐水泥为胶结料，外加预先制备的泡沫经搅拌后浇注成型的。水泥聚苯板外保温墙体构造见图5–10，图5–11为构造节点示例图。

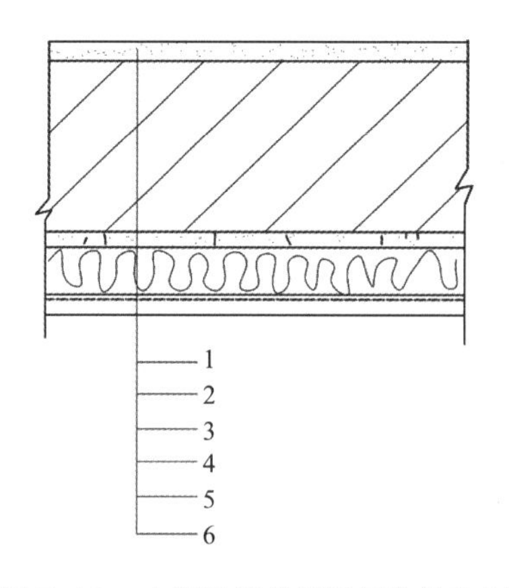

图5–10 水泥聚苯外保温墙体构造图

1—20mm室内抹灰；2—主体结构墙厚；3—10～15mmEC-6胶粘剂砂浆；4—60～80mm水泥聚苯板；5—耐碱玻纤布一层（转角加一层）；6—15～20mm抹灰面层

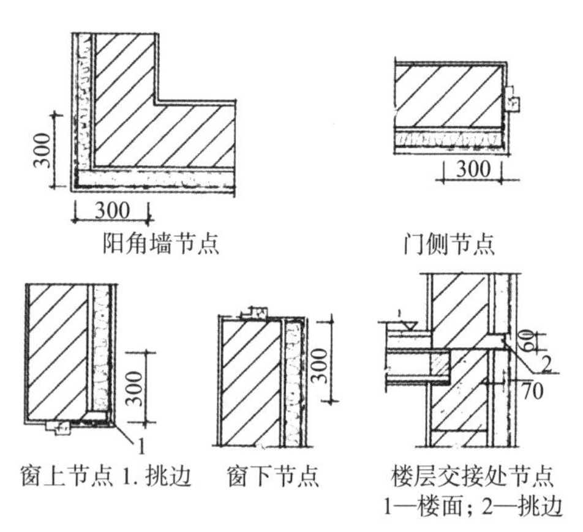

图5–11 水泥聚苯外保温墙体构造节点示例图

水泥聚苯板保温板常见规格：长 90mm，宽 60mm，厚 60 ~ 80mm，重度为 300 ± 20kg/m^3，导热系数小于 0.09W/（m·K）。在安装施工中，水泥聚苯板常用 EC—6 胶粘剂砂浆与外墙面粘结，粘结面积不小于板面 60%，首层不小于 80%，胶粘剂砂浆厚度为 10mm；墙面满贴好保温板之后，用 EC—1 胶泥为胶粘剂在保温板面满贴一层耐碱细格玻纤网布，网布表面干燥后便可作罩面层。

（6）挤塑聚苯板（XPS）薄抹灰外墙外保温系统

挤塑聚苯板（XPS）是一种先进的硬质板材，它不仅具有极低的导热系数，轻质高强等优点，更具有优越的抗湿性能。挤塑聚苯板所特有的微细闭孔蜂窝状结构，使其能够不吸收水分。实验显示，在长期高湿环境中挤塑聚苯板材两年后仍保持 80% 以上的热阻。在历经浸水、冰冻及解冻过程后，挤塑聚苯板仍能保持其结构的完整，保持很高的比强度，其抗压强度仍在规格强度以上。挤塑聚苯板性能要求见表 5–3。挤塑聚苯板薄抹灰外墙外保温系统是通过粘结并辅以锚固方式将挤塑聚苯板固定在基层墙体外侧，采用复合有玻纤网布的抹面胶浆为薄抹灰面层，以涂装材料为饰面层，并具有防火构造措施的一种非承重保温构造。

挤塑聚苯板性能要求　　表 5–3

项目	性能指标
表观密度，kg/m^3	22 ~ 35
导热系数（25℃），W/（m·K）	不带表皮的毛面板，≤ 0.032； 带表皮的开槽板，≤ 0.030
垂直于板面方向的抗拉强度，MPa	≥ 0.20
压缩强度，MPa	≥ 0.20
弯曲变形 *，mm	≥ 20
尺寸稳定性，%	≤ 1.2
吸水率，*V*/*V*，%	≤ 1.5
水蒸气透湿系数，ng/（Pa·m·s）	3.5 ~ 1.5
氧指数，%	≥ 26
燃烧性能等级	不低于 B_2 级

* 对带表皮的开槽板，弯曲试验的方向应与开槽方向平行。

（7）聚氨酯硬泡（PU）外墙外保温系统

聚氨酯硬泡外墙外保温系统是一种综合性能良好的外墙保温体系。由聚氨酯硬泡保温层、界面层、抹面层、饰面层或固定材料等构成。聚氨酯硬泡外墙外保温系统基本构造如图 5–12 所示。表 5–4 为聚氨酯硬泡材料性能指标。

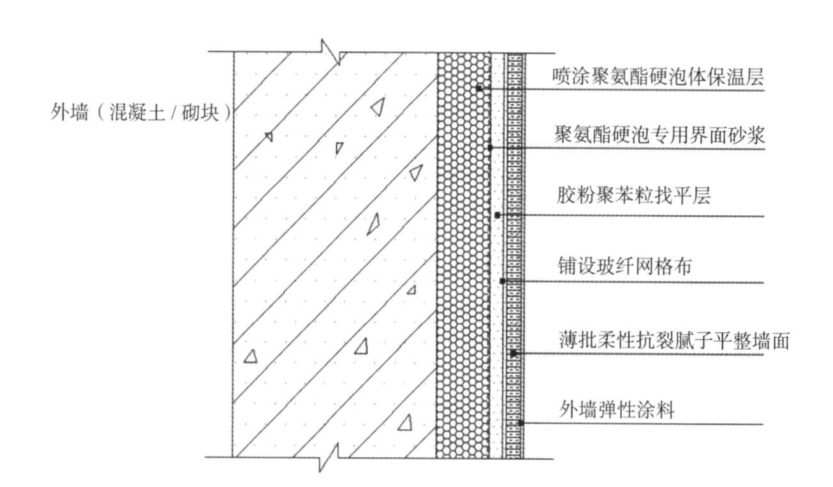

图 5-12　聚氨酯硬泡外墙外保温系统基本构造示意图

聚氨酯硬泡材料性能指标　　表 5-4

序号	项目	指标要求		
		喷涂法	浇注法	粘贴法或干挂法
1	表观密度，kg/m^3	≥ 35	≥ 38	≥ 40
2	导热系数，W/（m·K）	≤ 0.023		
3	拉伸粘结强度，kPa	≥ 150（1）	≥ 100（2）	≥ 150（3）
4	拉伸强度，kPa	≥ 200（4）	≥ 200（5）	≥ 200
5	断裂延伸率，%	≥ 7	≥ 5	≥ 5
6	吸水率，%	≤ 4		

注：（1）是指与水泥基材料之间的拉伸粘结强度；（2）是指与水泥基材料之间的拉伸粘结强度；（3）是指聚氨酯硬泡材料与其表面的面层材料之间的拉伸粘结强度；（4）拉伸方向为平行于喷涂基层表面（即拉伸受力面为垂直于喷涂基层表面）；（5）拉伸方向为垂直于浇注模腔厚度方向（即拉伸受力面为平行于浇注模腔厚度方向）。

聚氨酯硬泡外墙外保温系统在施工上可分以下几种：

①喷涂法施工。采用专用的喷涂设备，使 A 组分料和 B 组分料按一定比例从喷枪口喷出后瞬间均匀混合，之后迅速发泡，在外墙基层上形成无接缝的聚氨酯硬泡体。聚氨酯硬泡的该种施工方法称为喷涂法。

②浇注法施工。采用专用的浇注设备，将由 A 组分料和 B 组分料按一定比例从浇注枪口喷出后形成的混合料注入已安装于外墙的模板空腔中，之后混合料以一定速度发泡，在模板空腔中形成饱满连续的聚氨酯硬泡体。聚氨酯硬泡的该种施工方法称为浇注法。

③聚氨酯硬泡保温板粘贴。聚氨酯硬泡保温板是指在工厂的专业生产线上

生产的、以聚氨酯硬泡为芯材、两面覆以某种非装饰面层的保温板材。面层一般是为了增加聚氨酯硬泡保温板与基层墙面的粘结强度，防紫外线和减少运输中的破损。

（8）岩棉薄抹灰外墙外保温系统

岩棉薄抹灰外墙外保温系统简称为岩棉外保温系统，由岩棉条或岩棉板保温材料、锚栓、胶粘剂、防护层和附件构成，可分为岩棉条外保温系统和岩棉板外保温系统。岩棉板是以熔融火成岩为主要原料喷吹成纤维，加入适量热固性树脂胶粘剂及憎水剂，经压制、固化、切割制成的板状制品（表 5-5）。岩棉条是岩棉板按一定的间距切割，翻转 90° 使用的条状制品，其主要纤维层方向与表面垂直。

岩棉条和岩棉板的性能指标　　表 5–5

序号	项目		性能指标		
			岩棉条	岩棉板	
				TR10	TR15
1	导热系数，W/（m·K）		≤ 0.046	≤ 0.040	
2	垂直于板面方向的抗拉强度，kPa		≥ 100.0	≥ 10.0	≥ 15.0
3	湿热抗拉强度保留率[1]，%		≥ 50		
4	横向[2]剪切强度标准值，kPa		≥ 20	—	
5	横向[2]剪切模量，MPa		≥ 1.0	—	
6	吸水量（部分浸入）kg/m^2	24h	≤ 0.5	≤ 0.4	
		28d	≤ 1.5	≤ 1.0	
7	质量吸湿率，%		≤ 1.0		
8	酸度系数		≥ 1.8		
9	燃耗性能		A（A1）级		

注：（1）湿热处理的条件：温度 70±2℃，相对湿度（90±3）%，放置 7d±1h，23 ± 2℃干燥至质量恒定；
（2）沿岩棉条的宽度方向施加荷载。

以岩棉板为保温层时，保温系统与基层墙体的连接固定以锚固为主、粘结为辅，岩棉板的有效粘结面积率不应小于 50%。以岩棉条为保温层时，保温系统与基层墙体的连接固定以粘结为主、锚固为辅，岩棉条的有效粘结面积率不应小于 70%。

岩棉条或岩棉板外保温系统的基本构造分为岩棉条或岩棉板锚盘压网双网构造、岩棉条或岩棉板锚盘压网单网构造和岩棉条锚盘压条单网构造。岩棉薄抹灰外墙外保温系统基本构造如图 5–13 ~图 5–15 所示。

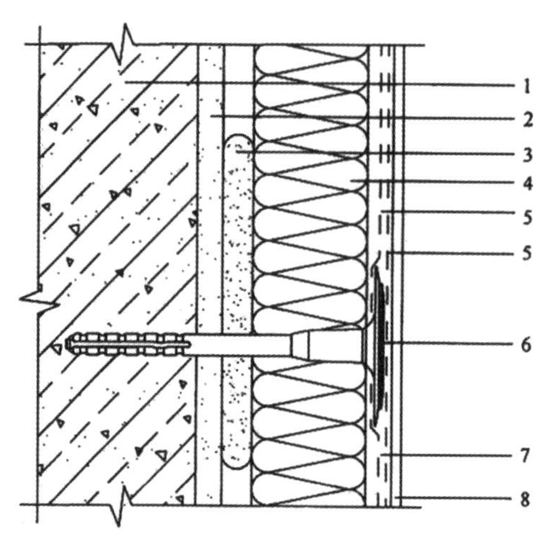

图 5-13 岩棉条或岩棉板锚盘压网双网构造示意

1—基层墙体；2—找平层；3—胶粘剂；4—岩棉条或岩棉板；5—玻纤网；6—锚栓；7—抹面层；8—饰面层

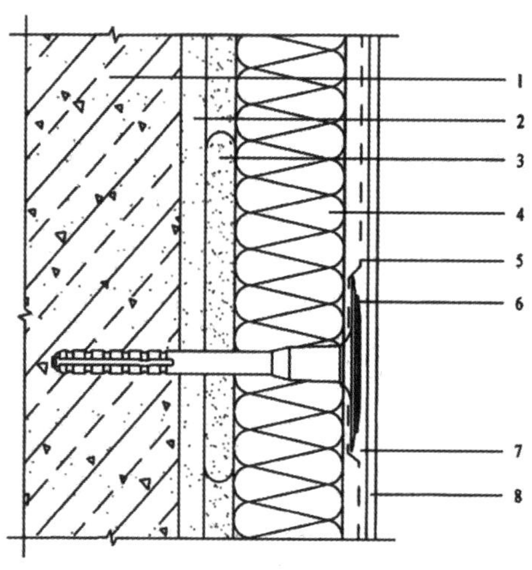

图 5-14 岩棉条或岩棉板锚盘压网单网构造示意

1—基层墙体；2—找平层；3—胶粘剂；4—岩棉条或岩棉板；5—玻纤网；6—锚栓；7—抹面层；8—饰面层

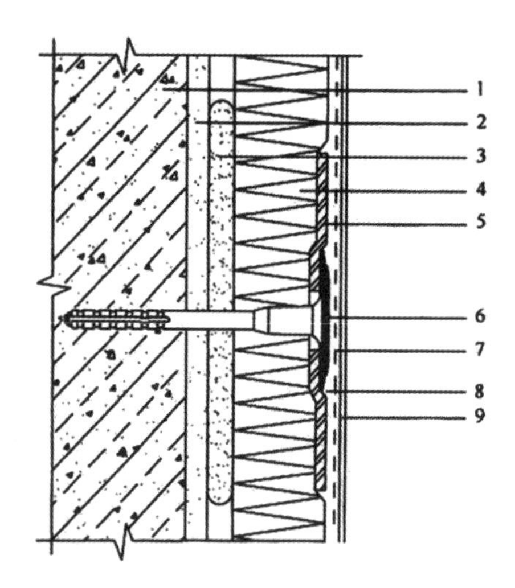

图 5-15 岩棉条锚盘压条单网构造示意

1—基层墙体；2—找平层；3—胶粘剂；4—岩棉条；5—扩压盘；6—锚栓；7—玻纤网；8—抹面层；9—饰面层

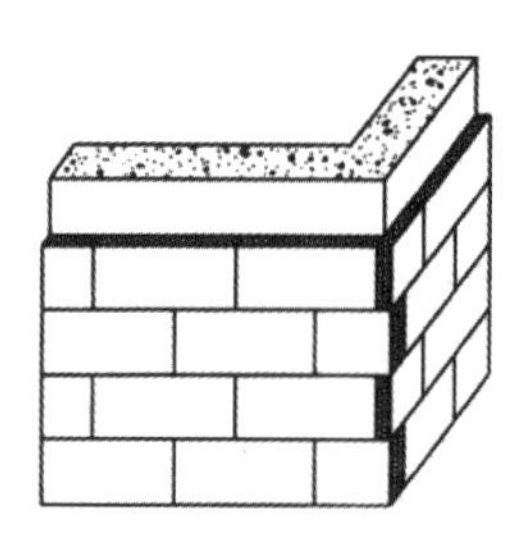

图 5-16 墙角处岩棉排布示意

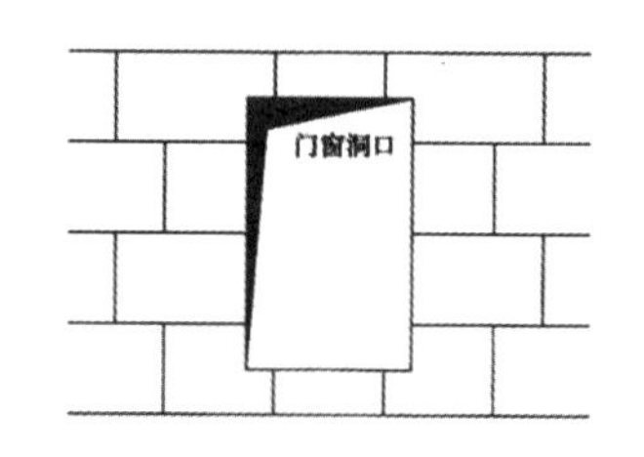

图 5-17 门窗洞口岩棉排布示意

岩棉条或岩棉板应按顺砌方式粘贴，竖缝应逐行错缝。墙角处岩棉条或岩棉板应交错互锁（图 5-16）。门窗洞口四角处，应采用整条岩棉条或整块岩棉板切割成形，不应拼接（图 5-17）。门窗洞口四个侧边的外转角应采用包角条、包角件或双包网的方式进行防撞加强处理，并应在洞口四角粘贴 200mm × 300mm 的玻纤网进行防裂增强处理（图 5-18）。

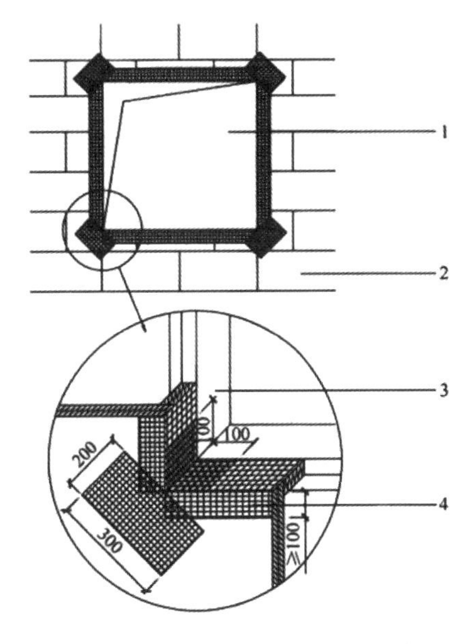

图 5-18　门窗洞口增强处理示意

1—门窗洞口；2—岩棉；3—窗框；4—玻纤网

（9）几种国外广泛应用的外墙外保温体系

①墙 / 钢框架墙体系

这种体系以钢结构为主体，装饰砖为外墙，玻璃棉粘和挤塑泡沫板为保温隔热层，图 5-19 为其基本构造。其特点是：

A. 钢框架具有可靠性和耐燃性，并不受白蚁的侵蚀。

B. 钢框架提供了保温用的玻璃棉粘间隙，安装简便。

C. 用挤塑泡沫板外保温可消除各热桥部位传热，从而大大提高墙体保温性能。

D. 墙体和保温板之间的空隙提高墙体抗湿性能使内墙保持干燥。

E. 外墙装饰砖美观耐用。

常规构造为 25mm 挤塑聚苯板，25mm 空气间层，115mm 外墙装饰砖，这样的墙体总平均热阻为 2.604（$m^2 \cdot K$）/W，传热系数为 0.384W/（$m^2 \cdot K$），保温效果是一般 370mm 厚的黏土砖墙的 4 ~ 5 倍。

②保温中空墙体系

这是一种以混凝土砌块体为结构主体，装饰砖作外墙，挤塑聚苯板作保温材料的外墙保温体系。其优点是体系中各种材料都能最大限量地发挥其优势。内侧与挤塑聚苯板之间所预留的 25 ~ 50mm 空气层将外界的湿气隔绝在主体结构之外，从而有效的保持了墙体的干燥。图 5-20 为其基本构造。

常规构造为 190 厚空心砌块，25mm 空气隔层，115mm 厚外墙装饰砖，挤塑聚苯板厚为 25mm、40mm、50mm 三种规格，其墙体总平均热阻分别为 1.63（$m^2 \cdot K$）/W、2.16（$m^2 \cdot K$）/W 和 2.15（$m^2 \cdot K$）/W。

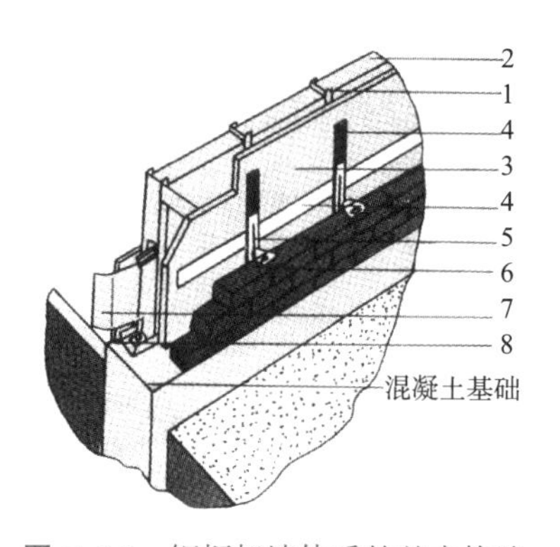

图 5-19　钢框架墙体系的基本构造

1—轻钢龙骨；2—玻璃棉毡；3—挤塑泡沫板；4—密封胶带；5—连接器；6—外装饰砖墙；7—隔气层；8—石膏板

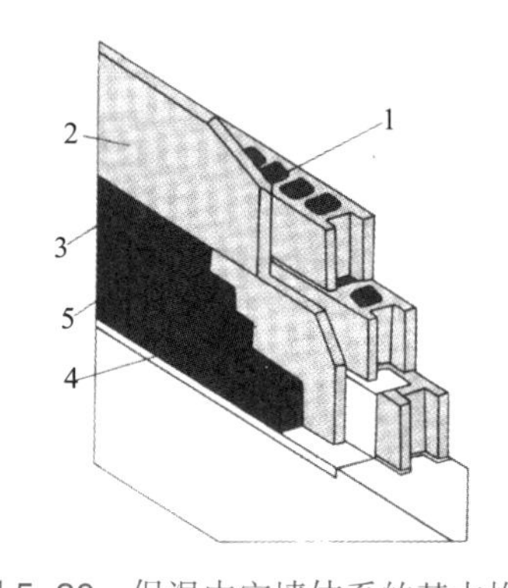

图 5-20　保温中空墙体系的基本构造

1—混凝土砌块；2—挤塑泡沫板；3—钢筋连接器；4—空气层；5—外装饰砖墙

③木框架轻质墙体

木框架轻质墙体通常由内装饰板（大多用石膏板）、隔气层、木框架、外用胶合板和外装饰墙组成。这种墙体的保温防湿性能不足，如果能在木框架之间填充玻璃棉粘，则可明显提高墙体保温效果。木框架和横梁部位传热量较大，为消除这一热桥，将挤塑聚苯板（XPS）取代原体系中的外用胶合板，则可使木结构的保温效果再增加 30%，图 5-21 为其基本构造。

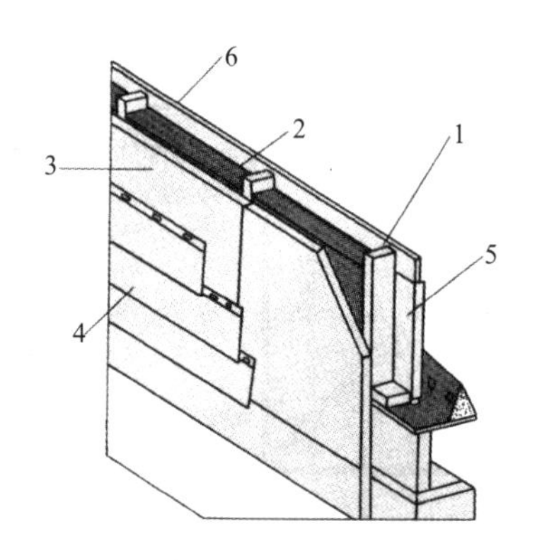

图 5-21　木框架轻质墙体系的基本构造

1—木框架；2—玻璃棉；3—XPS 板材；4—外围护挂板；5—隔气层；6—石膏板

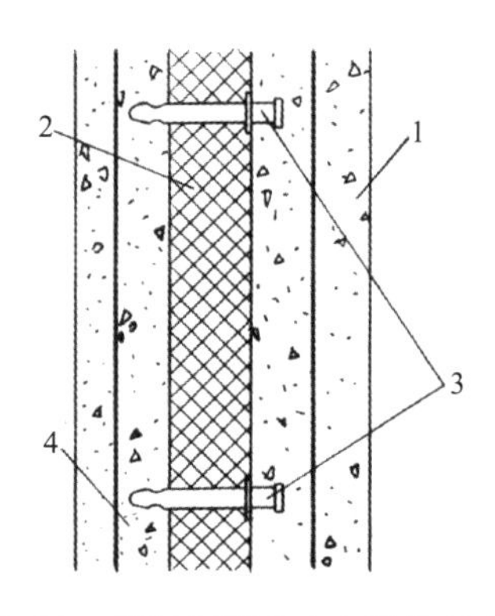

图 5-22　保温混凝土夹心墙的基本构造

1—现浇混凝土，结构内墙；2—挤塑泡沫板；3—连接件；4—现浇混凝土，外装饰面墙

常用构造为 50mm 厚玻璃棉，50mm × 100mm 木框架，25mm 厚挤塑聚苯板，12mm 厚胶合板，塑料挂板，其墙体总平均热阻为 2.764（$m^2 \cdot K$）/W，传热系数为 0.362W/（$m^2 \cdot K$）。

经济技术分析表明，使用挤塑聚苯板和玻璃棉只需增加墙体材料费用的 7% ~ 14%，却能使墙体保温效果增加近 40%。

④保温混凝土夹心墙体系

如图 5–22 所示，保温夹心墙是由 4 个部分组成：混凝土结构内墙、挤塑聚苯板保温板（XPS）、混凝土外装饰墙体和连接内、外墙的低导热性的连接件。这种体系的优点是墙体的保温隔热性能有很大提高；同时具有耐久、防火性能好，施工方便等优点。

常规构造为 100mm 钢筋混凝土内墙体，中间 50mm 或 75mm 挤塑聚苯板（XPS），75mm 钢筋混凝土外保温墙体。其墙体总平均热阻为 2.00W/（m^2·K）或 2.88W/（m^2·K），墙体传热系数为 0.50W/（m^2·K）或 0.347W/（m^2·K）。

4）外墙外保温的防火要求

由于建筑外墙保温材料多为可燃烧性材料，因此是围护结构防火中的薄弱环节。为防止火势沿外墙面蔓延，需要对外墙保温材料进行防火要求。根据材料的燃烧性能，将外墙保温材料分为 4 个等级：

（1）A 级为不燃材料：如玻璃棉、岩棉、泡沫玻璃、玻化微珠等。

（2）B_1 级为难燃材料：如特殊处理后的挤塑聚苯板、模塑石墨聚苯板、特殊处理后的聚氨酯硬泡、酚醛、胶粉聚苯粒等。

（3）B_2 级为可燃材料：如聚苯板、挤塑聚苯板、聚氨酯硬泡、聚乙烯等，这种材料燃点低，并在燃烧过程中会释放大量有害气体。

（4）B_3 级为易燃材料：这种多见以聚苯泡沫为主材料的保温材料，由于这种材料极易燃烧，目前已是被淘汰的外墙保温材料。

建筑外墙保温材料的使用要求为：

（1）设置人员密集场所的建筑，其外墙外保温材料的燃烧性能应为 A 级。

（2）除设置人员密集场所的建筑外，对于与基层墙体、装饰层之间无空腔的建筑外墙外保温系统，其保温材料应符合下列规定：建筑高度大于 100m 的住宅建筑，保温材料的燃烧性能应为 A 级；建筑高度大于 27m、但不大于 100m 的住宅建筑，保温材料的燃烧性能不应低于 B_1 级；建筑高度不大于 27m 的住宅建筑，保温材料的燃烧性能不应低于 B_2 级。除住宅建筑和设置人员密集场所的建筑外，其他高度大于 50m 建筑，保温材料的燃烧性能应为 A 级；建筑高度大于 24m、但不大于 50m 时，保温材料的燃烧性能不应低于 B_1 级；建筑高度不大于 24m 时，保温材料的燃烧性能不应低于 B_2 级。

（3）除设置人员密集场所的建筑外，与基层墙体、装饰层之间有空腔的建筑外墙外保温系统，其保温材料应符合下列规定：建筑高度大于 24m 时，保温材料的燃烧性能应为 A 级；建筑高度不大于 24m 时，保温材料的燃烧性能不应低于 B_1 级。

此外，当建筑的外墙外保温系统采用燃烧性能为 B_1 或 B_2 级的保温材料时，应在保温系统中每层设置水平防火隔离带。防火隔离带是设置在可燃、难燃保温材料外墙外保温工程中，按水平方向分布，采用不燃保温材料制成，以阻止火灾沿外墙面或在外墙外保温系统内蔓延的防火构造。外墙外保温防火隔离带系统对防火隔离带的性能和安装要求很高，防火隔离带应与基层墙体可靠连接，能够适应外保温系统的正常变形而不产生渗透、裂缝和空鼓，能承受自重、风荷载和室外气候的反复作用而不产生破坏。同时防火隔离带保温材料的燃烧性能等级为 A 级。建筑的外墙外保温系统应采用不燃材料在其表面设置防护层，防护层应将保温材料完全包覆。当采用 B_1、B_2 级保温材料时，防护层厚度首层不应小于 15mm，其他层不应小于 5mm。建筑外墙外保温系统与基层墙体、装饰层之间的空腔，应在每层楼板处采用防火封堵材料封堵。

防火隔离带的基本构造应与外墙外保温系统相同，并应包括胶粘剂、防火隔离带保温板、锚栓、抹面胶浆、玻璃纤维网布和饰面层等。防火隔离带的基本构造见图 5-23。其中防火隔离带的宽度不应小于 300mm，厚度应与外墙外保温系统厚度相同，且防火隔离带保温板要与基层墙体全面积粘贴。

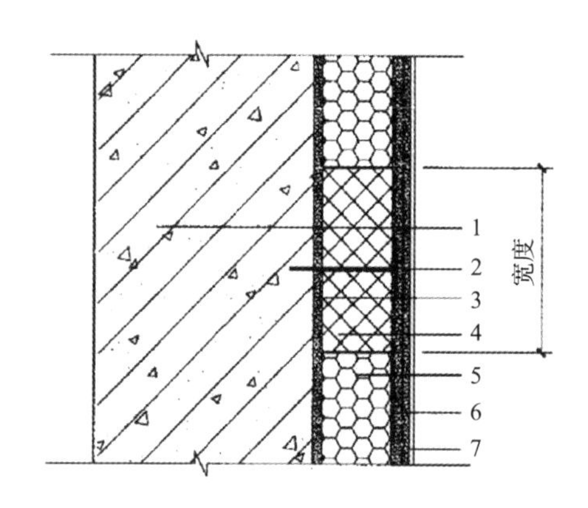

图 5-23　防火隔离带基本构造

1—基层墙体；2—锚栓；3—胶粘剂；4—防火隔离带保温板；5—外保温系统的保温材料；
6—抹面胶浆 + 玻璃纤维网布；7—饰面材料

5.1.2　外墙内保温

1）外墙内保温墙体

外墙内保温是一种广泛采用的外墙保温形式。与外墙外保温相比，内保温的优势在于安全性高、维护成本低、使用寿命长、便于外立面装饰装修、室温变化快等。由于保温层设计在内部，墙体无须蓄热，开启空调后可迅速变温达到设计温度，对于间歇性采暖的建筑比外墙外保温更节能。但由于外墙内保温的节能效果不如外保温，因此外墙内保温系统在夏热冬暖和夏热冬冷地区更为适用，在严寒和寒冷地区采用内保温系统需采用有效措施以避免热桥及墙内冷凝等问题。

内保温外墙由主体结构与保温结构两部分组成，主体结构一般为承重砌块、混凝土墙等承重墙体，也可能是非承重的空心砌块或是加气混凝土墙体。保温结构是由保温板和空气层组成，空气层的作用一是防止保温材料变潮，二是提高外墙的保温能力。对于复合材料保温板来说，则有保温层和面层，而单一材料保温板则兼有保温和面层的功能。

外墙内保温施工上大多为干作业，这样保温材料就避免了施工水分的入侵而变潮。但是在采暖房间，外墙的内外两侧存在着温度差，便形成了内外两侧水蒸气的分压力差，水蒸气逐渐由室内通过外墙向室外扩散。由于主体结构墙的蒸汽渗透性能远低于保温结构，因此，为了保证保温层在采暖期内不变潮，必须采取有效的措施加以解决。当内保温复合墙体中没有采用在保温层靠近室内一侧加隔气层的做法时，可以在保温层与主体结构之间加设一个空气间层，来解决保温材料侵潮问题。其优点是防潮效果好，并且这种构造还可避免传统的隔气层在春、夏、秋三季难以将内部湿气排向室内的问题。同时空气层还可增加一定的热阻，且造价相对较低。

内保温复合外墙构造上不可避免地形成一些保温薄弱节点，这些地方必须加强保温措施。常见的部位有：

（1）内外墙交接处：此处不可避免地会形成热桥，故必须采取有效措施保证此处不结露。处理的办法是保证有足够的热桥长度，并在热桥两侧加强保温。图5–24中所示以热桥部位热阻“*Ra*”和隔墙宽度 *S* 来确定必要的热桥长度 *l*，如果 *l* 不能满足要求，则应加强此部位的保温作法。表5–6列出相应的数值。

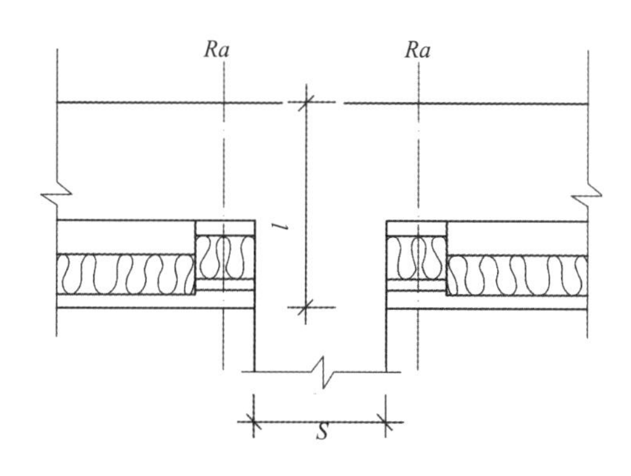

图5–24　确定热桥的长度

根据 *Ra*、*S* 选择 *l* 值计算表　　表 5–6

Ra [(m²·K)/W]	*S*（mm）	*l*（mm）
1.2 ~ 1.4	≤ 160	290
	≤ 180	300
	≤ 200	310
	≤ 250	330
1.4 以上	≤ 160	280
	≤ 180	290
	≤ 200	300
	≤ 250	320

（2）外墙转角部位：转角部内表面温度较其他部位内墙表面温度低很多，必须要加强保温处理。

（3）保温结构中龙骨部位：龙骨一般设置在板缝处，以石膏板为面层的现场拼装保温板必须采用聚苯板石膏板复合保温龙骨，以降低该部位的传热。

（4）踢脚部位：踢脚部位的热工特点与内外墙交接部位相似，此部位应设置防水保温踢脚板。

当建筑外墙采用内保温系统时，对于人员密集场所以及各类建筑内的疏散楼梯间、避难走道、避难间、避难层等场所或部位，应采用燃烧性能为 A 级的保温材料，对于其他场所应采用低烟、低毒且燃烧性能不低于 B_1 级的保温材料，同时保温系统应采用不燃材料做防护层。

2）外墙内保温系统构造和技术要求

（1）复合板内保温系统

内保温复合板是保温材料单侧复合无机面层，在工厂预制成型，具有保温、隔热和防护功能的板状制品。复合保温材料主要有功能复合型或材料复合型等种类，通常集多种功能于一身，可很好地简化施工工序，提高施工效率，但造价较高。复合板宽度一般为 600mm、900mm、1200mm、1220mm 和 1250mm。复合板内保温系统采用粘锚结合方式固定于基层墙体，基本构造见表 5–7。

复合板内保温系统基本构造　　表 5–7

基层墙体 ①	系统基本构造				构造示意
	粘结层 ②	复合板③		饰面层 ④	
		保温层	面板		
混凝土墙体，砌体墙体	胶粘剂或粘结石膏 + 锚栓	EPS 板，XPS 板，PU 板，纸蜂窝填充憎水型膨胀珍珠岩保温板	纸面石膏板，无石棉纤维水泥平板，无石棉硅酸钙板	腻子层 + 涂料或墙纸（布）或面砖	① ② ③ ④

注：1. 当面砖带饰面时，不再做饰面层；
2. 面砖饰面不做腻子层。

（2）有机保温板内保温系统

目前，建筑中常用的有机保温材料主要有模塑聚苯板（EPS）、挤塑聚苯板（XPS）和聚氨酯硬泡等。其主要优点为质轻、致密性高、保温隔热性好等，尤其是保温隔热性好使得其能够得到广泛推广。但缺点是容易出现裂缝、安全性和耐久性差等。有机保温板宽度不宜大于 1200mm，高度不宜大于 600mm。有机保温板内保温系统的基本构造应符合表 5–8 的规定。

有机保温板内保温系统基本构造　　表 5–8

基层墙体①	系统基本构造				构造示意
	粘结层②	保温层③	防护层		
			抹面层④	饰面层⑤	
混凝土墙体，砌体墙体	胶粘剂或粘结石膏	EPS 板，XPS 板，PU 板	做法一：6mm 抹面胶浆复合涂塑中碱玻璃纤维网布 做法二：用粉刷石膏 8~10mm 厚横向压入 A 型中碱玻璃纤维网布；涂刷 2mm 厚专用胶粘剂压入 B 型中碱玻璃纤维网布	腻子层 + 涂料或墙纸（布）或面砖	①②③④⑤

注：1. 做法二不适用面砖饰面和厨房、卫生间等潮湿环境；
2. 面砖饰面不做腻子层。

（3）无机保温板内保温系统

无机保温板以无机轻骨料或发泡水泥、泡沫玻璃为保温材料，在工厂预制成型的保温板。无机保温材料有防火阻燃、变形系数小、抗老化、寿命长、与屋面或墙面基层结合较好等优点，但吸水率大，吸水后保温隔热能力显著降低。无机保温板的规格尺寸宜为 300mm × 300mm、300mm × 450mm、300mm × 600mm、450mm × 450mm 和 450mm × 600mm，厚度不宜大于 50mm。无机保温板内保温系统的基本构造应符合表 5–9 的规定。

无机板内保温系统基本构造　　表 5–9

基层墙体①	系统基本构造				构造示意
	粘结层②	保温层③	防护层		
			抹面层④	饰面层⑤	
混凝土墙体，砌体墙体	胶粘剂	无机保温板	抹面胶浆 + 耐碱玻璃纤维网布	腻子层 + 涂料或墙纸（布）或面砖	①②③④⑤

注：面砖饰面不做腻子层。

（4）喷涂聚氨酯硬泡内保温系统

聚氨酯硬泡是以异氰酸酯和聚醚为主要原料，在发泡剂、催化剂和阻燃剂等多种助剂的作用下，通过专用设备混合，经高压喷涂现场发泡而成的高分子聚合物。聚氨酯硬泡是一种具有保温与防水功能的新型合成材料，其导热系数低，相当于挤塑板的一半，是目前所有保温材料中导热系数最低的。其具有粘结能力强、导热系数低、阻燃性好等特点。喷涂聚氨酯硬泡内保温系统的基本构造应符合表 5-10 的规定。

喷涂聚氨酯硬泡内保温系统基本构造 表 5-10

基层墙体①	系统基本构造						构造示意
	界面层②	保温层③	界面层④	找平层⑤	防护层		
					抹面层⑥	饰面层⑦	
混凝土墙体，砌体墙体	水泥砂浆聚氨酯防潮底漆	喷涂硬泡聚氨酯	专用界面砂浆或专用界面剂	保温砂浆或聚合物水泥砂浆	抹面胶浆复合涂塑中碱玻璃纤维网布	腻子层+涂料或墙纸（布）或面砖	①②③④⑤⑥⑦

注：面砖饰面不做腻子层。

3）外墙内保温的防火要求

建筑的内、外保温系统，宜采用燃烧性能为 A 级的保温材料，不宜采用 B_2 级保温材料，严禁采用 B_3 级保温材料。建筑外墙采用内保温系统时，保温系统应符合下列规定：

（1）对于人员密集场所，用火、燃油、燃气等具有火灾危险性的场所以及各类建筑内的疏散楼梯间、避难走道、避难间、避难层等场所或部位，应采用燃烧性能为 A 级的保温材料。

（2）对于其他场所，应采用低烟、低毒且燃烧性能不低于 B_1 级的保温材料。

（3）保温系统应采用不燃材料做防护层。采用燃烧性能为 B_1 级的保温材料时，防护层的厚度不应小于 10mm。

5.1.3 外墙夹心保温

外墙夹心保温是将保温材料置于外墙的内、外侧墙片之间，形成墙体－保温材料－墙体的体系，达到保温节能目的。图 5-25 为外墙夹心保温构造示意图。

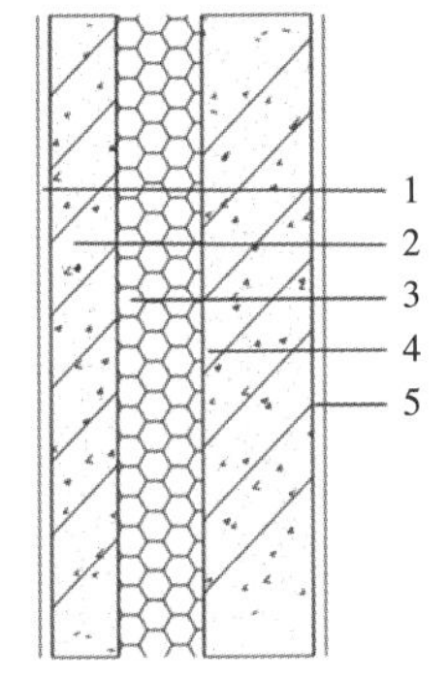

图 5-25 外墙夹心保温构造示意图

1—外墙饰面层；2—墙体；3—保温层；4—墙体；5—内墙抹灰层

内外两边墙片可使用混凝土空心砌块。由于内外侧墙片能对保温材料形成有效的保护，所以对保温材料的选材要求不高，不论聚苯乙烯、挤塑板、玻璃棉还是脲醛现场浇注材料等都能使用。

外墙夹心保温对施工的季节和条件要求不高，不影响冬季施工，在我国北部严寒地区得到了一定的应用。因为外墙夹心保温是内外侧墙片和保温材料组成，所以墙体厚度较大，构造较复杂，而且内、外侧墙片之间需要有连接件连接，在外围护结构中形成较多的“热桥”部位。另外，由于外侧墙片受室外气候影响大，昼夜温差和冬夏温差大，容易造成墙体开裂和雨水渗漏。

5.1.4 外墙自保温

外墙自保温技术是指不通过内、外保温技术，其自身的热工作指标达到现行国家和地方节能建筑标准要求的墙体结构。

1）加气混凝土墙

加气混凝土墙既可用砌块砌筑，也可用配筋的加气混凝土墙板。其外墙构造及热工指标见表 5–11。

2）空心砖外墙

黏土空心砖外墙是框架结构建筑常用的非承重填充墙，其构造及热工性能见表 5–12。

3）混凝土空心砌块外墙

这种墙体的构造及热工指标见表 5–13。

加气混凝土外墙构造及热工指标 表 5–11

构造做法	外抹灰层厚度（mm）	加气混凝土		内抹灰层厚（mm）	墙身总厚（mm）	热惰性指标 D	平均热阻 R [（m^2·K）/W]	平均传热系数 K_0[W/（m^2·K）]
		厚度（mm）	重度（kg/m^3）					
1. 抹灰层 2. 加气混凝土	20	200	500	20	240	3.50	0.82	1.02
	20	240	500	20	280	4.10	0.98	0.88
	20	250	500	20	290	4.24	1.02	0.85
	20	300	500	20	340	4.97	1.22	0.73

黏土空心砖外墙构造及热工指标 表 5–12

构 造	墙体传热系数 K_0[W/（m^2·K）]
非承重、三排孔、240mm、内侧无面层	2.403
非承重、三排孔、240mm、内侧抹 20mm 普通砂浆	2.335
非承重、三排孔、240mm、内侧抹 35mm 石膏珍珠岩保温砂浆	1.806

混凝土空心砌块外墙构造及热工指标　　表 5–13

墙厚（mm）	名称	热阻 R_0 [（m^2·K）/W]
290	空心砌块（两面抹灰）	0.750
240	空心砌块（两面抹灰）	0.605
300（组合厚）	空心砌块（两面抹灰）	0.766

注：1. 表中 300mm 厚墙为 190+20 空气层 +90 砌块组合，其中 190 厚热阻为 0.47；90 厚热阻为 0.17；
2. 240 砌块热阻值如达不到要求时，可在砌块中间的孔洞填塞聚。

4）盲孔复合保温材料

这种制品采用炉渣混凝土与高效保温材料聚苯板复合，榫式连接，盲孔处理，用保温层切断热桥，便于砌筑，又避免灰浆入孔，从而使保温性能大幅度提高。此砌块砌筑的墙体抹 20mm 灰浆，热阻可达到 0.81（m^2·K）/W，其构造见图 5–26。

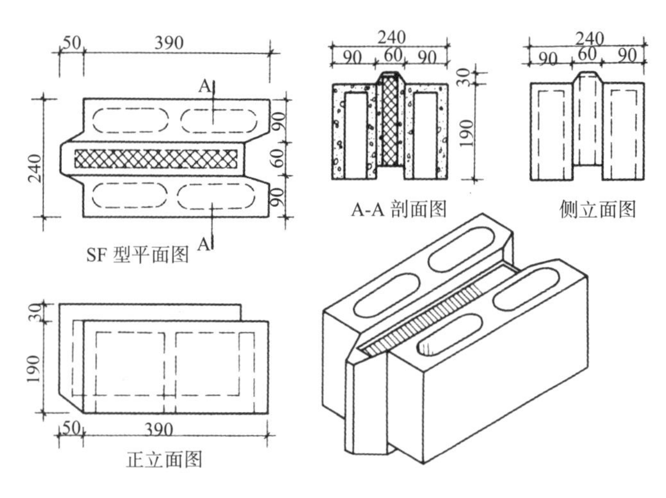

图 5–26　盲孔复合保温材料构造示意图

5.2　屋面

5.2.1　屋面保温节能设计要点

屋面保温做法绝大多数为外保温构造，这种构造受周边热桥影响较小。为了提高屋面的保温性能，以满足新标准的要求，屋顶的保温节能设计，主要以采用轻质高效吸水率低或不吸水的可长期使用、性能稳定的保温材料作为保温隔热层，以及改进屋面构造，使之有利于排除湿气等措施为主。目前较先进的屋顶保温做法，是采用轻质高强，吸水率极低的挤塑型聚苯板作为保温隔热层的倒置式屋面，保温隔热效果非常出色，图 5–27 为构造图。

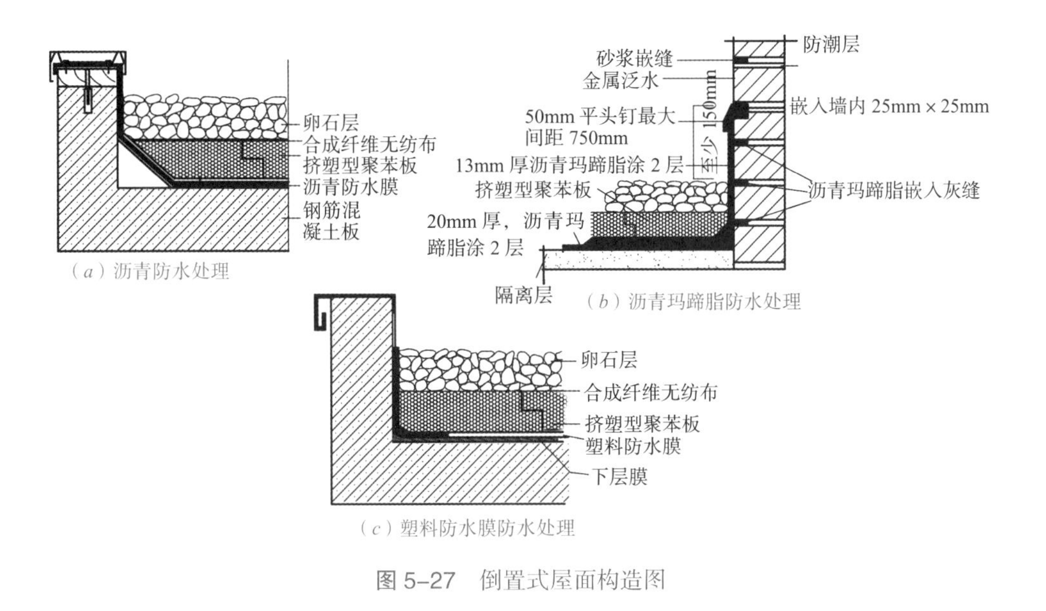

图 5–27　倒置式屋面构造图

5.2.2　几种节能屋面热工性能指标

1）高效保温材料保温屋面

这种屋面保温层选用高效轻质的保温材料。屋面构造做法可见图 5–28，一般情况下防水层、找平层与找坡层均大体相同，结构层可用现浇钢筋混凝土楼板或是预制混凝土圆孔板，相关热工指标可见表 5–15。

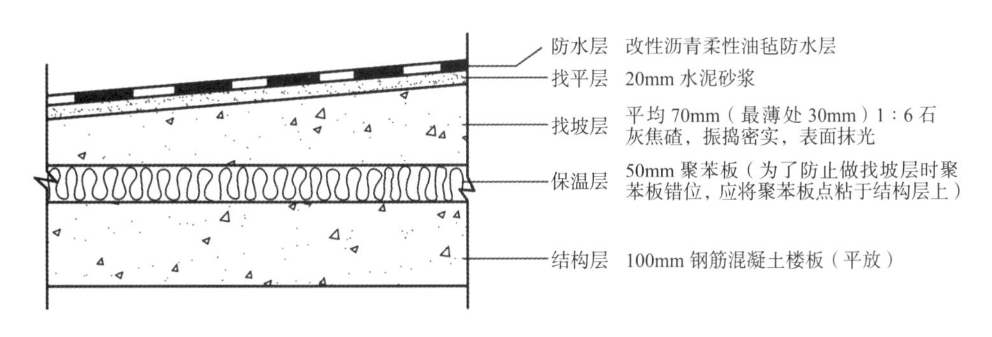

图 5–28　保温屋面构造示意图

2）架空型保温屋面

在屋面内增加空气层有利于屋面的保温效果，同时也有利于屋面夏季的隔热效果。架空层的常见规格做法为，以 2 ~ 3 皮实心黏土砖砌的砖墩为肋，上铺钢筋混凝土板，架空层内铺轻质保温材料。具体构造见图 5-29。表 5-14 为使用不同保温材料的架空保温屋面的热工指标。

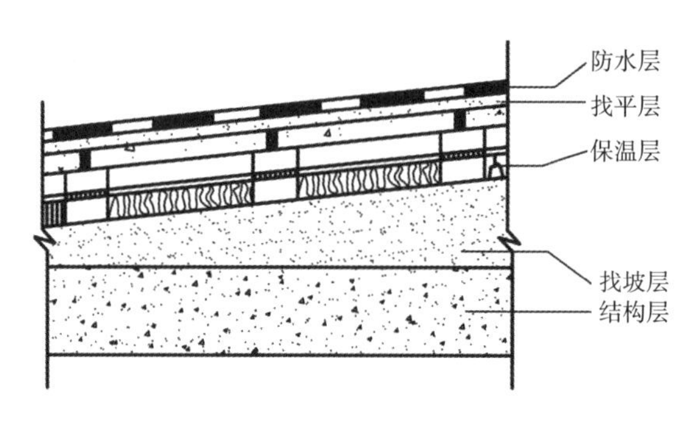

图 5-29　架空型保温屋面构造示意图

架空型保温屋面热工指标　　表 5-14

屋面构造做法	厚度（mm）	λ [W/（m·K）]	α	R [（m^2·K）/W]	上方空气间层厚度（mm）	R_0 [（m^2·K）/W]	K_0 [W/（m^2·K）]
1. 防水层 2. 水泥砂浆找平 3. 钢筋混凝土板 4. 保温层	10 20 35	0.17 0.93 1.74	1.0 1.0 1.0	0.06 0.02 0.02			
a. 模塑聚苯板（EPS）	40	0.04	1.20	0.83	80	1.49	0.67
b. 岩棉板或玻璃棉板	45	0.05	1.0	0.9	75	1.56	0.64
c. 膨胀珍珠岩（塑袋封装 ρ_0=120 kg/m^3）	40	0.07	1.20	0.48	80	1.14	0.88
d. 矿棉、岩棉、玻璃棉毡	40	0.05	1.20	0.67	80	1.33	0.75
5. 1 : 6 石灰焦碴找坡（平均） 6. 现浇钢筋混凝土板 7. 石灰砂浆内抹灰	70 100 20	0.29 1.74 0.81	1.50 1.0 1.0	0.16 0.06 0.02			

3）保温、找坡结合型保温屋面

这种屋面常用浮石砂作保温与找坡结合的构造层，层厚平均在 170mm（2% 坡度），重度 600kg/m^3 的浮石砂，分层碾压振捣，压缩比 1 : 1 : 2，与 130mm 厚混凝土圆孔板一起使用，其传热系数 K_0 为 0.87W/（m^2 · K）。

4）倒置式保温屋面

外保温屋面是保温层置于防水层的外侧，而不是传统采用的屋面构造把防水层置于整个屋面的最外层。这样的屋面做法有以下两个主要优点：一是防水层设在保温层的下面，可以防止太阳光直接辐射其表面，从而延缓了防水层老化进程，延长其使用年限，防水层表面温度升降幅度大为减小；二是屋顶最外层为卵石层或烧制方砖保护层，这些材料蓄热系数较大，在夏季可充分利用其蓄热能力强的特点，调节屋顶内表面温度，使温度最高峰值向后延迟，错开室外空气温度的峰值，有利于屋顶的隔热效果。卵石或烧制方砖类的材料有一定的吸水性，夏季雨后，这层材料可通过蒸发其吸收的水分来降低屋顶的温度而达到隔热的效果。

倒置式屋面基本构造由结构层、找坡层、找平层、防水层、保温层及保护层组成，图 5-30 为其构造图。当选用 50mm 挤塑型聚苯板保温材料时，屋面传热系数 K_0 为 0.72W/（$m^2 \cdot K$）。

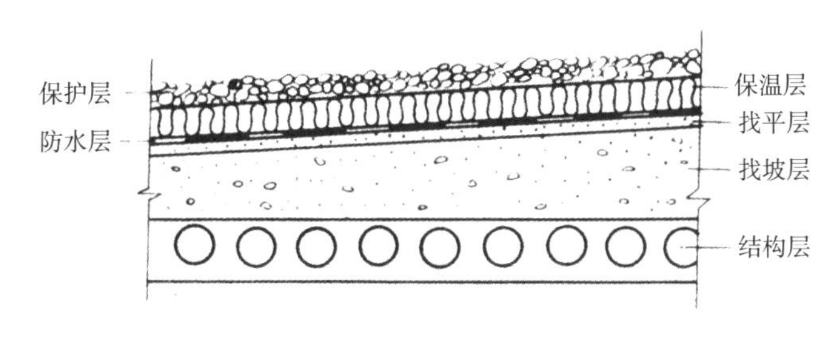

图 5-30　倒置式外保温屋面构造

5）种植屋面

种植屋面是利用屋面上种植的植物阻隔太阳能防止房间过热的一项隔热措施。其隔热原理有三个方面：一是植被茎叶的遮阳作用，可以有效地降低屋面的室外综合温度，减少屋面的温差传热量；二是植物的光合作用消耗太阳能用于自身的蒸腾；三是植被基层的土壤或水体的蒸发消耗太阳能。因此，种植屋面是一种十分有效的隔热节能屋面，如果植被种类属于灌木科则还可以有利于固化一氧化碳，释放氧气，从而净化空气，能够发挥出良好的生态功效，其构造如图 5-31 所示。表 5-15 是种植屋面

图 5-31　种植屋面构造

的当量热阻。

该项技术适用于夏热冬冷和夏热冬暖地区的住宅屋顶隔热。

不同隔热措施的当量附加热阻　　表 5-15

采取节能措施的屋顶或外墙	当量热阻附加值（$m^2 \cdot K/W$）
浅色外饰面（$\rho < 0.6$）	0.2
内部有贴铝箔的封闭空气间层的屋顶	0.5
用含水多孔材料做面层的屋面	0.45
屋面蓄水	0.4
屋面遮阳	0.3
屋面有土或无土种植	0.5

注：ρ 为屋顶外表面的太阳辐射吸收系数。

5.3　窗户

窗户（包括阳台的透明部分）是建筑外围护结构的开口部位，是阻隔外界气候侵扰的基本屏障。窗户除需要满足视觉的联系、采光、通风、日照及建筑造型等功能要求外，作为围护结构的一部分应同样具有保温隔热、得热或散热的作用。因此外窗的大小、形式、材料和构造就要兼顾各方面的要求，以取得整体的最佳效果。

从围护结构的保温节能性能来看，窗户是薄壁轻质构件，是建筑保温、隔热、隔声的薄弱环节。窗户不仅有与其他围护结构所共有的温差传热问题，还有通过窗户缝隙的空气渗透传热带来的热能消耗。对于夏季气候炎热的地区，窗户还有通过玻璃的太阳能辐射引起室内过热增加空调制冷负荷的问题。但是，对于严寒及寒冷地区南向外窗，通过玻璃的太阳能辐射对降低建筑采暖能耗是有利的。

以往我国大多数建筑外窗保温隔热性能差，密封不良，阻隔太阳辐射能力薄弱。在多数建筑中，尽管窗户面积一般只占建筑外围护结构表面积的 1/5 ~ 1/3 左右，但通过窗户损失的采暖和制冷能量，往往占到建筑围护结构能耗的一半以上，因而窗户是建筑节能的关键部位。也正是由于窗户对建筑节能的突出重要性，使窗户节能技术得到了巨大的发展。表 5-16 为各种窗户的热工指标。

在不同地域、气候条件下，不同的建筑功能对窗户的要求是有差别的。但是总体说来，节能窗技术的进步，都是在保证一定的采光条件下，围绕着控制窗户的得热和失热展开的。我们可以通过以下措施使窗户达到节能要求。

常用窗户的传热系数和传热阻参考值　　表 5–16

<table>
<tr><th>窗框材料</th><th>窗户类型</th><th>玻　璃</th><th>间隔层厚度（mm）</th><th>间隔层气体</th><th>传热系数 [W/（m²·K）]</th><th>遮阳系数 SC_C</th></tr>
<tr><td rowspan="7">塑料</td><td>单层窗</td><td>普通白玻璃</td><td>—</td><td rowspan="6">空气</td><td>4.7</td><td>0.9 ~ 0.8</td></tr>
<tr><td>双层窗</td><td>普通白玻璃</td><td>100 ~ 140</td><td>2.3</td><td>0.9 ~ 0.8</td></tr>
<tr><td rowspan="5">中空玻璃窗</td><td rowspan="2">中空玻璃窗</td><td>6</td><td>3.0</td><td>0.85 ~ 0.75</td></tr>
<tr><td>12</td><td>2.5</td><td>0.85 ~ 0.75</td></tr>
<tr><td rowspan="3">辐射率 ≤ 0.25 Low-E 中空玻璃</td><td>6</td><td>2.7</td><td>0.55 ~ 0.40</td></tr>
<tr><td>12</td><td>2.0</td><td>0.55 ~ 0.40</td></tr>
<tr><td>12</td><td>氩气</td><td>1.7</td><td>0.55 ~ 0.40</td></tr>
<tr><td rowspan="7">铝合金</td><td>单层窗</td><td>普通白玻璃</td><td>—</td><td rowspan="6">空气</td><td>6.4</td><td>0.9 ~ 0.8</td></tr>
<tr><td>双层窗</td><td>普通白玻璃</td><td>100 ~ 140</td><td>3.0</td><td>0.9 ~ 0.8</td></tr>
<tr><td rowspan="5">中空玻璃窗</td><td rowspan="2">中空玻璃窗</td><td>6</td><td>3.9</td><td>0.85 ~ 0.75</td></tr>
<tr><td>12</td><td>3.6</td><td>0.85 ~ 0.75</td></tr>
<tr><td rowspan="3">辐射率 ≤ 0.25 Low-E 中空玻璃</td><td>6</td><td>3.6</td><td>0.55 ~ 0.40</td></tr>
<tr><td>12</td><td>3.0</td><td>0.55 ~ 0.40</td></tr>
<tr><td>12</td><td>氩气</td><td>2.9</td><td>0.55 ~ 0.40</td></tr>
<tr><td rowspan="5">PA 断桥铝合金</td><td rowspan="5">中空玻璃窗</td><td rowspan="2">中空玻璃窗</td><td>6</td><td rowspan="4">空气</td><td>3.2</td><td>0.85 ~ 0.75</td></tr>
<tr><td>12</td><td>3.0</td><td>0.85 ~ 0.75</td></tr>
<tr><td rowspan="3">辐射率 ≤ 0.25 Low-E 中空玻璃</td><td>6</td><td>3.0</td><td>0.55 ~ 0.40</td></tr>
<tr><td>12</td><td>2.4</td><td>0.55 ~ 0.40</td></tr>
<tr><td>12</td><td>氩气</td><td>2.2</td><td>0.55 ~ 0.40</td></tr>
</table>

注：表中热工参数为各种窗型中较有代表性的数据，不同厂家、玻璃种类以及型材系列品种可能有较大浮动，具体数值应以法定检测机构的检测值为准。

5.3.1　控制建筑各朝向的窗墙面积比

窗墙面积比是影响建筑能耗的重要因素，窗墙面积比的确定要综合考虑多方面的因素，其中最主要的是不同地区冬、夏季日照情况（日照时间长短、太阳总辐射强度、阳光入射角大小）、季风影响、室外空气温度、室内采光设计标准和通风要求等因素。一般普通窗户的保温性能比外墙差很多，而且窗的四周与墙相交之处也容易出现热桥，窗越大，温差传热量也越大。因此，从降低建筑能耗的角度出发，必须限制窗墙面积比。建筑节能设计中对窗的设计原则是在满足功能要求基础上尽量减少窗户的面积。《建筑节能与可再生能源利用通用规范》GB 55015—2021 对我国各气候区居住建筑的窗墙面积比给出了限定值（表 5–17）。

各气候区居住建筑的窗墙面积比限值　　表 5-17

朝向	窗墙面积比				
	严寒地区	寒冷地区	夏热冬冷地区	夏热冬暖地区	温和 A 区
北	≤ 0.25	≤ 0.30	≤ 0.40	≤ 0.40	≤ 0.40
东、西	≤ 0.30	≤ 0.35	≤ 0.35	≤ 0.30	≤ 0.35
南	≤ 0.45	≤ 0.50	≤ 0.45	≤ 0.40	≤ 0.50

1）严寒及寒冷地区居住建筑的窗墙比

严寒和寒冷地区的冬季比较长，建筑的采暖用能较大，窗墙面积比在北向取值较小，主要是考虑居室设在北向时的采光需要。从节能角度上看，在受冬季寒冷气流吹拂的北向及接近北向的主面墙上应尽量减少窗户的面积。东、西向的窗墙比取值，主要考虑夏季防晒和冬季防冷风渗透的影响。在严寒和寒冷地区，当外窗传热系数值降低到一定程度时，冬季可以获得从南向外窗进入的太阳辐射热，有利于节能，因此南向窗墙面积比较大。由于目前住宅客厅的窗有越开越大的趋势，为减少窗的耗热量，保证节能效果，应降低窗的传热系数。

一旦所设计的建筑超过规定的窗墙面积比时，则要求提高建筑围护结构的保温隔热性能（如选择保温性能好的窗框和玻璃，以降低窗的传热系数，加厚外墙的保温层厚度以降低外墙的传热系数等），并应进行围护结构热工性能的权衡判断，检查建筑物耗热量指标是否能控制在规定的范围内。

2）夏热冬冷地区居住建筑窗墙比

我国夏热冬冷地区气候夏季炎热，冬季湿冷。夏季室外空气温度大于 35℃的天数约 10 ~ 40d，最高温度可达到 40℃以上。冬季气候寒冷，日平均温度小于 5℃的天数约 20 ~ 80d，相对湿度大，而且日照率远低于北方。北方冬季日照率大多超过 60%，而夏热冬冷地区从地理位置上由东到西，冬季日照率逐渐减少，最高的东部也不超过 50%，西部只有 20% 左右。加之空气湿度高达 80% 以上，造成了该地区冬季基本气候特点是阴冷潮湿。

确定窗墙面积比，是依据这一地区不同朝向墙面冬、夏日照情况、季风影响、室外空气温度、室内采光设计标准及开窗面积与建筑能耗所占的比率等因素综合确定的。从这一地区建筑能耗分析看，窗对建筑能耗损失主要有两个原因：一是窗的热工性能差所造成夏季空调、冬季采暖室内外温差的热量损失的增加；二是窗因受太阳辐射影响而造成的建筑室内空调能耗的增加。但从冬季来看，通过窗口进入室内的太阳辐射有利于建筑的节能。因此，窗的温差传热是建筑节能中窗口热损失的主要因素。

从这一地区几个城市最近 10 年气象参数统计分析可以看出，南向垂直表面冬季太阳辐射量最大，而夏季反而变小，同时，东西向垂直表面最大。这也就是这一地区尤其注重夏季防止东西向日晒、冬季尽可能争取南向日照的原因。表 5–18 为夏热冬冷地区居住建筑的窗墙比和热工性能参数限值。

夏热冬冷地区居住建筑透光围护结构热工性能参数限值　　表 5–18

外窗		传热系数 *K*[W/（m²·K）]	太阳得热系数 *SHGC*（东、西向 / 南向）
夏热冬冷 A 区	窗墙面积比 ≤ 0.25	≤ 2.80	—/—
	0.25< 窗墙面积比 ≤ 0.40	≤ 2.50	夏季 ≤ 0.40/—
	0.40< 窗墙面积比 ≤ 0.60	≤ 2.00	夏季 ≤ 0.25/ 冬季 ≥ 0.50
	天窗	≤ 2.80	夏季 ≤ 0.20/—
夏热冬冷 B 区	窗墙面积比 ≤ 0.25	≤ 2.80	—/—
	0.25< 窗墙面积比 ≤ 0.40	≤ 2.80	夏季 ≤ 0.40/—
	0.40< 窗墙面积比 ≤ 0.60	≤ 2.50	夏季 ≤ 0.25/ 冬季 ≥ 0.50
	天窗	≤ 2.80	夏季 ≤ 0.20/—

在夏热冬冷地区，人们无论是在过渡季节还是冬、夏两季，普遍有开窗加强房间通风的习惯。一是自然通风改善了空气质量，二是开窗通风使冬季中午日照可以通过窗口直接获得太阳辐射。夏季在两个连晴高温期间的阴雨降温过程或降雨后连晴高温开始升温过程，夜间气候凉爽宜人，房间通风能带走室内余热蓄冷。因此这一地区在进行围护结构节能设计时，不宜过分依靠减少窗墙比，应重点提高窗的热工性能。

以夏热冬冷地区六层砖混结构试验建筑为例，南向 4 层一房间大小为 5.1m（进深）× 3.3m（开间）× 2.8m（层高），窗为 1.5m × 1.8m 单框铝合金窗在夏季连续空调时，计算不同负荷逐时变化曲线，可以看出通过墙体的传热量占总负荷的 30%，通过窗的传热量最大，其中太阳辐射是影响空调负荷的主要因素，温差传热部分影响并不大。因此，应该把窗的遮阳作为夏季节能措施的另一个重点来考虑。

3）夏热冬暖地区居住建筑窗墙比

夏热冬暖地区位于我国南部，在北纬 27° 以南，东经 97° 以东，包括海南全境、福建南部、广东大部、广西大部、云南小部分地区以及香港特别行政区、澳门特别行政区和中国台湾。

该地区为亚热带湿润季风气候（湿热型气候），其特征为夏季漫长，冬季寒冷时间很短，甚至几乎没有冬季，常年气温高而且湿度大，太阳辐射强烈，雨量充沛。由于夏季时间长达半年，降水集中，炎热潮湿，因而该地区建筑必须充分满足隔热、通风、防雨、防潮的要求。为遮挡强烈的太阳辐射，宜设遮阳，并避免西晒。夏热冬暖地区又细化成北区和南区。北区冬季稍冷，窗户要具有一定的保温性能，南区则不必考虑。

该地区居住建筑的外窗面积不应过大，各朝向的单一朝向窗墙面积比，南、北向不应大于 0.40，东、西向不应大于 0.30。当设计建筑的外窗不符合上述规定时，其空调采暖年耗电量不应超过参照建筑的空调采暖年耗电量。表 5–19 是夏热冬暖地区的窗墙比及热工指标限值。可以看出，加大窗墙比的代价是要提高窗的保温隔热性能或减小夏季太阳得热系数。

夏热冬暖地区居住建筑透光围护结构热工性能参数限值 表 5–19

外窗		传热系数 K[W/(m^2·K)]	夏季太阳得热系数 $SHGC$（西向 / 东、南向 / 北向）
夏热冬暖 A 区	窗墙面积比≤ 0.25	≤ 3.00	≤ 0.35/ ≤ 0.35/ ≤ 0.35
	0.25< 窗墙面积比≤ 0.35	≤ 3.00	≤ 0.30/ ≤ 0.30/ ≤ 0.35
	0.35< 窗墙面积比≤ 0.40	≤ 2.50	≤ 0.20/ ≤ 0.30/ ≤ 0.35
	天窗	≤ 3.00	≤ 0.20
夏热冬暖 B 区	窗墙面积比≤ 0.25	≤ 3.50	≤ 0.30/ ≤ 0.35/ ≤ 0.35
	0.25< 窗墙面积比≤ 0.35	≤ 3.50	≤ 0.25/ ≤ 0.30/ ≤ 0.30
	0.35< 窗墙面积比≤ 0.40	≤ 3.00	≤ 0.20/ ≤ 0.30/ ≤ 0.30
	天窗	≤ 3.50	≤ 0.20

4）公共建筑窗墙比

公共建筑的种类较多，形式多样，从建筑师到使用者都希望公共建筑更加通透明亮，建筑立面更加美观，建筑形态更为丰富。所以，公共建筑窗墙比一般比居住建筑要大些，并且也没有依据不同气候区进一步细化。但在设计中要谨慎使用大面积的玻璃幕墙，以避免加大采暖及空调的能耗。

窗（包括透明幕墙）的传热系数 K 和遮阳系数 SC 应根据建筑所处城市的气候分区符合相应的国家标准。当窗（包括透明幕墙）墙面积比小于 0.40 时，玻璃（或其他透明材料）的可见光透射比不应小于 0.4。甲类公共建筑屋顶透明部分的面积不应大于屋面总面积的 20%，其传热系数 K 和遮阳系数 SC 应根据建筑所处城市的气候分区符合相应的国家标准。

夏热冬暖地区、夏热冬冷地区（以及寒冷地区空调负荷大的地区）的甲类公共建筑南、东、西向外窗和透光幕墙应采取遮阳措施，以降低夏季空调能耗的需求。

5.3.2　减少窗的传热耗能

为了降低窗的传热耗能，近年来对窗户进行了大量研究，所取得的各项成果如图 5–32 所示。

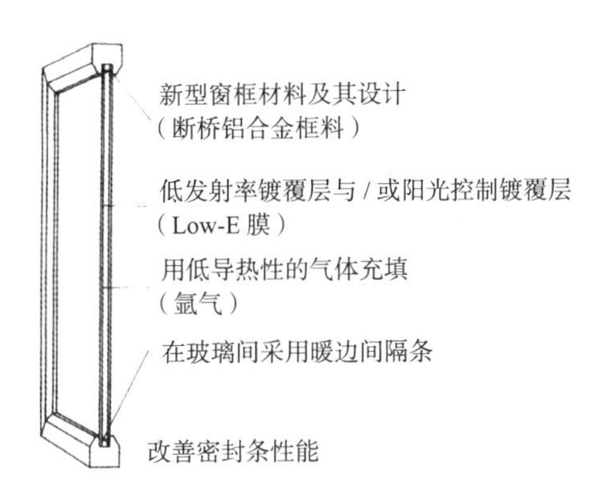

图 5–32　近年来节能窗技术取得的若干成果

1）采用节能玻璃

对有采暖要求的地区，节能玻璃应具有传热小可利用太阳辐射热的性能。对于夏季炎热地区，节能玻璃应具有阻隔太阳辐射热的隔热、遮阳性能。节能玻璃技术中的中空、真空玻璃主要是减小其传热能力，而表面镀膜技术主要是为了降低其表面向室外辐射热的能力和是阻隔太阳辐射热透射。

玻璃对不同波长的太阳辐射具有选择性，图 5–33 为各种玻璃的透射率与太阳辐射入射波长的关系。普通白玻璃对于可见光和波长为 3μm 以下的短波红外线来说几乎是透明的，但能够有效地阻隔长波红外线辐射（即长波辐射），但这部分能量在太阳辐射中所占比例较少。图 5–34 是通常情况下（入射角 $< 60°$）时，太阳光照射到普通窗玻璃表面后的透射、吸收、反射星空。可以看出，玻璃的反射率越高，透射率和吸收率越低，则太阳辐射得热量就越少。下面就介绍三种应用最广泛的节能玻璃：热反射玻璃（Heat Mirror Glass）、Low–E 玻璃（Low emissivity glass）和真空玻璃。

（1）热反射玻璃

它是在普通平板玻璃上通过离线镀膜方式或在线镀膜方式在玻璃表面喷涂

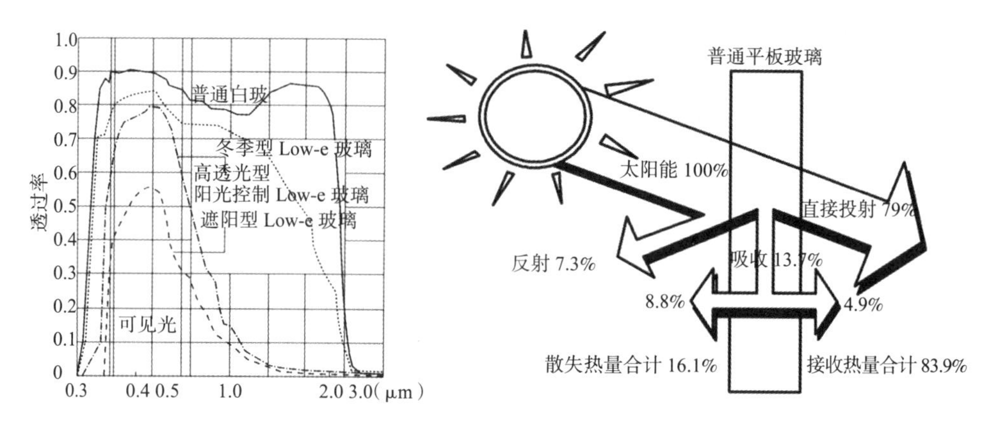

图 5-33　不同种类玻璃的透射特性曲线　　图 5-34　太阳辐射在玻璃界面上的传递

一层或几层特种金属氧化物膜而成。镀膜后镀膜热反射玻璃只能透过可见光和部分 0.8 ~ 2.5μm 的近红外光，而紫外光和 0.35μm 以上的中、远红外光不能透过，即可以将大部分的太阳光吸收和反射掉。与厚度为 6mm 的热反射玻璃和无色浮法玻璃相比较，热反射玻璃能挡住 67%的太阳能，只有 33%进入室内。但热反射玻璃对太阳光谱段透过率的衰减曲线与普通玻璃基本上是一样的，这使得可见光的透射也有很大衰减。

此外，镀膜热反射玻璃表面金属层极薄，使其在迎光面具有镜子的特性，而在背光面又如玻璃窗般透明，对建筑物内部起到了遮蔽及帷幕作用。

（2）Low-E 玻璃

目前使用更为广泛的是低辐射镀膜（Low-E）玻璃。Low-E 玻璃是利用真空沉积技术，在玻璃表面沉积一层低辐射涂层，一般由若干金属或金属氧化物薄层和衬底层组成。普通玻璃的红外发射率约为 0.8，对太阳辐射能的透射比高达 84%，而 Low-E 玻璃的红外发射率最低可达到 0.03，能反射 80%以上的红外能量。由于镀上 Low-E 膜的玻璃表面具有很低的长波辐射率，可以大大增加玻璃表面间的辐射换热热阻而具有良好的保温性能。因此，该种镀膜玻璃在世界上得以广泛应用。在我国，近几年随着建筑节能工作的深入开展，这种节能型的玻璃也逐渐被人们所接受。

根据 Low-E 膜玻璃的不同透过特性曲线，将 Low-E 膜分成冬季型 Low-E 膜、高透光型阳光控制 Low-E 膜和遮阳型 Low-E 膜。各种类型 Low-E 玻璃的典型透射特性可见图 5-33。

（3）中空 / 真空玻璃

中空 / 真空玻璃为了实现更好的节能效果，除了在玻璃表面附加 Low-E 膜以外，在普通中空玻璃充惰性气体或者抽真空都是常用的手段。

普通中空玻璃是以两片或多片玻璃，以有效的支撑均匀隔开，周边粘结密封，使玻璃层间形成干燥气体空间的产品，如图 5–35（*a*）所示。中空玻璃内部填充的气体除空气之外，还有氩气、氪气等惰性气体。因为气体的导热系数很低，中空玻璃的导热系数比单片玻璃低一半左右。例如 6+12+6 的白玻中空组合，当充填空气时 *K* 值约为 2.7W/(m·K)，充填 90%氩气时 *K* 值约为 2.55W/(m^2·K)，充进 100%氩气时约为 2.53W/（m^2·K）[注：空气导热系数 0.024W/（m·K）；氩气导热系数 0.016W/（m·K）]。此外增加空气间层厚度也可以增加中空玻璃热阻，但当空气层厚度大于 12mm 后其热阻增加已经很小，因此空气间层厚度一般小于 12mm。

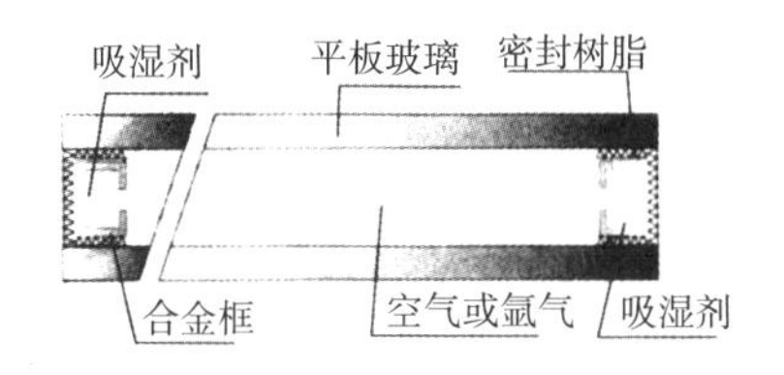

（*a*）中空玻璃示意图

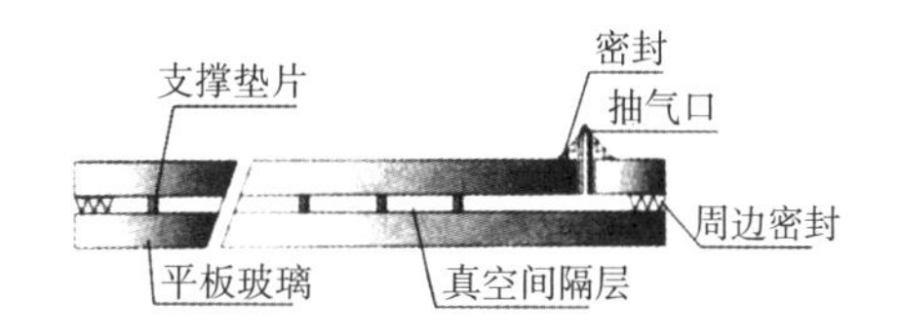

（*b*）真空玻璃示意图

图 5–35　中空、真空玻璃结构示意图

真空玻璃是基于保温瓶原理发展而来的节能材料，其剖面示意如图 5–35（*b*）所示。真空玻璃的构造是将两片平板玻璃四周加以密封，一片玻璃上有一排气管，排气管与该片玻璃也用低熔点玻璃密封，两片玻璃间间隙为 0.1 ~ 0.2mm。为使玻璃在真空状态下承受大气压的作用，两片玻璃板间放有微小支撑物，支撑物用金属或非金属材料制成，均匀分布。由于支撑物非常小不会影响玻璃的透光性。

标准真空玻璃的夹层内气压一般只有几 Pa，由于夹层空气极其稀薄，热传导和声音传导的能力将变得很弱，因而这种玻璃具有比中空玻璃更好的隔热保温性能和防结露、隔声等性能。标准真空玻璃的传热系数可降至 1.4W/(m^2·K)，其保温性能是中空玻璃的两倍，单片玻璃的四倍。

各种不同类型玻璃详细的热工参数如表 5–20 所示。

不同类型玻璃热工参数　　表 5–20

玻璃类型	可见光透过率	太阳能透过率	传热系数 *K* 值	太阳能得热系数 *SHGC*	遮阳系数 *SC*
单层标准玻璃	90%	90%	6.0	0.84	1.0
普通中空玻璃	63%	51%	3.1	0.58	0.67
标准真空玻璃	74%	62%	1.4	0.66	0.76

续表

玻璃类型	可见光透过率	太阳能透过率	传热系数 *K* 值	太阳能得热系数 *SHGC*	遮阳系数 *SC*
镀 Low-E 膜中空[1]（低透型）	51%	33%	2.1	0.43	0.49
镀 Low-E 膜中空[1]（高透型）	58%	38%	2.4	0.49	0.56
PET Low-E 膜中空[2]	59%	40%	1.8	0.52	0.60
三层 Low-E 膜双中空	60%	35%	0.7	0.40	0.46

注：1. 玻璃组成：6mm 玻璃（Low-E 膜）+9mm 空气 +6mm 玻璃；

2. PET Low-E 膜玻璃组成：6mm 玻璃 +6mm 空气 +PET 薄膜 +6mm 空气 +6mm 玻璃。

（4）双层窗

双层窗的设置是一种传统的窗户保温节能做法，根据构造不同，双层窗之间常有 50 ~ 150mm 厚的空间。利用这一空间相对静止的空气层，会增加整个窗户的保温节能作用。另外双层窗在降低室外噪声干扰和除尘方面效果也很好，只是由于使用双倍的窗框，窗的成本会增加较多。

2）提高窗框的保温性能

窗框是固定窗玻璃的支撑结构，它需要有足够的强度及刚度。同时，窗框也需要具有较好的保温隔热能力，以避免窗框成为整个窗户的热桥。目前窗框的材料主要有 PVC（聚氯乙烯）塑料窗框、铝合金（钢）窗框、木窗框等。

框扇型材部分加强保温节能效果可采取以下三个途径：一是选择导热系数较小的框料，如 PVC 塑料 [其导热系数为 0.16W/（m·K）]。表 5–21 中给出了几种主要框料的热工指标；二是采用导热系数小的材料截断金属框料型材的热桥制成断桥式框料；三是利用框料内的空气腔室或利用空气层截断金属框扇的热桥。目前应用的双樘串联钢窗即以此作为隔断传热的一种有效措施。

几种主要框料的导热系数和密度　　表 5–21

材料	铝	钢材	松、杉木	PVC 塑料	空气
导热系数 λ [W/（m·K）]	203	58.2	0.17 ~ 0.35	0.13 ~ 0.29	0.026
密度 ρ（kg/m^3）	2700	7850	500	40 ~ 50	1.177

由于窗框型材的不同，窗户的性能特点会有相当大的差别。下面分别介绍使用较多的木窗、铝合金窗、PVC 塑料窗和最新的玻璃钢窗。

（1）木窗

长期以来，世界各国普遍采用木窗。木材强度高，保温隔热性能优良，容易制成复杂断面，其窗框的传热系数可以降至 2.0W/（m^2·K）以下。我国由于森林缺乏，为了保护森林，严格限制木材采伐，木窗使用比例很小。当前有些城市高档建筑木窗采用进口木材，此外，还有一些农村和林区就地取材用于当地建筑。

（2）铝合金窗及断桥铝合金窗

这种窗户重量轻，强度、刚度较高，抗风压性能佳，较易形成复杂断面，耐燃烧、耐潮湿性能良好，装饰性强。但铝合金窗保温隔热性能差，无断热措施的铝合金窗框的传热系数约为4.5W/（m^2·K），远高于其他非金属窗框。为了提高该金属窗框的隔热保温性能，现已开发出多种热桥阻断技术，包括用带增强玻璃纤维的聚酰胺塑料（PA）尼龙66隔热条穿入后滚压复合形成断热铝型材，并在型材内再灌注聚氨酯发泡，以及用聚氨基甲乙酰粘接复合等，其中以穿入尼龙条方法优点较多。通过增强尼龙隔条将铝合金型材分为内外两部分阻隔了铝的热传导，图5-36为断热构造示意图，图5-37为断桥铝合金窗框外形。经过断热处理后，窗框的保温性能可提高30%～50%。

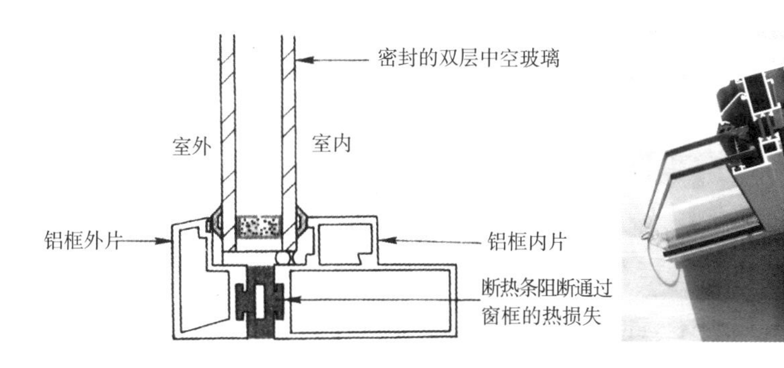

图5-36 铝窗框内的断热构造　　图5-37 断桥铝合金窗框外形

（3）PVC塑料窗

PVC塑料窗是采用挤压（出）成形的中空型材焊接组成框、扇的窗户。为了增强其刚性，塑料型材的空腔内插有镀锌钢板冷轧成型的衬钢。PVC塑料窗的突出优点是保温性能和耐化学腐蚀性能好，并有良好的气密性和隔声性能。但其明显的不足是抗风压、水密性能低，遮光面积大，存在光热老化问题。

（4）铝塑共挤窗

铝塑共挤窗是一种新型窗体节能技术。它将厚度约3～4mm的表面硬质、芯部发泡塑料复合在铝衬表面上，使内部金属与外部塑料结合为一体，同时兼容了金属窗的高强度和塑料窗的保温性能，构造见图5-38，图5-39为铝塑共挤窗框外形。铝塑共挤窗具有强度高、保温性和隔声性好等优点。

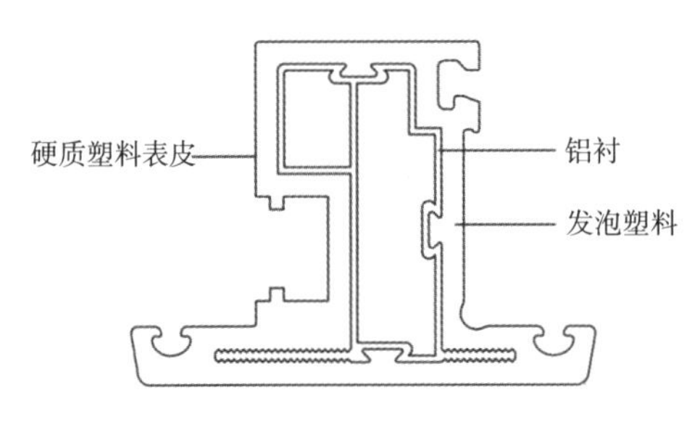

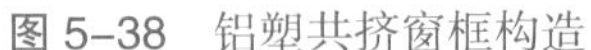

图 5-38　铝塑共挤窗框构造

图 5-39　铝塑共挤窗框外形

5.3.3　提高窗的气密性，减少冷风渗透

完善的密封措施是保证窗的气密性、水密性以及隔声性能和隔热性能达到一定水平的关键。图 5-40 表示室外冷风通过窗部位进入室内的三条途径。目前，我国在窗的密封方面，多只在框与扇和玻璃与扇处作密封处理。由于安装施工中的一些问题，使得框与窗洞口之间的冷风渗透未能很好处理。因此为了达到较好的节能保温水平，必须要对框—洞口、框—扇、玻璃—扇三个部位的间隙均做密封处理。至于框—扇和玻璃—扇间的间隙处理，目前我国采用双级密封的方法。国外在框—扇之间却已普遍采用三级密封的做法。通过这一措施，使窗的空气渗透量降到 $1.0m^3/m \cdot h$ 以下，而我国同类窗都较难到达这个水平。

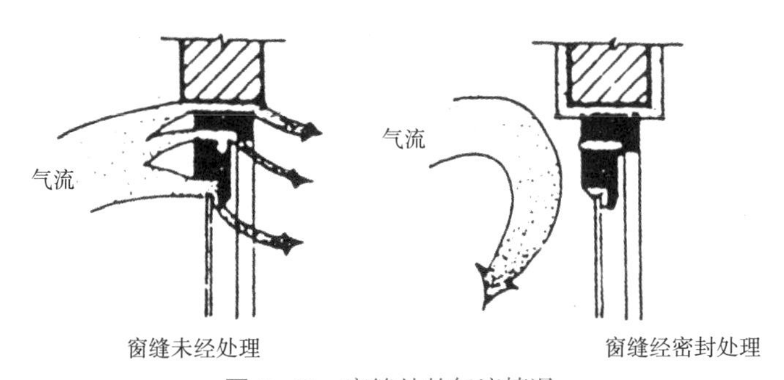

图 5-40　窗缝处的气流情况

从密闭构件上看，有的密闭条不能达到较佳的效果，原因是：①密闭条采用注模法生产，断面尺寸不准确且不稳定，橡胶质硬度超过要求；②型材断面较小，刚度不够，致使执手部位缝隙严密，而在窗扇两端部位形成较大的缝隙。因此，随着钢（铝）窗型材的改进，必须生产、采用具有断面准确，质地柔软，压缩性比较大，耐火性较好等特点的密闭条。

为了保证建筑的节能，外窗需具有良好的气密性能，以避免夏季和冬季室外空气过多地向室内渗透。我国《建筑幕墙、门窗通用技术条件》GB/T

31433—2015 中将窗的气密性能分为 8 级，具体数值见表 5–22，其中 8 级最佳。《建筑节能与可再生能源利用通用规范》GB 55015—2021 规定居住建筑幕墙、外窗及敞开阳台的门在 10Pa 压差下，每小时每米缝隙的空气渗透量 q_1 不应大于 1.5m^2，每小时每平方米面积的空气渗透量 q_2 不应大于 4.5m^2，相当于国家标准《建筑幕墙、门窗通用技术条件》GB/T 31433—2015 中建筑外门窗气密性 6 级。夏热冬暖地区 1 ~ 9 层外窗的气密性能不应低于 4 级，10 层及 10 层以上不应低于 6 级。

表 5–23 列出了目前常用窗户的气密性等级。改进非气密型空腹钢窗和推拉铝窗的气密性等级均小于 4 级，因此目前已不能满足节能要求。标准型气密空腹钢窗的气密性等级为 4 级，仅可在夏热冬暖地区 1 ~ 9 层的建筑中使用。塑料窗、国标气密条密封窗、平开铝窗的气密性等级均高于或等于 6 级，可用于不同气候区、不同层高的建筑中。

建筑外窗气密性能分级表　　表 5–22

分级	1	2	3	4	5	6	7	8
单位缝长分级指标值 q_1/[m^3/(m·h)]	$4.0 \geq q_1 > 3.5$	$3.5 \geq q_1 > 3.0$	$3.0 \geq q_1 > 2.5$	$2.5 \geq q_1 > 2.0$	$2.0 \geq q_1 > 1.5$	$1.5 \geq q_1 > 1.0$	$1.0 \geq q_1 > 0.5$	$q_1 \leq 0.5$
单位面积分级指标值 q_2/[m^3/(m^2·h)]	$12 \geq q_2 > 10.5$	$10.5 \geq q_2 > 9.0$	$9.0 \geq q_2 > 7.5$	$7.5 \geq q_2 > 6.0$	$6.0 \geq q_2 > 4.5$	$4.5 \geq q_2 > 3.0$	$3.0 \geq q_2 > 1.5$	$q_2 \leq 1.5$

注：空气渗透量 q_1 系指门窗试件两侧空气压力差为 10Pa 条件下，单位每小时通过每米缝长的空气渗透量，空气渗透量 q_2 系指门窗试件两侧空气压力差为 10Pa 条件下，单位每小时通过每平方米面积的空气渗透量。

目前常用窗户的气密性等级　　表 5–23

常用窗户类型		空气渗透量 q_1/[m^3/(m·h)]	所属等级
空腹钢窗	改进非气密型窗	3.5	1
	标准型气密窗	2.3	4
	国标气密条密封窗	0.56	7
推拉铝窗		2.5	3
平开铝窗		0.5	8
塑料窗		1.0	6

5.3.4　开扇的形式与节能

窗的几何形式与面积以及开启窗扇的形式对窗的保温节能性能有很大影响。表 5–24 中列出了一些窗的形式及相关参数。

窗的开扇形式与缝长　　表 5–24

编号	1	2	3	4	5	6	7
开扇形式							
开扇面积（m^2）	1.20	1.20	1.20	1.20	1.00	1.05	1.41
缝长 l_0（m）	9.04	7.80	7.52	6.40	6.00	4.30	4.80
L_0/F_0	7.53	6.50	6.10	5.33	6.00	4.10	3.40
窗框长 L_f（m）	10.10	10.10	9.46	8.10	9.70	7.20	4.80

从上表我们可以看出，编号为 4、6、7 的开扇形式的窗，缝长与开扇面积比较小，这样在具有相近的开扇面积下，既开扇缝较短，节能效果好。

总结开扇形式的设计要点：

（1）在保证必要的换气次数前提下，尽量缩小开扇面积；

（2）选用周边长度与面积比小的窗扇形式，既接近正方形有利于节能；

（3）镶嵌的玻璃面积尽可能地大。

5.3.5 提高窗保温性能的其他方法

窗的节能方法除了以上几个方面之外，设计上还可以使用具有保温隔热特性的窗帘、窗盖板等构件增加窗的节能效果。目前较成熟的一种活动窗帘是由多层铝箔—密闭空气层—铝箔构成，具有很好的保温隔热性能，不足之处是价格昂贵。采用平开或推拉式窗盖板，内填沥青珍珠岩、沥青蛭石、或沥青麦草、沥青谷壳等可获得较高的隔热性能及较经济的效果。现在正在试验阶段的另一种功能性窗盖板，是采用相变储热材料的填充材料。这种材料白天可贮存太阳能，夜晚关窗的同时关紧盖板，该盖板不仅有高隔热特性，可阻止室内失热，同时还将向室内放热。这样，整个窗户当按 24 小时周期计算时，就真正成为了得热构件。只是这种窗还须解决窗四周的耐久密封问题，以及相变材料的造价问题等，之后才有望商品化。

夜墙（Night wall），国外的一些建筑中实验性地采用过这种装置。它是将膨胀聚苯板装于窗户两侧或四周，夜间可用电动或磁性手段将其推置窗户处，以大幅度地提高窗的保温性能。另外一些组合的设计是在双层玻璃间用自动充填轻质聚苯球的方法提高窗的保温能力，白天这些小球可负压装置自动收回以便恢复窗的采光功能。

5.4　双层皮玻璃幕墙

外墙是建筑室内外环境之间的分界，其设计往往直接影响到室内环境质量和建筑在生态方面的表现，特别是透明部分，应该能满足自然光照、太阳能的主动或被动利用、防止过度热辐射、减少室内热损失。自从密斯等老一辈现代主义建筑师发展了玻璃幕墙以来，它一直是最为流行的一种外墙形式，在当代中国更是被看作“国际化”时代建筑的必备元素。然而，1970年代能源危机后，人们逐渐认识到玻璃幕墙在能源消耗方面的严重缺陷，发展了不同的系统来增强幕墙的热性能。其中最常见的处理方法之一是在常用的玻璃窗上再增加若干玻璃层 / 片，发展出所谓的“双层皮幕墙系统”（Double-Skin Facades）。这种幕墙近年来在办公建筑上得到了大范围采用。双层皮幕墙最早起源于20世纪70年代的德国，而当理查德·罗杰斯（R.Rogers）在1986年落成的伦敦汉考克总部大厦（Loyds Headquarters）的设计里巧妙地使用了这一系统后，它就逐渐引起了广泛的注意和模仿。

双层幕墙系统的效能受到以下因素影响：自然通风 / 机械辅助通风的效率、玻璃种类及排列顺序、空气夹层的尺寸和深度、遮阳装置的位置和面积等。这些因素的不同组合将提供不同的热、通风和采光效能。和传统的窗户相较，虽然根据制造和施工水准的不同，双层幕墙的效果会受到影响，但大体能够减少20%～25%的能耗。

5.4.1　双层皮幕墙的种类

双层皮幕墙也被誉为“可呼吸的幕墙”。许多研究表明，这种幕墙系统有很好的热学、光学、声学性能。它利用夹层通风的方式来解决玻璃幕墙夏季遮阳隔热，同时达到增加室内空间热舒适度、降低建筑能耗的目的，解决了以往玻璃幕墙带来的采暖、空调耗能高、室内空气质量差等问题。

双层皮幕墙采用双层体系作围护结构，它可以让空气流动进行通风，但同时又具有良好的热绝缘性能。其工作原理是间层里较低的气压把部分废气从房间抽出并且吸收太阳辐射热后变暖，自然地上升，从而带走废气和太阳辐射热。同时，通过调整间层设置的遮阳百叶和利用外层幕墙上下部分的开口来辅助自然通风，可以获得比普通建筑使用的内置百叶更好的遮阳效果，图5-41是这一结构的示意。

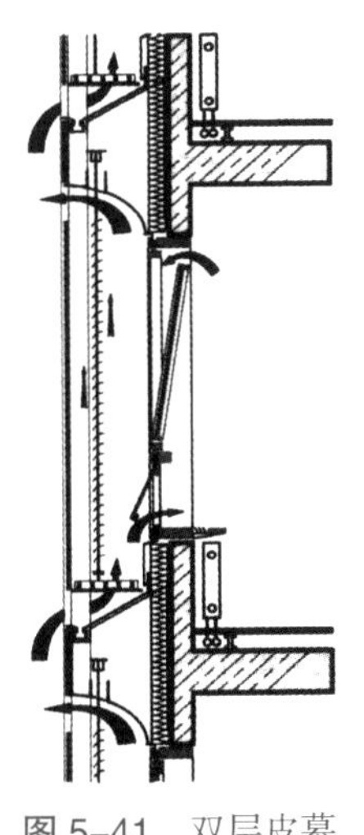

图5-41　双层皮幕墙构造

双层皮幕墙种类很多，但其实质是在两层皮之间留有一定宽度的空气间层，此空气间层以不同方式分隔而形成一系列温度缓冲空间。由于空气间层的存在，双层皮幕墙能提供一个保护空间以安置遮阳设施（如活动式百叶、固定式百叶或者其他阳光控制构件）。双层皮玻璃幕墙可以根据夹层空腔的大小、通风口的位置、玻璃组合及遮阳材料等不同分为三种基本双层皮玻璃幕墙类型。图 5–45 是通过幕墙内夹层拍摄幕墙内部情况。

（1）外挂式。这是最简单的一种构造方式，建筑真正的外墙位于“外皮”之内 300 ~ 400mm 处。这种幕墙对隔绝噪声具有明显的效果。如果在空气层中再安装可旋转遮阳百叶及底部和顶部的进出风口，则具有一定的隔热、通风能力。伦佐·皮亚诺（Renzo Piano）设计的在柏林位于波茨坦中心的德国铁路公司（DEBIS）办公大楼便是采用的这种外墙。图 5–42 是这种结构的示意图。

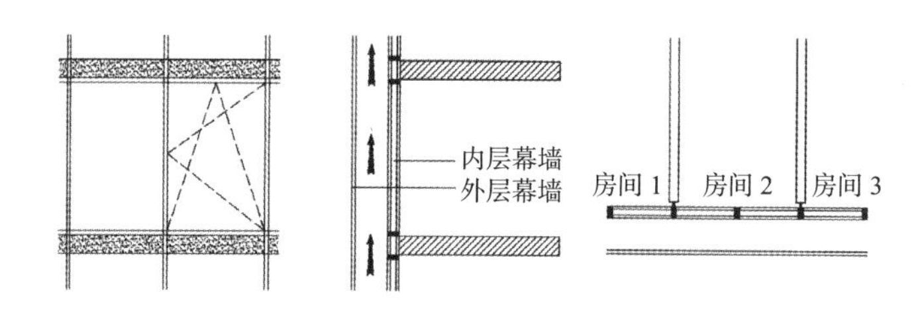

图 5–42　外挂式双层皮幕墙示意图

（2）箱井式。这种幕墙在内部有规律地设置了延伸数层的贯通通道形成烟囱效应，在每个楼层，通道通过旁路开口与相邻窗联系起来，通道将窗的空气吸入，由顶部排出。这种幕墙要求外开口较少，以便空气在通道内形成更强的烟囱效应。由于通道高度受到限制，这种结构最适合低层建筑。位于德国杜塞尔多夫的 ARAG2000 大厦，塔楼高 120m，外墙用箱井式幕墙分成 4 个单元，每个单元幕墙延伸到六到七层，终止在第八层。内部空间装有机械式通风装置。图 5–43 是这种结构的示意图，图 5–45（*a*）是其内部情况。

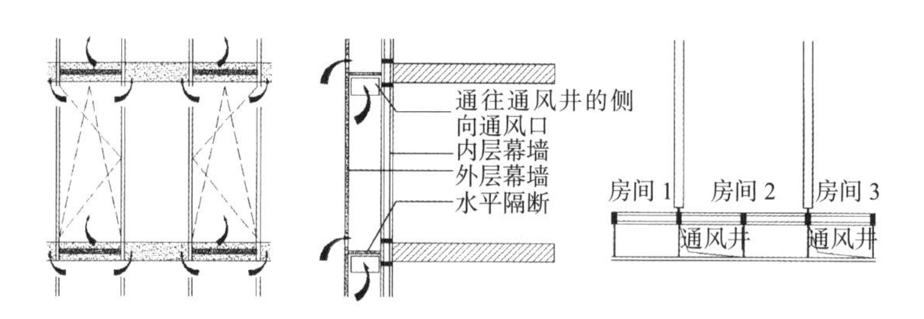

图 5–43　箱井式双层皮幕墙示意图

（3）廊道式。这种幕墙的双层皮夹层的间距较宽，在 0.6 ~ 1.5m 左右，内部的空气层在每层楼水平方向上封闭，在每层楼的楼板和天花板高度分别设有进、出风口，一般交错排列以防低一楼层废气吸入到上一楼层。位于德国杜塞尔多夫的 80m 高的“城市之门”就采用了这种幕墙结构。图 5-44 是这种结构的示意图，图 5-45（*b*）是其内部情况。

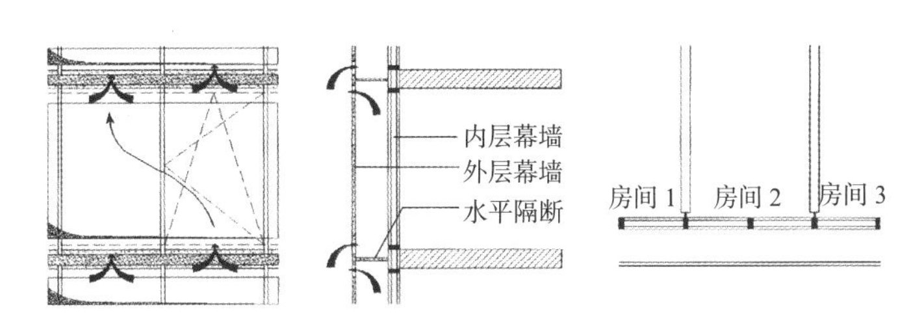

图 5-44　廊道式双层皮幕墙示意图

此外，双层皮玻璃幕墙还可以根据夹层空腔的大小分为窄通道式（100 ~ 300mm）和宽通道式（>400mm）双层皮幕墙；根据夹层空腔内的循环通风方式分为内循环式（夹层空腔与室内循环通风）和外循环式（夹层空腔与室外循环通风）以及混合式（夹层空腔可与室内外进行通风）双层皮玻璃幕墙。

（*a*）

（*b*）

（*a*）箱井式幕墙内部；（*b*）廊道式幕墙内部

图 5-45　幕墙夹层内的情况

5.4.2　保温性能

双层幕墙系统的长处是多重的。其中之一为它能将室内空气和幕墙玻璃内表面之间的温度差控制在最小范围内。这有助于改善靠近外墙的室内部分的舒适度，减少冬季取暖和夏季降温的能源成本。

双层皮玻璃幕墙的保温性能由两部分决定，一是幕墙玻璃本身的保温性能，二是幕墙框架的断热性能，此外，两侧幕墙中间的空气夹层也可起到一定的保温作用。首先，对于中空玻璃来说，其热阻主要与空腔的间距、玻璃表面的红外发射率以及填充气体的性质有关。一些高性能的中空玻璃采用镀 Low–E 膜和充惰性气体（如氩气）等措施可以将玻璃的传热系数 K 值降至 1.6W/（$m^2 \cdot K$）。将高性能中空玻璃与单层玻璃幕墙组成的双层玻璃幕墙可以将传热系数 K 值进一步降到 1.3W/（$m^2 \cdot K$）以下。其次，由于双层皮幕墙具有较大的厚度，其幕墙框架结构的断热性能也要优于常规的单层玻璃幕墙。

在评价透明围护结构的保温性能时，不仅要考虑表征其传热特征的传热系数 K 值，而且还要考虑影响其太阳辐射得热的玻璃的种类，当地气候特征（温度、太阳辐射量），甚至还与建筑物立面的朝向有关。图 5–46 表示了北京地区不同朝向的双层皮幕墙与单层幕墙的当量传热系数 K_{eq}。可以看出，对于外层幕墙开口不可调节的双层皮幕墙，其综合保温性能不一定好于单层幕墙。而具有可调节风口的双层皮幕墙的保温性能相比较单层幕墙来说，其保温性能的提高是有限的，通常情况下可以提高 0 ~ 20% 不等，提高的比例不仅随朝向的不同而异，还与双层皮内层幕墙的保温性能有关，内层幕墙的保温性能越高，其整体保温性能提高的比例就越少。

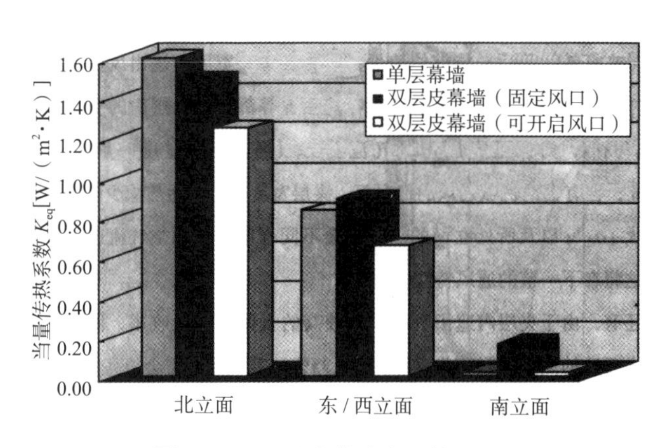

图 5–46　双层皮幕墙当量传热系数

注：图中的单层幕墙为传热系数 K=2.0 的镀膜中空窗；当量传热系数 K_{eq} 为考虑太阳辐射得热后的立面当量传热系数，由于透明构件都不同程度有太阳辐射热透过，因此 K_{eq} 一般要小于 K。

5.4.3　隔热性能

从隔热性能方面考虑，在所有遮阳方式中，内遮阳是最不利的一种遮阳方式，过多的太阳辐射虽然被遮阳帘直接挡住了，但这些辐射热量大部分被遮阳帘和玻璃吸收后通过辐射、对流等方式留在了室内。对于双层皮幕墙存在同样问题，尽管夹层空腔的百叶挡住了太阳辐射，但被百叶和夹层玻璃吸收的热量同样会蓄存在夹层内，有效地将这部分热量带走将直接影响双层皮幕墙的隔热性能。

首先，要保持夹层空腔空气具有很好的流动性，也就是夹层空腔内的空气被加热后，能够快速地排走。而夹层宽度、进出风口设置以及夹层空腔内机构的设置，如遮阳百叶的位置等都会对夹层内的空气流动有影响。为保证夹层内空气流动的顺畅，夹层宽度一般不宜小于 400mm，在有辅助机械通风的情况下，夹层宽度是可以适当减少的；进出风口的大小尺寸以及所处立面的位置也会不同程度地影响空气流通通道的阻力。

其次，由于夹层内遮阳百叶具有较高的太阳辐射吸收率，例如普通的铝合金百叶的太阳辐射吸收率为 30%~35%，其表面温度会很高，由于对流换热的结果使得其周围的空气温度也会比较高。因此，遮阳百叶在夹层中的位置将影响夹层空气温度的分布。一方面它不能太靠近内层幕墙，否则，高温的空气会通过对流方式向内层幕墙传递热量；而另一方面，由于通风排热的需要，遮阳百叶也不能太靠近外层幕墙。所以遮阳百叶在夹层中的理想位置推荐位于离外层幕墙 1/3 夹层宽度的地方。为了避免遮阳百叶与外层幕墙之间过热以及获得有效的通风降温效果，一些幕墙研究机构推荐的遮阳百叶与外层幕墙的最小距离为 150mm。

另外，玻璃的种类、组成以及遮阳百叶的反射特性等也会影响双层皮幕墙的隔热性能。

5.4.4　通风性能

双层皮幕墙独有的特点是它使高层建筑的高层部分也可以进行自然通风，而不影响幕墙的正常隔热功能。

双层皮幕墙通风特性包括夹层空腔与室外的通风及夹层空腔与室内的通风。前者主要发生在炎热的夏季和无需过多太阳辐射热进入的过渡季，其目的是减少双层皮幕墙系统的整体遮阳系数，缩短建筑物空调的使用时间；而后者往往与前者同时发生，即实现了室内与室外间接自然通风，这不仅有利于减少室内的空调能耗，而且还有助于获得好的室内舒适度——人们对自然通风的需求。

双层皮幕墙的通风主要是依靠烟囱效（热压）应引起的。很强的太阳辐射被双层皮幕墙夹层中的遮阳百叶和外层幕墙吸收后，通过对流换热的形式重新释放到夹层的空气中，使得夹层空气被加热升温至超过室外空气温度，由于内外空气的密度差，在双层皮幕墙下部进风口处会形成一个负压，上部的出风口处形成一个正压，假设外部空气为零压的话。在这样压差的驱动下，室外空气将从下部的进入口进入到夹层并从上部的进风口排出，从而形成双层皮幕墙与室外的自然通风现象。

通常状况下排风口处的压力损失系数要比进风口处要大，一是由于总排风口面积一般要小于进风口，二是因为排风口处的空气流形受到诸如遮阳百叶装置以及防水装置的阻挡而变得复杂，对应的压力损失就会大。可开启窗户的局部阻力系数不仅与窗户的开启面积有关还与窗户的开启方式有关，如上悬窗的有效通风面积就没有内开窗的大。对于夹层通道内的沿程阻力损失，相关研究表明，当夹层通道不小于 400mm、遮阳百叶遵循放置离外层幕墙 1/3 处原则时，其沿程的压力损失可忽略不计。

伦敦汉考克总部办公楼采用了双层幕墙系统，玻璃块的尺度达 3m × 2.5m，每片重达 800kg。幕墙的内外层玻璃间留有 140mm 的空腔，空腔内配备有遮光百叶可以控制阳光的入射量。遮光百叶用“钻石白”玻璃来强化其美学效果。室内空气通过天花板中的管道吸入空腔中，然后从屋顶排出。屋顶设置有光敏装置，能够跟踪和自动判断日光照射条件，通过控制遮光百叶的角度来调节室内自然光。当百叶旋转到最大位置时，幕墙系统可以反射太阳辐射热而允许自然光照明，减少了空调能耗，而且自然通风率也达到了普通办公室的两倍。

5.4.5 隔声性能

由于比常规单层幕墙多了一层围护结构，其大概可以提高 7dD（A）的隔声量，这对地处嘈杂市区的建筑来说是非常有用的。由于双层皮幕墙具有更好的保温隔热效果，这可以让建筑师采用大面积的玻璃幕墙设计，而获得更好的室内采光效果。同时也应该看到，由于双层幕墙技术较复杂，又多了一道外幕墙，因此工程造价会较高。此外，由于建筑面积由外墙皮开始计算，建筑使用面积要损失 2.5% ~ 3.5%。

双层皮幕墙工程造价较高，而且通常要求很高的设计技术和安装技术。因此多用于商用建筑或者是办公建筑。但随着建筑科技的发展和建筑节能水平的提高，这种节能效果显著的新型幕墙结构也开始出现在住宅建筑中。

5.5 门

5.5.1 户门

要求：具有多功能，一般应具有防盗，保温，隔热等功能。

构造：一般采用金属门板，采取 15mm 厚玻璃棉板或 18mm 厚岩棉板为保温、隔声材料。

户门传热系数应不大于 2.0W/（m^2·K），其中严寒地区不大于 1.5W/（m^2·K）。

5.5.2　阳台门

目前阳台门有两种类型：第一种是落地玻璃阳台门，这种可接外窗作节能处理；第二种是有门心板的及部分玻扇的阳台门。这种门玻璃扇部分接外窗处理。阳台门下门心板采用菱镁、聚苯板加芯型代替钢质门心板（聚苯板厚 19mm，菱镁内、外面层 2.5mm 厚，含玻纤网格布），门心板传热系数为 1.69W/（m^2·K）。表 5-25 为常用各类门的热工指标。

门的传热系数和传热阻　　表 5-25

门框材料	门的类型	传热系数 K_0 [W/（m^2·K）]	传热阻 R_0 [（m^2·K）/W]
木、塑料	单层实体门	3.5	0.29
	夹板门和蜂窝夹芯门	2.5	0.40
	双层玻璃门（玻璃比例不限）	2.5	0.40
	单层玻璃门（玻璃比例 <30%）	4.5	0.22
	单层玻璃门（玻璃比例 <30%～60%）	5.0	0.20
金属	单层实体门	6.5	0.15
	单层玻璃门（玻璃比例不限）	6.5	0.15
	单框双玻门（玻璃比例 <30%）	5.0	0.20
	单框双玻门（玻璃比例 <30%～70%）	4.5	0.22
无框	单层玻璃门	6.5	0.15

5.6　地面

5.6.1　地面的一般要求

地面按其是否直接接触土壤分为两类：一类是不直接接触土壤的地面，又称地板，其中又可分成接触室外空气的地板和不采暖地下室上部的地板，以及底部架空的地板等；另一类是直接接触土壤的地面。

《民用建筑热工设计规范》GB 50176—2016 规定了建筑中与土体接触的地面内表面温度与室内空气温度的温差 Δt_g，表 5-26 为温度差的限值。

地面的内表面温度与室内空气温度温差的限值　　表 5–26

房间设计要求	防结露	基本热舒适
允许温差 Δt_g（K）	$\leqslant t_i - t_d$	$\leqslant 2$

注：$\Delta t_g = t_i - \theta_{i \cdot g}$

地面内表面温度可按下式计算：

$$\theta_{i \cdot g} = \frac{t_i \cdot R_g + \theta_e \cdot R_i}{R_g + R_i} \tag{5-1}$$

式中 $\theta_{i \cdot g}$ 为地面内表面温度（℃），R_g 为地面热阻（$m^2 \cdot K/W$），θ_e 为地面层与土体接触面的温度（℃），应取《民用建筑热工设计规范》GB 50176—2016 附录 A 热工设计区属及室外气象参数中的最冷月平均温度。

不同地区，地面层热阻最小值 $R_{min \cdot g}$ 可按下式计算或按附录三中附表 3–5 地面、地下室热阻最小值表的规定选用。

$$R_{min \cdot g} = \frac{(\theta_i - \theta_e)}{\Delta t_g} R_i \tag{5-2}$$

其中 $R_{min \cdot g}$ 为满足 Δt_g 要求的地面热阻最小值（$m^2 \cdot K/W$）。

地面层热阻的计算只计入结构层、保温层和面层。地面保温材料应选用吸水率小、抗压强高、不易变形的材料。

5.6.2　地面的保温要求

当地面的温度高于地下土壤温度时，热流便由室内传入土壤中。居住建筑室内地面下部土壤温度的变化并不太大，变化范围为：一般从冬季到春季仅有 10℃左右，从夏末至秋天也只有 20℃左右，且变化得十分缓慢。但是，在房屋与室外空气相邻的四周边缘部分的地下土壤温度的变化还是相当大的。冬天，它受室外空气以及房屋周围低温土壤的影响，将有较多的热量由该部分被传递出去，其温度分布与热流的变化情况如图 5–47 所示，表 5–27 为几种保温地板的热工性能指标。

对于接触室外空气的地板（如骑楼、过街楼的地板），以及不采暖地下室上部的地板等，应采取保温措施，使地板的传热系数满足节能标准要求。

对于直接接触土壤的非周边地面，一般不需作保温处理，其传热系数即可满足附录三的要求；对于直接接触土壤的周边地面（即从外墙内侧算起 2.0m 范围内的地面），应采取保温措施，使其传热系数满足附录三的要求。图 5–48 是满足节能标准要求的地面保温构造做法，图 5–49 是国外几种典型的地面保温构造。

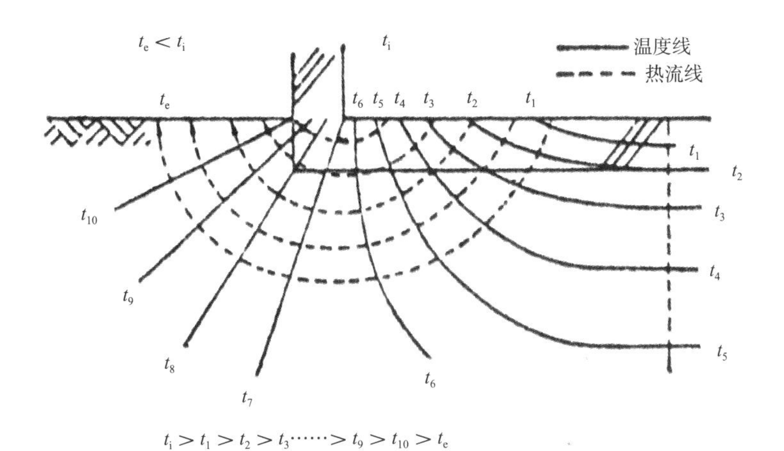

图 5–47　地面周边的温度分布

几种保温地板的热工性能　　表 5–27

编号	地板构造	保温层厚度 δ（mm）	地板总厚度（mm）	热阻 R [（$m^2 \cdot K$）/W]	传热系数 K [W/（$m^2 \cdot K$）]
（1）	20、130、10、δ、10；水泥砂浆；钢筋混凝土圆孔板；粘结层；聚苯板（ρ_0=20，λ_c=0.05）；纤维增强层	60	230	1.44	0.53
		70	240	1.64	0.56
		80	250	1.84	0.50
		90	260	2.04	0.46
		100	270	2.24	0.42
		120	290	2.64	0.36
		140	310	3.04	0.31
		160	330	3.44	0.28
（2）	地板构造同（1） 地板为 180mm 厚 钢筋混凝土圆孔板	60	280	1.49	0.61
		70	290	1.69	0.54
		80	300	1.89	0.49
		90	310	2.09	0.45
		100	320	2.29	0.41

续表

编号	地板构造	保温层厚度 δ（mm）	地板总厚度（mm）	热阻 R [（m^2·K）/W]	传热系数 K [W/（m^2·K）]
（2）	地板构造同（1） 地板为 180mm 厚 钢筋混凝土圆孔板	120	340	2.69	0.35
		140	360	3.09	0.31
		160	380	3.49	0.27
（3）	地板构造同（1） 地板为 110mm 厚 钢筋混凝土板	60	210	1.39	0.65
		70	220	1.59	0.57
		80	230	1.79	0.52
		90	240	1.99	0.47
		100	250	2.19	0.43
		120	270	2.59	0.36
		140	290	2.99	0.32
		160	310	3.39	0.28

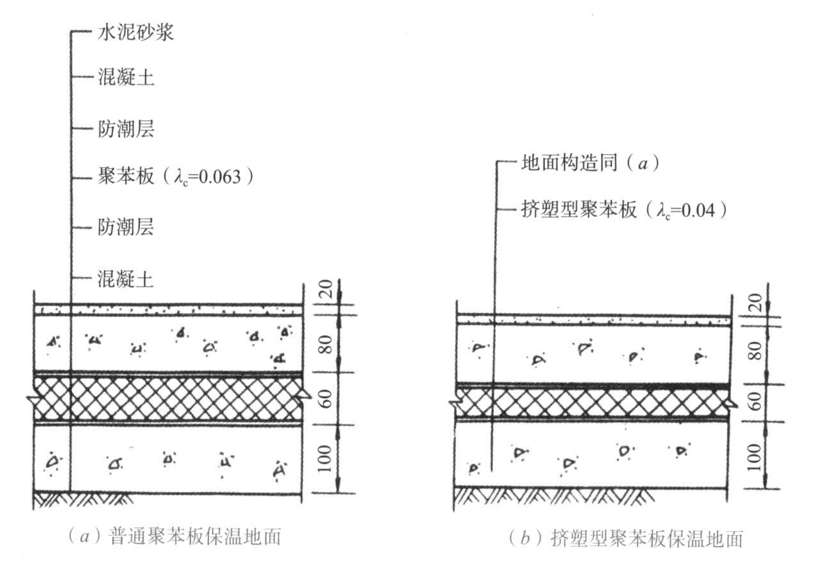

（a）普通聚苯板保温地面　　（b）挤塑型聚苯板保温地面

图 5–48　地面保温构造

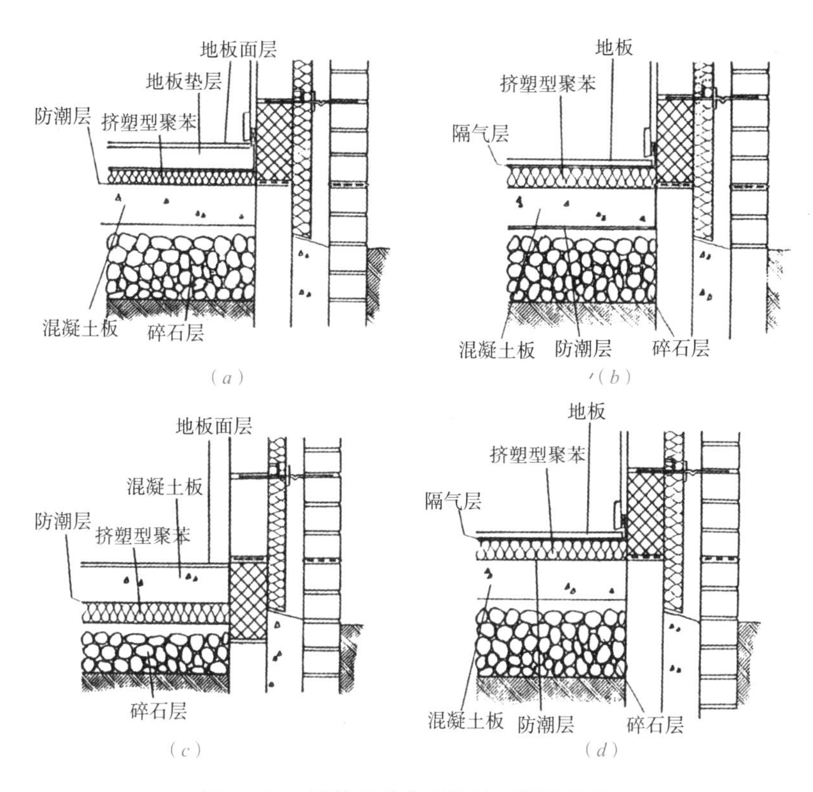

图 5-49　国外几种典型的地面保温构造

5.6.3　地面的绝热

仅就减少冬季的热损失来考虑，只要对地面四周部分进行保温处理就够了。但是，对于江南的许多地方，还必须考虑到高温高湿气候的特点，因为高温高湿的天气容易引起夏季地面的结露。一般土壤的最高、最低温度，与室外空气的最高与最低温度出现的时间相比，约延迟 2 ~ 3 个月（延迟时间因土壤深度而异）。所以，在夏天，即使是混凝土地面，温度也几乎不上升。当这类低温地面与高温高湿的空气相接触时，地表面就会出现结露。在一些换气不好的仓库、住宅等建筑物内，每逢梅雨天气或者空气比较潮湿的时候，地面上就易湿润，急剧的结露会使地面看上去像洒了水一样。

地面与普通地板相比，冬季的热损失较少，从节能的角度来看是有利的。但当考虑到南方湿热的气候因素，就会发现对地面进行全面绝热处理还是必要的。在这种情况下，可采取室内地面绝热处理的方法，或在室内侧布置随温度变化快的材料（热容量较小的材料）作装饰面层。另外，为了防止土中湿气侵入室内，可加设防潮层。

5.7 楼梯间内墙与构造缝

5.7.1 楼梯间内墙保温节能措施

楼梯间内墙泛指住宅中楼梯间与住户单元间的隔墙，同时一些宿舍楼内的走道墙也包含在内。在一般设计中，楼梯间走道间不采暖，所以，此处的隔墙即成为由住户单元内向楼梯间传热的散热面，这些部分应做好保温节能措施。我国节能标准中规定：采暖居住建筑的楼梯间和外廊应设置门窗；在采暖期室外平均温度为 –0.1 ~ 6.0℃的地区，楼梯间不采暖时，楼梯间隔墙和户门应采取保温措施；在 –6.0℃以下地区，楼梯间应采暖，入口处应设置门斗等避风设施。

计算表明，一栋多层住宅，楼梯间采暖比不采暖，耗热要减少 5% 左右；楼梯间开敞比设置门窗，耗热量要增加 10% 左右。所以有条件的建筑应在楼梯间内设置采暖装置并做好门窗的保温措施。

根据住宅选用的结构形式，承重砌筑结构体系，楼梯间内墙厚多为 240mm 砖结构或 200mm 承重混凝土砌块。这类形式的楼梯间内的保温层常置于楼梯间一侧，保温材料多选用保温砂浆类产品，保温层厚度在 30 ~ 50mm 时，在能满足节能标准中对楼梯间内墙的要求。因保温层多为松散材料组成，施工时所要注意的是其外部的保护层的处理，以防止搬动大件物品时磕碰损伤楼梯间内墙的保温层。

钢筋混凝土框架结构建筑，楼梯间常与电梯间相邻，这些部分通常为钢筋混凝土剪力墙结构，其他部分多为非承重填充墙结构，这时要提高保温层的保温能力，以达到节能标准的要求。保温构造作法可参见“第 5 章第三节外墙内保温技术”中的做法。

5.7.2 构造缝部位节能措施

建筑中的构造缝常见有沉降缝、抗震缝等几种，虽然所处部位的墙体不会直接面向室外寒冷空气，但这些部位的墙体散热量相对也是很大的，必须对其进行保温处理。此处保温层置于室内一侧，做法上与楼梯间内墙的保温层相同。

第6章
遮阳、采光、照明与节能

Chapter 6
Energy Efficiency Principle in Shading and Daylighting and Illumination

大量的调查和测试表明，太阳辐射通过窗进入室内的热量是造成夏季室内过热的主要原因。遮阳是获得舒适温度、减少夏季空调能耗的有效方法。日本、美国、欧洲以及中国香港等都把提高窗的热工性能和阳光控制作为夏季防热以及建筑节能的重点，窗外普遍安装有遮阳设施。所以本章首先介绍窗户的遮阳设计。

窗户遮阳的主要目的是减小由窗口进入室内的太阳辐射热量，但设置遮阳设施也会对窗口天然采光造成一定程度的影响。天然光环境是人类视觉工作中最舒适、最健康的环境，而且天然光还是一种清洁、廉价的光源。利用天然光进行室内采光照明不仅能够满足心理和生理舒适度、有利于身心健康、提高视觉功效，且是对自然资源的有效利用，好的设计师总能充分利用自然光来降低照明所需要的安装、维护费用以及所消耗的能源。

天然光虽然具有很多优势，但也存在不够稳定、大进深建筑内部采光困难、夜间无光可用等问题，因此必须通过人工照明进行补充。根据调查，我国公共建筑能耗中，照明能耗平均占比在15%左右，对于商业等特殊建筑类型，照明能耗所占总能耗比例甚至达到35%，因此照明有着巨大的节能潜力。

6.1 遮阳的形式和效果

在我国，夏季南方水平面太阳辐射强度可高达1000W/m^{2}以上，在这种强烈的太阳辐射条件下，阳光直射到室内，将严重地影响建筑室内热环境，增加建筑空调能耗。减少窗的辐射传热是建筑节能中降低窗口得热的主要途径。应采取适当遮阳措施，防止直射阳光的不利影响。而且夏季不同朝向墙面辐射日变化很复杂，不同朝向墙面日辐射强度和峰值出现的时间不同，因此，不同的遮阳方式直接影响到建筑能耗的大小。

在夏热冬冷地区，窗和透明幕墙的太阳辐射得热在夏季增大了空调负荷，冬季则减小了采暖负荷，应根据负荷分析确定采取何种形式的遮阳。一般而言，外卷帘或外百叶式的活动遮阳实际效果比较好。

在严寒地区，阳光充分进入室内，有利于降低冬季采暖能耗。这一地区采暖能耗在全年建筑总能耗中占主导地位，如果遮阳设施阻挡了冬季阳光进入室内，对自然能源的利用和节能是不利的。因此，遮阳措施一般不适用于北方严寒地区。

公共建筑的窗墙面积比较大，因而太阳辐射对建筑能耗的影响很大。为了节约能源，应对窗口和透明幕墙采取外遮阳措施，尤其是南方办公建筑和宾馆更要重视遮阳。

6.1.1　遮阳的类型

日照的总量由三部分构成：直射辐射、散射辐射和反射辐射。遮阳装置的类型、大小和位置取决于受阳光直射、散射和反射影响的部位尺寸。反射辐射往往是最好控制的，可以通过减少反射面来实现。利用植物进行遮阳是最好的方法。散射因其缺少方向性所以是很难控制的，常采用的调节方法是附加室内的遮阳设备或是采用玻璃遮阳的方法。控制直射光的方法是采用室外遮阳装置。

建筑遮阳的类型很多，可以利用建筑的其他构件，如挑檐、隔板或各种突出构件，也可以专为遮阳目的而单独设置。按照构件遮挡阳光的特点来区分主要可归纳为以下四类：

（1）水平式遮阳：能遮挡高度角较大、从窗户上方照射下来的阳光，适用于南向的窗口和处于北回归线以南低纬度地区的北向窗口（图 6–1*a*）。

（2）垂直式遮阳：能遮挡高度角较小、从窗口两侧斜射过来的阳光，适用于东北、西北向的窗口（图 6–1*b*）。

（3）综合式遮阳：为水平和垂直式遮阳的综合，能遮挡高度角中等、从窗口上方和两侧斜射下来的阳光，适用于东南和西南向附近的窗口（图 6–1*c*）。

（4）挡板式遮阳：能遮挡高度角较小、从窗口正面照射来的阳光，适用于东西向窗口（图 6–1*d*）。

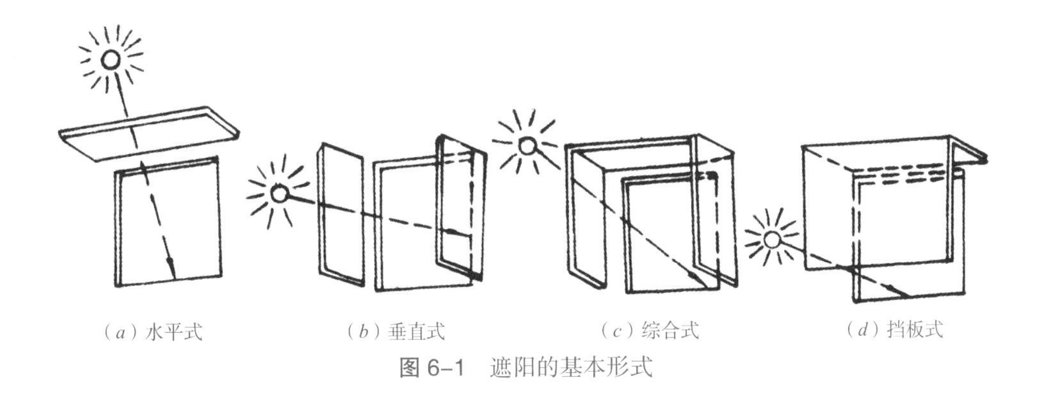

图 6–1　遮阳的基本形式

6.1.2　固定式外遮阳装置

理想的遮阳装置应该能够在保证良好的视野和自然通风的前提下，最大限度地遮挡太阳辐射。设置在外墙上的外遮阳装置是防止日照的最有效方法，并且这种装置对建筑的美观有着最显著的影响。遮阳装置可分成固定式和活动式两种。表 6–1 是几种固定式遮阳构件形式，它的优点是简单、造价与维护成本低廉。但难以做到根据室内需求进行控光。图 6–2 为固定式遮阳装置在建筑上应用的情况。

固定式遮阳构件形式　　表 6–1

		装置名称	最佳朝向	说明
Ⅰ		水平遮阳板	南 东 西	阻挡热空气 可以承载风雪
Ⅱ		水平平面中的水平百叶	南 东 西	空气可自由流过 承载风或雪不多 尺度小
Ⅲ		竖直平面中的水平百叶	南 东 西	减小挑檐长度 视线受限制 也可与小型百叶合用
Ⅳ		挡板式遮阳板	南 东 西	空气可自由流过 无雪载 视线受限制
Ⅴ		垂直遮阳板	东 西 北	视线受限制 只在炎热气候下 用于北立面
Ⅵ		倾斜的垂直遮阳板	东 西	向北倾斜 视线受很大限制
Ⅶ		花格格栅	东 西	用于非常炎热气候 视线受很大限制 阻挡热空气
Ⅷ		带倾斜鳍板的花格格栅	东 西	向北倾斜 视线受很大限制 阻挡热空气 用于非常炎热气候

（*a*）南立面上格扇式水平遮阳板

（*b*）穿孔金属百叶遮阳装置

（*c*）南立面上综合式遮阳板

（*d*）南立面与西立面统一设计的挡板式遮阳板

图 6–2　固定式遮阳装置在建筑立面上的应用

6.1.3　活动式外遮阳装置

在现代的建筑设计中，遮阳装置已经融合到建筑立面设计之中，形成具有功能与装饰双重作用的外围护结构。这种遮阳装置也常常设计成活动式的。活动式遮阳装置可以手动或通过机电器件实现自动控制遮阳效果。它的最大优点在于：可以按需要控制进入室内的阳光，达到最有效地利用和限制太阳辐射的目的。但这种遮阳装置需要有较高的设计水平，且造价和运行维护成本也相对较高。

活动遮阳装置的调节方式可以非常简单也可以非常复杂，根据季节每年两次的遮阳调节方式是非常有效且便捷的。春末，气温逐步上升，遮阳装置可以手动方式伸展打开。秋末高温期结束，遮阳装置被收回，使建筑完全暴露于阳光照射之下。图 6–3 是外卷帘和通过推拉方式实现活动遮阳的窗外遮阳构件。

外卷帘遮阳

推拉挡板

图 6–3　活动遮阳装置

安装在窗口外部的遮阳卷帘也是一种非常有效的活动遮阳装置（图 6–4）。它的材料可以是柔软的织物，也可以由硬质的金属条制成。这种装置特别适用于建筑中难以处理的东向及西向的外窗。这些位置有半天不需要任何遮阳，而另外半天则需要充分遮阳。另外，这种装置还有一定的保温、隔声的作用。

图 6–4　安装在窗口外部的遮阳卷帘和内部结构

落叶乔木也是非常好的遮阳装置，大多数乔木的树叶随气温的升高而萌发、繁茂，又随气温降低而凋落，这正起到了夏季开启遮阳冬季收起遮阳的作用。需要注意的是树木绿化遮阳对层数较少的建筑比较适合，对高层建筑物起到的作用有限。图 6–5 是树木与蔓藤植物的遮阳效果。图 6–6 和图 6–7 是目前安装在玻璃幕墙外侧的水平和垂直活动遮阳装置的结构图和在不同季节的工作情况。

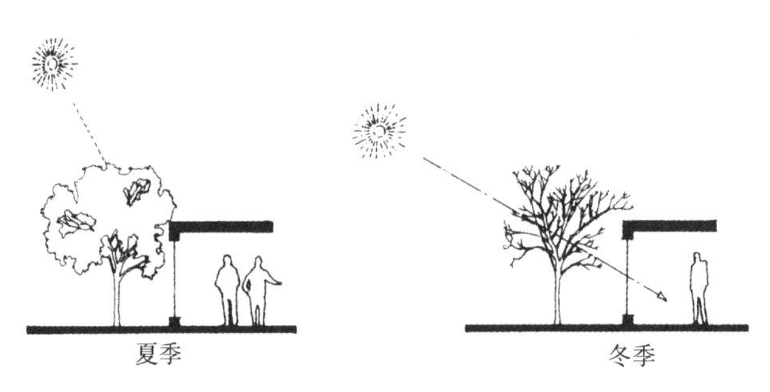

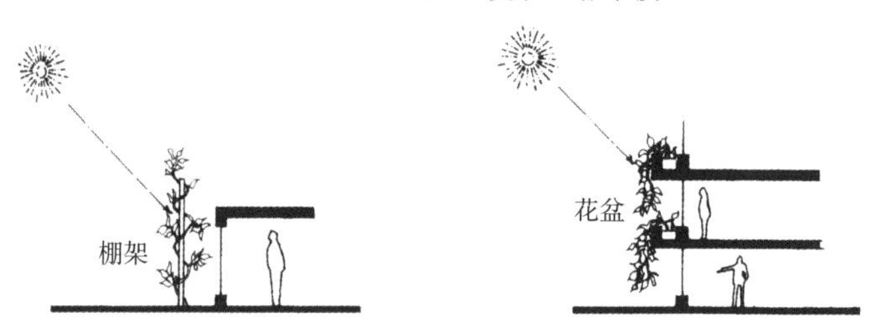

图 6–5　绿化的遮阳作用

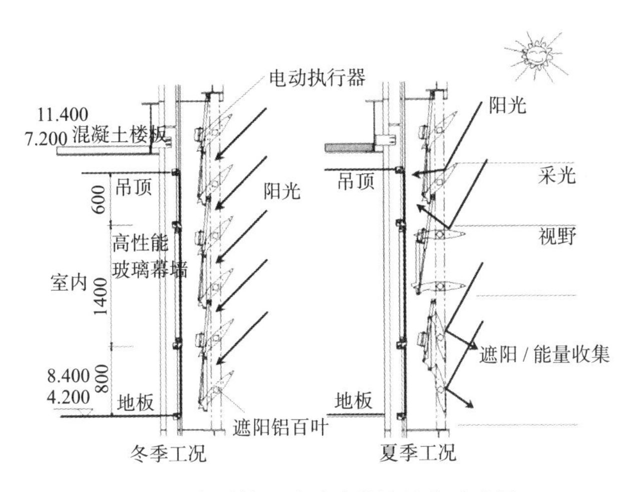

图 6-6　水平外百叶玻璃幕墙结构示意图

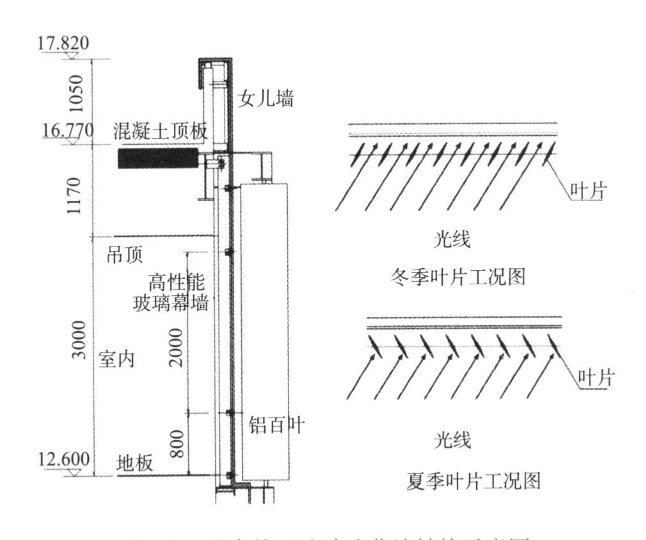

图 6-7　垂直外百叶玻璃幕墙结构示意图

6.2　遮阳设计

据我国有关单位的研究测定，当进入室内的直射光辐射强度大于 280W/m^2，同时气温在 29℃以上，气流速度小于 0.3m/s 时，人们在室内会感到闷热不舒适。因此，目前一般建筑以气温 29℃、日辐射强度 280W/m^2 左右作为必需设遮阳的参考界限。由于日辐射强度随地点、日期、时间和朝向而异，建筑中各向窗口要求遮阳的日期、时间以及遮阳的形式和尺寸，也需根据具体地区的气候和窗口朝向而定。

遮阳设计可按以下步骤进行。

6.2.1 确定遮阳季节和时间

根据上述的遮阳条件及当地气象资料，统计当地十年来最热三年的室外气温达到 29℃以上的日期及时间制成遮阳气温图（图 6–8）。在遮阳气温图上画出 29℃的等温线，等温线间包含的月份，即为当地遮阳季节。由图中可以看出，武汉地区从 6 月中旬到 8 月下旬，需要采取遮阳措施。

遮阳时间应根据窗口朝向、窗口受照时间、遮阳季节中气温在 29℃以上的时间，以及太阳在不同朝向的太阳辐射强度资料来确定（图 6–9）。

根据当地的平射影日照图（也称极投影轨迹图，见图 6–10）可以确定各个朝向窗口的受照时间，例如东向窗口，从日出到正午 12 时受到太阳照射，由此可以判定东向窗口的遮阳终止时间为正午 12 时。

综合以上结果，可以得出设计地区窗口的遮阳时间。

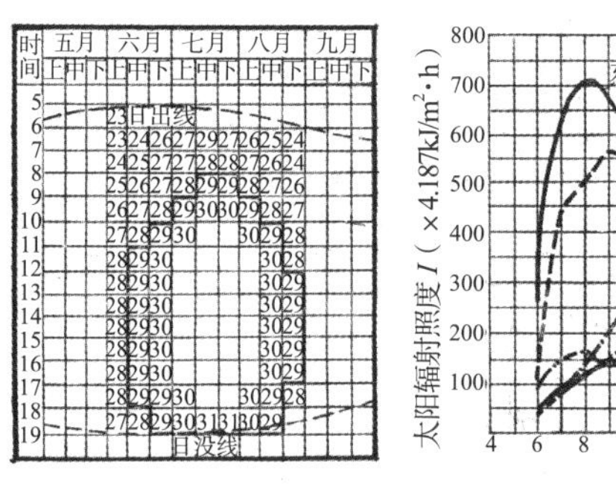

图 6–8 遮阳气温图（武汉地区）

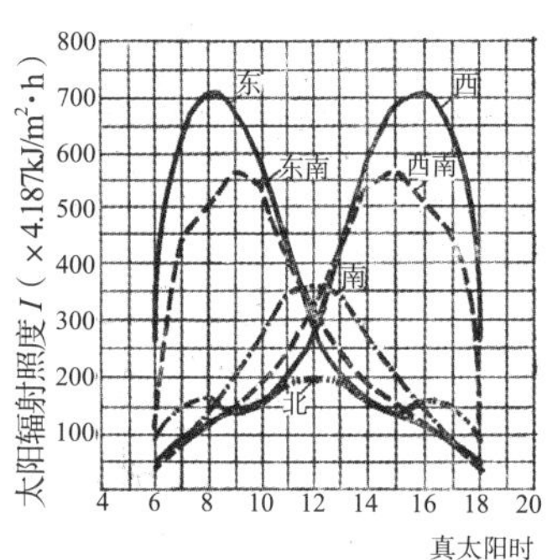

图 6–9 武汉地区各朝向太阳辐射强度

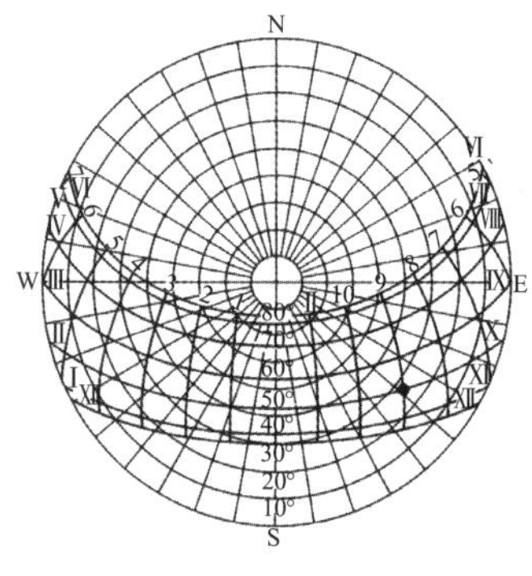

图 6–10 北纬 36° 平射影日照图

利用建筑物理设计软件求解遮阳季节和时间是一种准确、快捷的方法。

6.2.2 选择遮阳形式

这一部分的工作可参见上一节的内容。

6.2.3 计算遮阳构件尺寸

由于《建筑物理》教材中对计算遮阳构件尺寸已有非常详尽的讲解，这里就不再赘述。

6.2.4 遮阳装置构造设计要点

遮阳装置的构造处理、安装位置、材料与颜色等因素对其遮阳效果和降低对室内的热具有重要的作用。现简要介绍如下：

（1）遮阳的板面组合与构造。遮阳板在满足阻挡直射阳光的前提下，为了减少板底热空气向室内逸散和对采光、通风的影响，通常将遮阳板面全部或部分做成百叶形式；也可中间各层做成百叶，而顶层做成实体并在前面加吸热玻璃挡板，如图 6–11 所示。

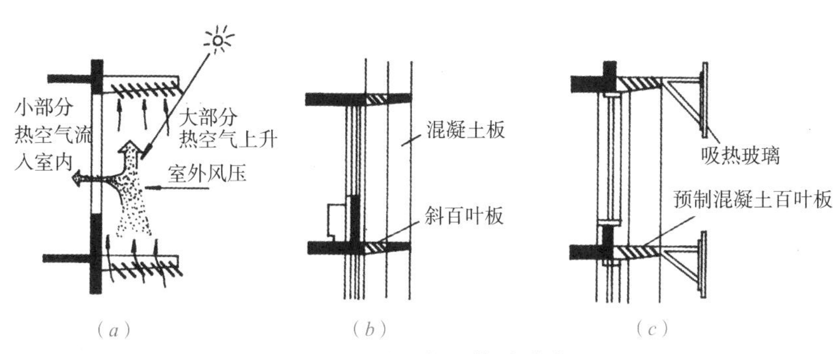

图 6–11　遮阳板面构造形式

（2）遮阳板的安装位置。遮阳板的安装位置对防热和通风的影响很大。如果将板面紧靠墙面布置，由受热表面上升的热空气将由室外空气导入室内。这种情况对综合式遮阳更为严重，如图 6–12（a）所示。为了克服这个缺点，板面应与墙面有一定的距离，以使大部分热空气沿墙面排走，如图 6–12（b）所示。同样，装在窗口内侧的布帘、软百叶等遮阳设施，其所吸收的太阳辐射热，大部分散发到了室内，如图 6–12（c）所示。若装在外侧，则会有较大的改善，如图 6–12（d）所示。

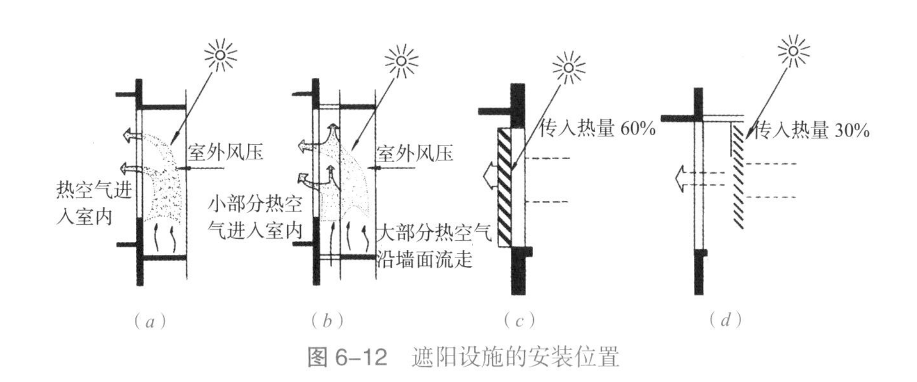

图 6–12　遮阳设施的安装位置

遮阳对室内自然通风有一定的阻挡作用，通过调整遮阳板在立面上的位置可以改变室内的通风情况。图 6–13 为几种遮阳板的通风效果。在有风的情况下，遮阳板紧靠墙上口会使进入室内的风容易向上流动，吹到人活动范围的较少（图 6–13*a*）；而图 6–13（*b*）（*c*）（*d*）3 种设置方式都可以不同程度地使得流向下降，吹向人的活动高度范围。

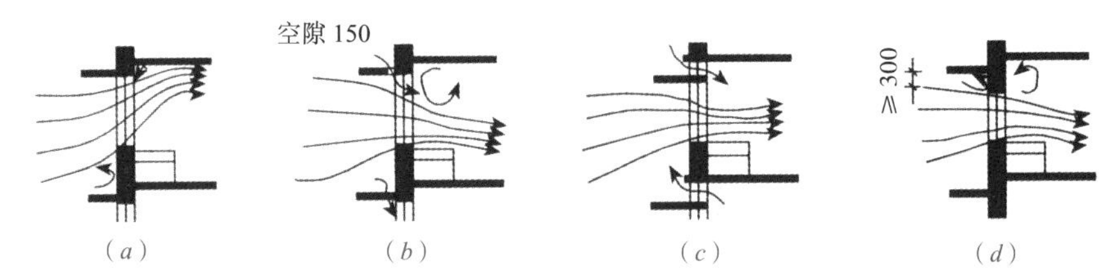

（*a*）水平板紧连在墙上；（*b*）水平板与墙面断开；（*c*）遮阳板与窗上口之间留有空隙；（*d*）遮阳板高于窗上口

图 6–13　几种遮阳设施对室内流场的影响

（3）材料与颜色。遮阳设施多悬挑于室外，因此多采用坚固耐久的轻质材料。如果是可调节的活动形式，还要求轻便、灵活。目前，一种穿孔金属板被用于可调式挡板遮阳构件上（图 6–19）形成控光式遮阳构件，在其完全闭合时也会有一部分阳光进入室内，提供一定的采光需求。柔性的膜材料还可以通过其上印刷的图案来调整遮挡与透过阳光的比例，达到遮阳与采光的双重目的（图 6–22）。

遮阳构件外表面的颜色宜浅，以减少对太阳辐射热的吸收；内表面则应稍暗，以避免产生眩光，并希望材料的辐射系数较小。此外，采用特种玻璃做窗玻璃，也能起到遮阳防热的作用。

6.2.5　典型的建筑一体化遮阳设计

1）原始艺术博物馆

法国巴黎原始艺术博物馆又称盖布朗利博物馆（musèe du quai Branly），由建筑师让·努维尔（Jean.Nouvel）设计。这座总造价高达 2.3 亿欧元的博物馆从酝酿、设计到建成历时 11 年，于 2007 年 6 月建成。博物馆占地面积 2.5 万 m^2、建筑面积 4 万 m^2，由展厅、科研教学楼、多媒体信息中心、行政大楼 4 部分组成。图 6–14 是其建成后的鸟瞰图，图 6–15 为其朝向东南的主立面。

建筑师在面向东南的立面上采用了由穿孔金属制成的可调式控光遮阳构件（图 6–16）。当遮阳板完全闭合时，一部分阳光还可以从小孔中进入室内，使室内有一定的采光。由于金属板上的小孔很小很密，经过的直射阳光会出现一定的扩散，所以这种遮阳板也具有防止直射眩光的作用。这一点对于博物馆是非常重要的。

图6–16中可以看出，这些遮阳板可以通过电动执行器，按照需要自动打开一定角度，以提高室内自然光的照度。

图6–14　原始艺术博物馆鸟瞰

图6–15　原始艺术博物馆东立面

图6–16　立面上的控光遮阳装置

2）戴姆勒–克莱斯勒总部大楼

戴姆勒–克莱斯勒总部大楼位于德国柏林波斯坦中心，由理查德·罗杰斯（R.Rogers）设计。建筑设计上采用了一系列新型低能耗技术，充分利用自然通风装置，立面采用一系列复杂的玻璃板，并且玻璃板的排列组合可根据建筑物各立面所接收的光、阴影、热量、冷空气和风的强度不同做出相应调整。

在该建筑物上设计的众多遮阳装置中，圆形会议厅玻璃幕墙外侧的垂直遮阳构件特别值得介绍。这套由高强度铝材制成的遮阳板被安装在一个环形轨道上。根据不同时间的遮阳需求，电动执行器将这组遮阳格栅驱动到相应的位置，并将格栅的角度转到最佳状态。图6–17显示出在不同时段，该遮阳构件的不同位置和张开的角度。

图6–17　戴姆勒–克莱斯勒总部大楼外立面及不同时间的遮阳情况

3）GSW总部大楼

德国柏林GSW房地产总部大楼外立面如图6–18所示。这幢大楼朝西的立面，在玻璃幕墙外设计了安装有挡板式遮阳板的外置框架，见图 6–18。框架是按照外窗的尺寸进行设计的，在每一格内有三块镶嵌在上下滑轨里的垂直遮阳板，这种遮阳板在不需要时可以旋转 90° 向一侧收叠起来，以使整个外窗都有日照。使用时，这三块遮阳板按照遮阳要求，可以按 1/3、2/3、全开三种方式对窗口进行遮阳。这种遮阳设计最大限度地满足了不同季节、不同时间的遮阳和采光要求。为室内提供了良好的日照条件，同时也达到了节能目的。

图 6–18　可旋转收叠在一起的挡板式遮阳构件

4）建筑业养老金基金会扩建项目

这个项目建在德国威斯巴登（Wiesbaden），由托马斯·赫尔佐格（Thomas. Herzog）设计。建筑师采用一种通过裙房连接四栋独立办公楼的综合体的布局方式。这种布局有利于沿着综合体进深方向组织各部分的自然通风（图 6–19）。12m 的进深，以 1.5m 为基本模数单位的立面处理使建筑物内部可以形成单独的、团体的、联合的和开放的办公空间。

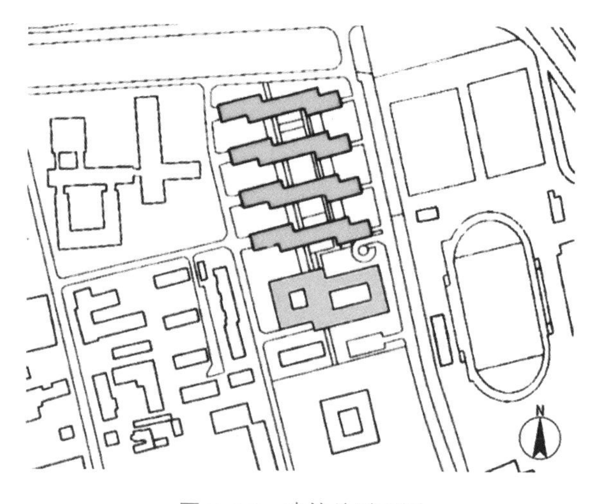

图 6–19　建筑总平面图

具有遮阳、反光作用的片状金属板在立面上的应用是该建筑的一个特色（图 6–20）。在北面，这些金属板可以将太阳光反射到房间的内部（图 6–21b、图 6–22c）。而在南立面，建筑师设计了一个近似于北立面上的调节装置，也可以在天空阴暗时将顶光反向射到楼地板的底面上（图 6-21a、图 6-22b）。而当阳光照射时，构件则转到垂直方向的遮阳板的位置上。在正立面顶部，向内绕轴旋转，可使光线转向的构件提供最大角度的遮阳措施。而在中段，必要的直射阳光经反射进入房间内。在下部，一个出挑的构件也起到这种遮阳的作用。然而，用户们喜欢没有遮挡的广阔视野。在房间的内部，人工光线直接地经发散光板以及间接地经楼板底面反射到窗户旁的桌面上。当房间进深更大时，例如在餐厅，则通过新的顶部条状采光带来最大限度地获得天然光。

（a）（b）（c）（d）

图 6-20　建筑业养老金基金会办公楼

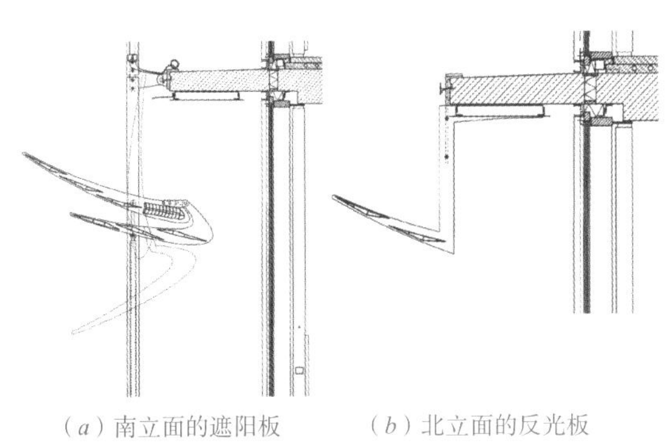

（a）南立面的遮阳板　（b）北立面的反光板

图 6-21　构件细部

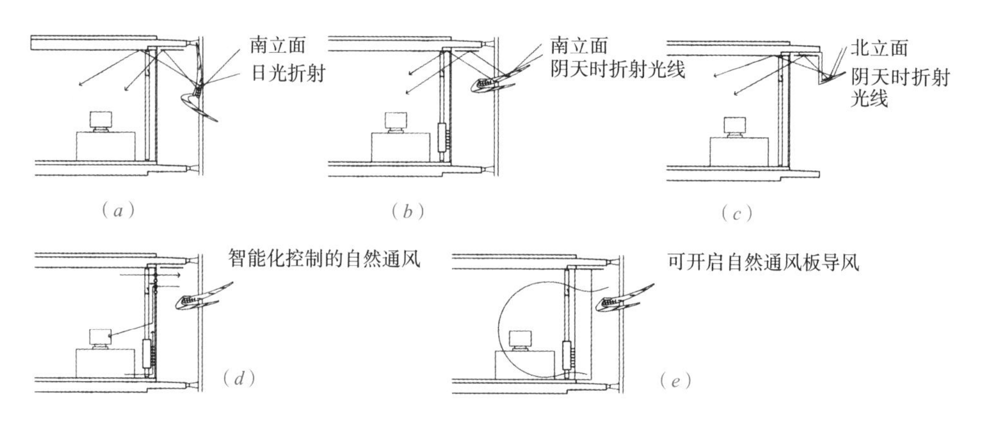

图 6–22　不同状态下遮阳构件工作情况

从保持生态平衡的角度上讲，该项目进一步在屋顶上大面积地种植了各种各样的植物。雨水被收集、储存在水箱里，用于浇灌屋顶所种植的植物。此外，开敞的地下停车场的自然通风意味着可以避免设置机械送风和排气装置、喷淋和烟感装置的费用。在建筑物内的所有空间，包括下层的店铺，人们都能欣赏到庭院里优美的景观。

5）皇冠山住宅项目

这个项目建在德国汉诺威的皇冠山地区，是为汉诺威世博会建造的生态节能住宅。整个社区内的住宅按照低能耗建筑理念进行设计（图 6–23）。其典型的建筑形式是四个体量一样的单体间隔一定距离呈矩形分布摆放，建筑间横纵间隔处以玻璃幕墙封闭起来，并将顶部封闭，形成内部庭院。这种做法使得建筑物一部分外墙转变成庭院中的内墙。这对降低外墙在冬季的失热很有利。

为了解决这种以玻璃作为围护结构时内庭院夏季过热的问题，该住宅在中庭顶部安装了巨大遮阳飘檐（图 6–23*b*），这个遮阳棚内有两层印有图案的透光织物，两层图案的透遮部分相反（图 6–23*d*）。通过电动控制机打开或错动这两层遮阳织物，达到遮阳与透光的要求。

图 6–23（*c*）是安装在幢建筑物立面上的活动挡板式遮阳百叶。这种设计既活跃了立面造型，又具有可调的遮阳作用。

（a）　（b）

（c）　（d）

图 6-23　汉诺威世博会建造的生态节能住宅

6.3　太阳得热系数计算

夏季透过窗户进入室内的太阳辐射热构成了空调负荷的主要部分，设置外遮阳是减少太阳辐射热进入室内的一个有效措施。《公共建筑节能设计标准》GB 50189—2015 中对太阳得热系数（*SHGC*）进行规定，用该值表示外遮阳效果，具体计算见下式。

$$SHGC=SC\times 0.87 \tag{6-1}$$

有外遮阳时：$SC=SC_C\times SD=SC_B\times(1-F_K/F_C)\times SD$　（6-2）

无外遮阳时：$SC=SC_C=SC_B\times(1-F_K/F_C)$　（6-3）

式中　$SHGC$——太阳得热系数

SC——窗的综合遮阳系数；

SC_C——窗本身的遮阳系数；

SC_B——玻璃的遮阳系数；

F_K——窗框的面积；

F_C——窗的面积，F_K/F_C 为窗框面积比，PVC 塑钢窗或木窗窗框比可取 0.30（温和地区取 0.35），铝合金窗窗框比可取 0.20（温和地区取 0.30）；

SD——外遮阳的遮阳系数。

6.3.1 外遮阳系数的简化计算

外遮阳系数应按下式计算确定：

$$SD=ax^2+bx+1 \quad (6-4)$$

$$x=A/B \quad (6-5)$$

式中：SD——外遮阳系数；

x——外遮阳特征值，$x>1$ 时，取 $x=1$；

a、b——拟合系数，按表 6–2 选取；

A，B——外遮阳的构造尺寸，按图 6–24 ~图 6–28 确定。

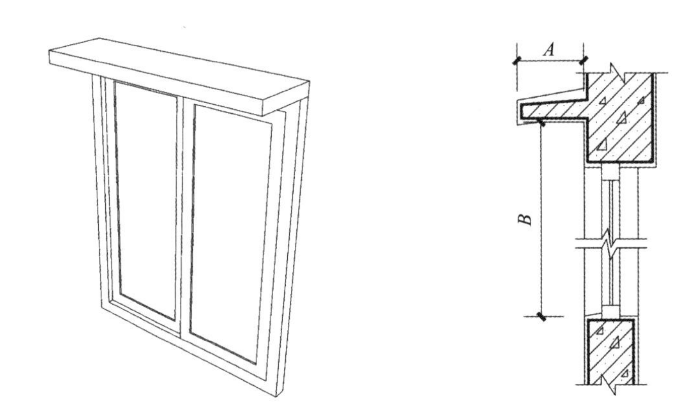

图 6–24 水平式外遮阳的特征值

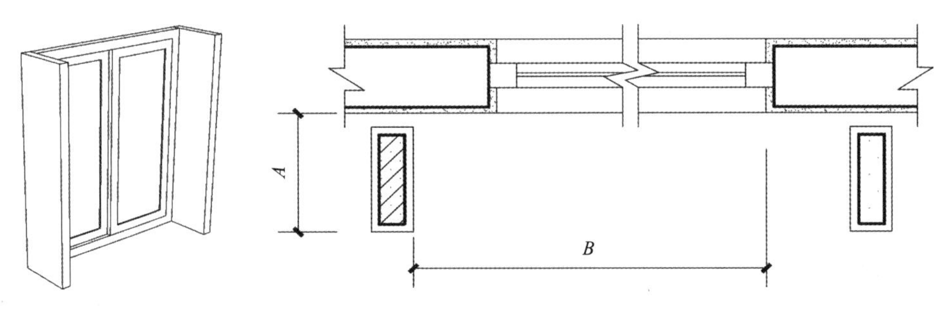

图 6–25 垂直式外遮阳的特征值

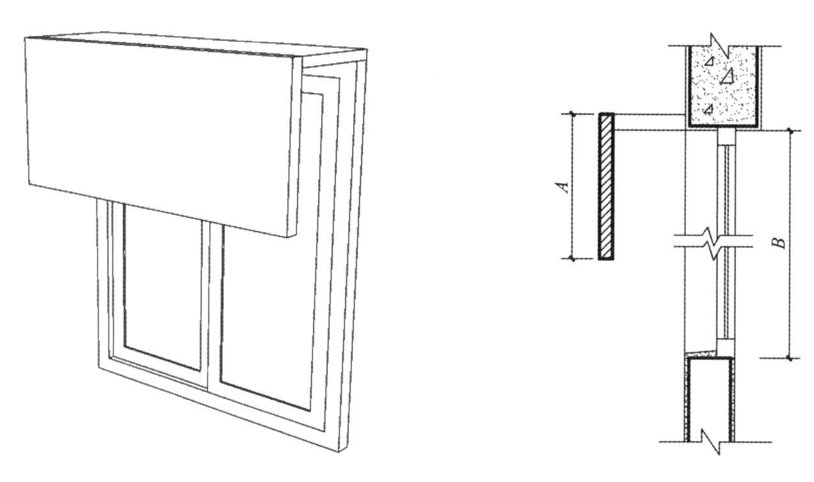

图 6–26　挡板式外遮阳的特征值

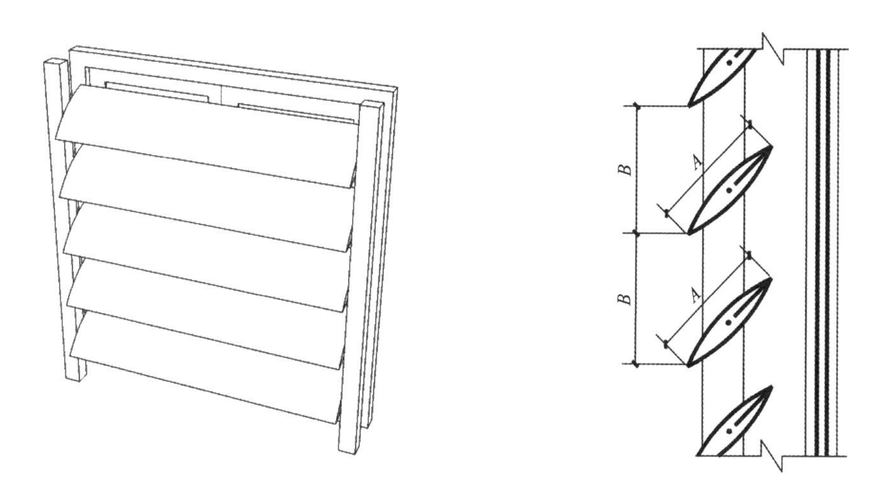

图 6–27　横百叶挡板式外遮阳的特征值

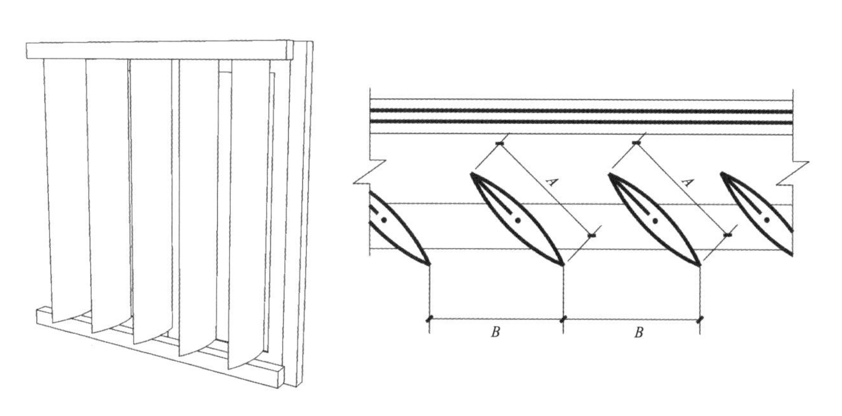

图 6–28　竖百叶挡板式外遮阳的特征值

外遮阳系数计算用的拟合系数 a，b　　表 6–2

气候区	建筑遮阳类型		拟合系数	东	南	西	北
严寒地区	水平遮阳		a	0.31	0.28	0.33	0.25
			b	–0.62	–0.71	–0.65	–0.48
	垂直遮阳		a	0.42	0.31	0.47	0.42
			b	–0.83	–0.65	–0.90	–0.83
寒冷地区	水平遮阳		a	0.34	0.65	0.35	0.26
			b	–0.78	–1.00	–0.81	–0.54
	垂直遮阳		a	0.25	0.40	0.25	0.50
			b	–0.55	–0.76	0.54	–0.93
	挡板遮阳		a	0.00	0.35	0.00	0.13
			b	–0.96	–1.00	–0.96	–0.93
	固定横百叶挡板式遮阳		a	0.45	0.54	0.48	0.34
			b	–1.20	–1.20	–1.20	–0.88
	固定竖百叶挡板式遮阳		a	0.00	0.19	0.22	0.57
			b	–0.70	–0.91	–0.72	–1.18
	活动横百叶挡板式遮阳	冬季	a	0.21	0.04	0.19	0.20
			b	–0.65	–0.39	–0.61	–0.62
		夏季	a	0.50	1.00	0.54	0.50
			b	–1.20	–1.70	–1.30	–1.20
	活动竖百叶挡板式遮阳	冬季	a	0.40	0.09	0.38	0.20
			b	–0.99	–0.54	–0.95	–0.62
		夏季	a	0.06	0.38	0.13	0.85
			b	–0.70	–1.10	–0.69	–1.49
夏热冬冷地区	水平式		a	0.36	0.50	0.38	0.28
			b	–0.80	–0.80	–0.81	–0.54
	垂直式		a	0.24	0.33	0.24	0.48
			b	–0.54	–0.72	–0.53	–0.89
	挡板式		a	0.00	0.35	0.00	0.13
			b	–0.96	–1.00	–0.96	–0.93
	固定横百叶挡板式		a	0.50	0.50	0.52	0.37
			b	–1.20	–1.20	–1.30	–0.92

续表

气候区	建筑遮阳类型		拟合系数	东	南	西	北
夏热冬冷地区	固定竖百叶挡板式		*a*	0.00	0.16	0.19	0.56
			b	–0.66	–0.92	–0.71	–1.16
	活动横百叶挡板式	冬季	*a*	0.23	0.03	0.23	0.20
			b	–0.66	–0.47	–0.69	–0.62
		夏季	*a*	0.56	0.79	0.57	0.60
			b	–1.30	–1.40	–1.30	–1.30
	活动竖百叶挡板式	冬季	*a*	0.29	0.14	0.31	0.20
			b	–0.87	–0.64	–0.86	–0.62
		夏季	*a*	0.14	0.42	0.12	0.84
			b	–0.75	–1.11	–0.73	–1.47
夏热冬暖地区北区	水平式	冬季	*a*	0.30	0.10	0.20	0.00
			b	–0.75	–0.45	–0.45	0.00
		夏季	*a*	0.35	0.35	0.20	0.20
			b	–0.65	–0.65	–0.40	–0.40
	垂直式	冬季	*a*	0.30	0.25	0.25	0.05
			b	–0.75	–0.60	–0.60	–0.15
		夏季	*a*	0.25	0.40	0.30	0.30
			b	–0.60	–0.75	–0.60	–0.60
	挡板式	冬季	*a*	0.24	0.25	0.24	0.16
			b	–1.01	–1.01	–1.01	–0.95
		夏季	*a*	0.18	0.41	0.18	0.09
			b	–0.63	–0.86	–0.63	–0.92
夏热冬暖地区南区	水平式		*a*	0.35	0.35	0.20	0.20
			b	–0.65	–0.65	–0.40	–0.40
	垂直式		*a*	0.25	0.40	0.30	0.30
			b	–0.60	–0.75	–0.60	–0.60
	挡板式		*a*	0.16	0.35	0.16	0.17
			b	–0.60	–1.01	–0.60	–0.97
温和地区	水平式	冬季	*a*	0.30	0.10	0.20	0.00
			b	–0.75	–0.45	–0.45	0.00

续表

气候区	建筑遮阳类型		拟合系数	东	南	西	北
温和地区	水平式	夏季	*a*	0.35	0.35	0.20	0.20
			b	–0.65	–0.65	–0.40	–0.40
	垂直式	冬季	*a*	0.30	0.25	0.25	0.05
			b	–0.75	–0.60	–0.60	–0.15
		夏季	*a*	0.25	0.40	0.30	0.30
			b	–0.60	–0.75	–0.60	–0.60
	挡板式	冬季	*a*	0.24	0.25	0.24	0.16
			b	–1.01	–1.01	–1.01	–0.95
		夏季	*a*	0.18	0.41	0.18	0.09
			b	–0.63	–0.86	–0.63	–0.92
	固定横百叶挡板式		*a*	0.56	0.58	0.55	0.61
			b	–1.31	–1.34	–1.29	–1.25
	固定竖百叶挡板式		*a*	0.07	0.18	0.08	0.60
			b	–0.32	–0.60	–0.35	–1.10
	水平式格栅遮阳		*a*	0.35	0.38	0.28	0.26
			b	–0.69	–0.69	–0.56	–0.50
	活动水平百叶挡板式	冬季	*a*	0.26	0.05	0.28	0.20
			b	–0.73	–0.61	–0.74	–0.62
		夏季	*a*	0.56	0.58	0.55	0.61
			b	–1.31	–1.34	–1.29	–1.25
	活动垂直百叶挡板式	冬季	*a*	0.16	0.19	0.20	0.19
			b	–0.59	–0.73	–0.62	–0.61
		夏季	*a*	0.15	0.28	0.15	0.74
			b	–0.82	–0.87	–0.82	–1.40

6.3.2 组合形式的外遮阳系数

组合形式的外遮阳系数，由各种参加组合的外遮阳形式的外遮阳系数（按式 6–4 计算）相乘积。

例如：水平式＋垂直式组合的外遮阳系数＝水平式遮阳系数 × 垂直式遮阳系数

水平式＋挡板式组合的外遮阳系数＝水平式遮阳系数 × 挡板式遮阳系数

6.3.3　透光材料

当外遮阳的遮阳板采用有透光能力的材料制作时，应按式（6–6）修正。

$$SD = 1-(1-SD^*)(1-\eta^*) \tag{6-6}$$

式中　SD^*——外遮阳的遮阳板采用不透明材料制作时的建筑外遮阳系数，按式（6–4）和式（6–5）计算；

η^*——挡板材料的透射比，按表 6–3 确定。

遮阳板材料的透射比　　表 6–3

遮阳板使用的材料	规格	η^*
织物面料		0.5 或按实测太阳光透射比
玻璃钢板		0.5 或按实测太阳光透射比
玻璃、有机玻璃类板	0 ＜太阳光透射比≤ 0.6	0.5
	0.6 ＜太阳光透射比≤ 0.9	0.8
金属穿孔板	穿孔率：$0 < \phi \leq 0.2$	0.15
	穿孔率：$0.2 < \phi \leq 0.4$	0.3
	穿孔率：$0.4 < \phi \leq 0.6$	0.5
	穿孔率：$0.6 < \phi \leq 0.8$	0.7
混凝土、陶土釉彩窗外花格		0.6 或按实际镂空比例及厚度
木质、金属窗外花格		0.7 或按实际镂空比例及厚度
木质、竹质窗外帘		0.4 或按实际镂空比例

6.3.4　遮阳系数评价计算

【例 6–1】天津地区某窗墙面积比为 0.4 的办公建筑，外窗采用 PVC 塑钢窗框和双层中空玻璃。若东向窗口采用活动竖百叶挡板（叶片宽度 200mm，叶片间距 250mm）进行外遮阳，求能否满足遮阳要求。

【解】

查表 6–2 可知，天津地区东向窗口采用活动竖百叶挡板外遮阳时，冬季的拟合系数为 a=0.40，b=–0.99；夏季为 a=0.06，b=–0.70。

叶片宽度与叶片间距的比值 A/B=200/250=0.8。

（1）冬季时：

外遮阳系数 $SD=ax^2+bx+1=0.40\times0.8^2-0.99\times0.8+1=0.46$

PVC 塑钢窗窗框比 F_K/F_C=0.3，双层中空玻璃遮阳系数 SC_B=0.87。

综合遮阳系数 $SC=SC_C \times SD=SC_B \times (1-F_K/F_C) \times SD=0.87 \times (1-0.3) \times 0.46=0.28$

太阳得热系数 $SHGC=0.87 \times SC=0.24$

（2）夏季时：

外遮阳系数 $SD=ax^2+bx+1=0.06 \times 0.8^2-0.70 \times 0.8+1=0.48$

综合遮阳系数 $SC=SC_C \times SD=SC_B \times (1-F_K/F_C) \times SD=0.87 \times (1-0.3) \times 0.48=0.29$

太阳得热系数 $SHGC=0.87 \times SD=0.25$

在《公共建筑节能设计标准》GB 50189—2015 中，对于寒冷地区窗墙面积比大于0.3且小于等于0.4的办公建筑，东向窗口综合太阳得热系数 $SHGC \leqslant 0.48$，因此该方案在冬季和夏季均能满足遮阳要求。

【例 6–2】广州地区某住宅，外窗采用铝合金窗框和双层中空玻璃。西向窗口采用织物面料的水平和挡板组合式外遮阳，外遮阳构件尺寸如图 6–29 所示。求太阳得热系数。

【解】

（1）水平式：

查表 6–2 可知，广州地区西向窗口采用水平式外遮阳时，拟合系数为 $a=0.20$，$b=-0.40$。根据图 6–29 可知，外遮阳特征值 $x=A_1/B=500/1500=0.33$。

当外遮阳采用非透光材料时，外遮阳系数 $SD_1^* = ax^2+bx+1=0.2 \times 0.33^2-0.4 \times 0.33+1=0.89$

由于外遮阳采用了织物面料，查表 6–3 可知，其材料的透射比 $\eta^*=0.5$。

织物面料外遮阳系数 $SD_1=1-(1-SD_1^*)(1-\eta^*)=1-(1-0.89) \times (1-0.4)=0.93$

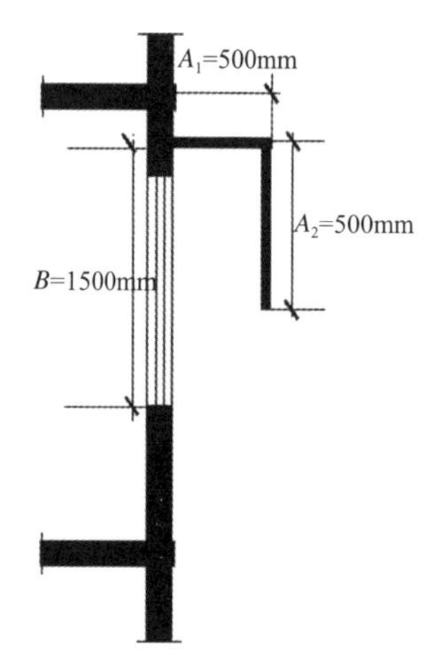

图 6–29　外遮阳构件尺寸

铝合金窗框比 $F_K/F_C=0.2$，双层中空玻璃遮阳系数 $SC_B=0.87$。

水平式综合遮阳系数 $SC_1=SC_C \times SD_1=SC_B \times (1-F_K/F_C) \times SD_1=0.87 \times (1-0.2) \times 0.93=0.65$

（2）挡板式：

查表 6–2 可知，广州地区西向窗口采用挡板式外遮阳时，拟合系数为 $a=0.16$，$b=-0.60$。根据图 6–29 可知，外遮阳特征值 $x=A_2/B=800/1500=0.53$。

当外遮阳采用非透光材料时，外遮阳系数 $SD_2^*=ax^2+bx+1=0.216 \times 0.53^2-0.6 \times 0.53+1=0.73$

织物面料外遮阳系数 SD_2=1–（1–SD_2^*）（1–η^*）=1–（1–0.73）×（1–0.4）=0.84

挡板式综合遮阳系数 SC_2=SC_C×SD_2=SC_B×（1–F_K/F_C）×SD_2=0.87×（1–0.2）×0.84=0.58

（3）组合式：

水平式＋挡板式组合的外遮阳系数 SC ＝水平式遮阳系数 × 挡板式遮阳系数 =SC_1×SC_2=0.65×0.58=0.38

水平式＋挡板式组合的太阳得热系数 $SHGC$=0.87×SC=0.87×0.38=0.33

6.4　建筑采光与节能

根据调查，我国的公共建筑能耗中，照明能耗所占比例很大，以北京市某大型商场为例，其用电量中，照明占 40%，电梯用电占 10%。而在美国商业建筑中，照明用电所占比例为 39%；在荷兰这一比例高达 55%。可见，照明在建筑能耗中占有很大的比例，因此也有着巨大的节能潜力。

从人类进化发展史上看，天然光环境是人类视觉工作中最舒适、最亲切、最健康的环境。天然光还是一种清洁、廉价的光源。利用天然光进行室内采光照明不仅有益于环境，而且在天然光下人们在心理和生理上感到舒适，有利于身心健康、提高视觉功效。天然光照明，是对自然资源的有效利用，是建筑节能的一个重要方面。精明的设计师总能充分利用自然光来降低照明所需要的安装、维护费用以及所消耗的能源。

6.4.1　天然采光概述

目前人们对天然光利用率低的原因，主要还是利用天然光节能环保的意识薄弱。例如：对于酒店来说，普遍认为用人工光源照明只是多交些电费，这些费用可以转嫁给顾客，而且这种做法也形成了常理。另外，天然采光在建筑设计上会相对复杂费时，不如大量安装人工光源方便省事。但一天中，天然光线变化在室内营造的自然光环境是其他任何光源所无法比拟的。

用天然光代替人工光源照明，可大大减少空调负荷，有利于减少建筑物能耗。另外光敏玻璃和热敏玻璃等可以在保证合理的采光量的前提下，在需要的时候将热量引入室内，而在不需要的时候将天然光带来的热量挡在室外。

对天然光的使用，要注意掌握天然光稳定性差，特别是直射光会使室内的照度在时间和空间上产生较大波动的特点。设计者要注意合理地设计房屋的层高、进深与采光口的尺寸，注意利用中庭处理大面积建筑采光问题，并适时地使用采光新技术。采光新技术的出现主要是解决以下三方面的问题：

1）解决大进深建筑内部的采光问题

由于建设用地的日益紧张和建筑功能的日趋复杂，建筑物的进深不断加大，仅靠侧窗采光已不能满足建筑物内部的采光要求。

2）提高采光质量

传统的侧窗采光，在室内随着与窗距离的增加室内照度显著降低，窗口处的照度值与房间最深处的照度值之比大于 5 ∶ 1，视野内过大的照度对比容易引起不舒适眩光。

3）解决天然光的稳定性问题

天然光的不稳定性一直都是天然光利用中的一大难点所在，通过日光跟踪系统的使用，可最大限度地捕捉太阳光，在一定的时间内保持室内较高的照度值。

6.4.2 天然采光节能设计策略

1）采用有利的朝向

由于直射阳光比较有效，因此南向通常是进行天然采光的最佳方向。无论是在一天中还是在一年里，建筑物朝南的部位获得的阳光都是最多的。在采暖季节里这部分阳光能提供一部分采暖热能。同时，控制阳光的装置在这个方向也最能发挥作用。

天然采光最佳的第二个方向是北方，因为这个方向的光线比较稳定。尽管来自北方的光线数量比较少，但却比较稳定。这个方向也很少遇到直射光带来的眩光问题。在气候非常炎热的地区，朝北的方向甚至比朝南的方向更有利。另外，在朝北的方向也不必安装可调控遮阳装置。图 6-30 为中国台湾某建筑利用北向窗口采光的案例。天空漫射光由北向侧窗进入室内，经斜面天花板反射至中庭，同时天花板表面设置凹凸条纹，可以扩散光线并避免光线直接反射，使采光更加均匀。

最不利的方向是东面和西面，不仅因为这两个方向在一天中，只有一半的时间能被太阳照射，而且还因为这两个方向日照强度最大的时候，是在夏天而不是在冬天。然而，最大的问题还在于，太阳在东方或者西方时，在天空中的位置较低，因此，会带来非常严重的眩光和阴影遮蔽等问题。

确定天然采光方位的基本原则：

（1）如果冬天需要采暖，应采用朝南的侧窗进行天然采光。

（2）如果冬天不需要采暖，还可以采用朝北的侧窗进行天然采光。

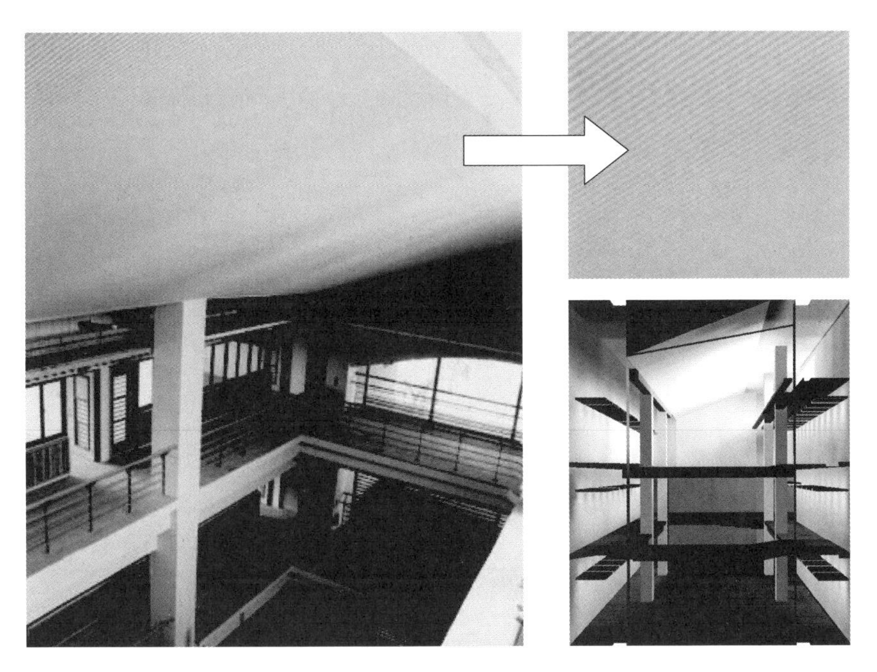

图 6–30 北向窗口采光

（3）用天然采光时，为了不使夏天太热或者带来严重的眩光，应避免使用朝东和朝西的玻璃窗。

2）采用有利的平面形式

建筑物的平面形式不仅决定了侧窗和天窗之间的搭配是否可能，同时还决定了天然采光口的数量。一般情况下，在多层建筑中，沿窗户进深方向4.5m左右的区域能够被日光完全照亮，再往里4.5m的地方能被日光部分照亮。图6–31中列举了建筑的三种不同平面形式，其面积完全相同（都是900m^2）。在正方形的布局里，有16%的地方日光根本照不到，另有33%的地方只能照到一部分。长方形的布局里，没有日光完全照不到的地方，但它仍然有大面积的地方，日光只能部分照得到，而有中央天井的平面布局，能使屋子里所有地方都能

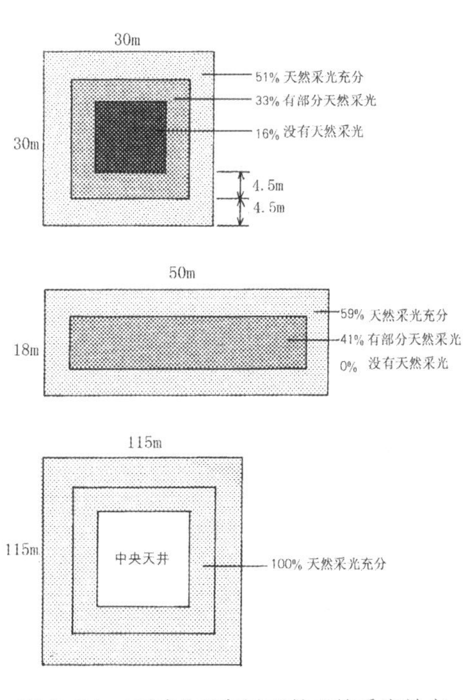

图 6–31 不同平面布局下的天然采光效率

被日光照到。当然，中央天井与周边区域相比的实际比例，要由实际面积决定。建筑物越大，中央天井就应当越大，而周边的表面积就应越小。

现代典型的中央天井，其空间都是封闭的，其温度条件与室内环境非常接近。因此，有中央天井的建筑，即使从热量的角度一起考虑，仍然具有较大的日光投射角。中央天井底部获取光线的数量，由一系列因素决定：中央天井顶部的透光性，中央天井墙壁的反射率，以及其空间的几何比例（深度和宽度之比）。使用实物模型是确定中央天井底部得到日光数量的最好方法。当中央天井空间太小，难以发挥作用时，它们常常被当作采光井。可以通过天窗、高侧窗（矩形天窗）或者窗墙来照亮中央天井（图 6–32）。

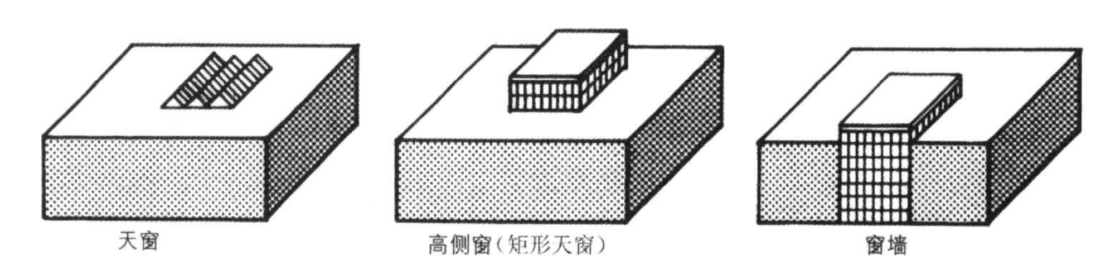

图 6–32　具有天然采光功能的中央天井的几种形式

3）采用天窗采光

一般单层和多层建筑的顶层可以采用屋顶上的天窗进行采光，但也可以利用采光井。建筑物的天窗可以带来两个重要的好处。首先，它能使相当均匀的光线照亮屋子里相当大的区域，而来自窗户的昼光照明只能局限在靠窗 4.5m 左右的地方（图 6–33*a*）。其次，水平的窗口也比竖直的窗口获得的光线多得多。

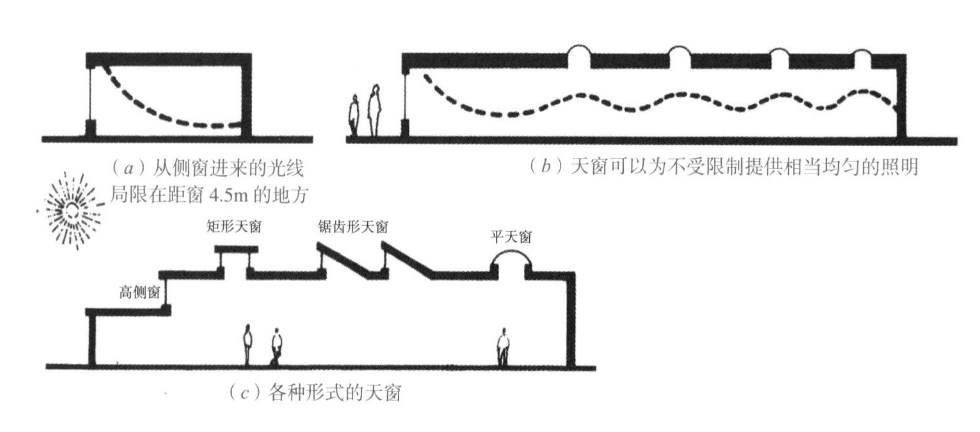

图 6–33　天窗采光的优点

但是，开天窗也会引起许多严重的问题。来自天窗的光线在夏天时比在冬天时更强。而且水平的玻璃窗也难以遮蔽。因此在屋顶通常采用高侧窗、矩形天窗或者锯齿形天窗等形式的竖直玻璃窗比较适宜（图 6–33*c*）。

锯齿形天窗可以把光线反射到背对窗户的室内墙壁上。墙壁可以充当大面积、低亮度的光线漫射体。被照得通体明亮的墙壁，看起来会往后延伸，因此房间看起来也比实际情况更加宽敞、更令人赏心悦目。此外，从窗户直接照进来的天空光线或者阳光的眩光问题，也得到根除（图 6–34）。

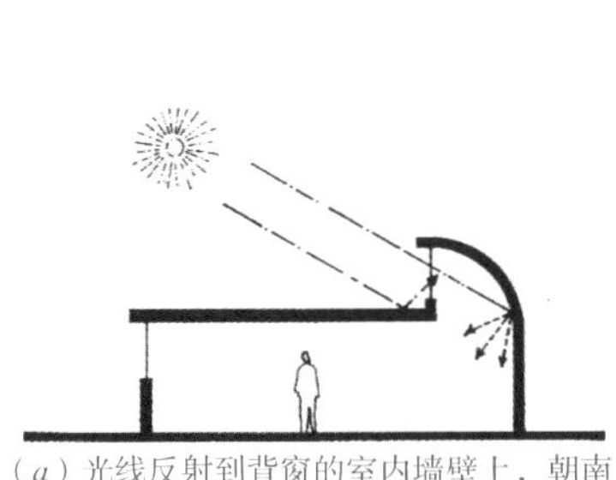
（*a*）光线反射到背窗的室内墙壁上，朝南的锯齿形天窗在这种情况下采光效果最好

（*b*）798 艺术中心内天窗反射光线的效果

图 6–34　锯齿形天窗的优点

散光挡板可以消除投射在工作表面上的光影，使光线在工作表面上的分布更加均匀，也可以消除来自天窗（特别是平天窗）的眩光（图 6–35）。挡板的间距必须精心设计，才能既阻止阳光直接照射到室内，又避免在 45° 以下人的正常视线以内产生眩光。顶棚和挡板的表面应当打磨得既粗糙、又具有良好的反光性。

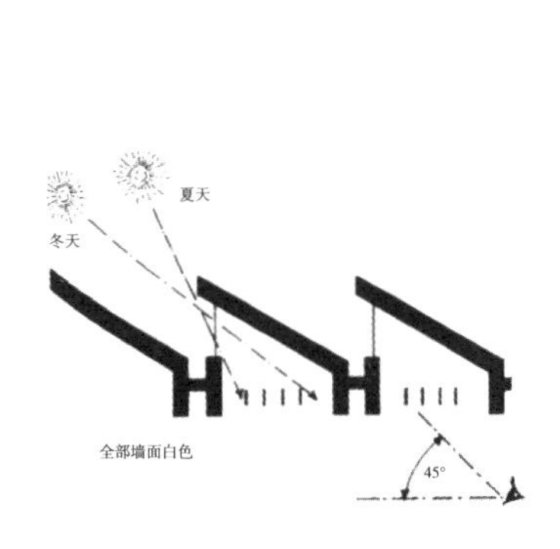

图 6–35　散光挡板的布置及效果

利用顶部采光达到节约照明能耗的一个很好的例子是我国的国家游泳中心（“水立方”），见图 6–36。该建筑屋面和墙体的内外表面材料均采用了透明的 ETFE（聚四氟乙烯）膜结构。其透光特性可保证 90% 自然光进入场馆，使“水立方”平均每天自然采光达到 9 个小时。利用自然采光每年可以节省 627MW·h 的照明耗电，占整个建筑照明用电的 29%。

图 6–36　水立方内部屋顶采光效果

4）采用有利的内部空间布局

开放的空间布局对日光进入屋子深处非常有利。用玻璃隔板分割屋子，既可以营造声音上的个人空间，又不至于遮挡光线。如果还需要营造视觉上的个人空间时，可以把窗帘或者活动百叶帘覆盖在玻璃之上，或者使用半透明的材料。也可以选择只在隔板高于视平线以上的地方安装玻璃，以此作为替代。

5）颜色

在建筑物的里面和外面都使用浅淡颜色，可以使光线更多更深入地反射到房间里边，同时，使光线成为漫射光。浅色的屋顶可以极大地增加高侧窗获得光线的数量。面对浅色外墙的窗户，可以获得更多的日光。在城市地区，浅色墙面尤其重要，它可以增强较低楼层获得日光的能力。

室内的浅淡颜色不仅可以把光线反射到屋子深处，还可以使光线漫射，以减少阴影、眩光和过高的视野亮度对比。顶棚应当是反射率最高的地方。地板和较小的家具是最无关紧要的反光装置，因此，即使具有相当低的反射率（涂成黑色）也无妨。反光装置的重要性依次为：顶棚、内墙、侧墙、地板和较小的家具。

6.4.3　特定条件下的采光技术

在特定条件下可以利用光的反射、折射或衍射等将天然光引入，并且传输到需要的地方。以下介绍四种特定条件下的采光技术：

1）导光管

导光管的构想据说最初源于人们对自来水的联想，既然水可以通过水管输送到任何需要的地方，打开水龙头水就可以流出，那么光是否也可以做到这一点。对导光管的研究已有很长一段历史，至今仍是照明领域的研究热点之一。最初的导光管主要传输人工光，1980 年代以后开始扩展到天然采光。

用于采光的导光管主要由三部分组成：用于收集日光的集光器；用于传输光的管体部分；以及用于控制光线在室内分布的出光部分。集光器有主动式和被动式两种：主动式集光器通过传感器的控制来跟踪太阳，以便最大限度地采集日光。被动式集光器则是固定不动的。有时会将管体和出光部分合二为一，一边传输，一边向外分配光线。垂直方向的导光管可穿过结构复杂的屋面及楼板，把天然光引入每一层直至地下层。为了输送较大的光通量，这种导光管直径一般都大于 100mm。由于天然光的不稳定性，往往还会给导光管加装人工光源作为后备光源，以便在日光不足的时候作为补充。导光管采光适合于天然光丰富、阴天少的地区使用。

结构简单的导光管在一些发达国家已经开始广泛使用，如图 6–37 所示，这种产品目前国内也有企业开始生产。图 6–38 是德国柏林波茨坦广场上使用的导光管，直径约为 500mm，顶部装有可随日光方向自动调整角度的反光镜，管体采用传输效率较高的棱镜薄膜制作，可将天然光高效地传输到地下空间，同时也成为广场景观的一部分。

图 6–37　导光管的使用及效果

图 6–38　柏林波茨坦广场上的导光管

2）光导纤维

光导纤维是 20 世纪 70 年代开始应用的高新技术，最初应用于光纤通信，1980 年代开始应用于照明领域，目前光纤用于照明的技术已基本成熟。

光导纤维采光系统一般也是由聚光部分（图 6–39）、传光部分和出光部分三部分组成。聚光部分把太阳光聚在焦点上，对准光纤束。用于传光的光纤束一般用塑料制成，直径在 10mm 左右。光纤束的传光原理主要是光的全反射原理，光线进入光纤后经过不断的全反射传输到另一端。在室内的输出端装有散光器，可根据不同的需要使光按照一定规律分布。

对于一幢建筑物来说，光纤可采取集中布线的方式进行采光。把聚光装置（主动式或被动式）放在楼顶，同一聚光器下可以引出数根光纤，通过总管垂直引下，分别弯入每一层楼的吊顶内，按照需要布置出光口，以满足各层采光的需要，如图 6–40 所示。

图 6–39 自动追踪太阳的聚光镜

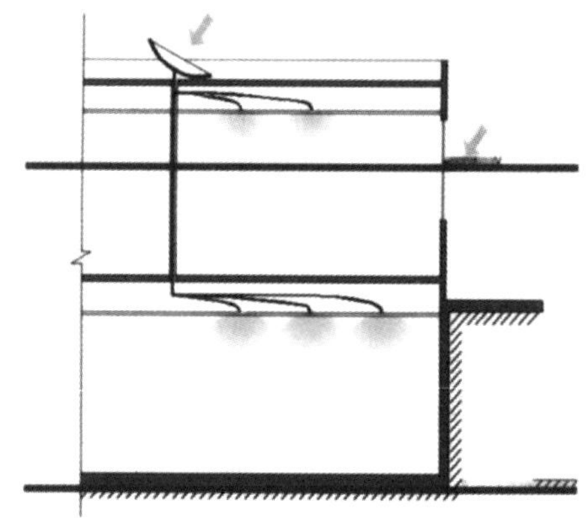

图 6–40 光纤采光示意图

因为光纤截面尺寸小，所能输送的光通量比导光管小得多，但它最大的优点是在一定的范围内可以灵活地弯折，而且传光效率比较高，因此同样具有良好的应用前景。

3）采光隔板

采光隔板是在侧窗上部安装一个或一组反射装置，使窗口附近的直射阳光经过一次或多次反射进入室内，以提高房间内部照度的采光系统。房间进深不大时，采光隔板的结构可以十分简单，仅是在窗户上部安装一个或一组反射面，使窗口附近的直射阳光，经过一次反射，到达房间内部的吊顶，利用吊顶的漫反射作用使整个房间的照度和照度均匀度均有所提高，如图 6–41 所示。

当房间进深较大时，采光隔板的结构就会变得复杂。在侧窗上部增加由反射板或棱镜组成的光收集装置，反射装置可做成内表面具有高反射比反射膜的传输管道。这一部分通常设在房间吊顶的内部，尺寸大小可与建筑结构、设备管线等相配合。为了提高房间内的照度均匀度，在靠近窗口的一段距离内，向下不设出口，而把光的出口设在房间内部，如图 6–42 所示，这样就不会使窗附近的照度进一步增加。配合侧窗，这种采光隔板能在一年中的大多数时间为进深小于 9m 的房间提供充足均匀的光照。

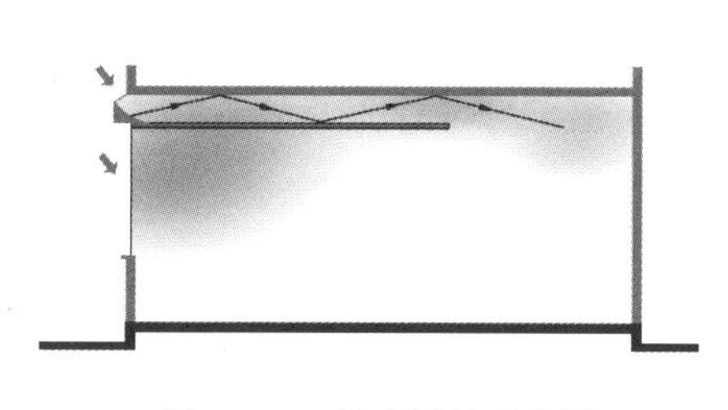

图 6–41　采光隔板示意图

图 6–42　采光隔板使用的效果

4）导光棱镜窗

导光棱镜窗是利用棱镜的折射作用改变入射光的方向。使太阳光照射到房间深处。导光棱镜窗的一面是平的，一面带有平行的棱镜，它可以有效地减少窗户附近直射光引起的眩光，提高室内照度的均匀度。同时由于棱镜窗的折射作用，可以在建筑间距较小时，获得更多的阳光，如图 6–43 所示。

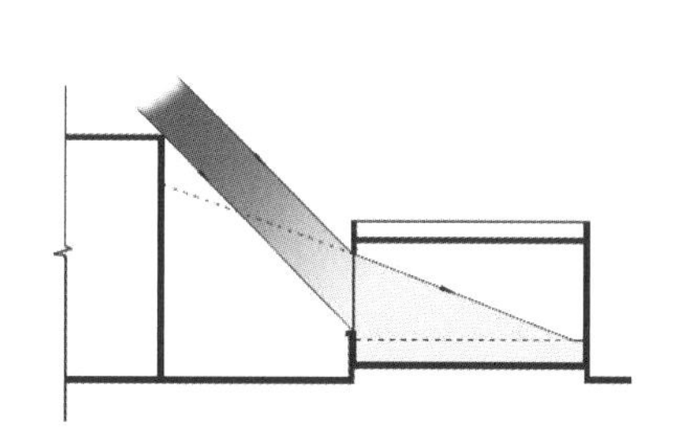

图 6–43　导光棱镜采光示意

图 6–44　德国国会大厦执政党厅的采光效果

产品化的导光棱镜窗通常是用透明材料将棱镜封装起来，棱镜一般采用有机玻璃制作。导光棱镜窗如果作为侧窗使用，人们透过窗户向外看时，影像是模糊或变形的，会给人的心理造成不良的影响。因此在使用时，通常是安装在窗户的顶部或者作为天窗使用。图 6-44 所示的德国国会大厦执政党厅使用了导光棱镜窗作为天窗，室内光线均匀柔和。

光是构成建筑空间环境的重要因素。随着人们对环境、资源等问题的日益关注，建筑师开始重视天然光的利用。新的采光技术与传统的采光方式相结合，不但能提高房间内部的照度值和整个房间的照度均匀度，而且可以减少眩光和视觉上的不舒适感，从而创造以人为本、健康、舒适、节能的天然光环境。

6.5 照明系统的节能

当 20 世纪 70 年代发生第一次石油危机后，作为当时照明节电的应急对策之一，就是采取降低照明水平的方法，即少开一些灯或减短照明时间。然而之后的实践证明，这是一种十分消极的办法。因为，这会导致劳动效率的下降和交通事故与犯罪率的上升。所以，照明系统节能应遵循的原则是：必须在保证有足够的照明数量和质量的前提下，尽可能节约照明用电。照明节能主要是通过采用高能效照明产品，提高照明质量，优化照明设计等手段来达到。

照明能耗是建筑能耗的重要组成部分，已占建筑总能耗的 20% ~ 30%，在商业建筑中甚至达到 35% 以上，并且主要以低效照明为主，照明终端节电具有很大的潜力。同时照明用电大都属于高峰用电，照明节电具有节约能源和缓解高峰用电的双重作用。

6.5.1 照明节能概述

1）照明节能原则

照明节能是一项涉及节能照明器件生产推广、照明设计施工、视觉环境研究等多方面的系统工程。宗旨是要用最佳的方法满足人们的视觉要求，同时又能最有效地提高照明系统的效率。要达到节能的目的，必须从组成照明系统的各个环节上分析设计，完善节能的措施和方法。

国际照明委员会（Commission Internationale de l’Eclairage，简称 CIE）根据一些发达国家在照明节能中的特点，提出了以下 9 项照明节能原则：

（1）根据视觉工作需要，决定照度水平；

（2）制定满足照度要求的节能照明设计；

（3）在考虑显色性的基础上采用高光效光源；

（4）采用不产生眩光的高效率灯具；

（5）室内表面采用高反射比的材料；

（6）照明和空调系统的热结合；

（7）设置不需要时能关灯的可变控制装置；

（8）将不产生眩光和差异的人工照明同天然采光的综合利用；

（9）定期清洁照明器具和室内表面，建立换灯和维修制度。

2）照明节能的评价指标

节能工作从设计到最终实施都应有相应的节能评价指标。从目前已经制定实施的国内外标准来看，各国均采用照明功率密度（Lighting Power Density，简写LPD，单位为W/m²）来评价建筑物照明节能的效果，并且规定了各类建筑各种房间的照明功率密度限值。要求在照明设计中在满足作业面照明标准值的同时，通过选择高效节能的光源、灯具与照明电器，使房间的照明功率密度不超过限值。

我国《建筑照明设计标准》GB 50034—2020中对各种类型建筑物的照明功率密度作了较详细的规定，具体可见本书附录七。标准中规定了两种照明功率密度值，即现行值和目标值。现行值是目前必须执行的，而目标值则是预测到几年后随着照明科学技术的进步、光源灯具等照明产品能效水平的提高，从而照明能耗会有一定程度的下降而制订的，目标值比现行值降低约为10%～20%。此外，住宅建筑的照明功率密度是按每户来计算的。除住宅建筑以及宿舍建筑外其他类建筑的LPD均为强制条文。这样既保证了照明质量，同时在照明器件采用上又必须达到高效节能。

6.5.2 照明节能的计算

由于照明节能是在保证光环境功能性和舒适性的基础上进行，因此，照明节能计算的一般步骤是：首先采用平均照度或点照度等方法计算出照度值，在满足照度标准的基础上，计算所使用的灯具数量及照明负荷（包括光源、镇流器、变压器等附属用电设备），再用LPD值作校验和评价，看是否满足照明节能要求。

采用利用系数法计算平均照度是室内照度计算中的最常用方法，计算公式为：

$$E_{av}=(N\cdot\Phi\cdot U\cdot K)/A \qquad (6\text{-}7)$$

式中 E_{av}——被照工作面的水平平均照度（lx）；

N——光源的数量；

Φ——光源的光通量（lm）；

K——灯具的维护系数，见表6-4；
A——房间或场所的面积（m^2）；
U——利用系数。

维护系数　表6-4

环境污染特征		房间或场所举例	灯具最少擦拭次数（次/年）	维护系数值
室内	清洁	卧室、办公室、影院、剧场、餐厅、阅览室、教室、病房、客房、仪器仪表装配间、电子元器件装配间、检验室、商店营业厅、体育馆、体育场等	2	0.80
	一般	机场候机厅、候车室、机械加工车间、机械装配车间、农贸市场等	2	0.70
	污染严重	公用厨房、锻工车间、铸工车间、水泥车间等	3	0.60
室外		雨篷、站台、道路、广场、活动场地等	2	0.65

在利用系数法求平均照度中，利用系数的取值是计算中的关键，它与灯具形式和室形指数有关。室形指数表示房间或场所几何形状的数值，其数值为2倍的房间或场所面积与该房间或场所水平面周长及灯具安装高度与工作面高度的差之商，计算公式为：

$$RI=(2S)/(h\cdot l) \tag{6-8}$$

式中　RI——室形指数；
S——房间面积（m^2）；
l——房间水平面周长（m）；
h——灯具计算高度（m）。

当计算出室形指数后，结合所采用的灯具形式，便可在照明设计手册或厂家提供的资料中查到利用系数值。通常室形指数 RI 越高，利用系数 U 就越高，室形指数 RI 越低，利用系数 U 就越低。但不同室形指数的房间，满足 LPD 要求的难易度也不相同。如果房间面积很小或灯具安装高度很大，将导致利用系数过低，LPD 限值的要求不易达到，因此，当房间的室形指数值等于或小于1时，其照明功率密度限值应允许增加，但增加值不应超过限制的20%。

【例6-3】某开敞型办公室，长24m，宽8m，房间均为吊顶，高度为2.6m。房间有效顶棚反射比为80%，墙面反射比为50%，地面反射比为10%。工作面距地面0.75m。进行室内一般照明，光源采用28W T5型荧光灯，光通量2400lm。灯具采用嵌入式双管格栅荧光灯具，镇流器功率5W。进行照明节能计算。

【解】

（1）室形指数

根据式（6-2）可计算出该办公室的室形指数为：

$RI=（2S）/（h\cdot l）=（2\times24\times8）/[（2.6-0.75）\times2（24+8）]=3.24$

（2）利用系数

在求得室形指数后，根据表6-5可查得嵌入式格栅荧光灯具的利用系数，利用线性内插法计算出利用系数 U=0.68。

嵌入式格栅荧光灯具利用系数　　表6-5

有效顶棚反射比（%）	80				70				30			
墙面反射比（%）	70	50	30	10	70	50	30	10	70	50	30	10
地面反射比（%）	10				10				10			
室形指数 RI												
0.6	0.44	0.36	0.31	0.28	0.43	0.36	0.31	0.27	0.42	0.35	0.31	0.27
0.8	0.52	0.44	0.39	0.36	0.51	0.44	0.39	0.36	0.49	0.43	0.39	0.36
1.0	0.56	0.50	0.45	0.41	0.55	0.49	0.45	0.41	0.54	0.48	0.44	0.41
1.25	0.61	0.55	0.50	0.47	0.59	0.54	0.50	0.47	0.58	0.53	0.49	0.46
1.5	0.63	0.58	0.54	0.51	0.62	0.57	0.53	0.50	0.60	0.56	0.53	0.50
2.0	0.67	0.62	0.59	0.56	0.66	0.62	0.58	0.56	0.64	0.60	0.58	0.55
2.5	0.69	0.65	0.62	0.60	0.68	0.65	0.62	0.59	0.66	0.63	0.61	0.59
3.0	0.70	0.67	0.65	0.62	0.69	0.67	0.64	0.62	0.68	0.65	0.63	0.61
4.0	0.72	0.70	0.68	0.66	0.71	0.69	0.67	0.65	0.69	0.68	0.66	0.64
5.0	0.73	0.71	0.70	0.68	0.72	0.71	0.69	0.67	0.71	0.69	0.68	0.66
7.0	0.75	0.73	0.72	0.70	0.74	0.72	0.71	0.70	0.72	0.71	0.70	0.69
10.0	0.76	0.75	0.73	0.73	0.75	0.74	0.73	0.72	0.73	0.72	0.71	0.71

选自《照明设计手册》。

（3）所需灯具数量

《建筑照明设计标准》GB 50034—2020中，对于普通办公室的照度要求为300lx。在求出利用系数 U 后，便可利用式（6-1），计算得到在满足照度要求条件下所需灯具的数量：

$N=（E_{av}\cdot A）/（\Phi\cdot U\cdot K）=（300\times24\times8）/（2400\times2\times0.68\times0.8）=22.2$

因此，设计灯具共计23盏。

（4）实际平均照度

按照实际设计灯具数量23盏，利用式（9-1）计算得到实际平均照度值为：

$E_{av}=N \cdot \Phi \cdot U \cdot K/A=（23 \times 2400 \times 2 \times 0.68 \times 0.8）/（24 \times 8）=312.8lx$

（5）照明功率密度值的折算与校验

根据照明功率密度值定义，求得实际 *LPD* 值为：

$LPD=[23 \times（28 \times 2+5）]/（24 \times 8）=7.3W/m^2$

根据计算得到的实际平均照度 312.8lx 与附表 6–5 中规定的照度标准值 300lx 比例关系，将实际 *LPD* 值 7.3W/m^2 折算后为 7.0W/m^2。

查附表 6–5 可知，该设计方案在满足照度要求的条件下，满足了照明功率密度现行值 8W/m^2 的要求，说明该设计方案符合规范；但未达到照明功率密度目标值 6.5W/m^2 要求，说明该设计方案并未达到照明节能标准。

6.5.3 照明节能的主要技术措施

照明节能的主要技术措施主要包括以下四个方面。

1）选择优质高效的电光源

光源在照明系统节能中是一个非常重要的环节，生产推广优质高效光源是技术进步的趋势，工程中设计选用先进光源又是一个易于实现的步骤，表 6–6 中列出了各种光源的性能。

典型光源的性能 **表 6–6**

	光效（lm/W）	寿命（h）	一般显色指数
白炽灯	9 ~ 34	1000	99
高压汞灯	39 ~ 55	10000	40 ~ 45
荧光灯	45 ~ 103	5000 ~ 10000	50 ~ 90
金属卤化物灯	65 ~ 106	5000 ~ 10000	60 ~ 95
高压钠灯	55 ~ 136	10000	＜ 30
发光二极管（LED）	120 ~ 150	＞ 20000	60 ~ 90

从表中可看出，在传统光源中，高压钠灯的光效为最高，但显色性也最差。这种光源可一般用于对辨色要求不高的场所，如道路、货场等；荧光灯和金属卤化物灯的光效低于高压钠灯，但显色性很好；白炽灯光效最低，相对能耗最大。由世界各种光源年消费比例和一些国家光源的应用比例可知，荧光灯和高强度气体放电灯用量呈逐年增长趋势，而白炽灯呈逐年减少的趋势。而 LED 作为新型光源，在光效和寿命方面都具有明显优势。为减少能源浪费，在选用光源方

面可遵循以下原则：

（1）LED 光源、细管径（≤ 26mm）直管形三基色荧光灯光效高、寿命长、显色性较好，适用于灯具安装高度较低（通常情况灯具安装高度低于 8m）的房间如办公室、教室、会议室、诊室等房间，以及轻工、纺织、电子、仪表等生产场所。

（2）灯具安装高度较高的场所（通常情况灯具安装高度高于 8m）比较适合采用 LED 灯具、金属卤化物灯、高压钠灯或高频大功率细管径直管荧光灯。LED 灯具能够发挥高显色性、高光效、长寿命等优势，同时其具有的瞬时启动的特点，克服了金属卤化物灯或高压钠灯再启动时间过长的缺点。金属卤化物灯能够做到高显色性、高光效、长寿命等，因而得到普遍应用，而高压钠灯光效高、寿命长、价格较低，但其显色性差，可用于辨色要求不高的场所，如锻工车间、炼铁车间、材料库、成品库等。

（3）LED 灯或 LED 灯具有光线集中、光束角小、光效高、寿命长、可做到高显色性等特点，适合用于重点照明。小功率（100W 及以下）的陶瓷金属卤化物灯因其光效高、寿命长和显色性好，也可用于重点照明。

（4）居住、公共和工业建筑的室外公共场所主要有道路、小型广场等，对光源没有特殊要求，LED 光源、金属卤化物灯或高压钠灯均能满足使用要求。

（5）国家发展和改革委员会等五部门 2011 年发布了中国逐步淘汰白炽灯路线图，要求：2011 年 11 月 1 日至 2012 年 9 月 30 日为过渡期，2012 年 10 月 1 日起禁止进口和销售 100W 及以上普通照明白炽灯，2014 年 10 月 1 日起禁止进口和销售 60W 及以上普通照明白炽灯，2015 年 10 月 1 日至 2016 年 9 月 30 日为中期评估期，2016 年 10 月 1 日起禁止进口和销售 15W 及以上普通照明白炽灯，或视中期评估结果进行调整。路线图实施以来有力促进了中国照明电器行业健康发展，取得良好的节能减排效果。故建筑照明一般场所不采用普通照明白炽灯，但在特殊情况下，其他光源无法满足要求时方可采用白炽灯。

2）选择高效灯具及节能器件

灯具的效率会直接影响照明质量和能耗。在满足眩光限制要求下，照明设计中应注意多选择直接型灯具。其中，室内灯具效率不宜低于 70%，室外灯具的效率不宜低于 55%。要根据使用环境不同，采用控光合理的灯具，如多平面反光镜定向射灯、蝙蝠翼配光灯具、块板式高效灯具等。表 6–7 ~表 6–11 中列出了各种光源的性能。

传统型灯具的灯具初始效能值（%）　　表 6-7

灯具出光口形式	开敞式	保护罩（玻璃或塑料）		格栅
		透明	棱镜	
直管形荧光灯	70	70	55	65
紧凑型荧光灯	55	50		45
小功率金属卤化物灯筒灯	60	55		50
高强度气体放电灯	75	—		60

LED 筒灯的灯具初始效能值（lm/W）　　表 6-8

额定相关色温		2700K /3000K		3500K/4000K/5000K	
灯具出光口形式		格栅	保护罩	格栅	保护罩
灯具效率	≤ 5W	75	80	80	85
	> 5W	85	90	90	95

注：当灯具一般显色指数 *Ra* 不低于 90 时，灯具初始效能值可降低 10lm/W

LED 平板灯的灯具初始效能值（lm/W）　　表 6-9

额定相关色温	2700K/3000K	3500K/4000K/5000K
灯具初始效能值	95	105

注：当灯具一般显色指数 *Ra* 不低于 90 时，灯具初始效能值可降低 10lm/W

LED 高顶棚灯的灯具初始效能值（lm/W）　　表 6-10

额定相关色温	3000K	3500K	4000K/5000K
灯具初始效能值	90	95	100

注：当灯具一般显色指数 *Ra* 不低于 90 时，灯具初始效能值可降低 10lm/W

LED 草坪灯具、LED 台阶灯具的灯具初始效能值（lm/W）　　表 6-11

额定相关色温	2700K	3500K	4000K/5000K
灯具初始效能值	90	95	100

选用灯具上应注意选用光通量维持率好的灯具。如涂二氧化硅保护膜、防尘密封式灯具，反射器采用真空镀铝工艺。反射板蒸镀银反射材料和光学多层膜反射材料，同时应选用利用系数高的灯具。

在各种气体放电灯中均需要电器配件，如镇流器等。以前的 T12 荧光灯中使用的电感镇流器就要消耗将近 20% 的电能；而节能的电感镇流器的耗电量不到 10%，电子镇流器耗电量则更低，只有 2%~3%。由于电子镇流器工作在高频，与工作在工频的电感镇流器相比，需要的电感量就小得多。电子镇流器不仅耗能少，效率高，而且还具有功率因数校正的功能，功率因数高。电子镇流器通常还增设有电流保护、温度保护等功能，在各种节能灯中应用非常广泛，节能效益显著。

3）提高照明设计质量精度

能源高效的照明设计或具有能源意识的设计是实现建筑照明节能的关键环节，通过高质量的照明设计可以创造高效、舒适、节能的建筑照明空间。目前我国建筑设计院主要承担建设项目的一般照明设计，这类照明设计主要包括一般空间照明供配电设计、普通灯具选型、灯具布置等工作。由于照明质量、照明艺术和环境不像供配电设计那样涉及建筑安全和使用寿命等须严肃对待的设计问题，故电器工程师考虑较少。这样就造成了照明设计中随意加大光源的功率和灯具的数量或选用非节能产品，产生能源浪费。一些专业公司承包大型厅堂、场馆及景观照明的设计，虽然比较好地考虑了照明艺术和环境，由于自身力量不足或考虑的侧重不一样，有时候设计十分片面，造成如照度不符合标准，照明配电不合理，光源和灯具选型不妥等现象。

要解决好上述问题，应加强专业照明设计队伍的业务建设，提高照明设计质量意识和能源意识。目前国外照明设计已大量采用先进的专业照明设计模拟软件，保证照明设计的科学合理。国际著名的专业照明设计模拟软件如 Lumen Micro、AGI32、DIALux 等，都含有国际上几十家灯具公司的产品数据库，能进行照明设计和计算及场景虚拟现实模拟，并输出完整的报表，误差在 7% 以内。掌握使用这些先进的设计工具，可以提高设计质量的精度，从建筑照明的最初设计环节上实现能源的高效利用。

4）采用智能化照明

智能化照明是智能技术与照明的结合，其目的是在大幅度提高照明质量的前提下，使建筑照明的时间与数量更加准确、节能和高效。

智能化照明的组成包括：智能照明灯具、调光控制及开关模块、照度及动静等智能传感器、计算机通信网络等单元。智能化的照明系统可实现全自动调光、更充分利用自然光、照度的一致性、智能变换光环境场景、运行中节能、延长光源寿命等功能。

适宜的照明控制方式和控制开关可达到节能的效果。控制方式上可根据场所照明要求，使用分区控制灯光，灯具开启方式上，可充分利用天然光的照度变化，决定照明点亮的范围。还可使用定时开关、调光开关、光电自动控制开关等。公共场所照明、室外照明可采用集中控制、遥控管理方式，或采用自动控光装置等。

第7章
采暖节能设计

Chapter 7
Energy Efficiency Design in Building Heating System

7.1 建筑采暖节能现状

我国建筑采暖根据其能耗状况可以分为三大类：北方城镇、长江流域城镇、农村建筑采暖。本章主要讨论北方城镇建筑采暖的节能问题。

建筑节能的目标，是通过建筑物自身降低能耗需求和采暖（空调）系统提高效率来实现。其中建筑物承担约60%，采暖系统承担40%。达到节能的目标，采暖系统的节能是非常重要的环节。目前虽然节能建筑的面积已达数亿平方米以上，但采暖所需的矿物质能源供应的下降却不显著。主要的原因是供热采暖系统还没有与建筑物的节能同步实施。

就供热系统的节能来讲，根据北方地区的实地调查，国内平均每蒸吨热量（0.7MW）平均只能为6000m^{2}建筑供暖，而从理论上讲，每1t/h热容量（0.7MW）的锅炉所带供暖面积至少应为10000m^2（此时供热指标为70W/m^2），即热网的实际热效率（只考虑热量，未考虑电耗）只有60%，其余40%的热量都是无效热量。若全面实现建筑节能，可为15000～19000m^{2}建筑供暖，可见供热系统节能潜力之大。可以说，围护结构节能效果提高是为建筑节能创造了实现条件，而供热采暖系统的节能才是具体落实环节。

供热采暖系统节能途径及其措施可分为以下4个方面：

（1）热源部分：提高燃烧效率、增加热量回收，力争将采暖期锅炉平均运行效率达到0.75；热源装机容量应与采暖计算热负荷相符；提高生产（或热力站）运行管理水平，提高运行量化管理；提高自动化与灵活性，做到可适时根据不同阶段以及每天24小时的不同气象调节运行参数。

（2）管网部分：管网系统要实现水力平衡；循环水泵选型应符合水输送系数规定值；管径取值与供热半径不应过大以降低热量损失与补水量；管道保温符合规定值，室外管网的输送效率应不低于0.92。

（3）末端用户：提高围护结构保温性和门窗密闭性能；减少建筑物内的采暖系统设计缺陷及用户私自改装造成的水力垂直与水平失调现象；室内温度控制做到既可以根据负荷需要调节供暖量，又可以调节温度以改变需求量，以实现供热项目经济运行。

（4）收费方式：长期以来我国大部分地区实行面积收费，热用户节能的积极性不高。只有供热采暖按热量计费，依靠市场经济杠杆，才能使更多的人关注节能，真正落实节能措施，实现节能目标。

以上多项措施在过去十年里，经过我国科研、设计以及运行管理人员的多方努力，取得了显著的经济和社会效益，但室温控制调节和热量计费方面还是采暖节能的薄弱环节，其政策、机制不够具体和完善，缺乏精确的指导和有效的过程及后续监管。计量仪表也存在质量不过关、精度低、可靠性差、性能衰减快、功能不全等问题，须进一步完善。

7.2 热源及采暖系统运行设计

7.2.1 热源选型设计

1）居住建筑的供热采暖能耗占我国建筑能耗的主要部分，热源形式的选择会受到能源、环境、工程状况、使用时间及要求等多种因素影响和制约。居住建筑供暖热源应采用高能效、低污染的清洁供暖方式，并应符合下列规定：

（1）有可供利用的废热或低品位工业余热的区域，宜采用废热或工业余热。

（2）技术经济条件合理时，应根据当地资源条件采用太阳能、热电联产的低品位余热、空气源热泵、地源热泵等可再生能源建筑应用形式或多能互补的可再生能源复合应用形式。

（3）不具备第1、2条原则的条件，但在城市集中供热范围内时，应优先采用城市热网提供的热源。

2）对于严寒和寒冷地区居住建筑，只有当符合下列条件之一时，允许采用电直接加热设备作为供暖热源：

（1）无城市或区域集中供热，采用燃气、煤、油等燃料受到环保或消防限制，且无法利用热泵供暖的建筑。

（2）利用可再生能源发电，其发电量能满足自身电加热用电量需求的建筑。

（3）利用蓄热式电热设备在夜间低谷电进行供暖或蓄热，且不在用电高峰和平段时间启用的建筑。

（4）电力供应充足，且当地电力政策鼓励用电供暖时。

3）公共建筑的采暖系统应与居住建筑分开，并应具备分别计量的条件。公共建筑采暖的热源应根据建筑规模、用途、建设地点的能源条件、结构、价格以及国家节能减排和环保政策的相关规定，按下列原则通过综合论证确定：

（1）有可供利用的废热或工业余热的区域，热源宜采用废热或工业余热。

（2）在技术经济合理的情况下，热源宜利用浅层地能、太阳能、风能等可再生能源。当采用可再生能源受到气候等原因的限制无法保证时，应设置辅助热源。

（3）不具备第1、2条原则的条件，但有城市或区域热网的地区，集中式空调系统的供热热源宜优先采用城市或区域热网。

（4）不具备第 1 ~ 3 条原则的条件，但城市燃气供应充足的地区，宜采用燃气锅炉、燃气热水机供热或燃气吸收式冷（温）水机组供冷、供热。

（5）不具备第 1 ~ 4 条原则的条件，可采用燃煤锅炉、燃油锅炉供热，蒸汽吸收式冷水机组或燃油吸收式冷（温）水机组供冷、供热。

（6）天然气供应充足的地区，当建筑的电力负荷、热负荷和冷负荷能较好匹配、能充分发挥冷、热、电联产系统的能源综合利用效率且经济技术比较合理时，宜采用分布式燃气冷热电三联供系统。

（7）全年进行空气调节，且各房间或区域负荷特性相差较大，需要长时间地向建筑同时供热和供冷，经技术经济比较合理时，宜采用水环热泵空调系统供冷、供热。

（8）在执行分时电价、峰谷电价差较大的地区，经技术经济比较，采用低谷电能够明显起到对电网“削峰填谷”和节省运行费用时，宜采用蓄能系统供热。

（9）夏热冬冷地区以及干旱缺水地区的中、小型建筑宜采用空气源热泵或土壤源地源热泵系统供热。

（10）有天然地表水等资源可供利用，或者有可利用的浅层地下水且能保证100% 回灌时，可采用地表水或地下水地源热泵系统供热。

（11）具有多种能源的地区，可采用复合式能源供冷、供热。

4）对于公共建筑，只有当符合下列条件之一时，允许采用电直接加热设备作为供暖热源：

（1）无城市或区域集中供热，采用燃气、煤、油等燃料受到环保或消防限制，且无法利用热泵供暖的建筑。

（2）利用可再生能源发电，其发电量能满足自身电加热用电量需求的建筑。

（3）以供冷为主、供暖负荷非常小，且无法利用热泵或其他方式提供供暖热源的建筑。

（4）以供冷为主、供暖负荷小，无法利用热泵或其他方式提供供暖热源，但可以利用低谷电进行蓄热且电锅炉不在用电高峰和平段时间启用的空调系统。

（5）室内或工作区的温度控制精度小于 0.5℃，或相对湿度控制精度小于 5% 的工艺空调系统。

（6）电力供应充足，且当地电力政策鼓励用电供暖时。

7.2.2 锅炉房设计

图 7-1 为采暖系统示意图。

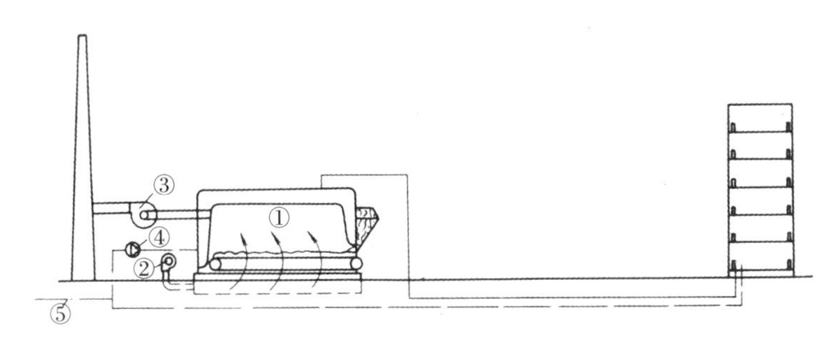

图 7-1　采暖系统示意图

1—锅炉；2—鼓风机；3—引风机；4—循环水泵；5—补给水

1）锅炉设计效率

锅炉选型要合适，应与当地长期供应的燃料种类相适应。锅炉的设计效率不应低于表 7-1 ~表 7-3 中规定的数值。

燃液体燃料、天然气锅炉名义工况下的热效率　　表 7-1

锅炉类型及燃料种类		锅炉热效率（%）
燃油燃气锅炉	重油	90
	轻油	90
	燃气	92

燃生物质锅炉名义工况下的热效率（%）　　表 7-2

燃料种类	锅炉额定蒸发量 D（t/h）/ 额定热功率 Q（MW）	
	$D \leq 10/Q \leq 7$	$0 > 10/Q > 7$
	锅炉热效率（%）	
生物质	80	86

燃煤锅炉名义工况下的热效率（%）　　表 7-3

锅炉类型及燃料种类		锅炉额定蒸发量 D（t/h）/ 额定热功率 Q（MW）	
		$D \leq 20/Q \leq 14$	$D > 20/Q > 14$
		锅炉热效率（%）	
层状燃烧锅炉	Ⅲ类烟煤	82	84
流化床燃烧锅炉		88	88
室燃（煤粉）锅炉产品		88	88

2）锅炉装机容量

锅炉房总装机容量要适当，容量过大不仅造成投资增大，而且造成设备利用率和运行效率降低；相反，如果容量小，不仅造成锅炉超负荷运行而降低效率，而且还会导致环境污染加重。锅炉房及单台锅炉的设计容量与锅炉台数应符合下列规定：

（1）锅炉房的设计容量应根据供热系统综合最大热负荷确定。

（2）单台锅炉的设计容量应以保证其具有长时间较高运行效率的原则确定，实际运行负荷率不宜低于 50%。

（3）在保证锅炉具有长时间较高运行效率的前提下，各台锅炉的容量宜相等。

（4）锅炉房锅炉总台数不宜过多，全年使用时不应少于两台，非全年使用时不宜少于两台。

（5）其中一台因故停止工作时，剩余锅炉的设计换热量应符合业主保障供热量的要求，并且对于寒冷地区和严寒地区供热（包括供暖和空调供热），剩余锅炉的总供热量分别不应低于设计供热量的 65% 和 70%。

3）燃煤锅炉房设计

在燃煤锅炉房的设计中，由于我国采暖地域辽阔，各地供应的煤质差别很大，一般每种炉型都有适用煤种，因此在选炉前一定要掌握当地供应的煤种，选择与煤种相适应的炉型，在此基础上选用高效锅炉。表 7–4 是目前我国各种炉型对煤种的要求。

各种炉型对煤种的要求　　表 7–4

炉型	煤种要求
手烧炉	适应性广
抛煤机炉	适应性广，但不适宜燃烧水分大的煤
链条炉	不宜单纯烧无烟煤及结焦性强和高灰分的低质煤
振动炉	燃用无烟煤及劣质煤效率下降
往复炉	不宜燃烧挥发分低的贫煤和无烟煤，不宜烧灰熔点低的优质煤
沸腾炉	适应各种煤种，多用于烧煤矸石等劣质煤

4）燃气锅炉房设计

在燃气锅炉房的设计中，应符合下列规定：

（1）供热半径应根据区域的情况、供热规模、供热方式及参数等条件来合理确定，供热规模不宜过大。当受条件限制供热面积较大时，应经技术经济比较后确定，采用分区设置热力站的间接供热系统。

（2）模块式组合锅炉房，宜以楼栋为单位设置；不应多于10台；每个锅炉房的供热量宜在1.4MW以下。当总供热面积较大,且不能以楼栋为单位设置时，锅炉房应分散设置。

（3）直接供热的燃气锅炉，其热源侧的供、回水温度和流量限定值与负荷侧在整个运行期对供、回水温度和流量的要求不一致时，应按热源侧和用户侧配置二次泵水系统。

（4）燃气锅炉应安装烟气回收装置。

7.2.3 热力站形式及热媒温度

在设计供暖供热系统时，应详细进行热负荷的调查和计算，合理确定系统规模和供热半径，主要目的是避免出现“大马拉小车”的现象。有些设计人员从安全考虑，片面加大设备容量和散热器面积，使得每吨锅炉的供热面积仅在5000 ~ 6000m^2，最低仅2000m^2，造成投资浪费，锅炉运行效率很低。考虑到集中供热的要求和我国锅炉的生产状况，锅炉房的单台容量宜控制在7.0 ~ 28.0MW。一般情况下，热力站规模不宜大于100000m^2。系统规模较大时，建议采用间接连接，并将一次水设计供水温度取为115 ~ 130℃，不宜高于130℃。设计回水温度尽可能降低，主要是为了提高热源的运行效率，减少输配能耗、便于运行管理和控制。

出于节能的目的，应尽可能降低一次网回水温度。对燃气锅炉热源，回水温度低可以有效实现排烟的潜热回收；对热电联产热源，回水温度低可以有效回收冷凝余热，提高总热效率；对工业余热热源，回水温度低可以有效回收低品位余热；采用换热站方式时，一般回水温度在40℃以下，吸收式换热方式还可以更低。

7.2.4 采暖系统运行方式

居住建筑的集中采暖系统，应按热水连续采暖进行设计。居住建筑采用连续采暖能够提供一个较好的供热品质。同时，在采用了相关的控制措施（如散热器恒温阀、热力入口控制、热源气候补偿控制等）的条件下，连续采暖可以使得供热系统的热源参数、热媒流量等实现按需供应和分配，不需要采用间歇式供暖的热负荷附加，降低了热源的装机容量，提高了热源效率，减少了能源的浪费。

在设计条件下，连续采暖的热负荷，每小时都是均匀的，按连续供暖设计的室内供暖系统，其散热器的散热面积不考虑间歇因素的影响，管道流量应相应减少，因而节约初投资和运行费。所谓连续采暖，即当室外达到设计温度时，为使室内达到日平均设计温度，要求锅炉按照设计的供回水温度 95℃ /70℃，昼夜连续运行。当室外温度高于采暖设计温度时，可以采用质调节或量调节以及间歇调节等运行方式，以减少供热量。

为了进一步节能，夜间允许室内温度适当下降。需要指出间歇调节运行与间歇采暖的概念不同。间歇调节运行只是在供暖过程中减少系统供热量的一种方法；而间歇采暖系指在室外温度达到采暖设计温度时，也采用缩短供暖时间的方法。对于一些公共建筑物，如办公楼、教学楼、礼堂、影剧院等，要求在使用时间内保持室内设计温度，而在非使用时间内，允许室温自然下降。对于这类建筑物，采用间歇供暖不仅是经济的，而且也是适当的。但宜根据使用要求进行具体的分析确定。将公共建筑的系统与居住建筑分开，可便于系统的调节、管理及收费。

7.3 供热管网敷设与保温

室外供暖管网的铺设与保温是供暖工程中十分重要的组成部分。供暖的供回水干管从锅炉房通往各供暖建筑的室外管道，通常埋设于通行式、半通行式或不通行管沟内，也有直接埋设于土层内或露明于室外空气中等做法。这部分管道的散热纯属热量的丢失，从而增加了锅炉的供暖负荷。为节能起见，应使室外供暖管网的输送效率达到 92% 以上。安装在管沟内的供暖管或直埋于土层内的供暖管，要做好保温处理。

一、二次热水管网的敷设方式，直接影响供热系统的总投资及运行费用，应合理选取。对于庭院管网或二次网管径一般较小，采用直埋管敷设，投资较小，运行管理也较方便。对于一次管网，可根据管径大小经过经济比较确定采用直埋或地沟敷设。

管网输送效率达到 92% 时，要求管道保温效率应达到 98%。根据《设备及管道保温设计导则》GB/T 8175—2008 中规定的管道经济保温层厚度的计算方法，对玻璃棉管壳和聚氨酯硬泡保温管分析表明，无论是直埋敷设还是地沟敷设，管道的保温效率均能达到 98%。表 7–5 ~表 7–8 是采暖供热管道最小保温厚度值。

玻璃棉保温材料的管道最小保温层厚度（mm）　　表 7–5

气候分区	严寒（A）区 t_{mw}=40.9℃					严寒（B）区 t_{mw}=43.6℃				
公称直径	热价 20 元 /GJ	热价 30 元 /GJ	热价 40 元 /GJ	热价 50 元 /GJ	热价 60 元 /GJ	热价 20 元 /GJ	热价 30 元 /GJ	热价 40 元 /GJ	热价 50 元 /GJ	热价 60 元 /GJ
DN 25	23	28	31	34	37	22	27	30	33	36
DN 32	24	29	33	36	38	23	28	31	34	37
DN 40	25	30	34	37	40	24	29	32	36	38
DN 50	26	31	35	39	42	25	30	34	37	40
DN 70	27	33	37	41	44	26	31	36	39	43
DN 80	28	34	38	42	46	27	32	37	40	44
DN 100	29	35	40	44	47	28	33	38	42	45
DN 125	30	36	41	45	49	28	34	39	43	47
DN 150	30	37	42	46	50	29	35	40	44	48
DN 200	31	38	44	48	53	30	36	42	46	50
DN 250	32	39	45	50	54	31	37	43	47	52
DN 300	32	40	46	51	55	31	38	43	48	53
DN 350	33	40	46	51	56	31	38	44	49	53
DN 400	33	41	47	52	57	31	39	44	50	54
DN 450	33	41	47	52	57	32	39	45	50	55

注：保温材料层的平均使用温度 t_{mw}=（t_{ge}+t_{he}）/2–20；t_{ge}、t_{he} 分别为采暖期室外平均温度下，热网供回水平均温度（℃）。

玻璃棉保温材料的管道最小保温层厚度（mm）　　表 7–6

气候分区	严寒（C）区 t_{mw}=43.8℃					寒冷（A）区或寒冷（B）区 t_{mw}=48.4℃				
公称直径	热价 20 元 /GJ	热价 30 元 /GJ	热价 40 元 /GJ	热价 50 元 /GJ	热价 60 元 /GJ	热价 20 元 /GJ	热价 30 元 /GJ	热价 40 元 /GJ	热价 50 元 /GJ	热价 60 元 /GJ
DN 25	21	25	28	31	34	20	24	28	30	33
DN 32	22	26	29	32	35	21	25	29	31	34
DN 40	23	27	30	33	36	22	26	29	32	35
DN 50	23	28	32	35	38	23	27	31	34	37
DN 70	25	30	34	37	40	24	29	32	36	39
DN 80	25	30	35	38	41	24	29	33	37	40
DN100	26	31	36	39	43	25	30	34	38	41
DN 125	27	32	37	41	44	26	31	35	39	43

续表

气候分区	严寒（C）区 t_{mw}=43.8℃					寒冷（A）区或寒冷（B）区 t_{mw}=48.4℃				
公称直径	热价 20 元 /GJ	热价 30 元 /GJ	热价 40 元 /GJ	热价 50 元 /GJ	热价 60 元 /GJ	热价 20 元 /GJ	热价 30 元 /GJ	热价 40 元 /GJ	热价 50 元 /GJ	热价 60 元 /GJ
DN 150	27	33	38	42	45	26	32	36	40	44
DN 200	28	34	39	43	47	27	33	38	42	46
DN 250	28	35	40	44	48	27	33	39	43	47
DN 300	29	35	41	45	49	28	34	39	44	48
DN 350	29	36	41	46	50	28	34	40	44	48
DN 400	29	36	42	46	51	28	35	40	45	49
DN 450	29	36	42	47	51	28	35	40	45	49

注：保温材料层的平均使用温度 t_{mw} =（t_{ge}+t_{he}）/2–20；t_{ge}、t_{he} 分别为采暖期室外平均温度下，热网供回水平均温度（℃）。

聚氨酯硬泡保温材料的管道最小保温层厚度（mm） 表 7–7

气候分区	严寒（A）区 t_{mw}=40.9℃					严寒（B）区 t_{mw}=43.6℃				
公称直径	热价 20 元 /GJ	热价 30 元 /GJ	热价 40 元 /GJ	热价 50 元 /GJ	热价 60 元 /GJ	热价 20 元 /GJ	热价 30 元 /GJ	热价 40 元 /GJ	热价 50 元 /GJ	热价 60 元 /GJ
DN 25	17	21	23	26	27	16	20	22	25	26
DN 32	18	21	24	26	28	17	20	23	25	27
DN 40	18	22	25	27	29	17	21	24	26	28
DN 50	19	23	26	29	31	18	22	25	27	30
DN 70	20	24	27	30	32	19	23	26	29	31
DN 80	20	24	28	31	33	19	23	27	29	32
DN100	21	25	29	32	34	20	24	27	30	33
DN 125	21	26	29	33	35	20	25	28	31	34
DN 150	21	26	30	33	36	20	25	29	32	35
DN 200	22	27	31	35	38	21	26	30	33	36
DN 250	22	27	32	35	39	21	26	30	34	37
DN 300	23	28	32	36	39	21	26	31	34	37
DN 350	23	28	32	36	40	22	27	31	34	38
DN 400	23	28	33	36	40	22	27	31	35	38
DN 450	23	28	33	37	40	22	27	31	35	38

注：保温材料层的平均使用温度 t_{mw} =（t_{ge} + t_{he}）/ 2 – 20；t_{ge}、t_{he} 分别为采暖期室外平均温度下，热网供回水平均温度（℃）。

聚氨酯硬泡保温材料的管道最小保温层厚度（mm）　　表 7-8

气候分区	严寒（C）区 t_{mw}=43.8℃					寒冷（A）区或寒冷（B）区 t_{mw}=48.4℃				
公称直径	热价 20 元 /GJ	热价 30 元 /GJ	热价 40 元 /GJ	热价 50 元 /GJ	热价 60 元 /GJ	热价 20 元 /GJ	热价 30 元 /GJ	热价 40 元 /GJ	热价 50 元 /GJ	热价 60 元 /GJ
DN 25	15	19	21	23	25	15	18	20	22	24
DN 32	16	19	22	24	26	15	18	21	23	25
DN 40	16	20	22	25	27	16	19	22	24	26
DN 50	17	20	23	26	28	16	20	23	25	27
DN 70	18	21	24	27	29	17	21	24	26	28
DN 80	18	22	25	28	30	17	21	24	27	29
DN100	18	22	26	28	31	18	22	25	27	30
DN 125	19	23	26	29	32	18	22	25	28	31
DN 150	19	23	27	30	33	18	22	26	29	31
DN 200	20	24	28	31	34	19	23	27	30	32
DN 250	20	24	28	31	34	19	23	27	30	33
DN 300	20	25	28	32	35	19	24	27	31	34
DN 350	20	25	29	32	35	19	24	28	31	34
DN 400	20	25	29	32	35	19	24	28	31	34
DN 450	20	25	29	33	36	20	24	28	31	34

注：保温材料层的平均使用温度 t_{mw}=（t_{ge}+t_{he}）/2–20；t_{ge}、t_{he} 分别为采暖期室外平均温度下，热网供回水平均温度（℃）。

7.4　供热管网水力平衡技术

7.4.1　水力平衡与水力失调

在采暖期内，锅炉供热始终与建筑需热相一致是供热系统高效利用能源的关键。供热管网系统水力平衡又是保证其节能措施能够可靠实施的前提。

在供热采暖系统中，热媒（一般为热水）由闭式管路系统输送到各用户。对于一个设计完善，运行正确的管网系统，各用户应均能获得相应的设计水量，即能满足其热负荷的要求。但由于种种原因，大部分供水环路及热源并联机组都存在水力失调，使得流经用户及机组的流量与设计流量要求不符。加上水泵时常选型偏大，水泵运行在不合适的工作点处，使得水系统处于大流量、小温差的运行工况，这样水泵运行效率低，热量输送效率低。并且各用户室温相差悬殊，近热源处室温很高，远热源处室温偏低。在这种情况下热源机组达不到其额定功率，造成能耗高、供热品质差的弊病。

达到水平衡的系统，是指系统实际运行时，所有用户都能获得设计水流量。相对地，供热系统中热水热网各热力站（或热用户）在运行中的实际流量与设计流量之间的不一致性，称为供热系统的水力失调。换句话说，热网不能按热用户需要的流量（热量）分配给各个热用户，导致不同位置的冷热不均的现象。

水力失调度是各热用户的实际流量与热用户的设计流量的比值，即：

$$\phi = \frac{G_s}{G_e}$$

式中　ϕ——水力失调度；

G_s——实际运行流量，m^3/h；

G_e——设计流量，m^3/h。

当 $\phi=1$ 时，即热用户的设计流量 G_e 等于实际流量 G_s，此时供热管网系统处于稳定水力工况。当 ϕ 远大于 1 或 ϕ 远小于 1 时，供热管网系统水力工况失调严重。

7.4.2　水力平衡的分类

1）根据水力失调度来划分

（1）一致失调

供热管网系统各用户的水力失调度全部大于 1 或全部小于 1，称为一致失调。凡属于一致失调的情况，各热用户的流量全部增大或全部减小，前者导致采暖房间过热，浪费能源，后者导致采暖房间达不到设计室温，影响用户的正常工作和生活。

（2）不一致失调

供热管网系统各用户的水力失调度有的大于 1，有的小于 1，称为不一致失调。对于不一致失调，系统各热用户的流量有的增加有的减小。

（3）等比失调

供热管网系统各用户的水力失调度全部相等且不等于 1，称为等比失调。对于等比失调，各用户的流量将成比例增加或减少。等比失调一定是一致失调，而一致失调不一定是等比失调。

2）根据产生原因来划分

（1）静态水力失调

由于设计、施工、设备材料等原因导致的系统管道特性阻力数比与设计要求管道特性阻力数比值不一致，从而使系统各用户的实际流量与设计要求流量不一致，引起系统的水力失调，叫作静态水力失调。静态水力失调是稳态的、根本性的，是系统本身所固有的，是供热系统中水力失调的重要因素。

（2）动态水力失调

当一些用户阀门开度变化而引起水流量改变时，会使其他用户的水流量也随之发生改变，偏离设计要求流量，从而导致的水力失调，叫作动态水力失调。动态水力失调是动态的、变化的，它不是系统本身所固有的，是在系统运行过程中产生的。

此外还可以根据发生位置的不同来划分。如热源处的水力失调、各建筑单元间的水力失调以及单个独立建筑内不同用户间的水力失调等（表 7-9）。目前我国采暖区集中供热的主要模式是锅炉房小区供热，大部分系统的热源与送配管网直接连接，基本上以定流量运行，属于前一类失调问题。

水力失调的类别　　**表 7-9**

划分依据	类别
产生原因	静态水力失调和动态水力失调
水力失调度大小	一致性失调、不一致性失调和等比失调
发生位置	热源处的水力失调、各建筑单元间的水力失调以及单个独立建筑内不同用户间的水力失调

7.4.3　水力失调产生的原因

1）产生水力失调的根本原因

产生水力失调的根本原因是在某运行状态下供热管网的阻力特性不能与在用户所需要的流量下实现各用户管段的阻力相等，也就是我们通常所说的阻力不平衡。

2）产生水力失调的客观原因

产生水力失调的客观原因有如下几个方面：

（1）管网管径设计不合理，或者管路中某管段堵塞使管网阻力增大，造成系统压力过大，超出了热源设备提供的压力，导致水力失调。

（2）循环水泵选择不当，流量、扬程过大或过小，都会使工作点偏离设计状态，从而导致水力失调。

（3）供热管网的用户增加或停运部分热用户，要求系统中的流量重新分配导致全网阻力特性改变进而导致水力失调。

（4）系统中用户的用热量的增加或减少，会引起管网中的流量发生变化，从而要求系统中的流量重新分配进而导致水力失调。

（5）当系统上缺少必要的调节设备，或流量调节阀的选择或安装位置不当，也会导致水力失调。

（6）供热管网失水严重，超过了补水设备的补水量，系统因缺水而不能维持管网所需的压力，导致水力失调。

（7）热用户室内水力工况的改变导致水力失调。

7.4.4 水力失调的解决方案

由于水力失调造成供热质量下降，能耗增加，对于已经出现的水力失调情况，必须采取措施予以解决。目前，国内外大多数管网仍是依靠阀门和水泵实现对管网的调节，因此水泵和阀门的调节方式和效果依旧是实现水力平衡的关键。基于此，解决水力失调有以下措施：

1）静态水力失调的解决途径

（1）做好集中供热管网系统的设计

设计集中供热管网系统过程中，进行集中供热管网系统改造，要强化设计环节，将集中供热管网系统出现水力失调现象列为设计的前提之一。在设计集中供热管网系统的实际操作中，避免忽略传统集中供热管网系统设计中对水力的计算问题，掌握集中供热管网系统的关键信息和全面数据，通过水力计算找出水力失调的原因，积极预防集中供热管网系统的水力失调。在设计集中供热管网系统的具体工作中要优化系统水泵的设置，在集中供热管网系统中添加必要的功能水泵，全面提高集中供热管网系统的经济性，有效预防集中供热管网系统出现的水力失调问题。

（2）调节阀

静态水力失调是供热系统本身存在的固有问题，如果供热管网只有静态水力失调而没有动态水力失调，其解决途径相对简单，通过加装静态水力平衡设备来实现，平衡后使其各个环路要求管道特性阻力数比值一致，此时当系统的总流量达到设计值时，各支路流量均同时达到设计流量，从而消除静态水力失调。

静态平衡阀的控制对象是阻力，其原理是通过改变阀门的流动阻力来实现控制流量的（图 7-2）。它具有优秀的调节性能和截止功能，其理论流量特性曲线近似为等百分比特性，同时具备开度锁定功能，防止非专业人员改变其设定状态，目前仍在普遍应用。但

图 7–2 静态平衡阀示意图

这种方法只能在管网系统压差稳定的前提下才能做到流量平衡调节，如遇压差变化或负荷增减时，全系统又需要重新做流量平衡调节，不能进行动态下的平衡。

2）动态水力失调的解决途径

（1）调节阀

在供暖系统水力调节中应用的调节阀必须满足线性调节，通过改变阀芯与阀座的节流面积，使得开度与流量成线性关系。通过安装调节阀再配以便携式超声波流量计，采用比例调节法、补偿调节法等方法进行反复调节，可以使一些小型的供热系统达到平衡。但当热网系统面积比较大时采用调节阀，调节过程会太过复杂且效果不明显。

①自力式流量控制阀

自力式流量控制阀的控制对象是流经阀门的流量，其原理是当阀门前后在压差在一定范围内时，根据系统工况的变化自动调节阀门阻力数而保证通过阀门的流量恒定（图 7-3）。但对于目前的供热计量变流量系统，用户对室温的自主调节会引起系统的流量变化，使得运行工况发生变化。若使用自力式流量控制阀，要尽力维持设计流量就会造成一些有利环路的流量达到了设计的流量，而一些不利环路的流量未达到设计流量，从而导致用户间的水力不平衡。

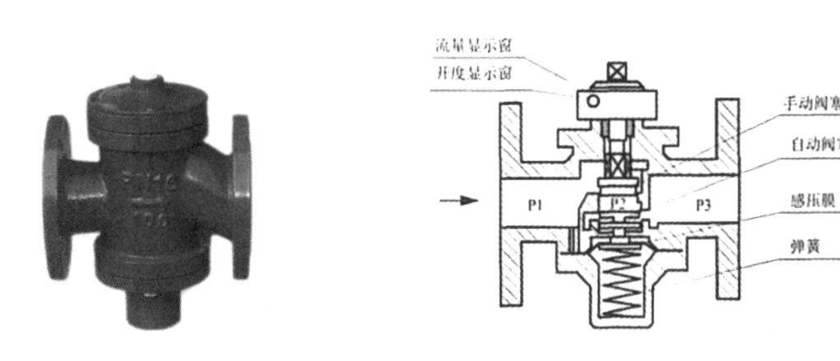

图 7–3　自力式流量控制阀示意图

②自力式压差控制阀

自力式压差控制阀的控制对象是被控系统的压差，其原理基本等同于自力式流量控制阀（图 7-4）。在一定的流量范围内，根据外网压力变化情况自动调节阀门开度的大小，利用阀门内部压力变化来补偿管网变化的阻力，从而可以维持运行工况变化时被控系统的压差恒定。将其安装在管网支路入口处，可以实现各支路间的自主调节而且能避免相互干扰。对于分户计量供暖系统，强调用热调节的自主性，又应尽可能减小各用户间的调节干扰，宜采用自力式压差控制阀。

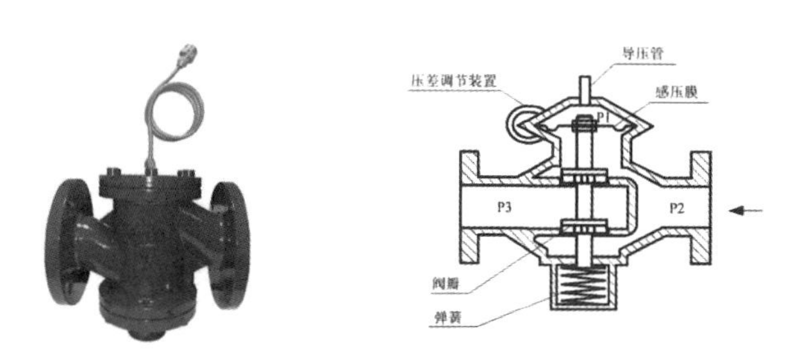

图 7-4　自力式压差控制阀示意图

（2）分布式变频泵改变管段阻力

通过安装调节设备克服水力失调是以增大管网局部阻力的方式来消除富裕压头，属于节流式水力平衡，这种方法必将造成循环动力的无谓浪费。而变频水泵能适时根据用户热负荷的变化，自动调节网路中的流量，将管网中的流量重新分配来满足用户所需要的流量，减少阀门损失，降低能耗。其实质是在各换热站用变频泵替代调节阀，水泵启动运行将减小管段阻力，提高管段的流通能力，利用变频调速改变水泵的扬程和流量，借以改变管段阻力，实现系统的水力平衡。这种方法属于有源式水力平衡，与安装调节设备的方法相比，分布式变频系统有明显的节能效果，是值得推广的供热系统形式。

（3）采用物联网智能监控技术

在集中供热管网系统建设中应加强对自动化设备和数字调节装置的使用，在用户热力入口管段上安装电动调节阀，通过物联网传感器监控技术与智能算法对供热系统室外管网热力参数和水力参数进行实时的监测和最优控制策略的输出，同时加强管网的运行调节，安排经验丰富的技术人员对供热管网进行检测和调节，使管网之间达到动态平衡，保证集中供热管网系统稳定运行和高效率的工作（图 7-5）。

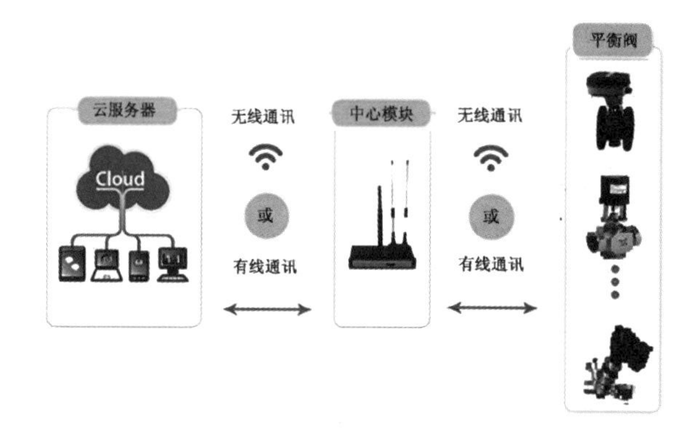

图 7-5　基于云服务器的水力平衡调节系统

7.5　采暖系统辐射式末端装置

人对热环境的感觉 65% 取决于表面温度，35% 取决于空气温度。同时，辐射传热比对流更有效。所以将末端装置改进成辐射式的是近年来的一项革新技术。其具体方式包括地面辐射供暖、辐射板供热 / 供冷等。

7.5.1　低温热水地面辐射供暖

地面辐射供暖起源于北美、北欧的发达国家，在欧洲已有多年的使用和发展历史，是一项非常成熟且应用广泛的供热技术，也是目前国内外暖通界公认的最为理想舒适供暖方式之一。随着建筑保温程度的提高和管材的发展，我国近 20 年来地面辐射供暖发展较快。

埋管式地面辐射供暖具有温度梯度小、室内温度均匀、垂直温度梯度小、脚感温度高等特点，在同样舒适的情况下，辐射供暖房间的设计温度可以比对流供暖房间低 2 ~ 3℃，而且其实感温度比非地面供暖时的实感温度要高 2℃，具有明显的节能效果。

目前地面辐射供暖应用主要有水暖和电暖两种方式，电暖分为普通地面供暖和相变地面供暖。

1）低温热水供暖系统

以低温热水为热媒，地面辐射供暖利用建筑物内部地面进行供暖的系统，采用不高于 60℃低温水作为热媒（民用建筑供水温度宜采用 35 ~ 60℃），供 / 回水设计温差不宜小于 10℃，通过直接埋入建筑物地面内的铝塑复合管（PAP）或聚丁烯管（PB）、交联聚乙烯管（PEX）管或无规共聚聚丙烯管（PP-R）等盘管辐射（图 7-6，图 7-7）。

图 7-6　地板辐射供暖加热管施工情况

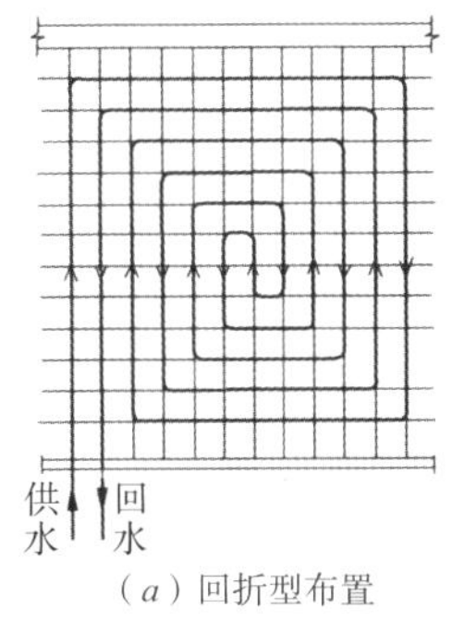

（a）回折型布置

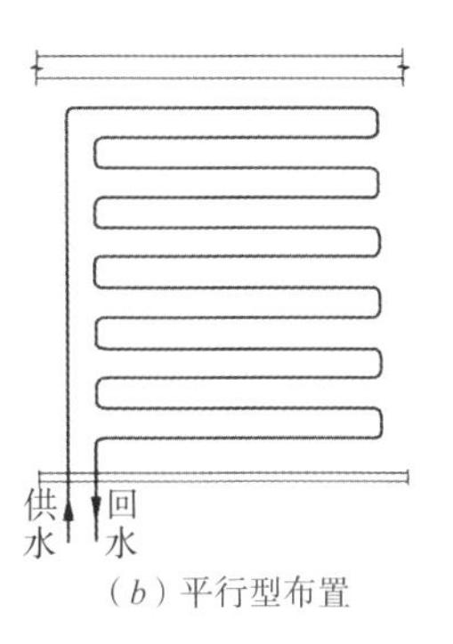

（b）平行型布置

图 7-7　加热管的布置形式

地板辐射供暖较传统的采暖供水温度低、热水消耗的能量少，热水传输过程中热量的消耗也小。由于进水温度低，便于使用热泵、太阳能、地热及低品位热能，可以进一步节省能量。便于控制与调节。地面辐射供暖供回水为双管系统，避免了传统采暖方式无法单户计量的弊端，可适用于分户采暖。只需在每户的分水器前安装热量表，就可实现分户计量。用户各房间温度可通过分、集水器上的环路控制阀门方便地调节，有条件的可采用自动温控，这些都有利于能耗的降低。

2）普通电热地面供暖系统

普通电热地面供暖是一种以电为能源，发热电缆通电后开始发热为地面层吸收，然后均匀加热室内空气，还有一部分热量以远红外线辐射的方式直接释放到室内。可以根据需要设定温控器的温度，当室温低于温控器设定的温度时，温控器接通电源，温度高于设定温度时温控器断开电源，能够保持室内最佳舒适温度。可以根据不同情况自由设定加热温度，如在无人留守的室内可以设定较低的温度，缩小与室外的温差，减少传递热量，降低能耗。

3）相变储能电热地面供暖系统

相变蓄热电加热地面供暖系统是将相变储能技术应用于电热地面供暖，在普通电热地面供暖系统中加入相变材料，作为一种新型的供暖方式，在低谷电价时段，利用电缆加热地板下面的 PCM 层使其发生相变，吸热融化、将电能转化为热能。在非低谷电价时段，地板下面的 PCM 再次发生相变，凝固放热，达到供暖目的。这不仅可以解决峰谷差的问题，达到节能的目的，而且还可缓解我国城市的环境污染问题，节约电力运行费用。

7.5.2 辐射板供热 / 供冷

安装于顶棚的辐射板供热 / 供冷装置是一种可改善室内热舒适并节约能耗的新方式。这种装置供热时内部水温 23 ~ 30℃，供冷时水温 18 ~ 22℃，同时辅以置换式通风系统，采取下送风、风速低于 0.2m/s 的方式，换气次数 0.5 ~ 1 次 /h，实现夏季除湿、冬季加湿的功能。

由于是辐射方式换热，使用这种装置时，冬季可以适当降低室温、夏季适当提高室温，在获得等效的舒适度的同时可降低能耗。冬夏共用同样的末端，可节约一次初投资；提高夏季水温降低冬季水温，有利于使用热泵而显著降低能耗。由于顶棚具有面积大、不会被家具遮挡等优点，因而是最佳辐射降温表面，同时还能进行对流降温。

通过控制室内湿度和辐射板温度可防止顶棚结露。为了控制室内湿度，应对新风进行除湿，同时保证辐射板的表面温度高于空气的露点温度。

这种装置可以消除吹风感的问题。同时，由于夏季水温较高，而且新风独立承担湿负荷，还可以避免采用风机盘管时由于水温较低容易在集水盘管产生霉菌而降低室内空气品质的问题。

近年来辐射冷却系统得到了充分发展。按辐射板结构划分，形成了“水泥核心”型、“三明治”型、“冷网格”型等不同辐射板形式。另一方面，不同的通风方式，例如传统的混合送风、新型置换通风或个体化送风等，分别与辐射冷却系统配合，构成特点不同的室内环境控制系统。

1）“水泥核心”结构

这种结构是沿袭地面辐射采暖楼板思想而设计的辐射板，它是将特制的塑料管（如交联聚乙烯管 PEX 为材料）或不锈钢管，在楼板混凝土浇筑前将其排布并固定在钢筋网上，浇筑混凝土后，就形成“水泥核心”结构（图 7-8）。这一结构在瑞士得到较广泛的应用，我国北京市当代集团开发的万国城“MOMA”公寓住宅采用的就是这种结构。这种辐射板结构工艺较成熟，造价相对较低。混凝土楼板具有较大的蓄热能力，有利于室内热场稳定。但另一方面，系统惯性大、启动时间长、动态响应慢，需要很长的预冷或预热时间。

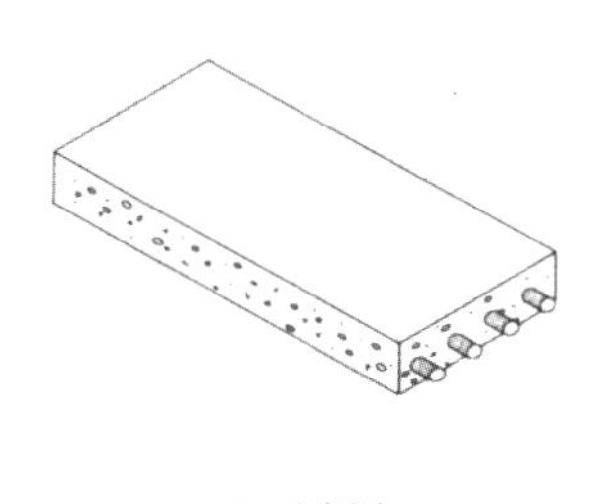

（a）示意图

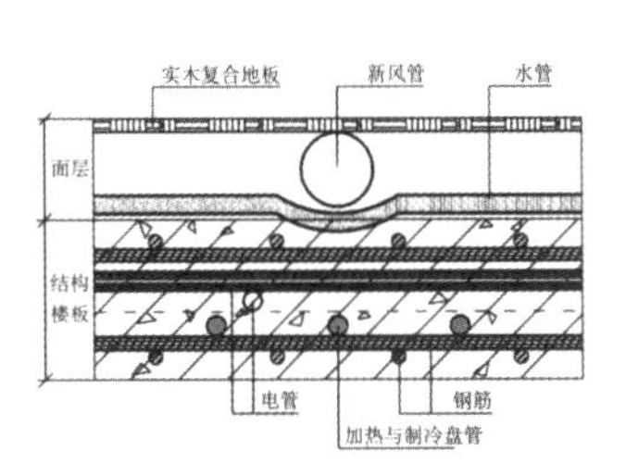

（b）楼板管线埋设构造图

（c）现场施工情景

图 7-8 “水泥核心”结构

2）“三明治”结构

这是目前应用最广泛的辐射板结构。最常使用的系统是由铝板制成，在板的背面连接有金属管制成的模块化辐射板产品。在此基础上又发展成了“三明治”结构，该系统水流通路处于两个铝板之间。结构中使用高导热材料可使系统快速反应房间负荷的变化（图 7-9）。由于这种结构的辐射吊顶板集装饰和环境调节功能于一体，施工方便，但辐射板质量大、耗费金属较多，价格偏高。

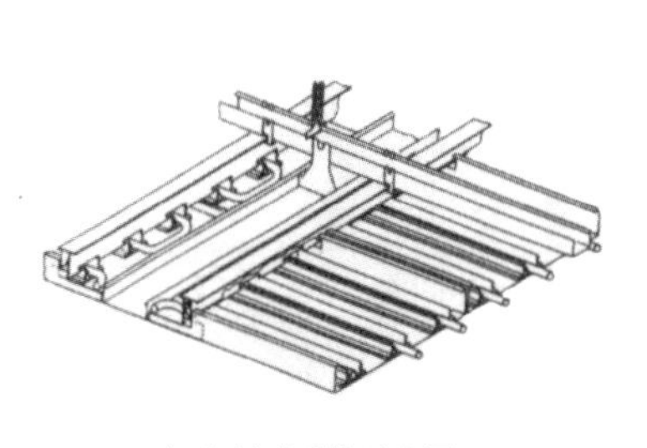
（a）板式系统示意图

（b）辐射板产品

（c）安装在室内的情况

图 7–9 “三明治”结构

3）“毛细管格栅”结构

由彼此靠近的毛细管组成的冷却格栅是另一种辐射结构。这种结构一般以塑料为材料，制成直径小（外径 2 ~ 3mm）、间距小（10 ~ 20mm）的密布细管，两端与分水、集水箱相连，形成“毛细管格栅”结构（图 7–10）。

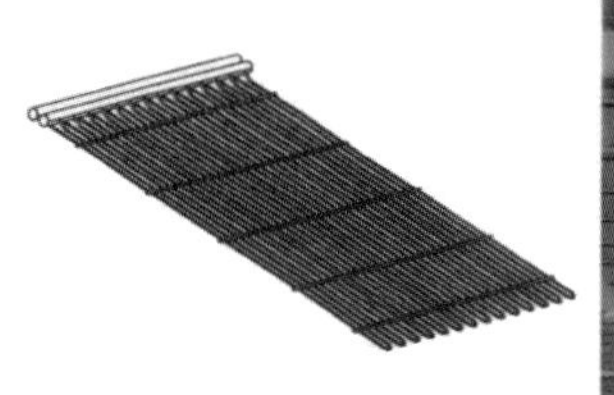
（a）辐射板示意图

（b）直接安装在顶棚的情况

（c）与金属板结合型的模块安装情况

图 7–10 “毛细管格栅”结构

这一结构可与金属板结合形成模块化辐射板产品，也可以直接与楼板或吊顶板连接，因而在改造项目中得到较广泛应用。这种系统使表面温度分布十分均匀，可以埋设在涂层内、石膏板内或安装在顶棚内。

7.6 控温与热计量技术

7.6.1 采暖控温技术

供热采暖系统达到节能标准提出的目标，主要是通过提高供热系统运行效率来达到。从整个系统看，可分成热源、管网及用户三部分。在热源及管网部分，近年来我国许多部门已做了大量工作，在实现节能目标上获得了显著的成绩。

但目前很少有用户自行调节室温的手段，楼内室温不能保持在用户要求的室温范围内，特别是在冬季晴天及入冬和冬末相对暖和的气候条件下，从用户到供热网络都难以实现即时调节用热量，并将信息回馈到热源。当室温很高时，有些用户只能用开启门窗来达到降低室内温度，造成能源极大浪费。另外，采暖热量按面积取费，不能激发居民的自觉节能意识，节能对住户没有经济效益这也是造成能源浪费一大因素。所以，要从根本上达到供热采暖系统的节能，必须实行控温和按热计费措施。

目前我国具有控温能力和热计量的试点系统方案主要有以下七种（图7–11）：

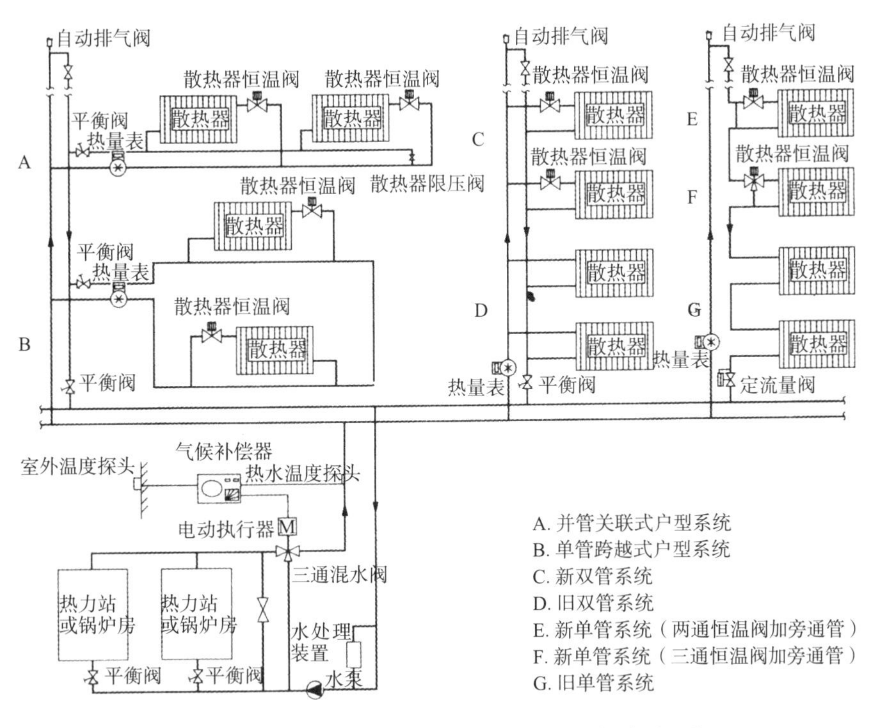

图7–11 适合温度计量与温度控制的动态采暖系统

1）垂直单管加旁通管系统（新单管系统）：我国的住宅形式目前基本都是公寓式，已建成的建筑室内采暖系统主要是垂直单管串联系统，单管系统无法实现用户自行调节室内温度，因此目前改造的方法是，将其做成单管加旁通跨越管的新单管系统。旁通管的管径通常比主管管径小一档，与散热器并联，在散热器一侧安装适用单管系统的两通散热器恒温阀或是三通散热器恒温阀。

新单管系统使用的散热器恒温阀要求流通能力大，不需要预设功能。两通形式的散热器恒温阀安装改造比三通形式要容易得多，价格也相对便宜。这种系统解决了垂直失调问题，并且室内温度可调节。

新单管系统的最基本单元由一组散热器、供回水管和旁通跨越远管组成，其水流分配、阻力情况和热力工况与原来的旧系统有很大的不同。特别是当其中的某些散热器恒温阀进行调节的时候，对立管流量，阻力会产生较大变化，目前较普遍的结论是采用在主管上安装自力式定流量阀。

2）垂直双管系统：垂直双管系统在国内也占有重要份额，其特点是具有良好的调节稳定性，供回水温差大，流量对散热的影响较大，温度容易控制，改造工作量较单管小，恒温阀需要预设定。

双管系统温度控制技术在国外应用较为普及，技术成熟，但是我国的采暖系统的阻力、压降、流速与国外的有很大差别。进口的散热器恒温阀、热表等设备的流通能力较小，必须考虑其压力损失，以免供热不足；一些试点在大规模的供热小区里改造几个单元为双管系统，造成新旧系统混供的局面，改造的新系统阻力高以致流量不够，满足不了室温要求，温控也较难。故推广使用时还应加大研究分拆工作。

3）单户供暖系统：这种系统彻底改变了传统的住宅采暖系统，在管井内安装热量计和控制装置，各用户单独安装供暖管道系统，即在每个单元的楼梯间安装供暖的供回水主管，从供回水主管上引出各层每户的支管，主管采用垂直双管并联系统，水平支管采用单管串联或双管并联系统。温控方式采用散热器温控阀或是集中温控。

单户采暖系统可采用水平管道贴墙角铺设的方法，也可采用章鱼法地下敷设管道的方式，图 7–12 为这种布置方法的示意图。这种方法应用于新建建筑时，需要与建筑结构、装修专业配合，着重解决户内水平支管的走向、过门、排气等问题，同时需要解决好水力平衡问题，散热器造型计算问题等。

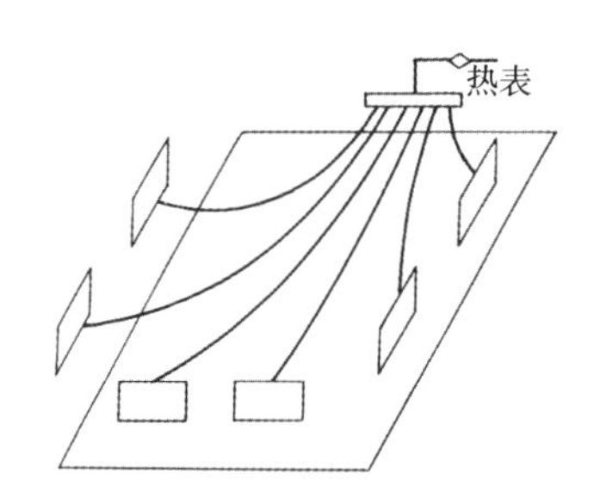

图 7–12　章鱼法布置的双管系统

7.6.2　采暖控温阀门

采暖控温中常用的控温阀门为散热器恒温控制阀。散热器恒温控制阀是由恒温控制器、流量调节阀以及一对连接件组成，可以人为调节设定温度（图 7-13）。

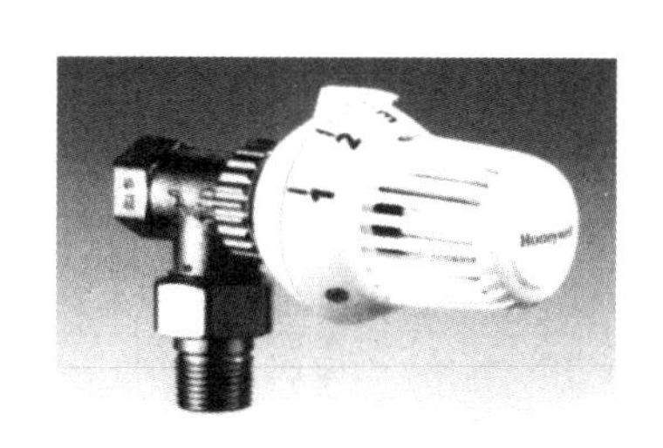

图 7–13　散热器恒温阀

恒温控制器的核心部件是传感单元，即温包。温包有内置式和外置（远程）式两种，温度设定装置也有内置式和远程式两种形式，可以按照其窗口显示来设定所要求的控制温度，并加以控制。温包内充有感温介质，能感应环境温度。感温包根据感温介质不同，通常主要分为：

（1）蒸汽压力式：即利用液体升温蒸发和降温凝结为动力，推动阀门的开度。

（2）液体膨胀式：感温包中充满具有较高膨胀系数的液体，常采用甲醇、甲苯、甘油等。依靠液体的热胀冷缩来执行温控。

（3）固体膨胀式：利用石蜡等胶状固体的胀缩作用。当室温升高时，感温介质吸收膨胀，关小阀门开度，减少了散热器的水量，降低散热量以控制室温。当室温降低时，感温介质放热收缩，阀芯被弹推回而使阀门开度加大，增加流经散热器水量，恢复室温。

7.6.3　采暖热计量技术

国外的采暖系统计量方式主要有两类：一类针对单户住宅建筑，直接由每户小量程的户用热表读数计量。另一类针对公寓式住宅，普遍采用建筑入口设置大量程的总热表，每户的每个散热器上安装一个热量分配表，以分配表的读数为依据，计算出每户所占比例，分摊总表耗热量到各个用户。

针对我国建筑形式和供热特点，对室内采暖的分户热量分摊，可通过下列途径来实现：

1）温度法

按户设置温度传感器，结合每户建筑面积，温度采集系统将根据住户内各房间保持不同温度的持续时间进行热费分摊。同一栋建筑物内的用户，如果采暖面积相同，在相同的时间内，相同的舒适度应缴纳相同的热费。该方法不必进行住户位置的修正，可用于新建建筑的热计量收费，也适合于既有建筑的热计量收费改造。

2）热量分配表法

每组散热器设置蒸发式或电子式热量分配表，通过对散热器散发热量的测量，并结合楼栋热量表计量得出的供热量进行热量（费）分摊。由于每户居民在整幢建筑中所处位置不同，即使住户面积与舒适度相同，散热器热量分配表上显示的数字却不相同，所以要将散热器热量分配表获得的热量进行一些修正。散热器热量分配表对既有采暖系统的热计量收费改造比较方便，比如将原有垂直单管顺流系统，加装跨越管就可以。

3）户用热量表法

按户设置热量表，通过测量流量和供、回水温差进行热量计量，进行热量（费）分摊。实际应用时我国原有的、传统的垂直室内采暖系统需要改为每一户的水平系统。另外，这种方法与散热器热量分配表一样，需要将各个住户的热量表显示的数据进行修正。所以这种方法对于既有建筑中应用垂直的采暖管路系统进行“热改”时，不太适用。

4）面积法

在不具备以上条件时，也可根据楼前热量表计量得出的供热量，结合各户面积进行热量（费）分摊。尽管这种方法是按照住户面积作为分摊热量（费）的依据，但不同于“热改”前的概念。这种方法的前提是该栋楼前必须安装热量表，是一栋楼内的热量分摊方式。对于资金紧张的既有建筑改造时，也可以应用。

7.6.4 热量表与热量分配表

1）热量表

进行热量测量与计算,并作为结算根据的计量仪器称为热量表(又称能量计、热表)。热量表由一个热水流量计、一对温度传感器和一个计算仪组成。

（1）热水流量计。热水流量计是用于测量流经换热系统的热水流量。通常的流量计按照原理来划分，主要有面积式流量计、差压式流量计、流速式流量计和容积式流量计四大类，见表 7-10。其中，主要应用于热量表的形式有：机械流速式、文丘里管式、电磁式、超声波式流量计等。

流量计的分类　　表 7–10

类别	名称
面积式流量计	玻璃转子流量计、金属管转子流量计、冲塞式流量计
差压式流量计	节流装置流量计（孔板、喷嘴、文丘里管及其他特殊节流装置）、均速管流量计
流速式流量计	机械流速式流量计（旋翼式水表、涡轮流量计、旋涡流量计）、电磁流量计、超声波流量计、分流旋翼式蒸汽流量计、流体振荡型流量计、激光测量流量计
容积式流量计	椭圆齿轮流量计

（2）温度传感器。温度传感器用以测量供水温度和回水温度。目前常用的有铂电阻和热敏电阻两种形式，由积算仪测量其电阻值并根据相应的公式计算温度测量值。

（3）积算仪（积分仪）（图 7–14）。积算仪根据流量计与温度传感器提供的流量和温度信号计算温度与流量，并且计算供暖系统消耗的热量和其他统计参数，显示记录输出。

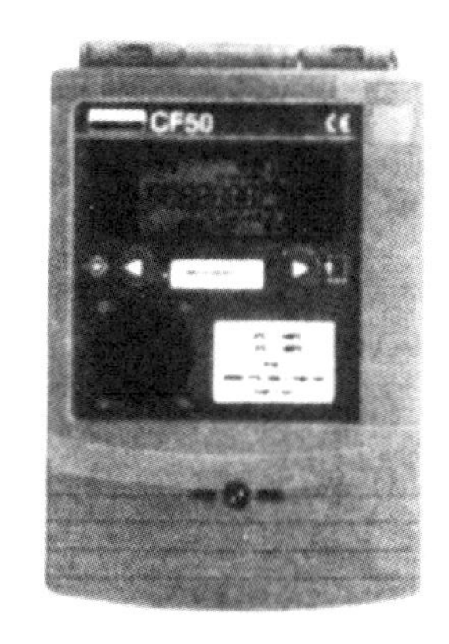

图 7–14　积算仪

通常积算仪至少能够计算、显示和储存如下数据：①累计热量（GJ 或 MW·h）；②累计流量（m^3）；③瞬时流量（m^3/h）；④功率（kW）；⑤供水温度、回水温度和供回水温差；⑥累计运行时间。一些积算仪还能够显示记录其他参数，诸如峰值、谷值和平均值，可以远程输出数据，如果输入热量单价还可以计算热费。

2）热量分配表

我国绝大多数住宅（多层或高层）是公寓式的垂直采暖系统，每户都有几根采暖立管通过房间，在该户所有房间中的散热器与立管连接处设置热表，这不仅过于复杂，而且费用昂贵。如果在住户中的散热器上安装热量分配表，结合楼入口的热量总表的总用热量数据，就可以得到全部散热器的散热量。对既有建筑，采暖系统为上下贯通形式的地方，用热量分配表配合总管热量表不失为一种折中可行的计量方式。但对于每户自成系统的新建工程中不宜采用。图 7–15 为热量分配表的外形。

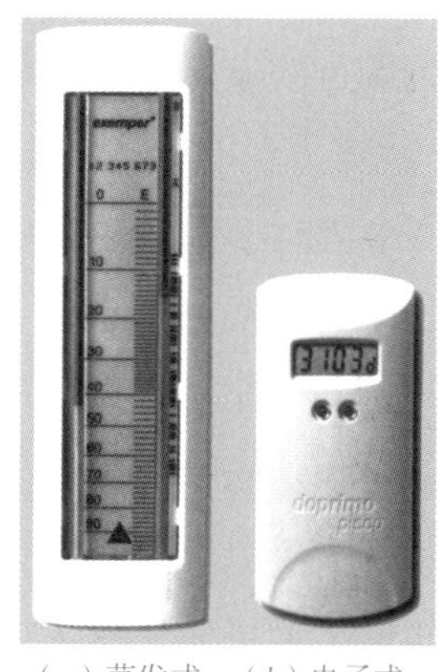
（a）蒸发式　（b）电子式
图 7–15　热量分配表

热量分配表有蒸发式和电子式两种形式。蒸发式热量分配表以表内化学液体的蒸发为计量依据。这种分配表只是得出各户间耗热量的百分比，而不是记录物理上的绝对热量值。每年在采暖期后进行一次年检（读取旧计量管读数以及更换新的计量管），根据楼口热表读值与各户分配表读值就可以计算各户耗热量。

电子式热量分配表简便直观，价格较高。该仪器的核心是高集成度的微处理器，处理器可随时自动存储耗热值，并可不断地自动检测，各种意外状况都可显示出来。同时该仪器可以遥控读数，做到不入户即可采集数据，为管理工作提供了较大方便。

7.7 智慧供热技术

7.7.1 智慧供热技术背景

在冬季城镇传统供热工作中，用户室内温度数据往往只能靠供热企业技术人员挨家挨户实测获得，用户室内温度不易采集的问题困扰着大量的供热企业。在实际工作中，受技术条件和经济成本等诸多因素限制，供热企业只能花极少的时间和人员对用户室内温度进行有限次数的测量，因此，用户室内温度作为供热服务最重要的质量指标反而被忽视了。研究表明，虽然很多供热企业通过采用气候补偿控制等技术手段有效地减少了能源浪费，但是用户室内温度通常还是会随着室外温度的波动而发生较大变化，表现出热力失调、冷热不均，供热效果差；设备不匹配，设计负荷大，浪费严重；运行调控技术落后；能耗较高等诸多问题。

针对以上代表性问题，将传统热网物联系统和热网信息系统相结合的智慧供热管控一体化平台就此诞生。平台通过分析和模拟整个热网数据，发现安全隐患和不同调控方案的优劣，辅助调控人员决策，并实时反馈调控情况，与原先调控方案进行对比，寻找产生差异的根源并不断进行优化，最终给出整个热网调控的最优调度方案。

7.7.2 智慧供热技术内涵

智慧供热不是在一个设备或某一环节上的智能化，而是从热源到末端全周期的智能化。具体体现在系统不仅能对一次网、二次网、换热站等各环节的信息数据进行自动收集，还可以获取供热系统外部的环境信息，比如房间温度、室外温度以及负荷变化等，这样能得到更加详细的数据，智慧供热系统的调控也能更加精确（图 7-16）。

智慧供热的调度运行平台包括软件、硬件和通信系统。软件系统包括地理信息、气象管理、负荷预测、热网监控、客服、收费、热量表远程抄表、远程室内测温系统、生产管控等，各子系统各信息数据互为调用，可以全面实现供热管理。硬件系统包括温度、压力、流量等参数传感器、楼宇自动智能控制装置等远程通信系统，通过有线或无线网络系统来保证热网系统上传信号的稳定性、安全性和可靠性。

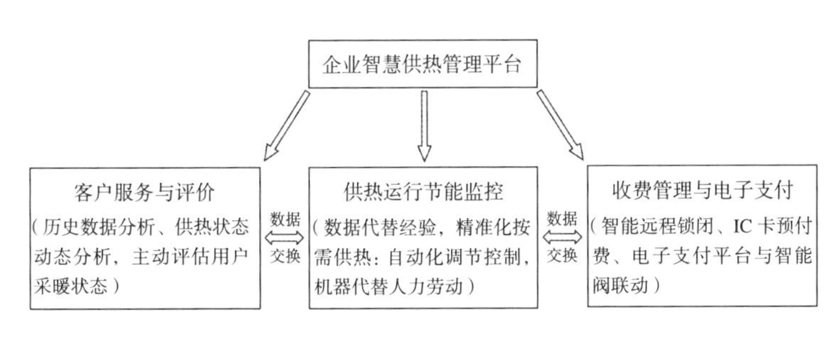

图7–16　智慧供热系统架构

7.7.3　智慧供热技术原理

在公共建筑和居住建筑内，选择供热系统中有代表性的多个用户，在其室内放置GPRS通信方式的室内温度无线远传采集模块，用户室温数据无线远传到集中控制室的工控机内，基于室内温度智慧供热节能系统对室温数据进行分析后修正供热系统的输出热量，通过综合调节出最佳室内温度曲线并实现节能。室内温度曲线具有室内温度均衡、室内温度被限制在最佳范围内波动的特点。

这项技术是通过运用模糊控制理论和多年积累的实际经验数据，针对锅炉供热期间产生的大量离散化、非线性的控制信息进行处理而提出的一项节能技术，可以有效地降低运行成本。运行人员可以直观监测公共建筑或居民小区用户室内温度的整体状况，并把智慧供热节能系统的参数调整到最佳状态，即使在极端天气情况下，也能把用户室内温度控制在合理范围内，实现最佳室内温度曲线，其室内温度曲线具有温度均衡和室内温度波动限制在一定范围内等特点，从而达到节能目的。

7.7.4　智慧供热平台建设的主要内容

1）实时数据的采集、存储和呈现通过4G无线网实现。

2）二次网控制参数的设定值通过基于系统动态模型来确定，以实现精确控制。

3）基于现场数据（微型气象台、热源、换热站及用户室内温度等）采集，通过上位机的统计计算和分析，充分发挥智慧供热平台功能，指导整体运行控

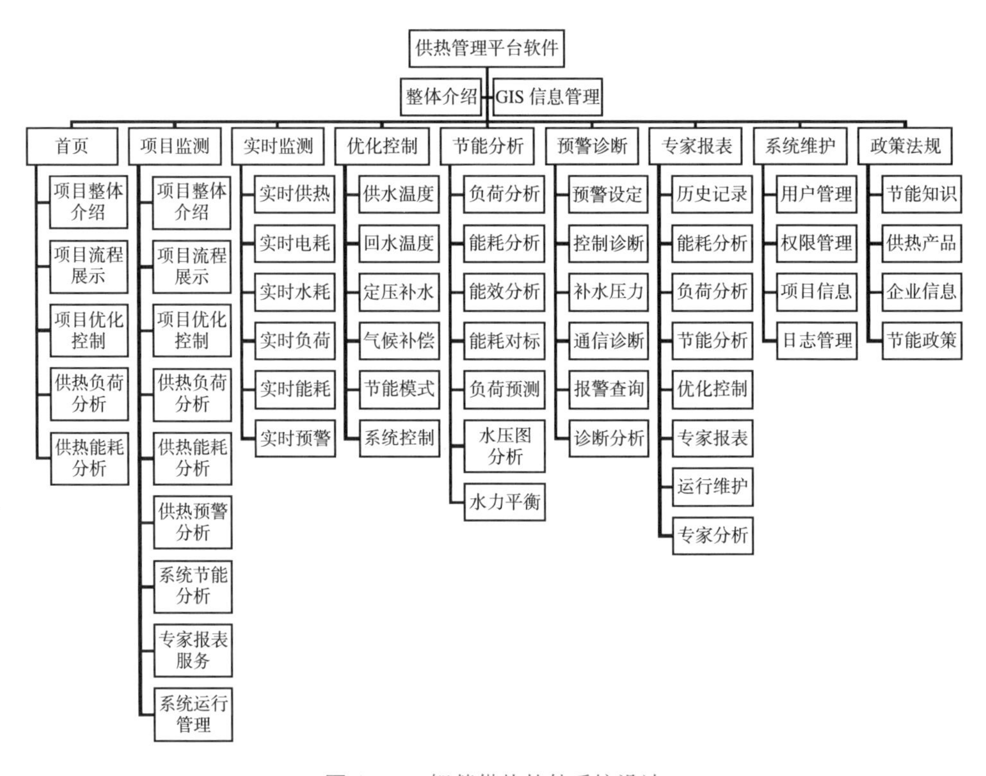

图 7-17　智慧供热软件系统设计

制策略，实时下发指令，对各换热站实施补偿控制，通过智慧平台实现监控和指挥供热系统的生产和运行。

4）通过比较控制参数误差和能耗指标，对控制精度和运行异常的站点进行监视，实时自动调控。

5）参数设定值可通过运行数据逐步修正，使整体系统的能效得以提高。

6）对二次测点、调节阀及水泵等实时运行状态进行在线分析，及时诊断设备运行异常及故障倾向。

7）热源预测控制，热源作为主要调节部分，跟踪室外温度变化，必要时人工干预：换热站可作为精细化调节，利用个性化控制参数设定偏移设置，实现远程和自动控制。

8）均匀性和舒适性控制：系统运行初期和末期，热源装机容量通常远大于设计需热量，如果出现系统控制偏差和设备本身调控能力所限，就会出现用户过热和浪费能源的现象。因此，应该有效地控制热源和用户之间的热量供需匹配。舒适性控制是保证用户室内温度上限不超标，或者当热源供热量不足时，保证用户室内温度一致。

9）热源根据预测模型对实时供热量、供水温度和循环流量定期调整，换热站根据二次网平均温度分配热量，实现网源联动整体控制策略。

7.7.5　智慧供热技术应用

1）智慧供热技术在热源环节的应用（一级监控，实现一级网热源输出的热力平衡）

在热源各机组和主管网出口安装计量装置，用来测量温度、压力、流量和能耗，计算分析各机组效率、供热出口参数并分别显示各供热主管道流量、热量、供水压力、回水压力、供水温度、回水温度等信息，系统将这些信息传送至供热调度监控中心，用来实时监控热源及出口的运行参数。供热调度监控中心还可以根据室外温度进行热负荷预测以及实时的需热量，热源运行人员根据热负荷预测结果输出供热量并对供热量和需热量进行实时对比，形成运行趋势对比曲线。

2）智慧供热技术在换热站的应用（二级监控，实现一级网的热力平衡）

供热站房安装有热计量表、智能调节阀、热控盘、变频等设备设施。供热调度监控中心生成的需热量目标值由换热站智能调节阀实现自控运行，这一运行过程由控制器控制，从而使目标值与实际运行参数一致，当换热站运行参数及设备出现故障时可自动报警，调度人员可进行远程操作，对换热站历史运行数据进行查询、统计。另外，智慧供热技术在实际应用中还可以结合天气以及负荷方面变化情况，选择最佳运行方案，在满足供热需要的同时提高供热经济合理性。

3）智慧供热技术在楼栋单元热力入口环节的应用（三级监控，实现二级管网的动态热力平衡）

在供热系统楼栋单元热力入口安装智能调节阀和多功能智能控制器，用于监测楼宇热力入口处的供热参数，根据系统生成的目标值远程自动调整阀门开启度。这样全面实现二次网的动态水力平衡调节和热力平衡调节，供热管网运行调节可实现初期、末期、寒期三个阶段灵活实现分阶段变流量的运行调节模式，替代了机械的自力式流量或压差平衡阀，使每栋楼实现远程自控动态温控调节，供热管网彻底实现“小流量、大温差”的运行状态，大大降低了运行供热成本，供热管网在布局合理的条件下，基本上系统没有了前端、末端的差异，避免了前端过热、末端热量不足感觉冷的现象。

4）热用户环节智慧化监控（四级监控，实现室内系统的热力平衡）

将居民热量表的计量参数（供水温度、回水温度、流量等）以及典型用户的室内温度（一般为顶楼、边户和底户）上传到供热调度监控中心。供热调度监控中心根据热量表上传数据与目标值进行对比，为热网的运行参数智能调节进一步修正提供科学依据。

7.7.6 智慧供热技术适用范围

智慧供热节能系统广泛适用于城镇供热、节能、环保、能源、建筑、房地产、学校、医院、公共服务等行业。该系统适用的重点领域包括供热节能领域和建筑节能领域。住宅、办公、商业、旅游、科教文卫、通信以及交通运输等各类建筑的供热系统都可以通过采用该系统达到降低供热能耗和建筑能耗的目的。而且该系统尤其适用于供热企业、学校、医院、政府机关、大型社区、写字楼、酒店等用能单位。

第8章
制冷节能原理

Chapter 8
Energy Efficiency Principle in Building Cooling System

8.1 空调节能概述

8.1.1 空调制冷技术基础

空气调节是将经过各种空气处理设备（空调设备）处理后的空气送入要求的建筑物内，并达到室内气候环境控制要求的空气参数，即温度、湿度、洁净度以及噪声控制等。空气调节系统是用人为的方法处理室内空气的温度、湿度、洁净度和气流速度的技术，可使某些场所获得具有一定温度和一定湿度的空气，以满足使用者及生产过程的要求并改善劳动卫生和室内气候条件。

根据制冷温度的不同，制冷技术大体可划分为三类，即：①普通制冷，高于 -120℃；②深度制冷，-120℃至 20K；③低温和超低温，20K 以下。空气调节用制冷技术属于普通制冷范围，主要采用液体汽化制冷法，其中以蒸气压缩式制冷、吸收式制冷应用最广。目前，制冷与热泵装置已成为大型空调系统的重要冷热源设备，同时很多中小型空调系统本身就是制冷与热泵装置。不同功能的建筑采用的空调方式有所不同，空调设备在运行中会消耗很大能量，据有关国家对公共建筑和居住建筑能耗的统计表明，有 1/4 的能耗是用于空调，所以空调节能十分重要。

8.1.2 空调系统分类

空调系统很多，一般可概括为两大类，即集中式和分散式（包括局部方式），表 8-1 总结出主要空调方式。我国目前应用最多的空调方式为集中的定风量全空气系统和新风加风机盘管机组系统两种。

主要空调方式　　表 8-1

类别	空调系统形式	空调输送方式
集中空调方式	全空调系统	定风量方式 变风量方式（即 VAV 系统） 分区、分层空调方式 冰蓄冷低温送风方式
	空气—水系统	新风系统加风机盘管机组 诱导机组系统
	全水系统	水源热泵系统 冷热水机组加末端装置
分散空调方式	直接蒸发式	单元式空调机加末端设备（如风口） 分体式空调器即 VRV 系统 窗式空调器
	辐射板式	辐射板供冷加新风系统 辐射板供冷或供暖

8.1.3　空调节能技术研究现状

随着国民经济的快速发展，人民生活水平的不断提高，人民对生活环境和舒适度要求越来越高，空调系统及相关设备已成为人们日常生活的一部分，其中建筑空调成为创造室内舒适环境、保证生产工艺，提高工作效率和发展生产力的重要保证。我国各地建有大量的现代化办公楼和综合性服务建筑群（包括商业娱乐设施）以及大量住宅小区，这些建筑多设置有空调设备，空调节能逐步成为建筑节能中一个重要问题。空调节能是涉及空调设备本身技术，安装运行技术及建筑物的热工状态的一项综合性研究课题，目前主要集中在以下几个方面：

（1）空调设备的低能耗和高效率的研究。

（2）蓄冷空调系统研究，国外发达国家如美、日、法等国均在研究发展这一系统。

（3）空调方式综合研究，例如：高大高量系统采用分层空调供冷，比全室空调可节能30%~50%，采用下送风方式或高速诱导方式，多级喷口送风方式等，均可达到节能效量。

（4）空调系统运行的节能，例如多台机组根据空调部分负荷时调节台数提高运行效率，春秋季节多利用室外空气以节约能源，利用自动控制进行多工况控制，减少冷热消耗等均可达到节能目的。

空调系统的节能措施还必须同建筑物的形式功能与围护结构等一起综合考虑才能达到目的。如果能降低建筑物照明和内部设备的能耗，增强建筑物本身隔热保温性能，不仅建筑自身热工环境得以改善，而且也相应减少了空气处理的能耗，实现建筑物整体的节能效果。

8.2　居住建筑空调节能

8.2.1　分散式空调节能技术

分散式空调系统又称为局部空调系统。该系统的特点是将冷（热）源、空气处理设备和空气输送设备全部或部分集中在一个空调机组内，组成整体式或分散式等空调机组，可以根据需要，灵活、方便地布置在各个不同的空调房间或领室内。分散式空调系统又可以分为窗式空调器系统、分体式空调器系统、柜式空调器系统等，一般居民楼常见的各种空调器就属于此类。

制冷技术的发展使得目前分散空调方式中使用的空调器具有优良的节能特性，但在使用中空调器是否能耗很低，还要依赖于用户是否能“节能地”使用。

这主要包括以下几个方面：

1）正确选用空调器的容量大小

空调器的容量大小要依据其在实际建筑环境中承担的负荷大小来选择，如果选择的空调器容量大，会造成使用中频繁启停，室内温场波动大，电能浪费和初投资过大；选得太小，又达不到使用要求。房间空调负荷受很多因素影响，计算比较复杂，这里介绍一种简易的计算方法。用户根据实际的使用要求，在表 8-2 中括号内填入相应的数据最后累加计算，即可求出所需选购的空调器制冷量。

房间空调负荷计算表　　表 8-2

项目	耗冷量（W）		
	室温要求 24℃	室温要求 26℃	室温要求 28℃
一、围护结构负荷 Q_1			
1. 门的面积（m^2）	（ ）m^2 × 40W	（ ）m^2 × 36W	（ ）m^2 × 20W
2. 窗的面积（m^2）			
太阳直射无窗帘	（ ）m^2 × 380W	（ ）m^2 × 370W	（ ）m^2 × 360W
太阳直射有窗帘	（ ）m^2 × 260W	（ ）m^2 × 250W	（ ）m^2 × 240W
非太阳直射	（ ）m^2 × 180W	（ ）m^2 × 170W	（ ）m^2 × 160W
3. 外墙面积（m^2）			
太阳直射	（ ）m^2 × 36W	（ ）m^2 × 33W	（ ）m^2 × 30W
非太阳直射	（ ）m^2 × 24W	（ ）m^2 × 21W	（ ）m^2 × 18W
4. 内墙面积（m^2）（邻室无空调）	（ ）m^2 × 16W	（ ）m^2 × 13W	（ ）m^2 × 10W
5. 楼层地板面积（m^2）（上下无空调）	（ ）m^2 × 16W	（ ）m^2 × 13W	（ ）m^2 × 10W
6. 屋顶面积（m^2）	（ ）m^2 × 43W	（ ）m^2 × 40W	（ ）m^2 × 37W
7. 底层地板面积（m^2）	（ ）m^2 × 8W	（ ）m^2 × 6.5W	（ ）m^2 × 5W
二、人员负荷 Q_2			
1. 静坐（室内常有人数）	（ ）人 × 115W	（ ）人 × 115W	（ ）人 × 115W
2. 轻微劳动（室内常有人数）	（ ）人 × 125W	（ ）人 × 125W	（ ）人 × 125W
三、室内照明负荷 Q_3			
1. 白炽灯功率（W）	（ ）W	（ ）W	（ ）W
2. 日光灯功率（W）	（ ）× 1.2W	（ ）× 1.2W	（ ）× 1.2W
四、室内电器设备负荷 Q_4			
室内电器总功率（W）	（ ）× 0.7W	（ ）× 1.2W	（ ）× 1.2W
五、空调制冷总量 $Q=Q_1+Q_2+Q_3+Q_4$			

2）正确安装

空调器的耗电量与空调器的性能有关，同时也与合理布置、使用空调器有很大关系。在图8-1中分窗式空调与分体式空调两种情况，具体说明空调器应如何布置，以充分发挥其效率。

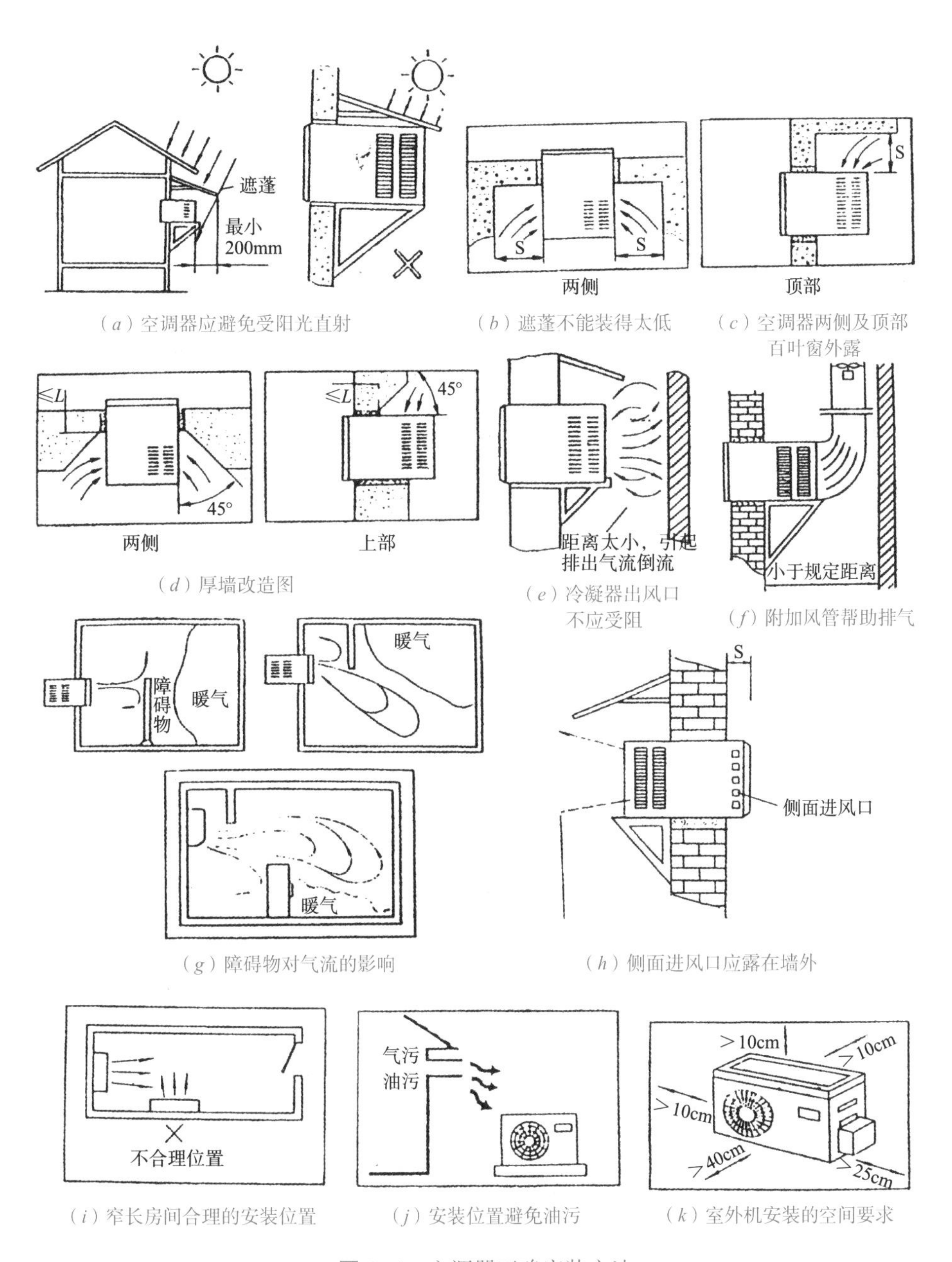

（a）空调器应避免受阳光直射　（b）遮蓬不能装得太低　（c）空调器两侧及顶部百叶窗外露

（d）厚墙改造图　（e）冷凝器出风口不应受阻　（f）附加风管帮助排气

（g）障碍物对气流的影响　（h）侧面进风口应露在墙外

（i）窄长房间合理的安装位置　（j）安装位置避免油污　（k）室外机安装的空间要求

图8-1　空调器正确安装方法

3）合理使用

合理使用空调器是节能途径的最末端问题，也是一个很重要的问题。可包括以下几个方面：

（1）设定适宜的温度是保证身体健康，获取最佳舒适环境和节能的方法之一。室内温湿度的设定与季节和人体的舒适感密切相关。夏季，在环境温度为22～28℃，相对湿度40%～70%并略有微风的环境中人们会感到很舒适，冬季，当人们进入室内，脱去外衣时，环境温度在16～22℃，相对湿度高于30%的环境中，人们会感到很舒适。从节能的角度看，夏季室内设定温度每提高1℃，一般空调器可减少5%～10%的用电量。

（2）加强通风，保持室内健康的空气质量。在夏季，一些空调房间为降低从门窗传进的热量，往往是禁闭门窗。由于没有新鲜空气补充，房间内的空气逐渐污浊，长时间会使人产生头晕乏力、精力不能集中的现象，各种呼吸道传染性疾病也容易流行。因此，加强通风，保持室内正常的空气新鲜是空调器用户必须注意的。一般情况下，可利用早晚比较凉爽的时候开窗换气，或在没有直射阳光的时候通风换气；或者选用具有热回收装置的设备来强制通风换气。

8.2.2 户式中央空调节能技术

户式中央空调是一种小型化的独立空调系统，适用于大空间家庭、办公楼等。区别于传统的大型楼宇空调以及家用分体机，家用中央空调将室内空调负荷集中处理，产生的冷（热）量是通过一定的介质输送到空调房间，实现室内空气调节的目的。根据家用中央空调冷（热）负荷输送介质的不同可将家用中央空调分为风管系统、冷（热）水系统、冷媒系统三种类型。家用中央空调技术含量高，拥有单独计费、停电补偿等优越性能，通过巧妙的设计和安装，可实现美观典雅和舒适卫生的和谐统一，是国际和国内的发展潮流和趋向。

1）户式中央空调类型

户式小型中央空调按输送介质的不同，可以分为以下几种主要类型。本节简要介绍其运行过程和优缺点。

（1）风管式系统

风管式机组的基本工作过程：供冷时，室外的制冷机组吸收来自室内机组的制冷剂蒸气，经压缩、冷凝后向各室内机组输送液体制冷剂。供热时，室外的制冷机组吸收来自冷凝器的制冷剂蒸气经压缩后向各室内机组输送气体制冷剂，室内机组通过布置在天花板上的回风口将空气吸入，进行热交换后送入室内风道，向各个房间进行输送空气，实现对房间空气的调节。该系统的优点是采用空气系统没有漏水，可引新风，可进行空气过滤、加湿、除臭等处理。缺点是风管加保温管径较大，房间层高大；分室温度控制难实现，造成能耗高，噪声大。虽采用电动风阀，但对主机没有联动控制，效果较差。

（2）冷 / 热水机组

冷 / 热水机组的基本工作过程为：室外的制冷机组对冷 / 热水进行降温（或升温），然后由水泵将降温后的冷水输送到安装在室内的风机盘管机内，由风机盘管机组采取就地回风的方式与室内空气进行热交换实现对室内空气处理的目的。该系统水管较细，容易拐弯穿墙；风机盘管容易控制。缺点是水管入户，存在漏水危险，且集水盘容易滋生细菌。

（3）VRV 系统

VRV 系统是制冷剂变流量空调系统，它以制冷剂为输送介质，室外主机由室外换热器，压缩机和其他制冷附件组成，末端装置是由直接蒸发式换热器和风机组成（图 8-2）。该系统适用于独立的住宅，也可用于集合式住宅。其制冷剂管路小，便于埋墙安装或进行伪装；系统采用变频能量调节，部分负荷能效比高，运行费用低。其主要缺点是初投资高，是户式空调器的 2 ~ 3 倍；系统的施工要求高，难度大，从管材材质、制造工艺、零配件供应到现场焊接等要求都极为严格。

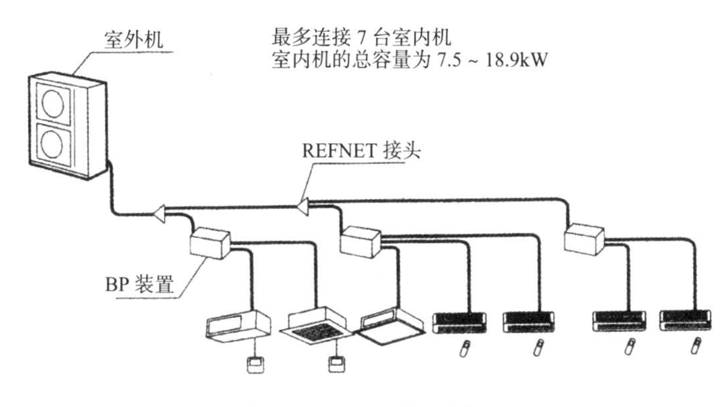

图 8–2　VRV 系统示意图

2）户式中央空调节能技术

户式中央空调通常是家庭中最大的能耗产品，所以在具有很高的可靠性的同时，必须具有较好的节能特性。近些年发展起来的户式中央空调节能技术包括以下方面：

（1）变频变容技术

变频变容技术是近年来应用在多联式中央空调上的一种新技术，采用该技术的压缩机，有两个气缸，在低负荷情况下单缸运行，在高负荷情况下双缸运行，该技术能有效降低中央空调能耗。《中国制冷空调实际运行状况调研报告》显示，家用多联机 60% 的运行时间都是单开一台室内机，有近 60% 的时间在 30% 以下的低负荷运行，特别是在负荷率低于 20% 时，运行时间占比超过 40%，低负荷下压缩机低频运行，由于电机效率和容积效率的下降，使压缩机总效率下降。压缩机的最低频有可能相对输出过高，所以整机总能效也会相应地下降。在整机负荷率低于 25% 时，家用多联机能效随负荷率减小而急剧下降。同时压缩机在低负荷运行的情况下，容易达到室内设定的温度点停机，这就导致压缩机在运行过程中出现频繁的开停，这样室内温度就会出现波动，影响用户的舒适性，整机能耗随着不断开停机而增加。

变频变容技术是为解决多联式中央空调的运行效率不高的问题而研发的技术。搭载变频变容压缩机的多联机，运用单双缸切换的运行模式，使压缩机能够满足不同工况下的运行要求，减少最小制冷量，提升低负荷能效。该系统有两种运行模式，在室外温度较高或较多室内机运行的情况下采用双缸运行模式，两个气缸同时运行，满足中、高负荷需求。在室外温度较低或是只有一台室内机运行的情况下，采用单缸运行模式，仅一个气缸运行，满足低负荷需求。在满足用户正常制冷制热需求的同时，最大限度地降低了能源消耗，避免了大马拉小车的现象，解决家用多联机产品最小输出过大、低负荷时能效低这两大突出问题。在低负荷运行状态下压缩机单缸模式运行，运行噪声更低同时避免了空调频繁开停机造成的温度波动，舒适性更高。

（2）空调的多功能化设计

随着人们生活水平的提高，人们对于空调功能的需求不局限于制冷和制热。空调在制冷或制热的同时，室外机排放的冷量或热量未得到充分利用，导致了能源的浪费。由此诞生了多功能空调系统。多功能一体空调除了可以满足基本的制冷和制热以外，还可以实现热水、干衣、除湿、地暖等功能，实现了一机多用，有效降低了人们的购机成本，提高了整体的舒适性，节省了生活空间，有效地利用能源。该技术的原理为中央空调室外机通过连接不同的模块实现不同功能，采用热泵系统作为热水器，不仅能耗低，而且安全可靠，对环境无污染。夏季该空调系统在制冷的同时可以进行制热水的过程，普通的空调一般都会将废热排放到大气中，但是多功能中央空调通过一个热水发生器，可以将高温高压的冷媒用于制热水，满足人们的热水需求，有效利用了能源。室内机的除湿功能主要通过特殊的多管制内机来实现，该种内机一般有两片换热器，除了正常的制冷制热功能外，还有除湿功能。和除湿机类似，两片换热器可以同时制冷和制热，湿空气先经过低温换热器，空气中的水分被冷凝排出，然后经过高温换热器实现再热，两片换热器的制冷和制热通过室外机多个四通阀的切换实现。该种功能可有效解决南方地区春夏季的潮湿问题。

8.3　公共建筑空调节能

8.3.1　中央空调系统节能技术

中央空调系统由一个或多个冷热源系统和多个空气调节系统组成，该系统不同于传统冷剂式空调（如单体机，VRV），集中处理空气以达到舒适要求。采用液体气化制冷的原理为空气调节系统提供所需冷量，用以抵消室内环境的冷负荷；制热系统为空气调节系统提供所需热量，用以抵消室内环境热负荷。制冷系统是中央空调系统至关重要的部分，其采用种类、运行方式、结构形式等直接影响了中央空调系统在运行中的经济性、高效性、合理性。中央空调系统的节能途径与采暖系统相似，可主要归纳为以下两个方面：一是系统自身，即在建造方面采用合理的设计方案并正确地进行安装；二是依靠科学的运行管理方法。使空调系统真正地为用户节省能源。

1）设计阶段节能

目前在中央空调系统设计时，采用负荷指标进行估算，并且出于安全的考虑，指标往往取得过大，负荷计算也不尽详尽，结果造成了系统的冷热源、能量输配设备、末端换热设备的容量都大大超过了实际需求，形成“大马拉小车”的现象，这样既增加了投资，使用上也不节能。所以设计人员应仔细地进行负荷分析计算，力求与实际需求相符。

计算机模拟表明，深圳、广州、上海等地区夏季室内温度低 1℃或冬季高 1℃，暖通空调工程的投资约增加 6%，其能耗将增加 8%左右。此外，过大的室内外温差也不符合卫生学要求。《夏热冬冷地区居住建筑节能设计标准》JGJ 34—2010 规定，设计建筑和参照建筑的采暖和空调年耗电量的计算要求为：

（1）整栋建筑每套住宅室内计算温度，冬季应全天为 18℃，夏季应全天为 26℃；

（2）采暖计算期应为当年 12 月 1 日至次年 2 月 28 日，空调计算期应为当年 6 月 15 日至 8 月 31 日；

（3）室外气象计算参数应采用典型气象年；

（4）采暖和空调时，换气次数应为 1.0 次 /h；

（5）采暖、空调设备为家用空气源热泵空调器，制冷时额定能效比应取 2.3，采暖时额定能效比应取 1.9；

（6）室内得热平均强度应取 4.3W/m^2。

除了室内设计温度外，合理选取相对湿度的设计值以及温湿度参数的合理搭配也是降低设计负荷的重要途径，特别是在新风量要求较大的场合，适当提高相对湿度，可大大降低设计负荷，而在标准范围内（ϕ=40%~65%），提高相对湿度设计值对人体的舒适影响甚微。

新风负荷在空调设计负荷中要占到空调系统总能耗的 30%甚至更高。向室内引入新风的目的，是稀释各种有害气体，保证人体的健康。在满足卫生条件的前提下，减小新风量，有显著的节能效果。设计的关键是提高新风质量和新风利用效率。利用热交换器回收排风中的能量，是减小新风负荷的一项有力措施。按照空气量平衡的原理，向建筑物引入一定量的新风，必然要排除基本上相同数量的室内风，显然，排风的状态与室内空气状态相同。如果在系统中设置热交换器，则最多可节约处理新风耗能量的 70%~80%。据日本空调学会提供的计算资料表明，以单风道定风量系统为基准，加装全热交换器以后，夏季 8 月份可节约冷量约 25%，冬季一月份可节约加热量约 50%。排风中直接回收能量的装置有转轮式、板翅式、热管式和热回收回路式等。

2）冷热源节能

冷热源在中央空调系统中被称为主机，其能耗是构成系统总能耗的主要部分。目前采用的冷热源形式主要有：

（1）电动冷水机组供冷、燃油锅炉供热，供应能源为电和轻油；

（2）电动冷水机组供冷和电热锅炉供热，供应能源为电；

（3）风冷热泵冷热水机组供冷、供热，供应能源为电；

（4）蒸汽型溴化锂吸收式冷水机组供冷、热网蒸汽供热，供应能源为热网蒸汽、少量的电；

（5）直燃型溴化锂吸收式冷热水机组供冷供热，供应能源为轻油或燃气、少量的电；

（6）水环热泵系统供冷供热，辅助热源为燃油、燃气锅炉等，供应能源为电、轻油或燃气。其中，电动制冷机组（或热泵机组）根据压缩机的型式不同，又可分为往复式、螺杆式、离心式三种。

在这些冷热源形式中，消耗的能源有电能、燃气、轻油、煤等，如何衡量它们的节能性呢？这就需要把这些能源形式全部折算成同一种一次能源，并用一次能源效率 OEER 来进行比较。各类冷热机组的 OEER 值见表 8-3。

各种形式冷热源的 OEER 值 表 8-3

工况	冷热源形式	输入能源	额定工况时能耗指标			季节平均		
			EER 或 ε_h	ζ	OEER	EER	ζ	OEER
夏季制冷	活塞式冷水机组	电	3.9		1.19	3.4		1.034
	螺杆式冷水机组	电	4.1		1.25	3.60		1.094
	离心式冷水机组	电	4.4		1.34	3.90		1.186
	活塞式风冷热泵冷热水机组	电	3.65		1.11	3.20		1.034
	螺杆式风冷热泵冷热水电机组	电	3.80		1.16	3.40		0.969
	蒸汽双效溴化锂吸收式冷水机组	煤		1.15	0.71		1.05	0.648
	蒸汽双效溴化锂吸收式冷水机组	油 / 气		1.15	0.93		1.05	0.875
	直燃型双效溴比锂吸收式冷热水机组	电		1.09	1.09		0.95	0.95
冬季制热	活塞式风冷热泵冷热水机组	电	3.85		1.17	3.45		1.049
	螺杆式风冷热泵冷热水机组	电	3.93		1.20	3.63		1.104
	直燃型双效溴比锂吸收式冷热水机组	油 / 气		0.90	0.90		0.75	0.75
	电锅炉	电	1.0		0.304	0.9		0.274
	燃油锅炉	油		0.85	0.85		0.75	0.75
	采暖锅炉	煤		0.65	0.65		0.60	0.60

注：额定工况：冷水机组——冷冻水进、出口温度 12/7℃，冷却水进出口温度 32/37℃；热泵冷热水机组——夏天环境温度 35℃，冷水出水温度 7℃；冬季环境温度 7℃，热水出水温度 45℃。

不同季节或在同一天中不同的使用情况下，建筑物的空调负荷是变化的。冷热源所提供的冷热量在大多数时间都小于负荷的 80%，这里还没有考虑设计负荷取值偏大问题。这种情况下机组的工作效率一般要小于满负荷运行效率。所以，在选择冷热源方案时，要重视其部分负荷效率性能。另外机组工作的环境热工状况也对其运行效率有一定的影响。例如：风冷热泵冷热水机组在夏季夜间工作时，因空气温度比白天低，其性能也要好于白天；水冷式冷水机组主要受空气湿球温度影响，而风冷机组主要受干球温度的影响，一般情况下，风冷机组在夜间工作就更为有利。

根据建筑物负荷的变化合理地配置机组的台数及容量大小，可以使设备尽可能满负荷高效地工作。例如，某建筑的负荷在设计负荷的 60%~ 70%时出现的频率最高，如果选用两台同型号的机组，就不如选三台同型号机组，或一台 70%、一台 30%一大一小两台机组，因为后两种方案可以让两台或一台机组满负荷运行来满足该建筑物大多数时候的负荷需求。《公共建筑节能设计标准》

GB 50189—2015 规定，冷热源机组台数宜选用 2 ~ 3 台，冷热负荷较大时亦不应超过 4 台，为了运行时节能，单机容量大小应合理搭配。当然，采用变频调速等技术，使冷热源机组具有良好的能量调节特性，是节约冷热水机组耗电的重要技术手段。

3）水系统节能

空调中水系统的用电，在冬季供暖期约占动力用电的 20%~ 25%，在夏季供冷期约占动力用电的 12%~ 24%。因此，降低空调水系统的输配用电是中央空调系统节约用电的一个重要环节。

制冷空调水系统分为冷冻水系统和冷却水系统。对于冷冻水系统，冷冻水温度越高，冷水机组的制冷效率就越高。首先，不要设置过低的冷水机组冷冻水设定温度。其次一定要关闭停止运行的冷水机组的水阀，防止部分冷冻水走旁通管路，否则，经过运行中的冷水机组的水量就会减少，导致冷冻水的温度被冷水机组降到过低的水平；对于冷却水系统，冷却水温度越低，冷机的制冷系数就越高。首先，对于停止运行的冷却塔，其进出水管的阀门应该关闭，否则，因为来自停开的冷却塔的水温度较高，混合后的冷却水水温就会提高，冷水机组的制冷系数就减低了。其次，冷却塔使用一段时间后应及时检修，否则冷却塔的效率会下降。

我国的一些高层宾馆、饭店空调水系统普遍存在着不合理的大流量小温差问题。冬季供暖水系统的供回水温差：较好情况为 8 ~ 10℃，较差的情况只有 3℃。夏季冷冻水系统的供回水温差：较好情况也只有 3℃左右。根据造成上述现象的原因，可以从以下几个方面解决。最终使水系统在节能状态下工作。

（1）各分支环路的水力平衡：《公共建筑节能设计标准》GB 50189—2015 规定，要求对空调供冷、供暖水系统，不论是建筑物内的管路，还是建筑物之外的室外管网，均需按设计规范要求进行认真计算，使各个环路之间符合水力平衡要求。系统投入运行之前必须进行调试。所以在设计时必须设置能够准确地进行调试的技术手段，例如在各环路中设置平衡阀等平衡装置，以确保在实际运行中，各环路之间达到较好的水力平衡。

（2）设置二次泵：如果某个或某几个支环路比其余环路压差相差悬殊，则这些环路就应增设二次循环水泵，以避免整个系统为满足这些少数高阻力环路需要，而选用高扬程的总循环水泵。

（3）变流量水系统：为了系统节能，目前大规模的空调水系统多采用变流量系统：即通过调节二通阀改变流经末端设备的冷冻水流量来适应末端用户负荷的变化，从而维持供回水温差稳定在设计值；采用一定的手段，使系统的总循环水量与末端的需求量基本一致；保持通过冷水机组蒸发器的水流量基本不变，从而维持蒸发温度和蒸发压力的稳定。

4）风系统节能

在空调系统中，风系统中的主要耗能设备是风机。风机的作用是促使被处理的空气流经末端设备时进行强制对流换热，将冷水携带的冷量取出，并输送至空调房间，用于消除房间的热湿负荷。被处理的空气可以是室外新风、室内循环风、新风与回风的混合风。风系统节能措施可从以下几个方面考虑。

（1）正确选用空气处理设备：根据空调机组风量、风压的匹配，选择最佳状态点运行，风机的风压不宜过分大，以降低风机功率。另外，应选用漏风量及外形尺寸小的机组。国家标准规定在 700Pa 压力时的漏风量不应大于 3%，实测证明：漏风量 5%，风机功率增加 16%；漏风量 10%，风机功率增加 33%。

组合式空调机组是集中式空调方式的主要设备，也是主要耗能设备。其技术性能指标 14 项，主要项目是机组的风量、风压、供冷量和供热量，如果匹配不当，耗能较大，而且达不到效果，因此要求：

①机组风量风压匹配，选择运行最佳经济点运行，要求生产厂家生产风机噪声低、效率高。

②机组整机漏风要少，根据国家标准《组合式空调机组》GB/T 14294—2008 的规定，机组内静压保持正压段 700Pa、负压段 –400Pa 时，机组漏风率不大于 2%，用于净化空调系统的机组，机组内静压应保持 1000Pa，机组漏风率不大于 1%。

③空气热回收设备的利用。空气热回收设备有显热回收器和全热回收器两种，每一种又有静止式和转轮式热回收器。无论哪一种都是两种不同状态的空气同时进行热湿交换的设备，它主要用于回收空调系统中排风的能量，并将其回收的能量直接传递给新风。在夏季，利用排风或回风比新风温湿度低来降低新风的温湿度。在冬季则相反，利用排风或回风与新风热交换来提高新风的温湿度。该设备可单独设置在空调新排风系统中，也可作为组合式空调机组的一个功能段，一般可节省新风负荷量 70%左右。

④尽量利用可再生热源如太阳能、地热、空气自身供冷能力等。在春秋季，尽量加大新风量，以节省冷量，因此，在设计空调机组时要考虑加大新风量的可能性。

（2）注意选用节能性好的风机盘管。

（3）选择合适的送风方式：因建筑物功能要求不同空调系统和末端设备会有很大差别。公共建筑如体育馆、影剧院、会堂；博物馆、商场等，其特点为人员较多，空间高大，有舒适性空调要求。但空调负荷较大，设计时必须考虑节能措施，室内送风方式可利用下列方式：

①高速喷口诱导送风方式。由于送风速度大；一般在 4 ~ 10m/s，诱导室内空气量多，送风射程长，因而可以加大送风温差，一般可取 8 ~ 10℃，这就可减少送风量，也就节省能量。

②分层空调技术。在高大空间建筑物中，利用空气密度随着垂直方向温度变化而自然分层的现象，仅对下部工作区域进行空调，而上部较大空间（非空调区）不予空调或通风排热，经实验和工程实例证明，既能保持下部工作所要求的环境条件，又能有效地减少空调负荷，从而：节省初投资和运行费用。相对于全室空调而言，一般可节省冷量 30%~ 50%，空间越大，节能效果越显著。

③下送风方式或座椅送风方式。由于这种下送风方式是由房间下部或座椅风口向上送风，只考虑工作区或人员所在处的负荷，直接送入需要空调的部位，因此，这也是一种节能措施，但这种方式只能应用于一般的舒适性空调建筑，如影剧院等。

对于现代化办公和商业服务建筑群、宾馆等常用空调方式有：

（1）新风机组加末端风机盘管机组是目前现代化办公建筑应用最广泛的一种空调方式，这种空调方式的最大特点是灵活性大。对于不同建筑平面布置形式，特别是层高较低时，都可以适应，而且可根据不同朝向的房间进行就地控制，不使用的房间的空调可关闭，有利于节约能量。但由于这种方式设计时的新风量是按每人最小新风量乘以设计人数而确定的，因此，在春秋季无法充分利用室外空气来降温而节约能源，特别是在寒冷地区更为显著。

（2）变风量空调方式是一种节能空调方式，它是按各个空调房间的负荷大小和相应室内温度变化，自动调节各自送风量，达到所要求的空气参数。它可以避免任何冷热抵消的情况，可以利用室外空气冷却（在春秋过渡季节）节约制冷量。由于变风量空调的冷却量不必按全部冷负荷峰值之和来确定，而是按某一时间各朝向冷负荷之和来确定，因此，它比风机盘管系统冷却能力可减少20%左右。由于变风量系统通过调节送入房间的风量来适应负荷的变化，在确定系统总风量时还可以考虑一定的空调房间同时使用情况，所以能够节约风机运行能耗和减少风机装机容量,系统的灵活性较好。变风量系统属于全空气系统，它具有全空气系统的一些优点，可以利用新风消除室内负荷、没有风机盘管凝水问题和霉变问题。变风量系统存在的缺点是：在系统风量变小时，有可能不能满足室内新风量的需求、影响房间的气流组织；系统的控制要求高，且不易稳定；且投资较高等。这些都必须依靠设计者在设计时周密考虑，才能达到既满足使用要求又节能的目的。

5）中央空调系统节能运行模式

（1）“大温差”供冷

“大温差”是指空调送风或送水的温差比常规空调系统采用的温差大。大温差送风系统中，送风温差达到 14 ~ 20℃；冷却水的大温差系统，冷却水温差达到 8℃；当冷媒携带的冷量加大后，循环流量将减小，可以节约一定的输送能耗并降低输送管网的初投资。大温差技术是近几年刚刚发展起来的新技术，具体实施的项目不是很多。但由于其显著的节能特性，随着研究的深入和设计上的成熟，大温差系统必然会得到更为广泛的应用。我国采用这种新技术的典型工程有：上海万国金融大厦；上海浦东国家金融大厦等在常规空调系统中采用了冷冻水大温差系统，循环参数分别为 6.7/14.4℃和 5.6/15.6℃；上海金茂大厦采用了送风大温差设计等。空调大温差技术的应用已经引起了国内空调界的广泛关注。

（2）冷却塔供冷

这种技术是指在室外空气湿球温度较低时，关闭制冷机组，利用流经冷却塔的循环水直接或间接地向空调系统供冷，提供建筑物所需要的冷量，从而节约冷水机组的能耗。这种技术又称为免费供冷技术，它是近年来国外发展较快的节能技术。其工作原理见图 8–3。

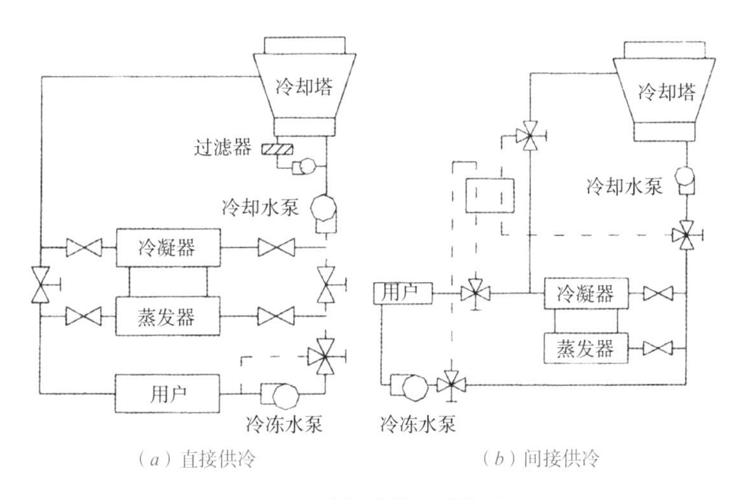

图 8–3　冷却塔供冷系统原理

由于冷却水泵的扬程不能满足供冷要求、水流与大气接触时的污染问题等，一般情况下较少采用直接供冷方式。采用间接供冷时，需要增加板式热交换器和少量的连接管路，但投资并不会增大很多。同时，由于增加了热交换温差，使得间接供冷时的免费供冷时间减少了。这种方式比较适用于全年供冷或供冷时间较长的建筑物，如城市中心区的智能化办公大楼等内部负荷极高的建筑物。以美国的圣路易斯某办公试验综合楼为例，该建筑要求全年供冷，冬季供冷量500冷吨。该系统设有2台1200冷吨的螺杆式机组和一台800冷吨的离心式机组以满足夏季冷负荷。冷却塔配备有变速电机，循环水量694L/s。为节约运行费用，1986年将大楼的空调水系统改造成能实现冷却塔间接免费供冷的系统，当室外干湿球温度分别降到15.6℃和7.2℃时转入免费供冷，据此每年节约运行费用达到12.5万美元。

6）中央空调系统节能新技术

（1）高效冷水机组

与恒速离心式冷水机组相比，变频离心式冷水机组在实际应用中运行性能好，节能效果显著。变频离心式冷水机组采用双级压缩机离心叶轮，结合数字变频技术，可实现更高的COP及IPLV，有效地达到节能减排的目的。智能控制系统依据负荷以及压比，自动控制压缩机转速，确保压缩机在避开喘振点、堵塞点的同时，运行在最高能效点，实现节能。过渡季节冷却水温度比较低的工况下，可以通过变频技术，降低压缩机转速，适应小压比工况，运行范围更广。这种冷水机组的创新点在于：采用变频双级离心压缩机，智能控制，全面提升满负荷及部分负荷效率，有效防止喘振发生；采用三元流叶轮，气体流动形态更合理，有效降低压缩机能耗；压缩机独特斜齿设计，确保高效和长寿命，提高机组可靠性。

（2）磁悬浮离心式冷水机组

磁悬浮变频离心式冷水机组的核心是磁悬浮离心压缩机，其主要由叶轮、电机、磁悬浮轴承、位移传感器、轴承控制器、电机驱动器等部件组成。磁悬浮轴承是一种利用磁场，使转子悬浮起来，从而在旋转时不会产生机械接触，不会产生机械摩擦，避免能量损失，不再需要机械轴承以及机械轴承所必需的润滑系统。磁悬浮变频离心机一举克服了传统机械轴承式离心机能效受限、噪声大、启动电流大、维护费用高等一系列弊端，机组效率无衰减，始终保持高效运行，是一种更为节能、高效的中央空调产品。磁悬浮离心式冷水机组的优点包括：

①能效高：采用磁悬浮变频离心式冷水机组，全年综合能效COP可高达9，机组节能50%以上，压缩机设计使用寿命长达30年，无油润滑高效可靠，启动电流低，满负荷噪声小，基本上没有振动。

②效率高：由于无油设计，在制冷系统里面没有润滑油，换热器的表面不

会形成妨碍传热的油膜，由此在蒸发器提供了蒸发温度，在冷凝器里降低了冷凝温度，制冷机组的效率大大提升；没有润滑油，没有油泵功率的消耗，没有润滑油加热消耗的能量，没有润滑油冷却消耗的制冷量，机组的效率大大提升。

③免维护：大大节约维护费用，由于无油设计，机组不需要润滑剂，不需要更换润滑油，不需要更换油过滤器，不需要再生蒸发器的制冷剂，大大减少了维护费用。

④环保、低噪声：环保磁悬浮空调可选用环保 R134a 冷媒，对臭氧层无伤害；而且运行时噪声很小。

（3）制冷剂替代技术

传统空调制冷剂氟利昂因为可以破坏臭氧层而被国际社会明令在一定时间内禁止使用，根据规定，发展中国家在 2040 年前不得使用氟利昂，发达国家则是在 2020 年前不得使用。因此，技术人员首要任务就是在最短时间内研发出可以替代氟利昂的新型制冷剂。新型制冷剂要以环保为原则，使用过程中要能达到两方面的要求：一是全球变暖潜能（GWP）较低，二是臭氧层破坏潜能（ODP）较低。现阶段，天然制冷工质和 HFCs 物资是制冷剂替代研究的两个主要方向。其中，天然制冷工质方向已经研制出了 R600a、R290 和 R717 等替代物质，而 HFCs 物资开发方面也获得了 R407 C、HFc134a（R134a）、R410A 等替代环保制冷物质。

（4）热回收技术

热回收技术是指回收空调运作时散发的热能并将其并入能量循环的技术，该技术可提高热能的利用率，实现能源的节约。热回收技术可根据空调的性能和应用场地分为两类：冷凝热回收技术和排冷风、热分回收技术。冷凝热回收技术可将空调多余的热能转化为空调运作的能源，减少污染物的生成，而排冷风、热分回收技术可确保空调运作过程中实现部件低负荷运转，在保障节能的前提下提升工作效率。

（5）高效机房

近几年，高效制冷机房的概念在国内日渐得到认可，设计院、咨询单位、节能服务公司和相关设备厂家均提出了相关的解决方案，并在实际项目中进行应用，取得了良好的节能效果和示范效应。2019 年 6 月国家发展改革委等七部委联合印发了《绿色高效制冷行动方案》，提出到 2030 年，大型公共建筑制冷能效提升 30%，制冷总体能效水平提升 25% 以上，绿色高效制冷产品市场占有率提高 40% 以上，对公共建筑集中空调系统的能效提出了更高要求。考虑到目前国内制冷机房系统运行能效普遍较低，存在较大的节能空间，因此发展高效制冷机房系统是响应国家政策、提升公共建筑制冷能效的重要突破口。2019年底，为贯彻落实国务院《“十三五”节能减排综合工作方案》和《绿色高效制冷行动方案》文件精神，国家建筑节能质量监督检验中心开展了“高性能节能工程”标识工作，针对新建项目，要求集中制冷机房冷源系统能效达到5.5以上；针对既有建筑制冷机房改造项目，要求冷源系统能效提升30%以上。并在2019年第三届中国暖通空调产业年会上，颁发了首批“高性能节能工程”标识证书。

关于高效制冷机房的定义，目前国内外虽没有相关的规范或标准进行明确规定，但业内已普遍达成共识：制冷机房制冷季平均能效COP ≥ 5.0即可认为达到高效制冷机房标准。该能效基准起源于美国暖通空调行业编制的针对装配离心式冷水机组的制冷机房系统能效评级5，该评级将制冷季平均能效COP ≥ 5.0的制冷机房评为高效，COP ≤ 3.5的制冷机房则需要改进。

高效机房的构建需要包括三大重要组成部分：一是高效的设备，主要包括冷水机组、水泵、冷却塔等空调机房主要的能耗设备；二是水路系统的节能深化设计，主要目标就是减少系统阻力降低输配系统能耗；三是智能控制系统和能耗能效评价系统，对于高效机房必须有完善、准确的监测和能耗能效评价系统，可以清晰地了解各设备及系统的能效情况，对比分析设计效率与实际运行效率的差异，利用智能控制系统不断优化运行策略，保证空调系统持续高效，即在正确的机房负荷下，通过系统优化设计进行设备优选和相应的运行策略确认。通过系统动态模型，提取出系统模型运行的数据，然后进行研究和分析，设置系统运行耗能量最小的状态即最佳运行状态。与此同时，通过设计优化制冷机组设备及优化输配系统设备，精准核算和优化循环水网管长，流量，管径，水流速，沿程阻力构件和局部阻力构件等最大化优化输配系统水泵设备参数。在系统中，机房中的设备配置和控制策略要与其设计、负荷特性和设备运行结合起来。一套集成控制系统是获得整套系统的最佳可靠性和效率的核心。空调系统是一个动态变化的系统，各设备之间相互关联，传统的仅依靠人工操作，即使这个人是非常有经验的专家，也无法让冷冻机房的所有设备协调高效地工作。必须依靠智能控制系统，根据负荷的需求，主动实时地去调节冷冻站的所有设备，让整个冷冻站实现高效运行。

8.3.2 高大空间建筑空调节能技术

1）概述

运行在高大空间建筑中的空调，其能耗是非常高的，这类建筑的空间高度在10m以上，面积达几千平方米，建筑容积在1万m^3以上。常见的建筑形式有影剧院、体育馆、展览厅或大型设备加工组装厂房等。在这些空间内，作为人们活动的空间、存放物品和机器设备进行工作的空间（以下简称工作区）需要空调，其余上部空间只是因为建筑构造或安装吊车等需要，并不要求空调。在高大空间建筑物中，空气的密度随着垂直方向的温度变化而呈自然分层的现象，利用合理的气流组织，可以做到仅对下部工作区进行空调，而对上部的大空间不予空调或夏季采用上部通风排热，通常将这种空调方式称为分层空调，如图 8-4 所示。

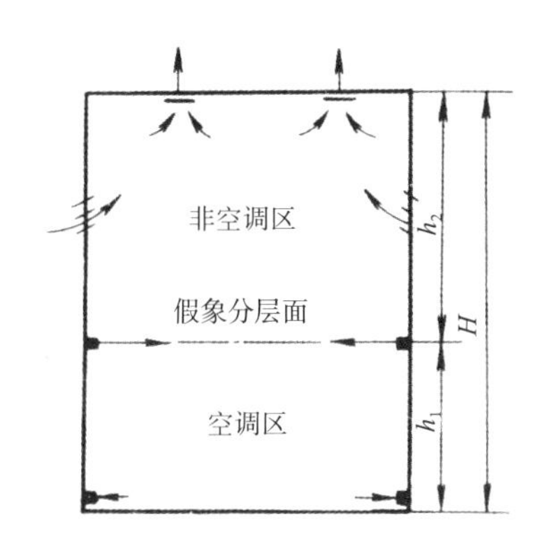

图 8-4　分层空调示意图

只要空调气流组织得好，既能保持下部工作区所要求的环境条件，又能节省能耗，减少空调的初投资和运行费用，其效果是全室空调所无法比拟的，与全室空调相比可节省冷负荷 14%~50%，我国从 1970 年代初开始对分层空调技术进行研究与应用，通过缩小比例的模型实验、对实际工程的测试验证和理论分析相结合的方法，取得了一系列研究成果，包括分层空调负荷计算的原理与方法、分层空调气流组织设计方法和分层空调系统的选择等，对工程应用具有指导性意义，从而在我国得到了广泛应用。如上海展览馆、葛洲坝水电站水轮机房、北京二七机车车辆厂等采用了分层空调，都取得了显著的节能效果，证明高大空间建筑采用分层空调的节能效果十分显著，值得推广。从我国应用分层空调的多项工程来看，可节省冷负荷 30%左右。

2）分层空调区冷负荷的组成

在分层空调间内，当空调区送冷风时，上下两区因空气温度和各个内表面温度的不同而产生由上向下的热转移，由此形成的空调负荷称为非空调区向空调区的热转移负荷，它由对流热转移负荷和辐射热转移负荷两部分组成。对流热转移负荷是由于送风射流的卷吸作用，使非空调区部分热量转移到空调区，全部成为空调区的冷负荷。辐射热转移是由于非空调区温度较高的各表面向空调区温度较低的表面的热辐射，空调区各实体表面接受辐射热后，其中一部分热量以对流方式再放到空气中，形成辐射热转移负荷。因此，在计算分层空调负荷时，除了要计算通常空调区本身得热所形成的冷负荷外，还必须计算对流和辐射的热转移负荷。

分层空调区冷负荷由两部分组成：空调区本身得热所形成的冷负荷和非空调区向空调区的热转移负荷。其中，空调区本身得热所形成的冷负荷包括：

（1）通过外围结构（指墙、窗等）得热形成的冷负荷；

（2）内部热源（设备、照明和人体等）发热引起的冷负荷；

（3）室外新风或渗漏风形成的冷负荷。

热转移负荷包括：

（1）对流热转移负荷；

（2）辐射热转移负荷。

综上所述，空调区冷负荷由五部分组成，计算上要逐一考虑。

3）分层空调气流组织设计要点

在高大厂房中，其要求通常属于一般空调或精度 >±1℃的恒温空调。

（1）气流流型

在进行分层空调气流组织设计时，首先应根据使用要求确定工作区的范围及空调参数。对于高大厂房分层空调气流组织可以有多种方式，效果较好的形式为腰部水平喷射送风、同侧下部回风方式。对于跨度较大的车间则采用双侧对送、双侧下部回风较好。图 8–5 为送回风方式的示意图。处理好的空气以很

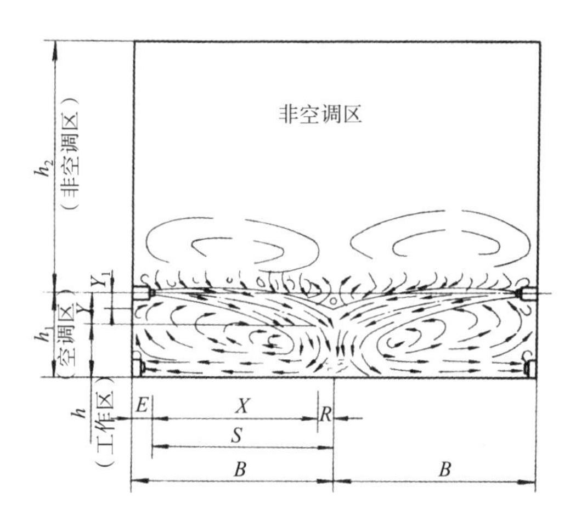

图 8–5 双侧对送、双侧下部回风气流示意图

大的动量通过送风口喷入相对静止的空间里形成射流，当射流行至所要求的射程时，其温度和速度得到充分的衰减，气流就折回。其中大部分空气是补充射流的室内循环空气，这样在送风射流作用下整个空调区形成大的回旋循环，使下部工作区处于回流区,温度场和速度场达到均匀。而非空调区(即上部大空间)则没有参数要求。

（2）送风口的安装高度（h_1）

送风口的安装高度和送风角度对气流组织的影响较大，送风口的高度决定了分层高度，它等于工作区高度（h）与射流落差（Y）之和。在满足工作区空调要求的前提下，分层高度越低，即空调区越小，则通过围护结构传入空调区的热量相应也小。根据模型试验的结果，当射流的最大落差为射程的 1/4 和最小落程为射程的 1/6 时，均能满足分层空调的要求。因此在确定分层高度时要综合考虑以上因素。

（3）送风参数

送风射流的阿基米德准数（Ar）是表征非等温射流特性的重要参数，它是送风射流的浮力和惯性力之比，通过它将送风温差、送风速度和风口的特性尺寸这三个送风参数有机地联系在一起。在满足噪声控制和卫生标准的前提下，送风速度一般采用 4 ~ 10m/s，最大不超过 12m/s。

（4）其他

在设计中除了考虑上述各种因素对气流组织的影响外，还应尽量避免各种外来干扰。在射流的路程中存在较大的阻挡物，会破坏射流的流动规律。在开启的大门处，常常出现较强的外来气流，干扰大门附近的空调气流，对工作区造成较大影响。因此应采取必要的措施，如加设门斗或利用大门空气幕阻止室内外空气的交换。在设计非空调区换气通风的气流组织时，进风口设置高度不宜过低，换气次数不宜过大。否则会因非空调区循环气流的加强而破坏空调送风气流的上边界，并将温度较高的空气带到空调区附近，从而使对流换热加剧。

8.4　蓄冷空调系统

8.4.1　概述

蓄冷概念就是，空调系统在不需要冷量或需冷量少的时间（如夜间），利用制冷设备将蓄冷介质中的热量移出，进行冷量储存，并将此冷量用在空调用冷或工艺用冷高峰期。这就好像在冬天将天然冰深藏于地窖之中供来年夏天使用一样。蓄冷介质可以是水、冰或共晶盐。这一概念是和平衡电力负荷即“削峰填谷”的概念相联系的。现代城市的用电状况是：一方面在白天存在用电高峰，供电能力不足，为满足高峰用电不得不新建电厂；另一方面夜间的用电低谷时又有电送不出去，电厂运行效率很低。因此，蓄冷系统的特点是：转移制冷设备的运行时间，这样，一方面可以利用夜间的廉价电，另一方面也减少了白天的峰值电负荷，达到移峰填谷的目的。

8.4.2 全负荷蓄冷与部分负荷蓄冷

除某些特殊的工业空调系统以外，商业建筑空调或一般工业建筑用空调均非全日空调，通常空调系统每天只运行 10 ~ 14 小时，而且几乎都在非满负荷下工作。图 8-6 中 A 部分为某建筑物设计日空调负荷图。如果不采用蓄冷系统，制冷机组的制冷量应满足瞬时最大负荷时的需要，即 q_{max} 为应选机组的容量。当采用蓄冷时，通常有两种方法，即全部蓄冷与部分蓄冷。全负荷蓄冷是将用电高峰期的冷负荷全部转移到用电低谷期，全天所需冷量 A 均由用电低谷时期所蓄的冷量供给，即图中 B+C 的面积等于 A 的面积，在用电高峰期间制冷机不运行。全负荷蓄冷系统需设置制冷机组和蓄冷装置。虽然它运行费用低，但设备投资高，蓄冷装置占地面积大，除峰值需冷量大且用冷时间短的建筑外，一般不宜采用。

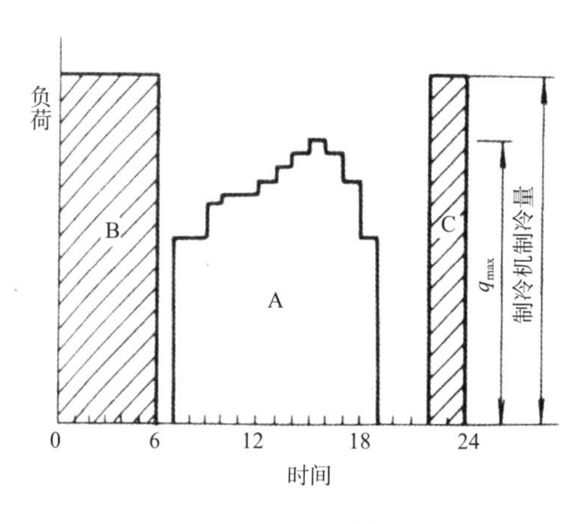

图 8-6　全负荷蓄冷示意

部分负荷蓄冷就是全天所需冷量中一部分由蓄冷装置提供。图 8-7 为其示意图在用电低谷的夜间，制冷机运行蓄存一定冷量，补充用电高峰时所需的部分冷量，高峰期机组仍然运行满足建筑全部冷负荷的需要；即图中的 B + C 的面积等于 A 面积。这种部分负荷蓄冷方式，相当于将一个工作日中的冷负荷被制冷机组均摊到全天来承担。所以制冷机组的容量最小，蓄冷系统比较经济合理，是目前较多采用的方法。

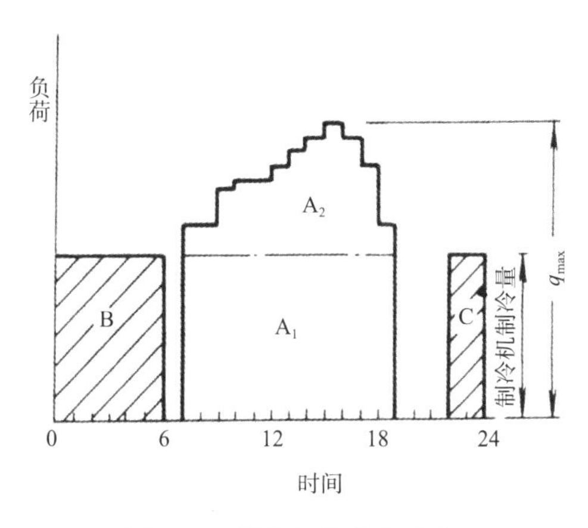

图 8–7　部分负荷蓄冷示意

8.4.3　蓄冷介质

蓄冷装置一般可分为湿热式蓄冷和潜热式蓄冷，表 8–4 为具体分类情况。蓄冷介质最常用的有水、冰和其他相变材料，不同蓄冷介质有不同的单位体积蓄冷能力和不同的蓄冷温度。

湿热式蓄冷和潜热式蓄冷分类情况　　　　**表 8–4**

<table>
<tr><th>分类</th><th>类型</th><th>蓄冷介质</th><th>蓄冷流体</th><th>取冷流体</th></tr>
<tr><td>显热式</td><td>水蓄冷</td><td>水</td><td>水</td><td>水</td></tr>
<tr><td rowspan="10">潜热式</td><td rowspan="2">冰盘管
（外融冰）</td><td rowspan="2">冰或其他
共晶盐</td><td>制冷剂</td><td rowspan="2">水或载冷剂</td></tr>
<tr><td>载冷剂</td></tr>
<tr><td rowspan="2">冰盘管
（内融冰）</td><td rowspan="2">冰或其他
共晶盐</td><td>载冷剂</td><td>载冷剂</td></tr>
<tr><td>制冷剂</td><td>制冷剂</td></tr>
<tr><td rowspan="2">封装式</td><td rowspan="2">冰或其他
共晶盐</td><td>水</td><td>水</td></tr>
<tr><td>载冷剂</td><td>载冷剂</td></tr>
<tr><td>片冰滑落式</td><td>冰</td><td>制冷剂</td><td>水</td></tr>
<tr><td rowspan="2">冰晶式</td><td rowspan="2">冰</td><td>制冷剂</td><td rowspan="2">载冷剂</td></tr>
<tr><td>载冷剂</td></tr>
</table>

1）水

显热式蓄冷以水为蓄冷介质，水的比热为4.184kJ/（kg·K）。蓄冷槽的体积取决于空调回水与蓄冷槽供水之间的温差，大多数建筑的空调系统，此温差可为8～11℃。水蓄冷的蓄冷温度为4～6℃，空调常用冷水机组可以适应此温度。从空调系统设计上，应该尽可能提高空调回水温度，以充分利用蓄冷槽的体积。

2）冰

冰的融解潜热为335kJ/kg。所以冰是很理想的蓄冷介质。冰蓄冷的蓄存温度为水的凝固点0℃。为了使水冻结，制冷机应提供–3～–7℃的温度，它低于常规空调用制冷设备所提供的温度。在这样的系统中，蓄冰装置可以提供较低的空调供水温度，有利于提高空调供回水温差，以减小配管尺寸和水泵电耗。

3）共晶盐

为了提高蓄冷温度，减少蓄冷装置的体积，可以采用除冰以外的其他相变材料。目前常用的相变材料为共晶盐，即无机盐与水的混合物。

8.4.4 蓄冷装置

1）盘管式蓄冰装置

盘管式蓄冰装置是由沉浸在水槽中的盘管构成换热表面的一种蓄冰设备。在蓄冷过程中，载冷剂（一般为质量百分比为25%的乙烯乙二醇水溶液）或制冷剂在盘管内循环，吸收水槽中水的热量，在盘管外表面形成冰层。按取冷方式分为内融冰和外融冰两种方式。

外融冰方式：温度较高的空调回水直接送入盘管表面结有冰层的蓄冰水槽，使盘管表面上的冰层自外向内逐渐融化，故称为外融冰方式。这种方式换热效果好，取冷快，来自蓄冰槽的供水温度可低1℃左右。此外，空调用冷水直接来自蓄冰槽，故可不需要二次换热装置，但需采取搅拌措施，以促进冰层均匀融化。

内融冰方式：来自用户或二次换热装置的温度较高的载冷剂仍在盘管内循环，通过盘管表面将热量传递给冰层，使盘管外表面的冰层自内向外逐渐融化进行取冷，故称为内融冰方式。这种方式融冰换热热阻较大，影响取冷速率。为了解决此问题，目前多采用细管、薄冰层蓄冰。

2）封装式蓄冰装置

将蓄冷介质封装在球形或板形小容器内，并将许多此种小蓄冷容器密集地放置在密封罐或槽体内，从而形成封装式蓄冰装置。如图8–8所示。运行时，

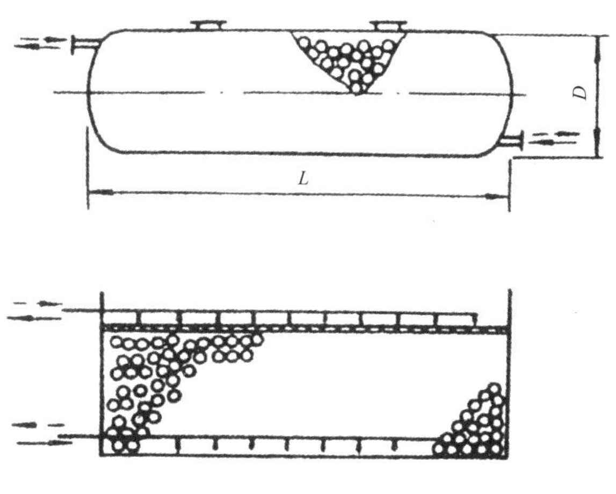

图 8-8　封装冰蓄冷装置

载冷剂在球形或板形小容器外流动，将其中蓄冷介质冻结、蓄冷，或使其融解、取冷。

封装在容器内的蓄冷介质有冰或其他相变材料两种。封装冰目前有三种形式，即冰球、冰板和蕊芯折囊式冰球。此种蓄冰装置运行可靠，流动阻力小，但载冷剂充注量比较大。目前，冰球和蕊芯冰球式蓄冰系统应用较为普遍。

3）片冰滑落式蓄冷装置

片冰滑落式蓄冰装置就是在制冷机的板式蒸发器表面上不断冻结薄片冰，然后滑落至蓄冰水槽内，进行蓄冷，此种方法又称为动态制冰。图 8-9 为片冰滑落式蓄冰装置的示意图。左图为片冰冻结及蓄冷过程，右图为取冷过程。

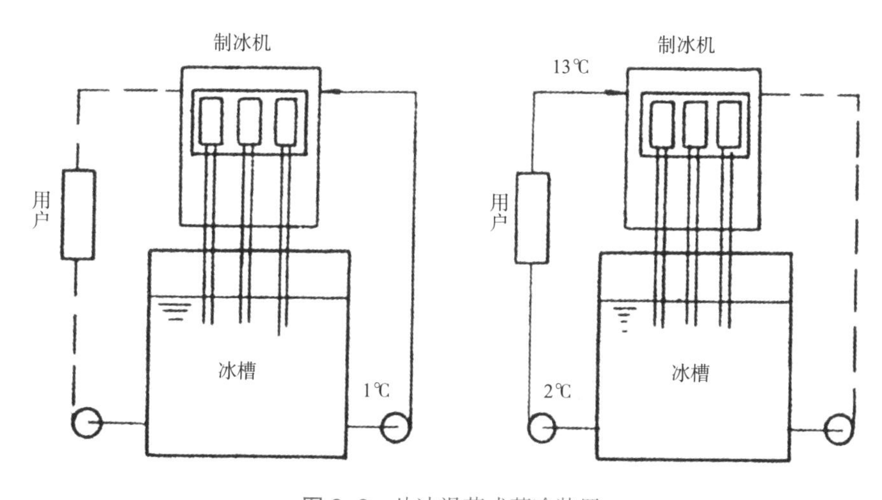

图 8-9　片冰滑落式蓄冷装置

片冰滑落式系统由于仅冻结薄片冰，可高运转率地反复快速制冷，因此能提高制冷机的蒸发温度，可比采用冰盘管提高 2 ~ 3℃。制成的薄片冰或冰泥可在极短时间内融化，取冷供水温度低，融冰速率极快，特别适用于工业过程及渔业冷冻。但该种蓄冰装置初始投资较高，且需要层高较高的机房。

4）冰晶式蓄冷装置

冰晶式蓄冷系统是将低浓度的乙烯乙二醇或丙二醇的水溶液降至冻结点温度以下，使其产生冰晶。冰晶是极细小的冰粒与水的混合物，其形成过程类似于雪花，可用泵输送。该系统需使用专门生产冰晶的制冰机和特殊设计的蒸发器，单台最大制冷能力不超过 100 冷吨。蓄冷时，从蒸发器出来的冰晶送至蓄冰槽内蓄存；释冷时，冰粒与水的混合溶液被直接送到空调负荷端使用，升温后回到蓄冰槽，将槽内的冰晶融化成水，完成释冷循环。系统流程如图 8–10 所示。

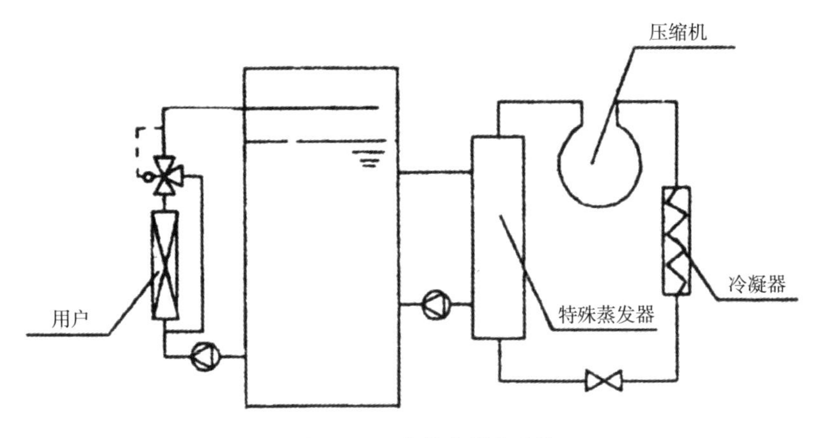

图 8–10　冰晶式蓄冷系统

混合液中，由于冰晶的颗粒细小且数量很多，因此与水的接触换热面积很大，冰晶的融化速度较快，可以适应负荷急剧变化的场合。该系统适用于小型空调系统。

8.4.5　蓄冷空调设计与运行

《蓄能空调工程技术标准》JGJ 158—2018 中规定，在设计蓄能空调系统前，应对建筑物的空调负荷特性、系统运行时间和运行特点进行分析，并应调查当地电力供应条件和分时电价情况。以电力制冷的空调工程，当符合下列条件之一，且经技术经济分析合理时，宜采用蓄冷空调系统：

（1）执行分时电价，且空调冷负荷峰值的发生时刻与电力峰值的发生时刻接近、电网低谷时段的冷负荷较小的空调工程。

（2）空调峰谷负荷相差悬殊且峰值负荷出现时段较短，采用常规空调系统时装机容量过大，且大部分时间处于低负荷下运行的空调工程。

（3）电力容量或电力供应受到限制，采用蓄冷系统才能满足负荷要求的空调工程。

（4）执行分时电价，且需要较低的冷水供水温度时。

（5）要求部分时段有备用冷量，或有应急冷源需求的场所。

在设计阶段，应根据经济技术分析和逐时冷热负荷，确定设计蓄能－释能周期内系统的逐时运行模式和负荷分配，并宜确定不同部分负荷率下典型蓄能－释能周期的系统运行模式和负荷分配。蓄能空调系统的设计蓄能率应根据蓄能－释能周期内冷（热）负荷曲线、电网峰谷时段及电价和其他经济技术指标，经最优化计算或方案比选后确定。当进行蓄能空调系统设计时，宜进行全年逐时负荷计算和能耗分析。对空调面积超过 80000m^2，且蓄能量超过 28000kWh 的采用蓄能空调系统的项目，应采用动态负荷模拟计算软件进行全年逐时负荷计算，并应结合分时电价和蓄能－释能周期进行能耗和运行费用分析，及全年移峰电量计算。蓄冷空调系统应利用较低的供冷温度，不应低温蓄冷高温利用。

蓄冷空调系统全年运行策略应根据冷热负荷特点、系统特性及电力供应状况等因素经技术经济比较确定，并应制定相应的操作标准。在日常运行中，应根据日冷热负荷变化选择运行模式。蓄能空调系统应利用电网低谷时段电力蓄能，并应根据负荷变化情况调整和优化平价时段的运行模式。蓄能空调系统中在用电低谷时段，应利用基载制冷（热泵）机组直接供能；在用电高峰时段，宜少开或停止制冷（热泵）机组的直接供能。每个供暖空调季应监测和分析设备能效、系统综合效率、移峰电量、单位供能运行费用等指标，并应据此调整蓄能系统运行策略。

第9章
建筑节能中的可再生能源利用

Chapter 9
Renewable Energy Utilization in Building Energy Efficiency

9.1 我国可再生能源概述

为了降低建筑的能耗，不仅要设计合理的节能建筑，而且还要大力发展可再生能源在建筑中的应用比重。随着可再生能源的不断发展与完善，利用太阳能、水能、风能和生物质能等可再生能源的技术日益被重视起来，可再生能源建筑应用也得到规模化推广，有效抑制了建筑能耗总量的增长速度，使北方城镇供暖、城镇住宅、公共建筑单位面积能耗强度呈现增长放缓甚至下降的趋势。

可再生能源的最大特征在于可循环利用，周而复始，属于无限量能源。可再生能源的概念和含义最早于1981年联合国在肯尼亚首都内罗毕召开的新能源和可再生能源会议上确定。目前，联合国开发计划署（UNDP）将可再生能源分为三类：①大中型水电；②新可再生能源，包括小水电、太阳能、风能、现代生物质能、地热能、海洋能；③传统生物质能。在我国可再生能源是指除常规化石能源和大中型水力发电、核裂变发电之外的生物质能、太阳能、风能、小水电、地热能、海洋能等一次能源以及氢能、燃料电池等二次能源。

我国的可再生能源建筑应用技术发展起源于20世纪70年代，但一直处于研究探讨和小规模试验水平。决定性的发展时期是从2006年开始，住房和城乡建设部和财政部联合发文，《可再生能源建筑应用城市示范实施方案》要求在全国范围内开展可再生能源建筑应用示范工程，这一举措进一步助推了可再生能源建筑的发展。近年来，绿色建筑、近零能耗建筑技术不断发展，可再生能源在建筑中应用的重要性不断提高。在相关政策的鼓励下，建筑各种可再生能源的利用迅速发展，其中，太阳能利用技术应用面积得到了快速的增加，地源热泵应用技术水平很快得到了大幅度提升，利用太阳能、浅层地能等可再生能源替代常规能源，解决建筑的采暖空调、热水供应、照明等，有助于改善能源结构，降低建筑能耗。但从应用情况看，基于条件限制、技术限制，主要应用的还是局限于太阳能技术和热泵技术，其他可再生能源应用较少。

可再生能源建筑应用规模潜力巨大，在国家的大力支持和从业人员数十年的共同努力下，我国可再生能源利用技术正日趋成熟。但可再生能源的开发、利用、实施的过程中仍面临诸多问题。例如可再生能源密度普遍较低，导致单一能源供热系统无法稳定；新型能源使用初投资较高，不具有市场竞争力等。实际上可再生能源建筑应立足于节约投资与加大可再生能源利用比例的双重目标基础上，才能取得良好的效益。我国《“十四五”节能减排综合性工作方案》中明确了全面提高建筑节能标准的具体目标，即加快发展超低能耗建筑，积极推进既有建筑节能改造、建筑光伏一体化建设，因地制宜推动可再生能源的规模化应用。针对建筑节能改造，进一步推动我国可再生能源行业和绿色建筑事业的学科交叉、互促共进，是建筑领域节能减排、实现可持续发展的重要途径。

9.2　太阳能节能技术

9.2.1　太阳能及其在建筑节能中的应用形式

太阳能是太阳发出的、以电磁辐射形式传递到地球表面的能量，经光热、光电转换，这些能量可被转换为热能和电能。太阳能具有取之不尽、用之不竭、洁净环保等优点，因此它被认为是最好的可再生能源之一。在太阳能利用中需注意：

（1）太阳能能流密度低：在地表水平面上，其最大功率密度（辐射强度）通常小于 1000W/m^2（小于太阳常数 1353W/m^2）。

（2）太阳能具有不稳定、周期特性：地球的自转使太阳能获取仅限于白天（通常小于 12h）；地球的公转使得辐射强度在一年中随季节波动；受云层及大气能见度的影响，太阳辐照呈现很强的随机性。

（3）太阳能因辐射源温度高（5800K），其能源转换效率将受到较大影响。

（4）太阳能本身无需付费，但利用太阳能却需要考虑投资成本和效益。

一方面，我国各地太阳年辐射总量为 3340 ~ 8400MJ/m^2，与同纬度的其他国家相比，除四川盆地外，绝大多数地区太阳能资源相当丰富，与美国相当，比日本、欧洲条件优越得多，太阳能在我国有巨大的开发应用潜力；另一方面，我国人口众多，建筑面积和建筑耗能很大，如何从全国范围内，合理、有效地规划和利用太阳能，是值得探讨的问题。

现代建筑为满足居住者的舒适要求和使用需要，需具备供暖、空调、热水供应、供电等一系列功能，同时为了实现降低建筑能耗的目标，大力拓展太阳能建筑应用领域的科研、技术、产品开发和工程应用等方面，尽量利用太阳能代替常规能源来满足建筑物的上述功能要求。随着世界太阳能技术水平的不断提高和进步，目前利用太阳能能满足房屋居住者舒适水平和使用功能所需要的大部分能源供应。

太阳能的利用主要通过光 - 热、光 - 电、光 - 化学、光 - 生物质等几种转换方式实现。基于这些转换方式，太阳能在建筑上的应用包括太阳能光热建筑应用、太阳能光电建筑应用以及太阳能综合利用。

9.2.2 太阳能光热建筑应用

太阳能光热建筑应用主要包括太阳能热水、太阳能供暖及光热太阳能制冷空调。

1）太阳能热水系统

太阳能热水系统是指把太阳辐射能转变为热能，通过太阳能集热器向水传递热量，将水从低温加热至高温，以满足人们在生活、生产中的热水使用。太阳能热水系统由集热器、蓄热水箱、循环管道、支架、控制系统及相关附件组成，必要时需要增加辅助热源。其中，太阳能集热器是太阳能热水系统中，把太阳能辐射转换为热能的主要部件。

（1）太阳能集热器

太阳能集热器经过多年的开发研究，太阳能集热器已经进入较为成熟的阶段，主要有三大类：闷晒式太阳能集热器、平板式太阳能集热器、真空管式太阳能集热器。目前，使用最广泛的为平板式太阳能集热器和真空管式太阳能集热器。

①闷晒式太阳能集热器

闷晒式太阳能集热器是最简单的集热器，集热器与水箱合为一体，如图 9–1 所示，直接通过太阳能辐射照射加热水箱内的水，冷热水的循环和流动在水箱内部进行；加热后直接使用，是人类早期使用的太阳能热水装置。其工作温度低，成本廉价，全年太阳能量利用率约为 20%，多用在我国农村地区。但其结构笨重，热水保温问题不易解决。

图 9–1 闷晒式太阳能集热器示意图

②平板式太阳能集热器

平板式太阳能集热器，如图 9–2 所示，表面是层黑色材料，置于阳光下时，吸收太阳能辐射而使其温度升高；黑色材料内有流道，使流体通过并带走热量；向阳面加玻璃罩盖，起温室效应，背板上衬垫保温材料，以减少板对环境的散热，提高太阳能集热器的热效率。平板式太阳能集热器一般由吸热板、盖板、保温层和外壳 4 部分组成。其制造成本较低，但每年只能有 6 ~ 7 个月的使用时间，冬季不能有效使用，防冻性能差，运行温度不得低于 0℃。在夏季多云和阴天时，太阳能吸收率较低。

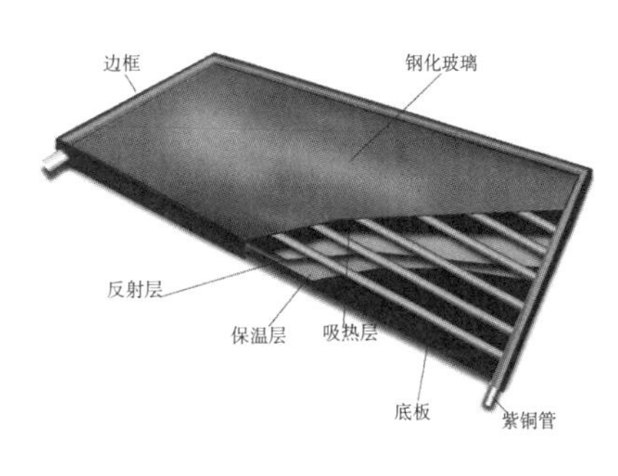

图 9–2　平板式太阳能集热器示意图

③真空管式太阳能集热器

真空管式太阳能集热器是一种新型的太阳能集热器，也是热效率最高和最有前途的一种太阳能集热器。这种形式的集热器最重要的特点是将太阳光的集热部分安装在真空玻璃管内。玻璃管内的真空度约为 0.01Pa，因此可以利用真空隔热有效地减少热管蒸发段向外界的散热损失。真空管内的闷晒温度可达 250℃，在 –25℃的环境温度下不会被冻坏。真空管式太阳能集热器又可分为聚光式和非聚光式两种类型。

（2）系统分类及运行方式

依据水循环方式的不同，太阳能热水系统可分为强迫循环式、自然循环式、直流式和闷晒式四种，如图 9–3 所示，强迫循环式和自然循环式的主要区别在于有无水泵驱动水进行循环流动。强迫循环式热水系统利用水泵驱动循环水的流动，具有较好的换热效果，因而集热效率较高，但是也以消耗一定的泵功率作为代价。自然循环式热水系统将保温水箱底部安装在高于集热器上沿的位置，利用水箱和管道中不同位置水的温差产生的压力差推动水进行循环流动，一般水流速度较慢。直流式热水系统为开式一次流动系统，是指温度较低的水在集热器中受热后产生虹吸力，仅一次通过集热器后流入保温水箱再加以利用的系统。闷晒式热水系统是指将集热器与保温水箱一体化的系统。

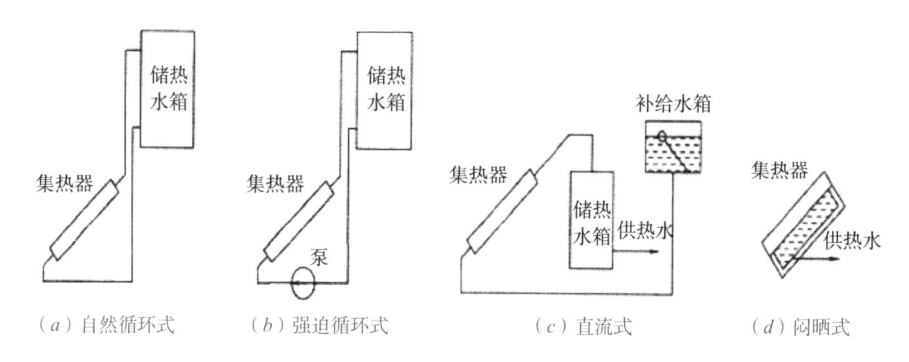

图 9–3　不同形式的太阳能热水系统示意图

2）太阳能采暖系统

太阳能供暖分为主动式和被动式两大类。主动式太阳能供暖是以太阳能集热器、管道、风机或泵、末端散热设备及储热装置等组成的强制循环太阳能供暖系统；被动式则是通过建筑朝向和周围环境的合理布置，内部空间和外部形态的巧妙处理，以及建筑材料和结构、构造的恰当选择，使房屋在冬季能集取、保持、存储、分布太阳热能，适度解决建筑物的供暖问题。是否采用机械设备获取太阳能是区分主动、被动式太阳能建筑的主要标志。把通过适当的建筑设计，无需机械设施获取太阳能采暖的建筑称为被动式太阳能建筑；而需要机械设备获取太阳能采暖的建筑称为主动式太阳能建筑。

（1）被动式太阳能建筑

被动式太阳能采暖系统的特点是，将建筑物的全部或局部既作为集热器又作为储热器和散热器，既不要连接管道又不要水泵或风机，以间接方式采集利用太阳能。从太阳能的利用方式来区分，被动式供暖太阳房可分为两大类，直接受益式和间接受益式。直接受益式，太阳辐射能直接穿过建筑透光面进入室内；间接受益式，太阳能通过一个接收部件（或称太阳能集热器），这种接收部件实际上是建筑组成的一部分，或在屋面或在墙面，而太阳辐射能在接收部件中转换成热能再经由送热方式对建筑供暖。直接受益式和间接受益式的被动式供暖太阳房可分为以下几种：

①直接受益式

被动式采暖系统中，最简单的形式就是“直接受益式”。这种方式升温快、构造简单；不需增设特殊的集热装置；与一般建筑的外形无多大差异，建筑的艺术处理也比较灵活。因此，这是一种最易推广使用的太阳能建筑设施。

直接受益式太阳能建筑的集热原理见图 9–4。房间本身是一个集热储热体，在日照阶段，太阳光透过南向玻璃窗进入室内，地面和墙体吸收储蓄热量，表面温度升高，所吸收的热量一部分以对流的方式供给室内空气，另一部分以辐射的方式与其他围护结构内表面进行热交换，第三部分则由地板和墙体的导热作用把热量传入内部蓄存起来。当没有日照时，被吸收的热量释放出来，主要加热室内空气，维持室温，其余则传递到室外。

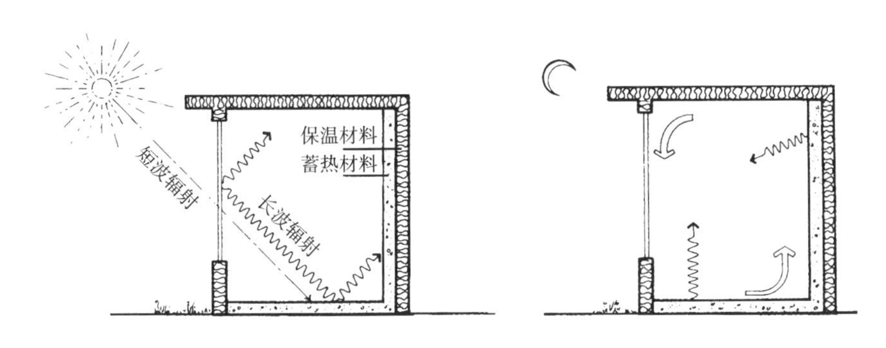

图 9–4　直接受益式太阳能建筑集热原理

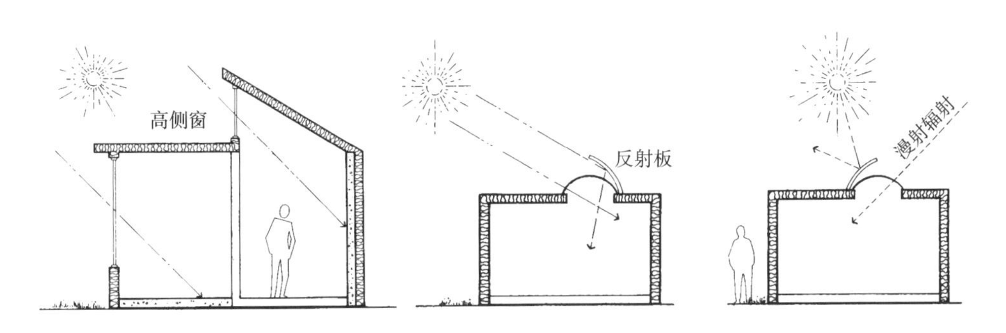

图 9–5　高侧窗和天窗在直接受益式太阳能建筑中的使用

直接受益式太阳能建筑的南向外窗面积与建筑内蓄热材料的数量是这类建筑设计的关键。采用该形式除了遵循节能建筑设计的平面设计要点，应特别需要注意以下几点：建筑朝向在南偏东、偏西 30° 以内，有利于冬季集热和避免夏季过热；根据热工要求确定窗口面积、玻璃种类、玻璃层数、开窗方式、窗框材料和构造；合理确定窗格划分，减少窗框、窗扇自身遮挡，保证窗的密闭性；最好与保温帘、遮阳板相结合，确保冬季夜晚和夏季的使用效果。

采用高侧窗和屋顶天窗获取太阳辐射是应用最广的一种方式（图 9–5）。其特点是：构造简单，易于制作、安装和日常的管理与维修；与建筑功能配合紧密，便于建筑立面处理，有利于设备与建筑的一体化设计；室温上升快、一般室内温度波动幅度稍大。非常适合冬季需要采暖且晴天多的地区，如我国的华北内陆、西北地区等。但缺点是白天光线过强，且室内温度波动较大，需要采取相应的构造措施。

直接受益式的太阳能集热方式非常适于与立面结合，往往能够创造出简约、现代的立面效果。

②间接受益式

间接受益式集热基本形式有：特朗伯集热墙、水墙、载水墙（充水墙）、附加阳光间、屋顶集热蓄热等。

A. 特朗伯集热墙（Trombe Walls）

特朗伯集热墙是近些年发展起来的一种外墙系统，它是法国太阳能实验室主任 Felix Trombe 博士于 1956 年提出并实验的，故通称“特朗伯墙”。这种集热墙利用热虹吸管 / 温差环流原理，使用自然的热空气或水来进行热量循环，从而降低供暖系统的负担。最古老的太阳热吸收外墙是利用厚重的热情性材料来维持室内的温度，如气候炎热的沙漠地带的建筑使用的土墙。而特朗伯墙吸收了这些传统的手法，同时具备了更轻盈的形象和更高的热效率以及更主动地适应气候变化的能力。在天气较冷的时候，热惰性墙体可以利用它自身收集太阳辐射热量的能力为室内供暖。新鲜空气从外墙底部进入空气腔中，被热惰性材料吸收的太阳辐射热加热后进入室内，使热空气在屋内循环。在炎热的气候条件下，特朗伯墙则通过使空气直接上升并排到室外来防止热量进入室内。这时墙体从北面汲取较冷的空气进入室内，达到自然降温的效果。

图 9-6 是集热墙工作原理：将集热墙向阳外表面涂以深色的选择性涂层加强吸热并减少辐射散热，使该墙体成为集热和储热器。待到需要时（例如夜间）又成为放热体。离外表面 10cm 左右处装上玻璃或透明塑料薄片，使与墙外表面间构成一空层间层。冬季白天有太阳时，主要靠空气间层中被加热的空气通过墙顶与底部通风孔向室内对流供暖。夜间则主要靠墙体本身的储热向室内供暖。

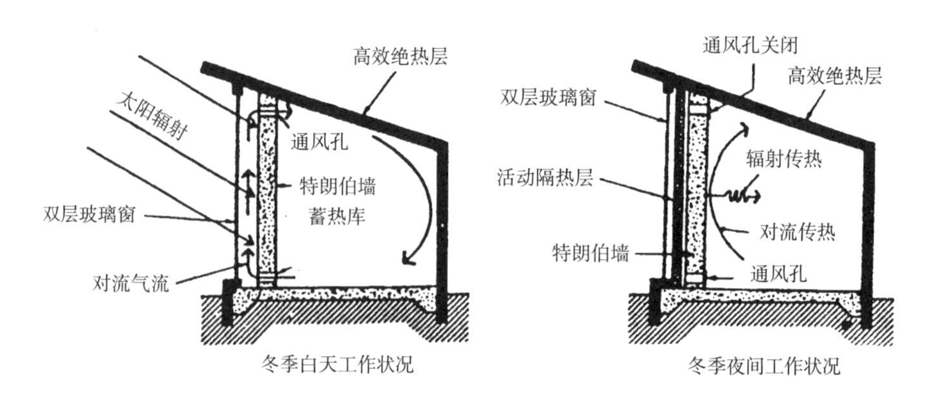

图 9-6　特朗伯集热墙工作原理

晚上，特朗伯墙的通风孔要关闭，玻璃和墙之间设置隔热窗帘或百叶，这时则由墙向室内辐射热并由靠近墙面的热气流向室内对流传热。

混凝土等储热墙有 1 个优点，即其外侧吸收太阳热量到向室内释放该能量之间有时间延迟。这是由于混凝土有热惰性的缘故，时间延迟的长短取决于墙的厚度，有代表性的为 6 ~ 12 个小时。因此，夜间对流加热无效时正是辐射加热最有效的时候。

储热墙的厚度根据建筑用途不同而有一定差别，特朗伯（Trombe）在比利尤斯用于他的第一幢房屋的墙厚是 600mm，该墙一年期间内，对室温控制在 20℃的情况下提供了总需热量的 70%，后来又试验了较薄的墙，特朗伯及其同事们认为 400 ~ 500mm 是最适宜的厚度。Balcomb 等对美国不同地区用计算机模拟研究指出，如果室温在 18 ~ 24℃间变动，则 300mm 厚的混凝土墙每年对全部所需热量可作出最高贡献（供热）。

特朗伯墙在夏季的工作过程。在被动系统中，用间接接受太阳能采暖的相同构件，采取另外一种方法使建筑物冷却。这种方法是，在夜间，将活动隔热层移开让特朗伯墙向室外辐射散热而得到冷却（图 9–7），白天，将隔热窗帘或百叶放在特朗伯墙与玻璃之间，玻璃顶部和底部通风孔都开启，隔热层外表面用浅色或铝箔反射太阳热，玻璃与隔热层之间的空气受太阳辐射加热上升由顶部通风孔流出，冷空气则由底部通风孔进来维持隔热层与墙体冷却；夜间，墙体向室外辐射散热后冷却再从室内吸收热量。

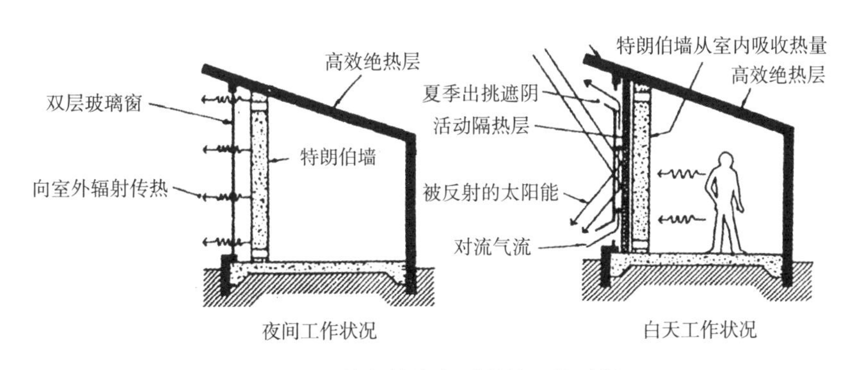

图 9–7　特朗伯墙在夏季的工作过程

另一种方法用于建筑物北侧空气较冷的地方，如图 9–8 所示。这时建筑物北墙（底部）和特朗伯墙底部以及玻璃顶部通风孔都开启，将活动隔热层移开，使特朗伯墙露出向着太阳辐射，使玻璃和特朗伯墙之间空气升温，从玻璃顶部通风孔流出，促使室内空气经特朗伯墙底部通风孔流出。同时通过北墙通风孔，冷空气又循环地进入室内。

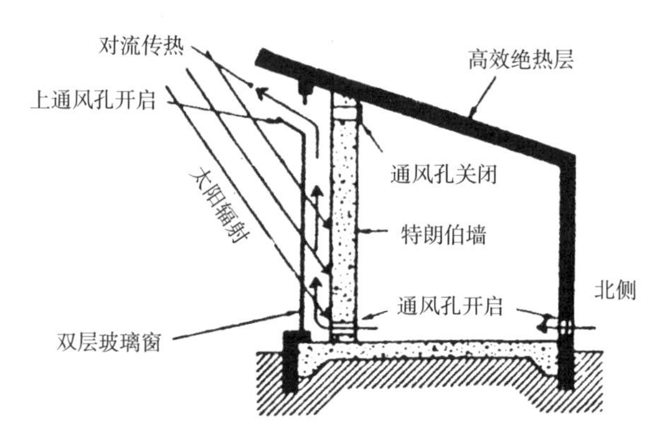

图 9–8　特朗伯墙夏季另一工作方式

特朗伯墙和其他手段结合起来使用能发挥更大的作用。这些手段如采用热绝缘玻璃、改良的热吸收墙体、空腔中控制空气流的风扇、利用水来储藏热量（如lGUS 工厂）等。特朗伯墙的缺点是构造比较复杂，使用不太灵活，由于需要较大面积的实墙，所以视野也不如双层幕墙系统那样开阔。

B. 水墙

水的比热是 1，其他一般建筑材料如砖、混凝土、土坯、木材等比热都在水的比热的 1/5 左右，故用同质量的水贮热比用其他材料贮存的热量多，反过来要贮存一定的热量，所用水比其他材料重量轻（自重小），这就是引起人们研究、发展水墙的主要原因。

图 9–9 是早在 1970 年代美国 Steve Baer 住房试验的水墙太阳能房。水盛于

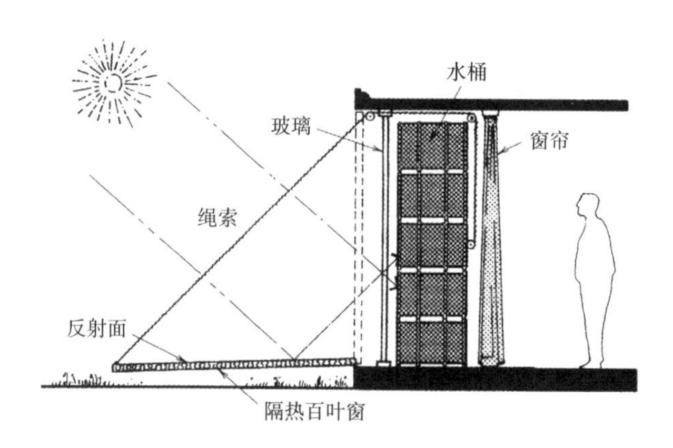

图 9–9　水墙太阳能房示意

钢桶内，外表有黑色吸热层，放在向阳单层玻璃窗后。玻璃窗外设有隔热盖板，冬季白天打开放平可作为反射板，将太阳辐射能反射到钢桶水墙上去，增加吸收热，冬夜则关上，减少热损失。夏季则相反，白天关上以减少进热，晚上开开，以便向外辐射降温。

关于水墙的尺寸、颜色及材料的选择：

尺寸：一般水墙的容积可按太阳房的窗的玻璃面积乘以30cm左右来进行估算。

颜色：水墙容器表面的颜色以黑色最好，蓝色和红色容器的吸热能力比黑色容器分别少5%和9%。

材料：一般可用金属和玻璃钢制作。容器表面常做成螺纹的圆柱体，以增加刚度。

C. 充水墙

前面讲的水墙是用钢桶或钢管或塑料管盛水作储热物质，与现砌特朗伯墙相比，其优点是，第一次投资减少，体积一定时储热容量较多，同时，采用较大的体积能提高太阳能对年需热量供应的百分比。缺点是维修费较高，向墙内侧传热的延迟性较小，这是由于水有对流的缘故，致使室内温度较实心墙体时波动更大。

为获取实心墙与充水墙两者的优点，研究人员进行了大量试验。最终确定采用总尺寸为1200mm×2400mm×250mm的混凝土水箱，箱壁厚为50mm，水盛在箱内密封塑料袋内，这种墙称为载水特朗伯墙（简称载水墙或充水墙）。有的设计者认为，将来这种墙应再厚些来增大储热量，以便在长时阴云天气时保持墙体温暖。

能适合这种设想的一种做法是，采用预制混凝土空心板作为载水墙，水就盛在装于板空腔内的薄塑料管里。有一种空腔直径250mm、厚300mm的板。差不多占墙体积的一半都是水，与实心混凝土墙比，储热容量增加了约50%。比用混凝土墙空腔造价要少，又由于断面50%是混凝土，故比金属管充水墙传热过墙的时间延迟较长，墙内侧温度波动较小。由于储热容量增大，就可从太阳获取更多需要的热量。

这种设想还需从技术和经济两方面进一步研究，混凝土技术方面可能存在的问题是，外侧表面与其相邻的混凝土——水内表面之间会产生较陡的温度梯度，最大温差可能达33℃。总之这种设想很值得进一步研究。

D. 附加阳光间

附加阳光间属于一种多功能的房间，除了可作为一种集热设施外，还可用来休息、娱乐、养花、养鱼等，是寒冬季节让人们置身于大自然中的一种室内环境，也是为其毗连的房间供热的一种有效设施（图9-10、图9-11）。

附加阳光间除最好能在墙面全部设置玻璃外，还应在毗连主房坡顶部分加设倾斜的玻璃。这样做，可以大大增加集热量，但倾斜部分的玻璃擦洗比较困难。另外，当夏季时，如无适当的隔热措施，阳光间内的气温往往变得过高。当冬季时，由于玻璃墙的保温能力非常差，如无适当的附加保温设施，则日落后的室内气温将会大幅度地下降。以上这些问题，必须在设计这种设施之前充分予以考虑，并提出解决这些问题的具体措施。

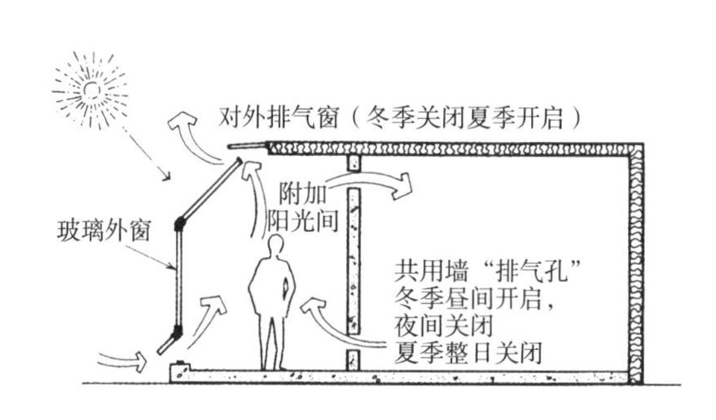

图 9-10　利用附加阳光间获得太阳能

图 9-11　附加阳光间的外立面

E. 屋顶集热蓄热

屋顶集热蓄热是利用屋顶进行集热器蓄热，以及在屋顶设置集热蓄热装置，并加设活动保温板。夏季保温板夜开昼合，冬季夜合昼开，从而实现夏季降温和冬季供暖双重作用。但活动保温板面积较大，操控困难。屋顶不设置保温层，只起到承重和围护作用。另一种方法是修建水屋面，但由于承重问题，不利于抗震防震。该类太阳能建筑更适合在冬季采暖需求不高、夏季需要降温的情况下使用。两种屋面形式如图 9-12 所示。

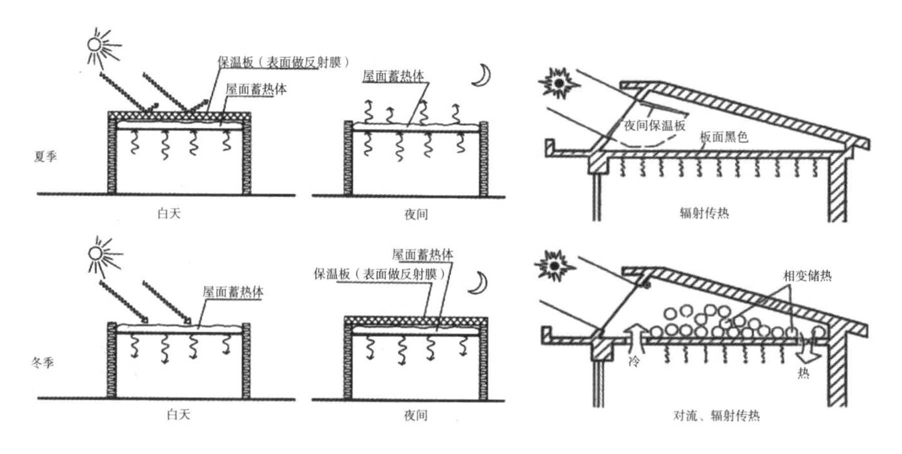

图 9-12　屋顶池式示意图

（2）主动式太阳能建筑

主动式太阳能供暖系统主要由集热器、贮热器、供暖末端设备、辅助加热装置和自动控制系统等部分组成。按热媒种类的不同，主动式太阳能供暖系统可分为空气加热系统及水加热系统。

①空气加热系统

图 9–13 所示是以空气为集热介质的太阳能供暖系统。其中，风机 1 的作用是驱动空气在集热器与贮热器之间循环，让空气吸收集热器中的供暖板的热量，然后传送到贮热器储存起来，或直接送往建筑物。风机 2 的作用则是驱动空气在建筑物与贮热器之间循环，让建筑物内冷空气在贮热器中被贮热介质加热，然后送往建筑物。由于太阳能辐射能量在每天，尤其是一天当中变化很大，一般来说需安装锅炉或电加热器等辅助加热装置。

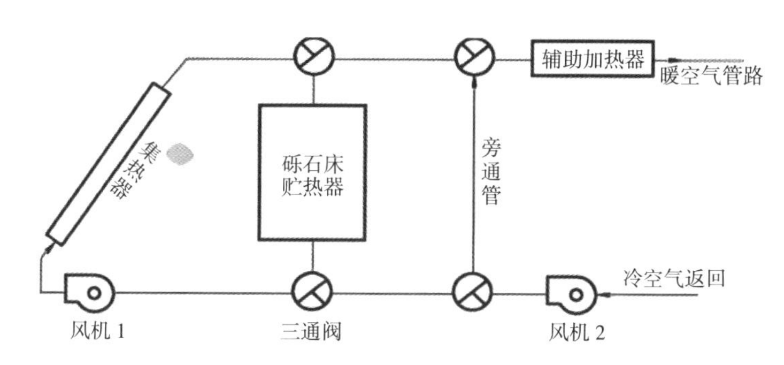

图 9–13　太阳能空气加热系统

②水加热系统

水加热太阳能供暖系统是指利用太阳能加热水，然后让被加热的水通过散热器向室内供暖的系统。它同太阳能热水系统非常相似，只是太阳能热水系统是生产热水直接供生活使用，而水加热太阳能供暖系统则是将生产的热水流过安装在室内的散热器向室内散热。水加热太阳能供暖系统和太阳能热水系统的关键部件都是太阳能集热器，在太阳能热水系统部分已做介绍，这里不再赘述。图 9–14 所示是以水为集热介质的太阳能供暖系统。

此系统以贮热水箱与辅助加热装置作为供暖热源。当有太阳能可采集时，开动水泵 1，使水在集热器与水箱之间循环，吸收太阳能来提高水温；水泵 2 的作用是保证负荷侧供暖热水的循环；旁通管路可以避免辅助加热器加热贮热水箱。

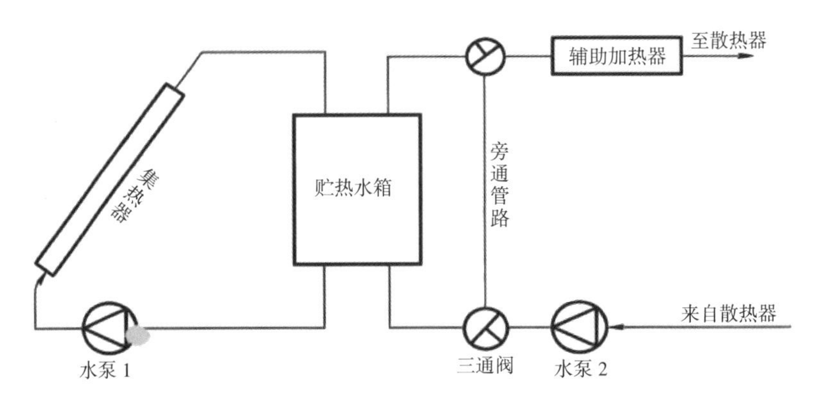

图 9–14 以水为集热介质的太阳能供暖系统

③太阳能光热空调制冷

太阳能制冷空调主要可以通过光—热和光—电转换两种途径实现。光—热转换制冷是指太阳能通过太阳能集热器转换为热能，根据所得到的不同热能品位，驱动不同的热力机械制冷。太阳能热力制冷可能的途径主要有除湿冷却空调、蒸气喷射制冷、朗肯循环制冷、吸收式制冷 / 吸附式制冷和化学制冷等。

光—电转换制冷是指太阳能通过光伏发电转化为电力，然后通过常规的蒸气压缩制冷、半导体热电制冷或斯特林循环等方式来实现制冷。此处只介绍太阳能光热空调制冷。

A. 太阳能吸收式制冷系统

太阳能吸收式制冷技术是目前应用太阳能制冷最普遍、比较成功的方式之一，也是比较容易实现的方法。太阳能吸收式制冷主要包括两大部分：太阳能热利用系统以及吸收式制冷机组。太阳能热利用系统利用太阳能集热器提供吸收式制冷循环所需要的热源，包括太阳能收集、转化以及贮存等构件，其中核心的部件是太阳能集热器，适用于太阳能吸收式制冷领域的太阳能集热器有平板集热器、真空管集热器等。吸收式制冷机组所使用的工质，应用广泛的有溴化锂—水、氨—水，其中溴化锂—水由于 COP 高、对热源温度要求低、没有毒性和对环境友好，因而占据了当今研究与应用的主流地位。目前应用较多的是太阳能驱动的单效溴化锂吸收式制冷系统。太阳能吸收式制冷原理如图 9–15 所示。

太阳能吸收式空调可以实现夏季制冷、冬季供暖、全年提供生活热水等多项功能。夏季时，被加热的热水首先进入贮水箱，达到一定温度后，向吸收式制冷机提供热源水，降温后再流回贮水箱；而从吸收式制冷机流出的冷冻水通入空调房间实现制冷。当太阳能集热器提供的热量不足以驱动吸收式制冷机时，由辅助热源提供热量。冬季时，相当于水加热太阳能供暖系统，被太阳能集热

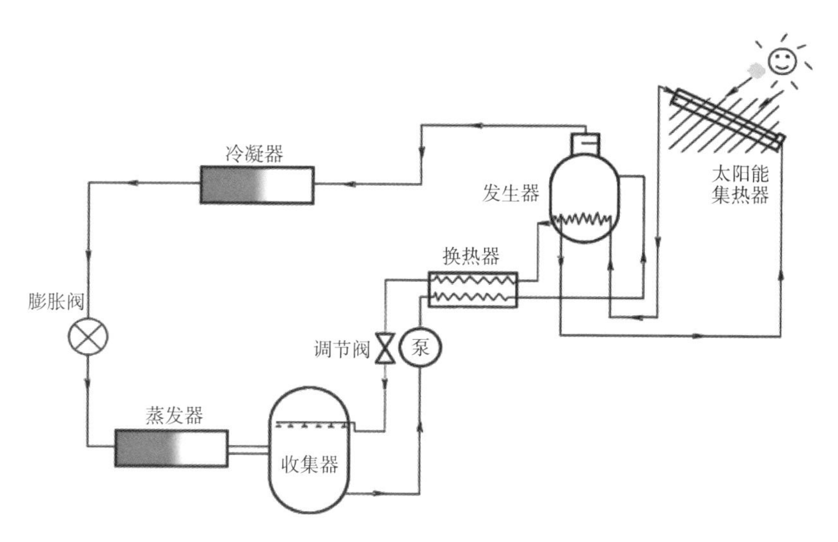

图 9–15　太阳能吸收式制冷原理

器加热的热水流入贮水箱，当热水温度达到一定值时，直接接入空调房间实现供暖。当热量不足时，也可以使用辅助热源。在非空调供暖季节，就相当于太阳能热水系统，只要将太阳能集热器加热的热水直接通向生活热水贮水箱，就可以提供所需的生活热水。

B. 太阳能吸附式制冷系统

太阳能固体吸附式制冷系统（图 9–16）利用吸附制冷原理，以太阳能为热源，利用太阳能集热器将吸附床加热用于脱附制冷剂，通过加热脱附—冷凝—吸附—蒸发等几个环节实现制冷。晚上或太阳辐射不足时，吸附床冷却、温度下降，吸附剂开始吸附制冷剂使蒸发器内制冷剂蒸发，蒸发器温度下降，通过冷媒水获得制冷的冷量。白天太阳辐射充足时，太阳能集热器吸收热量后加热吸附床，使吸附的制冷剂在吸附床内解附，解附的制冷剂进入冷凝器被冷却后回到蒸发器，如此反复完成循环制冷过程。图 9–16 所示为太阳能吸附式制冷原理。

吸附式制冷通常包含以下两个阶段：

a. 冷却吸附→蒸发制冷：通过水、空气等热沉带走吸附剂显热与吸附热，完成吸附剂对制冷剂的吸附，制冷剂的蒸发过程实现制冷。

b. 加热解吸→冷凝排热：吸附制冷完成后，再利用热能（如太阳能、废热等）提供吸附剂的解吸热，完成吸附剂的再生，解吸出的制冷剂蒸气在冷凝器中释放热量，重新回到液体状态。

C. 太阳能除湿式制冷系统。

太阳能除湿式制冷系统主要是利用太阳能集热器为除湿系统提供加热热源，

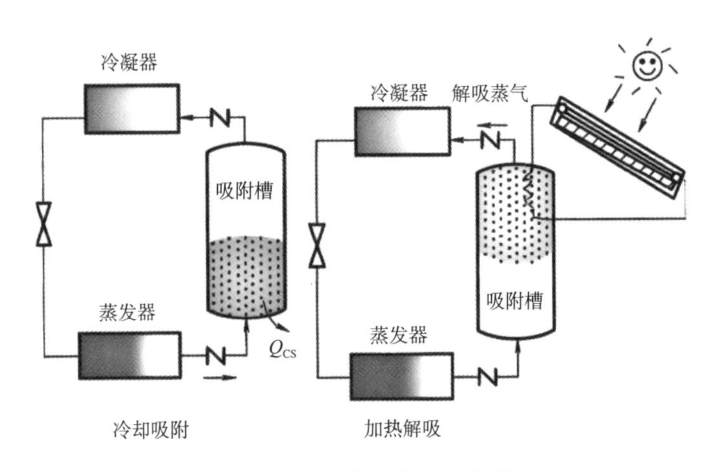

图 9–16　太阳能吸附式制冷原理

使用过的吸湿剂则被加热进行再生；利用吸湿剂来吸附空气中的水蒸气以降低空气的湿度，然后进行一定的冷却和绝热加湿达到制冷降温的目的。系统使用的吸湿剂有固态吸湿剂（如硅胶等）和液态吸湿剂（如氯化钙、氯化锂等）两类。除湿器可采用蜂窝转轮式（对于固态干燥剂）和填料塔式（对于液态干燥剂）两种形式。轮转式太阳能除湿制冷系统如图 9–17 所示。

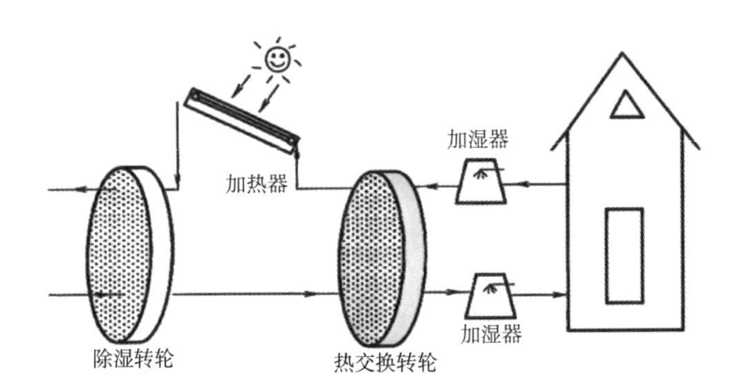

图 9–17　轮转式太阳能除湿制冷系统

太阳能除湿式制冷属于吸湿剂除湿冷却技术，一般由吸湿剂除湿、空气冷却、再生空气加热和热回收等几类主要设备组成。吸湿剂系统与利用闭式制冷机的空调系统相比，除湿能力强、有利于改善室内空气品质、处理空气不需再热、工作在常压、适宜于中小规模太阳能热利用系统。液体除湿空调系统具有节能、清洁、易操作、处理空气量大、除湿溶液的再生温度低等优点，很适合太阳能和其他低湿热源作为其驱动热源，具有较好的发展前景。由于采用空气作为工质，水为制冷剂，整个系统在开放环境中运行，而且不再需要复杂的密闭系统，又没有环境污染问题，是传统压缩机空调系统的替代方案之一。

D. 太阳能蒸汽压缩式制冷系统

太阳能蒸汽压缩式制冷系统，是将太阳能作为驱动热机的热源，使热机对外做功，带动蒸汽压缩制冷机来实现制冷的。它主要由太阳集热器、蒸汽轮机和蒸汽压缩式制冷机 3 大部分组成，它们分别依照太阳集热器循环、热机循环和蒸汽压缩式制冷机循环的规律运行。

E. 太阳能蒸汽喷射式制冷系统

太阳能蒸汽喷射式制冷系统主要由太阳集热器和蒸汽喷射式制冷机两大部分组成，它们分别依照太阳集热器循环和蒸汽喷射式制冷机循环的规律运行。在整个系统中，太阳能集热器循环只用来为锅炉热水运行预加热，以减少锅炉燃料消耗、降低燃料费用。其工作原理如图 9–18 所示。

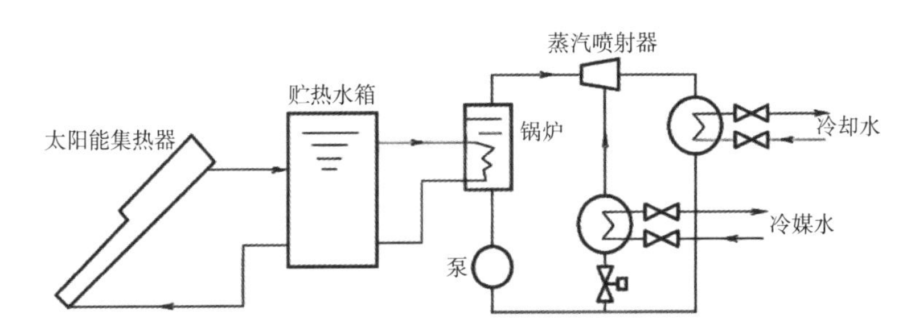

图 9–18　太阳能蒸汽喷射式制冷系统工作原理示意图

9.2.3　太阳能光电建筑应用

太阳能光伏发电系统是利用光伏电池板直接将太阳辐射能转化成电能的系统，主要由太阳能电池板、电能储存元件、控制器、逆变器以及负载等部件构成，如图 9–19 所示。

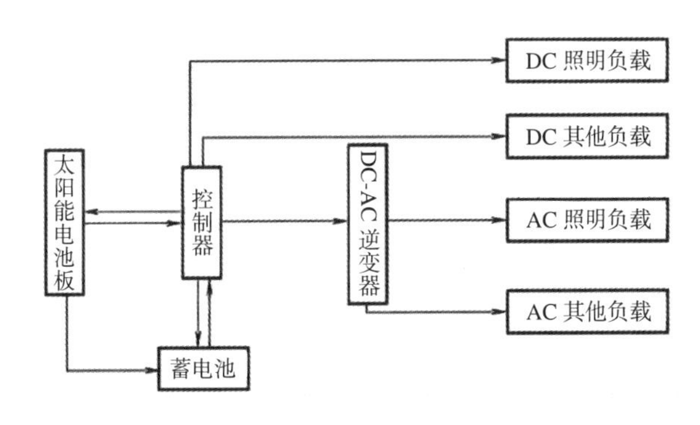

图 9–19　光伏发电系统组成示意图

1）太阳能光电系统概述

太阳能电池板是太阳能光伏系统的关键设备，多为半导体材料制造，发展至今，已种类繁多、形式各样。一般来说可分为有单晶硅太阳能电池、多晶硅太阳能电池、非晶硅太阳能电池和化合物半导体太阳能电池。由于太阳能辐射随天气阴晴变化无常，光伏电站发电系统的输出功率和能量随时在波动，使得负载无法获得持续而稳定的电能供应，电力负载在与电力生产量之间无法匹配。为解决上述问题，必须利用某种类型的能量储存装置将光伏电池板发出的电能暂时储存起来，并使其输出与负载平衡。目前，光伏发电系统中使用最普遍的能量储存装置是蓄电池组，它们白天将转换来的直流电储存起来，并随时向负载供电；夜间或阴天时再释放出电能。蓄电池组还能在阳光强弱相差过大或设备耗电突然发生变化时，起一定的调节作用。控制器在运行中用来报警或自动切断电路，以保证系统负载正常工作。逆变器的功能是将直流电转变成交流电。

2）建筑光伏应用

在建筑物上安装光伏系统的初衷是利用建筑物的光照面积发电，既不影响建筑物的使用功能，又能获得电力供应。建筑光伏应用一般分为建筑附加光伏（BAPV）和建筑集成光伏（BIPV）两种。建筑附加光伏（BAPV）是把光伏系统安装在建筑物的屋顶或者外墙上，建筑物作为光伏组件的载体，起支撑作用；建筑集成光伏（BIPV）是指将光伏系统与建筑物集成一体，光伏组件成为建筑结构不可分割的一部分，如果拆除光伏系统则建筑本身不能正常使用。建筑光伏应用有以下几种形式：

（1）光伏系统与建筑屋顶相结合

光伏系统与建筑屋顶相结合，日照条件好，不易受到遮挡，可以充分接收太阳辐射；光伏屋顶一体化建筑，由于综合使用材料，可以节约成本，如图 9–20 所示。

图 9–20　住宅、厂房及上海世博会主题馆光伏屋顶

（2）光伏与墙体相结合

高层建筑外墙是与太阳光接触面积最大的外表面。为了合理地利用墙面收集太阳能，将光伏系统布置于建筑物的外墙上。这样既可以利用太阳能产生电力，满足建筑的需求；还可以有效降低建筑墙体的温度，从而降低建筑物室内空调冷负荷。如图 9–21 所示，光伏组件附着于墙面。

图 9–21　光伏组件附着于墙面

（3）光伏幕墙

它由光伏组件同玻璃幕墙集成化而来，不多占用建筑面积，优美的外观具有特殊的装饰效果，更赋予建筑物鲜明的现代科技和时代特色。图 9–22 所示为正泰太阳能 C 厂房薄膜幕墙。图 9–23 所示为某光伏幕墙内景。

图 9–22　正泰太阳能 C 厂房薄膜幕墙

图 9–23　某光伏幕墙内景

（4）光伏组件与遮阳装置相结合

太阳能电池组件可以与遮阳装置结合，一物多用，既可有效地利用空间，又可以提供能源，在美学与功能两方面都达到了完美的统一，如停车棚等。图 9-24 所示为建筑物光伏遮阳及太阳能光伏车棚图例。

图 9-24　建筑物光伏遮阳及太阳能光伏车棚图例

9.2.4　太阳能综合应用

太阳能在建筑中的综合利用，即利用太阳能满足房屋居住者舒适水平和使用功能所需要的大部分能量供应，如供暖、空调、热水供应、供电等。

1）光伏光热系统

光伏光热系统，即实现太阳能光伏和光热综合利用的系统。其所用设备称为光伏光热一体化组件，一般称为 PV/T（photovoltaic/thermal collector）。根据试验表明，硅光伏发电模块的实际发电量不仅取决于吸收和传输的太阳辐射，还取决于电池的实际工作温度——温度每升高 1K，则光伏发电模块的发电量将降低额定容量的 0.5%。因此，通过在太阳能光伏板背部回收热量，降低光伏板温度，既可以提高电池发电效率，又可以获得额外的热量，供其他方面利用，即实现太阳能热电联产。

根据实现功能不同，光伏光热系统可分为光伏热水系统、光伏供暖系统、光伏空调系统。根据光伏板背面冷却介质不同，光伏光热系统一般分为风冷却系统、水冷却系统、制冷剂冷却系统等。

（1）风冷却光伏光热系统

即用空气冷却光伏板背面，降低光伏板温度；同时，加热后的空气，也可以用作其他用途，如供暖等。一般风冷却采用自然对流，热风不做回收，主要目的是提高太阳能发电效率。图 9-25 所示为 Solar Wall 公司 PV/T 空气冷却墙。

图 9-25　Solar Wall 公司 PV/T 空气冷却墙

（2）水冷却光伏光热系统

即用水冷却光伏板背面，降低光伏板温度；同时，加热后的水，也可以用作其他用途，如供暖、生活热水、空调制冷。也可以与热泵结合，提高热量品位后，再用作供暖、生活热水、空调制冷等功能；一般这样的系统，称为非直膨式光伏热泵系统，但多处于试验阶段。图 9-26 所示为广州番禺光伏光热一体化组件工程，系统类型为集中供暖。

图 9-26　广州番禺光伏光热一体化组件工程

（3）制冷剂冷却光伏光热系统

即通过制冷剂吸取光伏板热量，降低光伏板温度，提高光伏板效率，并为热泵系统提供热量，即作为热泵的热源、蒸发器，提高热利用率；这样的系统，一般称为直膨式光伏热泵系统。直膨式光伏热泵系统和非直膨式光伏热泵系统是光伏热泵系统的两种主要形式之一，但由于成本较高，目前大多处于试验阶段，既有建筑应用很少。

2）其他太阳能综合利用

根据建筑物的用能特点，供暖负荷和空调负荷是季节性的，热水负荷是全年性的，太阳能供暖系统和太阳能制冷系统在设计阶段就已考虑太阳能的综合应用，即在非供暖季和非空调季利用太阳能生产生活热水。

根据太阳能功能与建筑物结合的方式，太阳能的综合利用还可以分为以下几种系统形式。

（1）集热器 – 蓄热器系统

集热器安装在南向的墙面上，蓄热器也安装在南向的墙面上，即集热器和蓄热器合并成建筑物结构的一部分。这种系统主要用来实现冬季供暖。

（2）集热器 – 散热器 – 蓄热器系统

集热器、散热器和蓄热器作为围护结构的屋面，在屋面设置可以移动的隔热装置，可以使系统在供暖季的白天吸收太阳能，夏天可以向天空辐射，实现了冬季供暖和夏季空调的功能。

（3）集热器 – 散热器 – 热泵系统

系统的集热器没有盖板，白天集热，夜间散热，利用贮热、冷水箱给建筑物供暖或者空调；系统中安装的热泵，用于保持冷、热水箱之间的温差。集热器安装在屋面，散热器为顶棚辐射板，都作为围护结构的一部分，系统可以分供暖方式运行（冬天）、空调方式运行（夏天）、供暖和空调方式运行（过渡季）。

以上三种系统适用于层数不多的建筑，需要建筑物有足够的位置安装集热器等相关附件。

9.3 空气源热泵技术

热泵是以逆卡诺循环原理为基础的一种环保、节能型技术。通过动力驱动做功，从低温热源中取热，将其温度提升，送到高温处放热。由此可在夏天作为空调提供冷源，或在冬天为建筑采暖提供热源。能利用的低温热源包括：室外空气、地表水、海水、地下水、城市污水以及地下土壤等，由此构成各种不同的热泵技术。

空气作为取之不尽用之不竭的天然资源，热泵辅以清洁能源电能，运行中没有任何污染，是国家大力推广的开发和利用可再生能源的绿色环保设备。空气源热泵（图 9–27）是一种利用高位能使热量从低位热源空气流向高位热源的节能装置。它是热泵的一种形式。我国的空气源热泵的研究、生产、应用在 20 世纪 80 年代末才有了较快的发展。目前国内空气源热泵技术类型主要包括以下类型：空气源热泵热水器、空气源热泵（冷）热水机组和空气 – 空气热泵空调，其中空气源热泵热水系统和空气源热泵供暖技术被多省重点纳入可再生能源应用范畴。

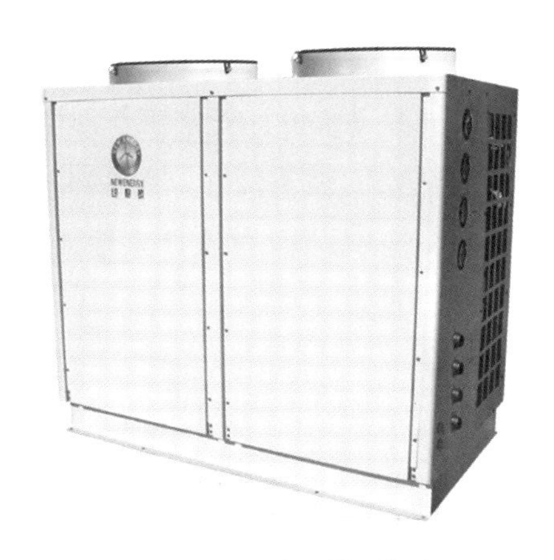

图 9-27　空气源热泵机组

9.3.1　技术原理

热泵热水机组工作时，蒸发器吸收环境热能，压缩机吸入常温低压介质气体，经过压缩机压缩成为高温高压气体并输送进入冷凝器，高温高压的气体在冷凝器中释放热量来制取水，并冷凝成低温高压的液体。后经膨胀阀节流变成低温低压液体进入蒸发器内进行蒸发，在蒸发器中从外界环境吸收热量后蒸发，变成低温低压的气体。蒸发产生的气体再次被吸入压缩机，开始又一轮同样的工作过程。这样的循环过程连续不断，周而复始，从而达到不断制热的目的。热泵原理示意图如图 9-28 所示。

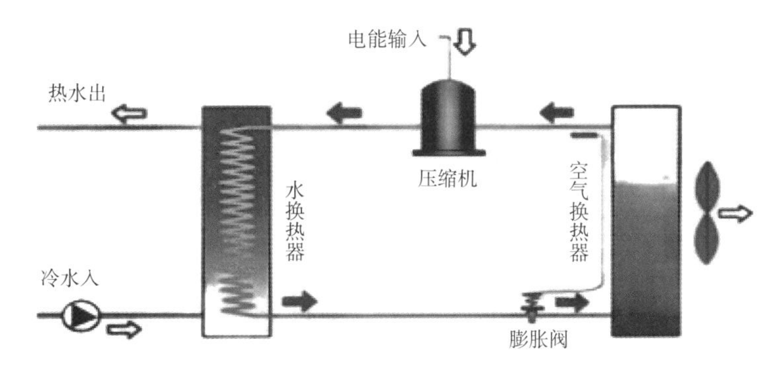

图 9-28　热泵原理示意图

由于此时电用来实现热量从低品位向高品位的提升，因此当外温为 0℃时，一度电可产生约 3.5kWh 的热量，效率为 350%。考虑发电的热电效率为 33%，空气源热泵的总体效率约为 110%，高于直接燃煤或燃气的效率。该技术目前已经很成熟，实际上现在的窗式和分体式空调器中相当一部分（即通常的冷暖空调器）都已具有此功能。

当今市场上大部分的空气源热泵设计正常工作温度在 0 ~ 40℃，故在环境温度比较高的南方，空气源热泵的表现良好。而在冬季气温较低的北方城市，空气源热泵很难达到设计中预想的效果，如在严寒地区，当目标温度为 20℃时，室外温度对 COP 的影响很大，见表 9-1。

严寒地区目标温度 20℃时室外温度对 COP 的影响　　表 9–1

温度（℃）	COP
＞ –7	＞ 1.5
–12 ~ –7	1.14 ~ 1.44
＜ –12	＜ 1.10

当室外温度低于 –12℃，空气源热泵无法满足室内采暖需求，且当室外温度达到 –20℃以下时，机组性能会显著降低。但低温型空气源热泵的设计可以缓解这一问题。低温型空气源热泵是采用欧洲寒冷地区普遍使用的超低温压缩机及低温高效环保制冷剂 410A，在低温下（–25℃）制热能效比常规空气源热泵机组高 50% ~ 80%，超低温型空气源热泵机组在环境温度大幅下降时而制热量衰减很少，充分保证制热效果。

9.3.2　机组分类

空气热源泵系统可按照不同的分类标准划分，见表 9-2。

空气源热泵机组分类　　表 9–2

分类		机组特征	机组型式
依据	类型		
供冷 / 热方式	空气 - 水热泵机组	利用室外空气作热源，依靠室外空气侧换热器（此时作蒸发器用）吸收室外空气中的热量，把它传输至水侧换热器（此时作冷凝器），制备热水作为供暖热媒。在夏季，则利用空气侧换热器（此时作冷凝器）向外排热，于水侧换热器（此时作蒸发器用）制备冷水。制冷 / 热所得冷热量，通过水传输至较远的用冷 / 热设备。通过换向阀切换，改变制冷剂在制冷环路中的流动方向，实现冬、夏工况的转换	整体式热泵冷热水机组 组合式热泵冷热水机组 模块式热泵冷热水机组
	空气 - 空气热泵机组	按制热工况运行时，都是循着室外空气—制冷剂—室内空气的途径，吸取室外空气中的热量，以热风形式传送并散发于室内	窗式空调器 家用定 / 变频分体式空调器 商用分体式空调器 一台室外机拖多台室内机组 变制冷剂流量多联分体式机组 屋顶式空调器

9.3.3 存在问题

与其他热泵相比，空气源热泵的主要优点在于其热源获取的便利性。只要有适当的安装空间，并且该空间具有良好的获取室外空气的能力，该建筑便具备了安装空气源热泵的基本条件。但是空气源热泵采暖的主要问题是：

（1）热泵性能随室外温度降低而降低，当外温降至 –10℃以下时，一般就需要辅助采暖设备进行蒸发器结霜的除霜处理，这一过程比较复杂且耗能较大。但是目前已有国内厂家通过优化的化霜循环、智能化霜控制、智能化探测结霜厚度传感器，特殊的空气换热器形式设计以及不结霜表面材料的研制，得到了陆续的解决。

（2）为适应外温在 –10 ~ 5℃范围内的变化，需要压缩机在很大的压缩比范围内都具有良好的性能。这一问题的解决需要通过改变热泵循环方式，如中间补气、压机串联和并联转换等，在未来 10 ~ 20 年内有望解决。

（3）房间空调器的末端是热风而不是一般的采暖散热器，对于习惯常规采暖方式的人感觉不太舒适，这可以通过采用户式中央空调与地板采暖结合等措施来改进。但初投资要增加。

9.3.4 技术适用性

我国疆域辽阔，其气候涵盖了寒、温、热带，按我国《建筑气候区划标准》GB 50178—93，全国分为 7 个一级区和 20 个二级区。与此相应，空气源热泵的设计与应用方式等各地区都应有不同。

（1）对于夏热冬冷地区：夏热冬冷地区的气候特征是夏季闷热，冬季湿冷，年平均气温小于 5℃的日数为 0 ~ 90 天。气温的日较差较小，这些地区的气候特点非常适合于应用空气源热泵。

（2）对于云南大部分，贵州、四川西南部，西藏南部等地区：年日平均气温小于 5℃的日数为 0 ~ 90 天。在这样的气候条件下，过去一般建筑物不设置采暖设备。但是，近年来随着现代化建筑的发展和向小康生活水平迈进，人们对居住和工作建筑环境要求越来越高，因此，这些地区的现代建筑和高级公寓等建筑也开始设置采暖系统。因此，在这种气候条件下，选用空气源热泵系统是非常合适的。

（3）传统的空气源热泵机组在室外空气温度高于 –3℃的情况下，均能安全可靠地运行。因此，空气源热泵机组的应用范围早已由长江流域北扩至黄河流域，即已进入气候区划标准的Ⅱ区的部分地区内。这些地区气候特点是冬季气温较低，但是在采暖期里气温高于 –3℃的时数却占很大的比例，而气温低于 –3℃的时间多出现在夜间，因此，在这些地区以白天运行为主的建筑（如办公楼、商场、银行等建筑）选用空气源热泵，其运行是可行而可靠的。

9.4 地源热泵技术

地热能是来自地球深处的可再生热能，其利用可分为发电和直接利用两大类。高温地热能主要用于发电，中低温地热能一般可直接利用，如供热、温室、洗浴等。由于我国中低温地热资源分布十分广泛，因而地热直接利用发展较为普遍，其中利用浅层地热的地源热泵技术得到了长足的发展，在建筑中的应用较多。作为可再生能源主要应用方向之一，地源热泵系统可利用浅层地能资源进行供热与空调，具有良好的节能与环境效益，近年来在国内得到了日益广泛的应用。我国于 2005 年 11 月 30 日发布了《地源热泵系统工程技术规范》GB 50366—2005，确保地源热泵系统安全可靠地运行，更好地发挥其节能效应。

9.4.1 技术原理

通常按照下列步骤进行浅层地热能的开发使用：第一步通过地源热泵技术进行浅层地热能的集中收集；然后以电能为驱动对低温物体热能进行吸收，并将热能传递给高温物体，从而实现热量从低温物体到高温物体的输送；第三步则可以将高温、低温介质输送至建筑内实现制冷、供热功能。相对于传统建筑通过夏季设置冷却塔的方式制冷、冬季通过设置燃煤锅炉进行供暖的方式不仅能节省大量的能源，同时使用过程几乎不产生污染物质，因此有助于实现人与自然的和谐统一。

根据季节的不同，地源热泵在冬季、夏季分别将大地作为热源和冷源进行热量的交换，由于浅层地热能基本维持在 15℃左右，冬季相对大气具有更高的温度，夏天比大气温度低，因此地源热泵选择浅层地热作为热源十分恰当。冬季把地能中的热量换出来，供给室内采暖，此时地能为热源；夏季把室内热量取出来，释放到地下水、土壤或地表水中，此时地能为冷源。热泵机组装置主要有：压缩机、冷凝器、蒸发器和膨胀阀四部分组成，通过让液态工质不断完成：蒸发－压缩－冷凝－节流－再蒸发的热力循环过程，从而实现热量转移。根据热力学第二定律，压缩机所消耗的功起到补偿作用，使循环工质不断地从低温环境中吸热，并向高温环境放热，周而往复地进行循环。

9.4.2 分类

地源热泵系统是指以岩土体或地下水、地表水为低温热源，由水源热泵机组、地热能交换系统、建筑物内系统组成的系统。根据地热能交换系统形式的不同，地源热泵系统分为地埋管地源热泵系统、地下水地源热泵系统和地表水地源热泵系统。不同地热能交换形式的地源热泵系统可见图 9–29。

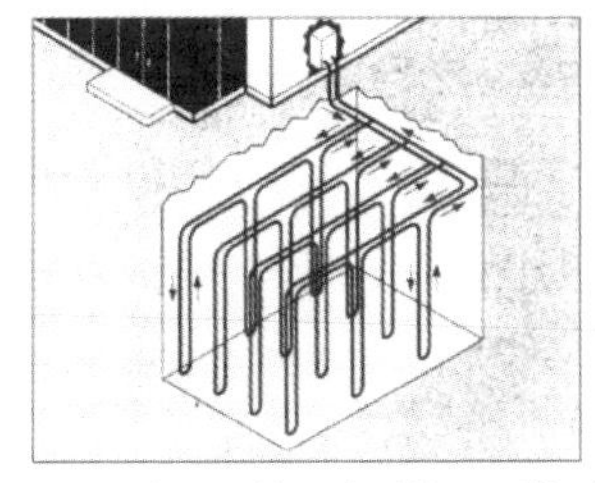
（*a*）竖式地埋管环路系统地源热泵

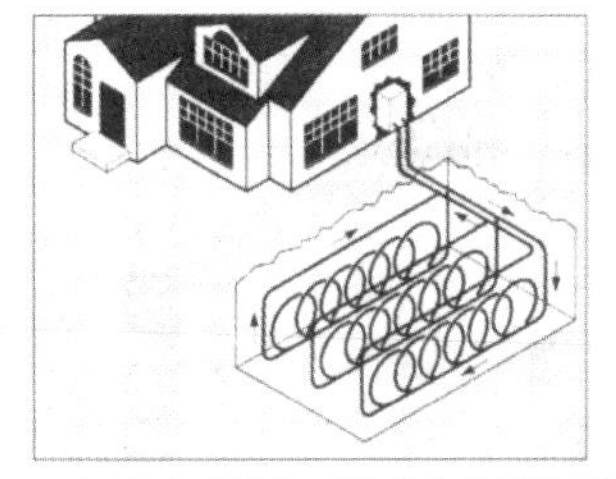
（*b*）卧式地埋管环路系统地源热泵

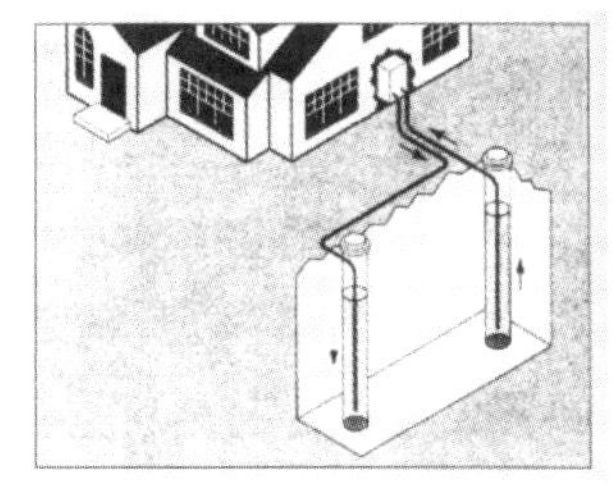
（*c*）异井回灌式地下水地源热泵系统

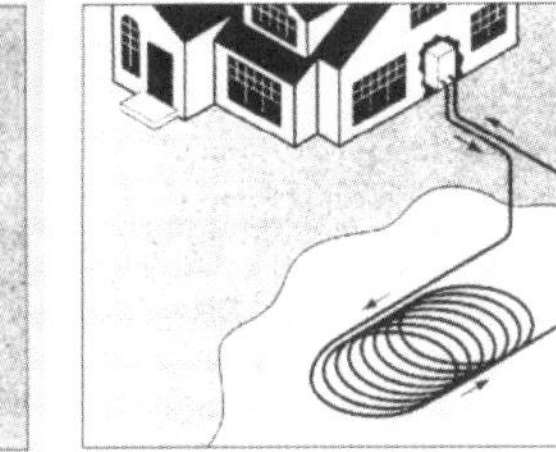
（*d*）地表水地源热泵系统

图 9–29　不同地热能交换形式的地源热泵系统

1）地埋管地源热泵系统

这一系统也称为土壤源热泵，通过在地下竖直或水平地埋入塑料管，利用水泵驱动水经过塑料管道循环，与周围的土壤换热，从土壤中提取热量或释放热量。在冬季通过这一换热器从地下取热，成为热泵的热源，为建筑物内部供热；在夏季向地下排热（取冷），使其成为热泵的冷源，为建筑物内部降温。实现能量的冬存夏用、或夏存冬用。

竖直埋放（图 9–29*a*）是条件允许时的最佳的选择。水平（卧式，图 9–29*b*）由于土方施工量小，是一种比较经济的埋放方式。竖直管埋深宜大于 20m（一般在 30 ~ 150m），钻孔孔径不宜小于 0.11m，管与管的间距为 3 ~ 6m，每根管可以提供的冷量和热量为 20 ~ 30W/m。当具备这样的埋管条件，且初投资许可时，这样的方式在很多情况下是一种运行可靠且节约能源的好方式。

在竖直埋管换热器中，目前应用最广泛的是单 U 形管。此外还有双 U 形管，即把两根 U 形管放到同一个垂直井孔中。同样条件下双 U 形管的换热能力比单 U 形管要高 15% 左右，可以减少总打井数，节省人工费用。

设计使用这一系统时必须注意全年的冷热平衡问题。因为地下埋管的体积巨大，每根管只对其周围有限的土壤发生作用，如果每年热量不平衡而造成积累，则会导致土壤温度逐年升高或降低。为此应设置补充手段，例如增设冷却塔以排除多余的热量，或采用辅助锅炉补充热量的不足。

地埋管地源热泵系统设备投资高，占地面积大，对于市政热网不能达到的独栋或别墅类住宅有较大优势。对于高层建筑，由于建筑容积率高，可埋的地面面积不足，所以一般不适宜。

2）地下水地源热泵系统

地下水地源热泵系统就是抽取浅层地下水（100m 以内），经过热泵提取热量或冷量，再将其回灌到地下。冬季经换热器降温后，抽取的地下水通过回灌井灌到地下。换热器得到的热量经热泵提升温度后成为采暖热源。夏季则将地下水从抽水井中取出，经换热器升温后再回灌到地下，换热器另一侧则为空调冷却水。

由于取水和回水过程中仅通过冷凝器或中间换热器，属全封闭方式，因此不使用任何水资源也不会污染地下水源。由于地下水温常年稳定，采用这种方式整个冬季气候条件都可实现 1 度电产生 3.5kWh 以上的热量，运行成本低于燃煤锅炉房供热，夏季还可使空调效率提高，降低 30%～40%的制冷电耗。同时此方式冬季可产生 45℃的热水，仍可使用目前的采暖散热器。

地质条件对系统的效能产生较大影响，即所用的含水层深度、含水层厚度、含水层砂层粒度、地下水埋深、水力坡度和水质情况等。一般地说，含水层太深会影响整个地下系统的造价。但是含水层的厚度太小，会影响单井出水量，从而影响系统的经济性。因此通常希望含水层深度在 80～150m 以内。对于含水层的砂层粒度大、含水层的渗透系数大的地方，此系统可以发挥优势，原因是一方面单井的出水量大，另一方面灌抽比大，地下水容易回灌。所以国内的地下水源热泵基本上都选择地下含水层为砾石和中粗砂的地域，而避免在中细砂区域设立项目。另外，只要设计适当，地下水力坡度对地下水源热泵的影响不大，但对地下储能系统的储能效率影响很大。水质对地下水系统的材料有一定要求，对于咸地下水要求系统具有耐腐蚀性。

目前普遍采用的有同井回灌和异井回灌两种技术。所谓同井回灌，是利用一口井，在深处含水层取水，浅处的另一个含水层回灌。回灌的水依靠两个含水层间的压差，经过渗透，穿过两个含水层间的固体介质，返回到取水层。异井回灌是在与取水井有一定距离处单独设回灌井，把提取了热量（冷量）的水加压回灌，一般是回灌到同一层，以维持地下水状况。

这种方式的主要问题是提取了热量（冷量）的水向地下的回灌，必须保证把水最终全部回灌到原来取水的地下含水层，才能不影响地下水资源状况。把用过的水从地表排掉或排到其他浅层，都将破坏地下水状况，造成对水资源的破坏。此外，还要设法避免灌到地下的水很快被重新抽回，否则水温就会越来越低（冬季）或越来越高（夏季），使系统性能恶化。

3）地表水地源热泵系统

采用湖水、河水、海水以及污水处理厂处理后的中水作为水源热泵的热源可以实现冬季供热和夏季供冷。这种方式从原理上看是可行的，在实际工程中，主要存在冬季供热的可行性、夏季供冷的经济性以及长途取水的经济性三个问题。在技术上，则要解决水源导致换热装置结垢从而引起换热性能恶化的问题。

冬季供热从水源中提取热量，就会使水温降低，这就必须防止水的冻结。如果冬季从温度仅为 5℃左右的淡水中提取热量，则除非水量很大，温降很小，否则很容易出现冻结事故。当从湖水或流量很小的河水中提水时，还要正确估算水源的温度保持能力，防止由于连续取水和提取热量，导致温度逐渐下降，最终产生冻结。

夏季采用地表水源作为空调制冷的冷却水时，还要与冷却塔比较。有些浅层湖水温度可能会高于当时空气的湿球温度。从湖水中取水的循环输送水泵能耗如果还高于冷却塔，则有时不如在夏季继续采用冷却塔，只是冬季从水中取热。

9.4.3　热泵系统及设备的选择

1）系统的选择

（1）对于别墅等小型低密度建筑（每栋建筑的占地面积较大，但建筑负荷较小）：宜取冷 / 热负荷中的高值作为热泵机组的选型依据，不必采用其他辅助冷热源。必要时，可根据冬 / 夏季负荷的不平衡情况，适当调整地下换热器的间距。

（2）中型建筑：如设计热负荷高于设计冷负荷，宜按冷负荷来选配热泵机组，夏季仅采用地下环路式水源热泵机组来供冷，冬季采用地下环路式水源热泵机组和辅助热源联合供热；若设计冷负荷高于设计热负荷，宜按热负荷来选配热泵机组，冬季仅采用地下环路式水源热泵机组供暖，夏季采用地下环路式水源热泵机组和常规制冷方式联合供冷。

（3）大型建筑：为保证系统的安全可靠和降低系统投资，宜采用复合式系统。即地埋管式水源热泵系统承担基本负荷，常规系统承担峰值负荷。

2）热泵机组的选择

（1）热泵机组工作的冷（热）源温度范围：制冷时 10 ~ 40℃；制热时 5 ~ 25℃。

（2）当水温达到设定温度时，热泵机组应能减载或停机。

（3）不同项目地下流体温度相差较大，设计时应按实际温度参数进行设备选型。

（4）末端设备选择时应适应水源热泵机组供回水温度的特点，提高地下环路式水源热泵系统效率和节能性。

9.4.4 技术优劣性分析

1）优点

（1）可再生性：地源热泵利用地球地层作为冷热源、夏季蓄热、冬季蓄冷，属于可再生能源。

（2）系统 COP 值高：地层温度稳定，夏季地温比大气温度低，冬季地温比大气温度高，供冷供热成本低，在寒冷地区和严寒地区供热时优势更明显；末端如采用辐射供暖 / 冷系统，夏天较高的供水温度和冬季较低的供水温度，可提高系统的 COP 值。

（3）环保：与地层只有能量交换，没有质量交换，对环境没有污染；与燃油燃气锅炉相比，减少污染物的排放。

（4）系统寿命长：地埋管寿命可达 50 年以上。

2）缺点

（1）占地面积大：无论采用哪种形式，地源热泵系统均需要有可利用的埋设地下换热器的空间，如道路、绿化地带、基础下位置等。

（2）初投资高：土方开挖、钻孔以及地下埋设的塑料管管材和管件、专用回填料等费用较高。

9.5 生物质能节能技术

9.5.1 生物质能源的概述

1）生物质的定义

生物质的含义是指有机物质中可再生的或可循环的物质。例如所有的生命体和他们的排泄、代谢过程产生的所有有机物质。生物质能是蕴藏在生物质中的能量。生物质的产生有两个途径，一是绿色植物能够利用叶绿素将太阳能转化成化学能并贮存于生物质中，即通常说的植物以及植物的果实。另一个途径就是以植物及植物的果实生存的动物体以及动物的排泄物。生物质能源是所有可被利用的生物质能的统称。古往今来，生物质能一直是能源体系的重要来源之一，占到世界能源消费总量第四位，仅次于传统的三类常规能源。生物质能来源于生物质。广义上，生物质能也是通过太阳能所衍生来的，由转化技术得到固、液、气态的常规燃料，因其循环再生，因而可以说是取之不尽、用之不竭。

2）生物质能源分类

依据来源的不同，可以将适合于能源利用的生物质分为林业生物质资源、农业生物质能资源、生活污水和工业有机废水、城市固体废物和畜禽粪便五大类。

（1）林业生物质资源：指森林生长和林业生产过程提供的生物质能源，包括薪炭林、在森林抚育和间伐作业中的散木材、残留的树枝、树叶和木屑等；木材采运和加工过程中的枝丫、锯末、木屑、梢头、板皮和截头等；林业副产品的废弃物，如果壳和果核等。

（2）农业生物质能资源：指农业作物（包括能源作物）；农业生产过程中的废弃物，如农作物收获时残留在农田内的农作物秸秆（玉米秸、高粱秸、麦秸、稻草、豆秸和棉秆等）；农业加工业的废弃物，如农业生产过程中剩余的稻壳等。能源植物泛指各种用以提供能源的植物，通常包括草本能源作物、油料作物、制取碳氢化合物植物和水生植物等几类。

（3）生活污水和工业有机废水：生活污水主要由城镇居民生活、商业和服务业的各种排水组成，如冷却水、洗浴排水、盥洗排水、洗衣排水、厨房排水、粪便污水等。工业有机废水主要是酒精、酿酒、制糖、食品、制药、造纸及屠宰等行业生产过程中排出的废水等，其中都富含有机物。

（4）城市固体废物：主要由城镇居民生活垃圾，商业、服务业垃圾和少量建筑业垃圾等固体废物构成。其组成成分比较复杂，受当地居民的平均生活水平、能源消费结构、城镇建设、自然条件、传统习惯以及季节变化等因素影响。

（5）畜禽粪便：畜禽排泄物的总称，它是其他形态生物质（主要是粮食、农作物秸秆和牧草等）的转化形式，包括畜禽排出的粪便、尿及其与垫草的混合物。

9.5.2　生物质能的应用

现代生物质能区别于传统的直接燃烧利用形式，是将农林生物质资源、人畜粪便、生产生活污水、城市固体废弃物等，通过物理转换（成型燃料等）、化学转换（燃烧、气化、液化等）、生物转换（发酵等）的方式形成生产出固、液、气等高品位能源来代替化石燃料，为人类生产、生活提供电力、交通燃料、热能、燃气等终端能源产品，对替代或部分替代化石能源、保护生态环境、实现人类社会的可持续发展具有非常重要的现实意义和长远意义。在建筑节能中，生物质能主要应用在建筑采暖、热水供应、炊事等方面。

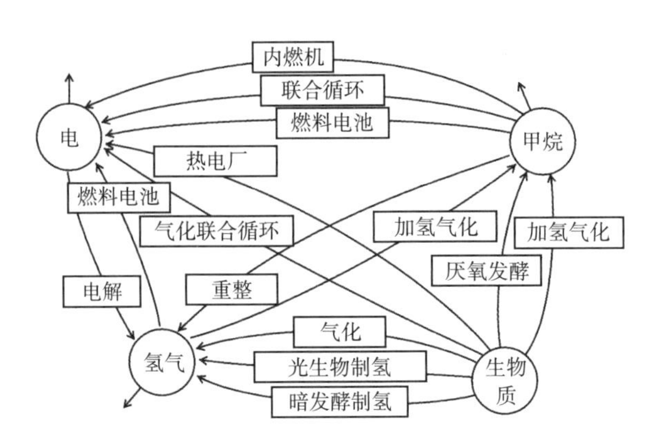

图 9-30　生物质能综合利用示意图

1）生物质直接燃烧法

生物质在空气中燃烧是人类利用生物质能历史最悠久的、应用范围最广的一种基本能量转化利用方式，包括炉灶燃烧和锅炉燃烧技术。锅炉燃烧技术是较高效率的直接利用技术，以生物质为燃料的锅炉主要也是用来大规模集中发电、供热和采暖。生物质直接燃烧发电技术投资较高，大规模使用时效率也较高，但要求生物质集中，达到一定的资源供给量，降低投资和运行成本是其未来发展方向。由于生物质结构蓬松，堆积密度大，不容易储存和运输。经过机械加压将粉碎后的生物质挤压成致密的条形或颗粒形的成型燃料的工艺称为致密成型技术。如图 9-31 所示，为压辊式生物质成型机原理。经过这样的固化处理后，生物质的品位提升，强度增加，储运更加便捷。固化技术的耗能是该技术推广应用的关键。目前我国在生物质燃烧发电方面技术发展相对落后，大量薪材和作物秸秆长期仅仅作为农村生活用能资源使用，利用率极低，燃烧还产生烟尘、NO_x 和 SO_2 等污染物。

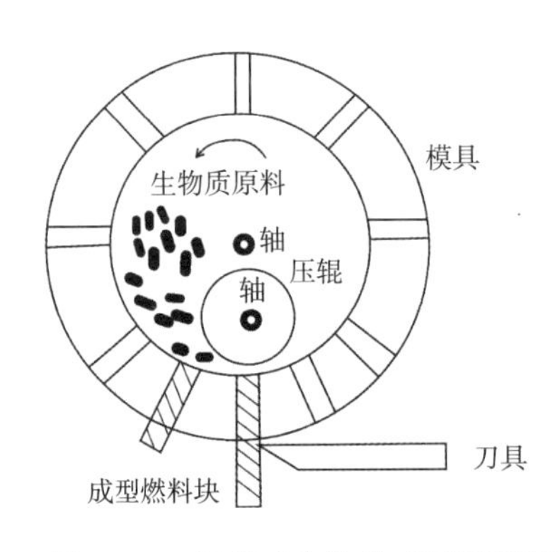

图 9-31　压辊式生物质成型机原理

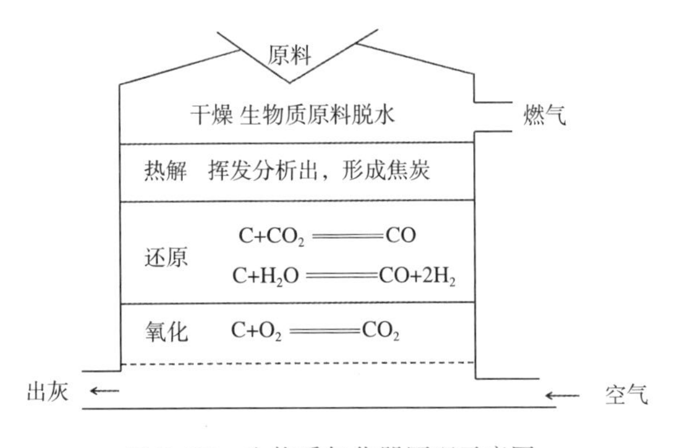

图 9-32　生物质气化器原理示意图

2）生物质热化学转化法

生物质的热化学转换法是指在特定的条件下（比如特定的温度和压力）让生物质发生汽化、碳化、液化或者热解，如图 9–32、图 9–33 所示，以此方式来生产气体或液体燃料的转换利用技术。通过这种利用技术可以获得高品位的木炭、焦油以及可燃气体，这些小分子气体，能通过二次燃烧发电、供热、民用炊事等，故而可以说是生物质能源利用技术较理想的方式，再通过热加工技术的不同，将其分为高温干馏、热解、生物质液化等方法。

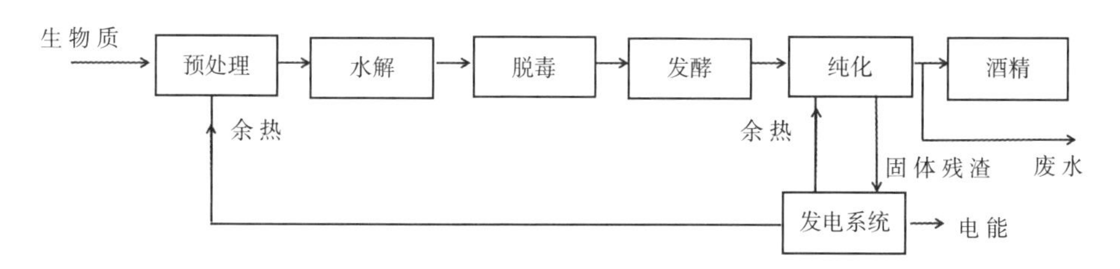

图 9–33　生物质水解液化工艺流程

3）生物质生物化学转换法

生物质的生物化学转换指的是生物质在微生物的发酵作用下，生成沼气、酒精等能源产品，所以包括了生物质 – 沼气转换和生物质 – 乙醇转换等。其流程示意图如图 9–34 所示。根据其转化过程中利用的介质不同，又将其分为厌氧消化技术和酶技术。酶技术指的是直接利用微生物体内的酶分解生物质，生成液体燃料（比如燃料乙醇）。厌氧消化技术指的是利用厌氧微生物将生物质转化为可燃气体（比如沼气），特别强调的是这种转换技术要在缺氧的环境中完成。沼气工程以农作物秸秆、垃圾、粪便为原料，都是农业生产、生活过程的废弃物，应用沼气技术不仅使废弃物得到了有效利用，还产生了清洁能源，同时还改善了农村环境条件。因此，沼气技术是一种一举多得的常见生物质能利用技术。

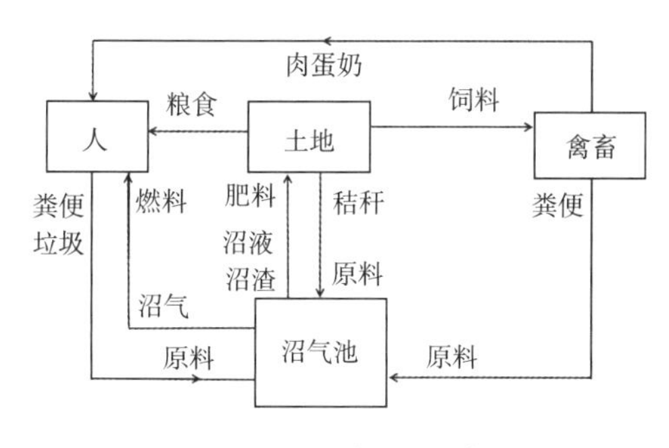

图 9–34　沼泽工程示意图

第10章
建筑智能化节能

Chapter 10
Energy Efficiency in Intelligent Building

10.1 建筑智能化发展概况及意义

10.1.1 智能建筑的概念

1984年1月美国康涅狄格州哈特福德市，建成了世界上第一座智能化大厦——City Place Building，见图10-1。该大楼以当时最先进技术对楼内空调、供水、防火、防盗及供配电系统等进行综合自动化管理，为大楼的用户提供语音、数据等各类信息服务，为客户创造舒适、方便和安全的环境，引起全世界的关注。随后日本、新加坡及欧洲各国的智能建筑也相继发展，我国智能建筑的建设起始于20世纪90年代，但发展迅速，据外国媒体预测，21世纪全世界的智能建筑将有一半以上在中国。

图10-1 世界上第一座智能化大厦City Place Building的外观

我国2007年7月正式实施的《智能建筑设计标准》GB/T 50314—2006对智能建筑的定义是"以建筑物为平台，兼备信息设施系统、信息化应用系统、建筑设备管理系统、公共安全系统等，集结构、系统、服务、管理及其优化组合为一体，向人们提供安全、高效、便捷、节能、环保、健康的建筑环境。"

世界各国对智能建筑的定义虽各有不同，但是综合起来有其共性：即利用现在的最新科学技术，在考虑到节能、环保的基础上，向住户最大限度地提供安全、高效、舒适、便利的生活环境。

10.1.2 建筑智能化的新发展

21世纪是知识经济时代，同时又是环境保护、资源节约的可持续发展的时代。既满足当代人的需要又不对后代人满足其需要的能力构成危害的发展是可持续发展的要求。随着全球石油危机的爆发，煤炭资源的匮乏，世界各国的能源短缺问题越来越严重，因此，作为能耗重要组成部分的建筑行业也受到了广泛的重视，建筑的节能环保是建筑行业发展的必然趋势。

建筑的可持续发展战略是指建筑应在充分考虑减少污染、节约资源以及保持生态平衡的基础上建造和运营，建筑可持续发展的主要内容是节能和环保。

建筑节能是个系统工程，涉及建筑设计与结构、用电设备以及智能化技术等方面。建筑设计与结构方面的节能有采用复合外墙保温的墙体节能、门窗节能、屋面节能、优化建筑设计和建筑结构。用电设备方面的节能有节能型电动机及变频风机、水泵的应用等措施。智能化技术方面的节能措施有通过对建筑设备的有效监控和管理节能。

智能建筑作为21世纪建筑的主要发展趋势，通过使用建筑智能化技术，应用新的节能型建筑机电设备，监控设备运行来达到节能的目的。其主要的方法有：智能照明系统、空调监控系统、给排水监控系统、供配电监测系统、集中供应能源如供热及制冷、建筑中水回用、热电冷三联供、采用新的可再生能源、引入生态建筑技术等。

智能建筑向人们提供一个节能、环保、便捷、安全、高效、健康的建筑环境，建筑智能化是促进建筑可持续发展的一项重要措施，主要表现在两个方面：

一是建筑智能化和生态环保技术的结合。在当代的智能建筑领域里，新兴的学科技术如生物学、仿生学、可再生能源学、环保生态学、新材料学得到广泛应用，用以实现建筑的可持续发展。目前最为受到关注的可再生能源在建筑中取得的节能环保效果最为显著，其中太阳能、地热能等发展前景最为广阔，而其与建筑智能化结合是必然发展趋势。

另一方面是目前现有建筑智能化系统本身具有节能功效。比如照明系统通过独立设置的智能照明控制系统采用预设值、合成照度控制和人员检测控制等多种方式对不同区域的灯光进行开关及照度控制。空调监控系统能根据实际冷负荷调节冷冻水泵、冷却水泵、冷水机组以及冷却塔运行台数，通过减少设备运行台数节能。建筑设备管理系统首先采集和存贮能源消耗的数据，然后通过对历史数据与各类实时信息进行的分析，优化控制与管理策略，管理当前耗能设备，并为能源管理系统的改造提供基础数据。建筑设备管理系统使用优化的控制策略，对内部的各种机电设备统一管理，可以最大限度地减少建筑耗能设备的能耗。

智能建筑的本质是节约资源能源、减少环境污染、促进生态平衡和与人的和谐发展，完美地诠释了可持续发展的理念。智能建筑的节能通常包括：建筑节能、设备节能和管理节能。建筑智能化集成技术，通过赋予建筑物以人工智能和自动控制能力，达到效率优化提高、能耗节约降低以及污染排放减少的目的，实现资源功能效率充分调配、管理以及控制，是行业发展的必由之路，其发展历程见图 10–2。

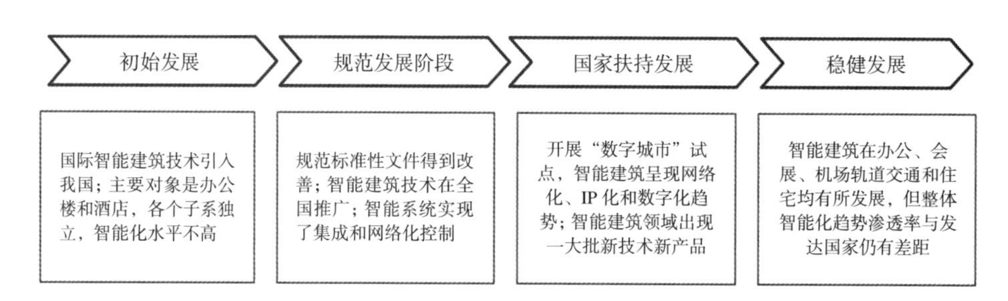

图 10–2 我国智能建筑行业发展历程

智能建筑节能技术是以建筑设备管理系统（BAS 系统）为基础实现的，通过对楼宇自动化系统、办公网络自动化系统以及安全防范自动化系统的实时监控、联动控制、集成管理来实现高效、适宜、便捷的建筑空间环境的同时，最大限度地减少能耗。在智能建筑建设中，楼宇自动化系统是基础和核心，办公自动化系统和安全防范自动化系统常常根据建筑使用功能和业主要求而具体选择安装层次和规模，使运行能耗相对小且稳定。

10.2 建筑智能化系统组成

10.2.1 建筑智能化系统结构

建筑智能化系统基本结构如图 10–3 所示，其中建筑设备管理系统含有 5 个子系统：空调自动化系统、供配电综合自动化系统、照明控制系统、给水排水自动控制系统和电梯控制系统；公共安全系统中包括火灾自动报警系统、安全技术防范系统和应急联动系统等；信息设施系统中包含电话交换系统、信息网络系统、综合布线系统；信息化应用系统包括智能卡应用系统、公共服务管理系统、信息网络安全管理系统和物业智能化运维管理系统。

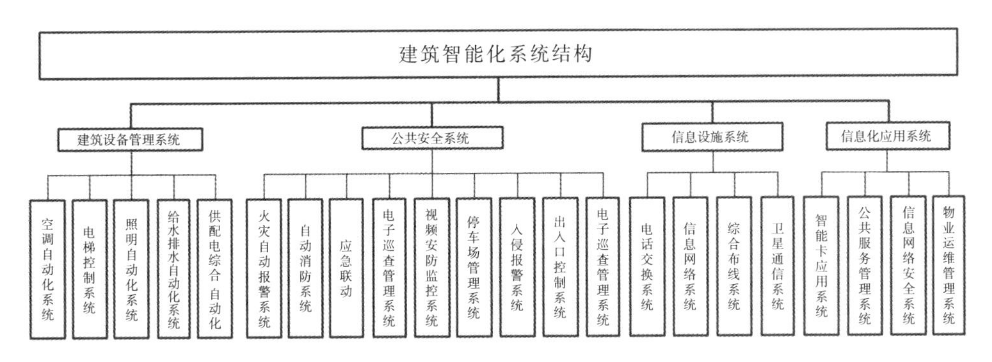

图10–3 建筑智能化系统结构

其中建筑设备管理系统对建筑智能化节能影响较大。建筑设备管理系统5个子系统的功能分别为：

1）供配电综合自动化系统对智能建筑的供电状况进行实时监视和控制，包括对各级电力开关设备，配电柜高压和低压侧状态，主要回路电流、电压及功率因数，变压器及电缆的温度，发电机运行状态等监测与控制，故障报警等；对用电情况计量和统计，实施科学管理方法，合理均衡负荷，以保障安全、可靠供电。

2）空调控制系统内容较多宜根据建筑设备情况选择配置下列相关功能：

（1）压缩式制冷机系统和吸收式制冷系统的运行状态监测、监视、故障报警、启停配置、机组台数或群控控制、机组运行均衡控制及能耗累计。

（2）蓄冰式制冷系统的启停控制、运行状态显示、故障报警、制冰与融冰控制、冰库蓄冰量监测及能耗累计。

（3）热力系统的运行状态监视、台数控制、燃气锅炉房可燃气体浓度监测与报警、热交换器温度控制、热交换器与热循环泵连锁控制及能耗累计。

（4）冷冻水供、回水温度、压力与回水流量、压力监测、冷冻泵启停控制（由制冷机组自备控制器控制时除外）和状态显示、冷冻泵过载报警、冷冻水进出口温度、压力监测、冷却水进出口温度监测、冷却水最低回水温度控制、冷却水泵和冷却塔风机启停控制和状态显示、故障报警。

（5）空调机组启停控制及运行状态显示；过载报警监测；送、回风温度监测；室内外温、湿度监测；过滤器状态显示及报警；风机故障报警；冷热水流量调节；加湿器控制；风门调节；风机、风阀、调节阀连锁控制；室内二氧化碳浓度或空气品质监测；寒冷地区防冻控制；送回风机组与消防系统联动控制。

（6）变风量VAV系统的总风量调节，送风压力监测；风机变频控制；新风量控制；加热控制；末端VAVBOX自带控制器时应与建筑设备监控系统联网。

送排风系统风机启停控制和运行状态显示、故障报告；消防系统联动控制。

3）电梯控制系统是建筑物内交通的重要枢纽。对带有完备装置的电梯，利用此节点将其控制装置与楼宇自动化系统相连接，以实现相互间的数据通信，使管理中心能够随时掌握各个电梯的工作状况，并在火灾、安保等特殊场合对电梯的运行进行直接控制。

4）照明控制系统对各楼层的配电盘、办公室照明、门厅照明、走廊照明、庭院或停车场等处照明、广告霓虹灯、节日装饰彩灯、航空障碍照明灯等设备自动进行启停控制，并自动实现对照明回路的分组控制、对用电过大时的自动切断，以及对厅堂和办公室等熄灯控制。

5）给水排水自动化系统对各给水泵、排水泵、污水或饮用水泵的运行状态、各种水箱及污水池的水位进行实时监测，并通过对给水系统压力的监测以及根据这些水位、压力状态，启停水泵，以保证给水排水系统的正常运行。

通过建筑设备管理系统可以实现：①设备监控与管理；可提供设备运行管理和建筑物经营管理，包括建筑内各种空间服务设施的预约，使用分配、调度及费用管理。能够对建筑物内的各种建筑设备实现运行状态监视，报表编制，启停控制、维护保养及事故诊断分析。②节能控制包括空调、供配电、照明、给排水等系统的控制管理。它是在不降低舒适性的前提下达到节能、降低运行费用的目的。

10.2.2 建筑智能化常用监控设备

建筑内的监控设备是建筑智能化中的重要组成部分，总结现有建筑内监控设备的主要功能，是实现自动监视与自动调节以适应室内环境的变化；各类机电设备的启、停和运行进行连锁操作，以确保机组的安全运行；各类机电设备的故障自动监测，以保证设备的安全和及时维修；监测设备与保存设备的运行数据，实时监控各种数据参数，将温度、湿度、流量、电压、电流等参数纳入到监控范围内；实现对系统运行的自动化调节，使得各种参数在设定范围内；实现综合性优化运行，让系统处在最佳工况下实现能耗最低；记录系统状态，控制中心提供必要的参数数据、历史图表等，帮助控制中心调适参数与程序，达到最佳运行效果。

建筑智能化设备主要由三个部分组成：控制器、传感器和通信协议。

1）控制器

控制器是指挥整体设备各个部件按照指令的功能要求协调工作的设备，是建筑内设备的神经中枢和指挥中心，控制器有多种类型，如消防联动控制器、门禁控制器、火灾报警控制器、空调机组控制器、应急照明控制器、电梯电机控制器等。

（1）火灾报警控制器

火灾报警控制器是指能对探测器自动监测或手动发出的报警信号进行接收，根据设定好的逻辑进行判断显示火灾报警信息、指示火灾发生位置并发出火灾报警声、光信号的设备，如图 10–4 所示。

（2）消防联动控制器

在接收到火灾报警控制器或者其他火灾触发器件发出的火灾信号，根据自身的控制逻辑发出控制信号，来控制各类消防设备实现消防联动的功能，如图 10–5 所示。

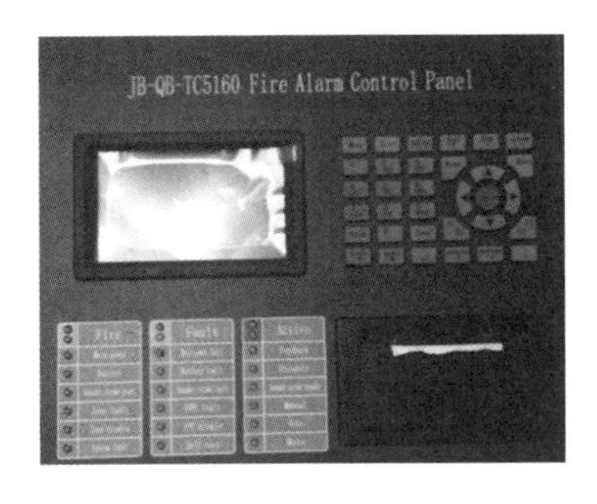

图 10–4　火灾报警控制器界面

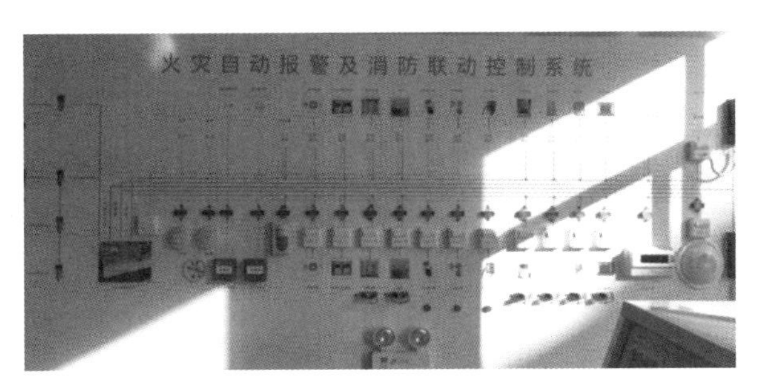

图 10–5　消防联动控制器界面

（3）电梯楼层控制器

电梯楼层控制器专供电梯轿厢内管制人员出入特定楼层。管制持卡人员出入特定允许出入之楼层，以防止随意出入各楼层而确保安全；单层卡持有人刷卡直达，无需再按键；多层卡用户刷卡后，须再按卡片内记录的权限按键抵达，使电梯按规定自动运行，如图 10–6 所示。

（4）门禁控制器

门禁控制器有多种类型，如联网门禁、指纹门禁、一卡通门禁和人脸识别门禁，主要可以用来考勤、宿舍门禁、图书馆和机房等。它是安保联动系统中重要的组成部分，可靠性高、适用性高，所有电源、输入输出端口和通信端口都有过载保护装置，所以安全性很高，如图 10–7 所示。

（5）空调机组控制器

空调机组控制器是能够对建筑内所有空调设备实现执行远程控制的设备，无需手动通过空调面板对机组直接操作，操作方便高效，可实现上百台空调的集中联网控制，主要功能有远程监控、温湿度控制、启停时间设定和运行模式切换等，如图 10–8 所示。

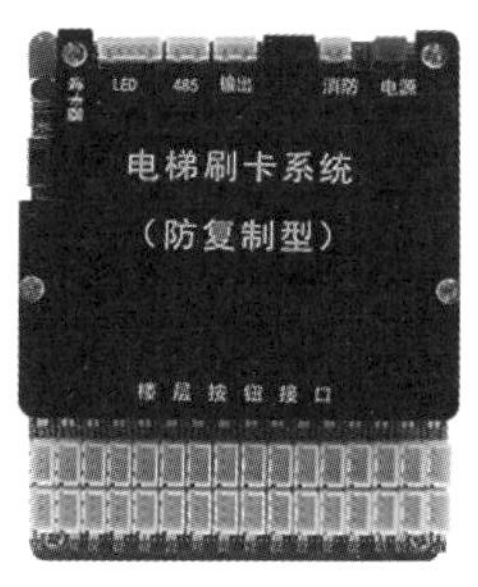

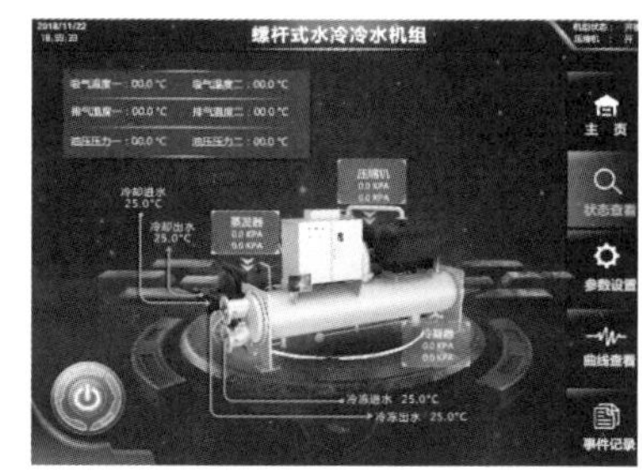

图 10–6　电梯楼层控制器界面　　图 10–7　门禁控制器界面　　图 10–8　空调机组控制界面

2）传感器

传感器是一种监测装置，能够接收到被测量对象的信息，并将采集到的信息按照一定的规律变换为电信号或者其他形式的信号，来实现建筑内数据的传输、存储、记录、显示和控制等要求，一般具有远传的功能。主要的仪器有：

（1）流量传感器

流量检测是空调系统热量和给排水系统耗水量的重要参数。检测流量的方法很多，常用的有节流式、涡流式、容积式和超声波式。使用时根据精度、测量范围的要求选用节流式流量传感器，如图 10–9 所示。

（2）温度传感器

温度传感器的作用是利用物质各种物理性质随温度变化的规律把温度转换为电量。建筑内供热是能耗监测的一个重要对象，使用温度传感器与流量传感器通过热量计算公式可计量出热能消耗。如图 10–10 所示，它是一种热敏电阻型温度传感器。

（3）远传电表

建筑中设备的能耗，主要来自于电能。因此对于智能建筑的节能评估研究主要集中在用电方面，尤其是办公建筑，因此检测参数主要为电能，如建筑照明用电量，主要的照明耗电支路，空调系统中各设备的耗电量等。远传电表如图 10–11 所示。

图 10–9　流量传感器

图 10–10　温度传感器

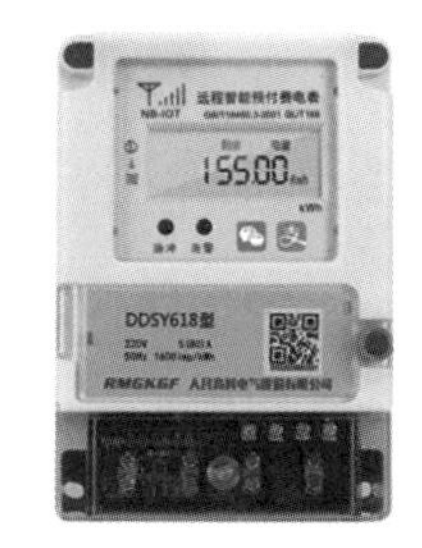

图 10–11　远传电表

（4）电压传感器

电压传感器的作用是感受被测电压并转换成可用输出信号。在建筑供配电监测系统中与电压互感器的配合来监测供配电系统的电压，如图 10–12 所示。

（5）电流传感器

电流传感器的作用是感受被测电流并转换成可用输出信号。在建筑供配电监测系统中与电流互感器的配合来监测供配电系统的电流，如图 10–13 所示。

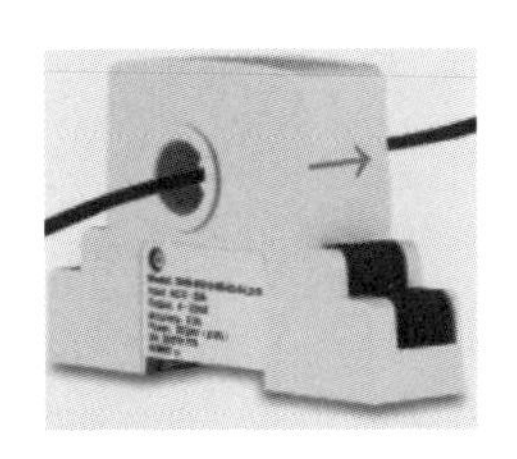

图 10–12　电压传感器

图 10–13　电流传感器

3）通信协议

通信协议是指设备之间完成信息交互和其他服务所必须遵循的规则和约定，协议定义了数据信息的使用格式，从而确保网络中数据顺利地传送到确定的地方。在智能化建筑中，通信协议用于实现设备和网络、设备和设备之间连接的标准，目前常见的控制系统连接形式主要有基于现场总线的建筑控制系统（图 10–14）和基于以太网的建筑控制系统（图 10–15）。常见的协议如下：

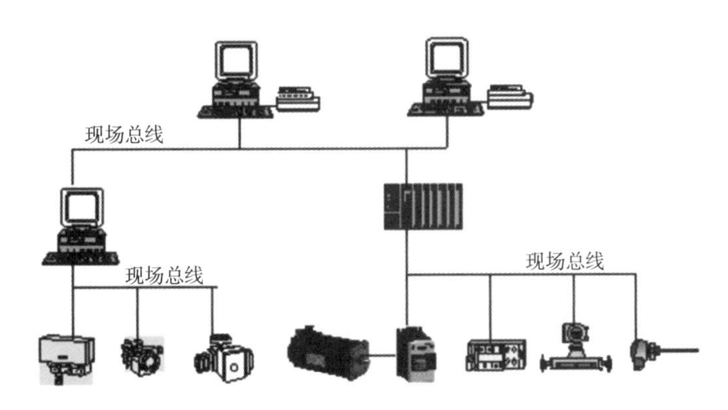

图 10–14　基于现场总线的建筑控制系统

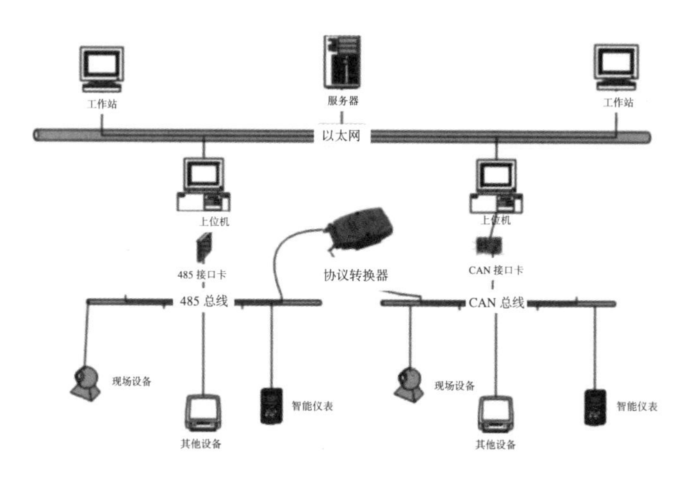

图 10-15 基于以太网的建筑控制系统

（1）BACnet 协议

BACnet 协议是世界上第一个标准的楼宇自动控制技术通信协议，最大的特点是开放性和互操作性，没有严格规定网络拓扑结构，而是采用面向对象的技术，使得建筑自动控制技术的使用更加简单。作为一种成熟可靠的技术方案，在国内的发展有比较好的前景。

（2）TCP/IP 协议

TCP/IP 协议是 Internet 最基本的协议、国际互联网络的基础，应用十分广泛，不依赖于任何特定的设备硬件或系统，是一种有高度开放性的协议标准。统一的网络地址分配方案，使得所有设备都有唯一的地址，传感器可以通过 TCP 协议把采集到的信号加工成数据包和控制器进行信息交互，实现自动、智能的控制过程。

（3）Modbus 协议

Modbus 技术是一种常见的串行通信协议，已经成为现在工业领域通信协议的业界标准，并且是电子设备之间常用的连接方式，容易部署和维护，最大能允许约 240 个设备连接在一个网络上进行通信，通常用来连接建筑监控中心和终端的被控设备。

10.3 建筑智能运维节能

10.3.1 建筑智能运维概述

随着互联网时代的到来和人工智能技术的进步，建筑业也在遵循这一发展趋势，着重于创建智慧建筑运营和维护体系以促进产业的升级，更好地服务客户，同时创造更大的效益。智慧建筑运维管理是建筑在竣工验收完成并投入使用后，整合建筑内人员、设施及技术等关键资源，通过运营充分提高建筑的使用率，降低它的经营成本，增加投资收益，并通过维护尽可能延长建筑的使用周期而进行的综合管理。建筑运维管理是物业管理的扩展和延伸，它结合了智能建筑中智能化、网络化技术以实现数字化管理。它综合了物联网技术、三维建筑模型技术、地理信息技术和工程技术的基本原理。将智慧建筑运营和维护过程中相关的资产管理、设备管控、工作响应、计划制定、人力资源、财务成本、空间管理、外包和商业智能连通起来。该系统的实施可以显著提高智慧建筑的用户体验，并有效提高运营和维护收益。随着智能建筑行业的发展，智慧运维需求也会逐渐上升，市场规模也会随之逐渐增大。目前，建筑运维处于初步探索的阶段。越来越多的企业认为，保持高效率的设施运维管理对其主营业务的发展必不可少，将起到强有力的支撑作用。针对智能建筑运行维护国家层面正逐步制定标准体系。我国为保证建筑设备监控系统工程经济合理、安全适用、稳定可靠，有利于公众健康、设备安全和建筑节能，进一步为实现建筑智能化系统的有效运行，住房和城乡建设部与建筑行业协会推出了《建筑智能化系统运行维护技术规范》和《绿色建筑运行维护技术规范》，为智慧运维的发展制定规范和标准。

10.3.2　建筑智能运维节能应用

智能建筑采用现代计算机技术、现代通信技术和现代控制技术来实现智能化，目的是在保证安全性、舒适性和高效性的基础上最大程度地节约能源，智能运维节能技术流程见图 10–16。

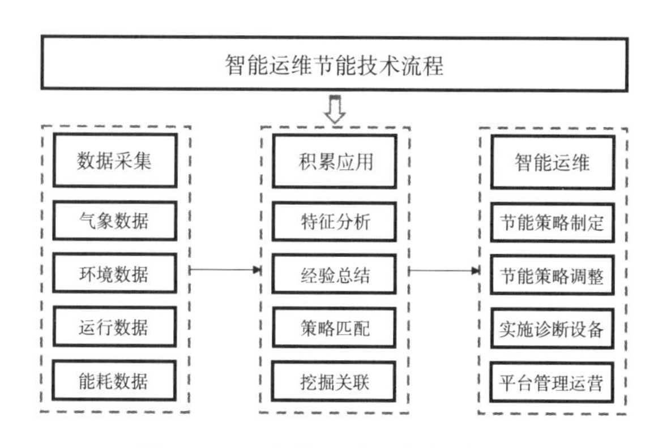

图 10–16　智能运维节能技术流程

1）智能运维节能应用内容

（1）负荷测算

为了进一步科学地分配智能建筑的能耗，必须通过严格测算得出精准数据，做到实时调节。通过对围护结构、建筑布局、室外天气、建筑物室内外温度及湿度、建筑能源等方面着手分析，对建筑的负荷和耗能进行测算。如用热流计来对围护结构数据进行监测；运用建筑动态能耗模拟测算来对比不同围护结构节能方案下的建筑节能效果；进行室内环境舒适度等方面数据的收集，得出不同阶段的运行数据；监测空调能耗、电梯、照明器具等能耗数据，形成整体能耗、逐月数据、分类分项数据、数据矫正及持续优化等相关数据报表，得出建筑的精准耗能数据。

（2）运行方案选择

在智能运维控制中，既要满足舒适性要求，又要精准控制能耗需求。对空调、照明、供配等高能耗设备进行主动控制，实现自行调节和经济运行。以建筑能耗占比最大的暖通空调系统为例，在暖通空调系统使用过程中通过优化机组供水温度、空调送风温度、湿度，科学合理地设置供水、送风压力，控制新风量等参数。根据用户设定好的体验需求，自动实现温度控制，获得良好、舒适的空间环境。

（3）智能运维云平台应用

依托智能云平台，对气候、空气质量、舒适度、居民使用过程中的行为习惯、个性化需求进行精准测算与模拟，减少不确定性，运用智能控制技术，实现高能耗设备自行调节和经济运行调整。对建筑物内部的资源使用情况进行收集、测算数据，分析运行规律，再通过比选最优方案由平台持续性优化和调整，并借助云平台和大数据技术，使用云分析、云计算、云比对等技术反馈给自适应系统告知用户如何进行节能控制，实现多反馈、持续性的智能建筑节能控制。

（4）设备故障及设备寿命智能分析、预警。

智能运维需要大量的设备进行数据收集、测算、反馈、监控等，这些设备的健康和寿命情况直接影响着智能控制的结果和节能的功效，所以，在建筑运维系统中集成设备智能维护管理系统尤为重要。通过建立运行监测、数据分析、设备健康管理、应急管理、维修生产、第三方单位管理等模块，实现精准运维。如设备健康管理模块，可以实现对装备和系统部件的健康评估、异常预警，剩余寿命预计等。同时基于大数据平台以及设备的实际运维情况，分析评估关键运行故障的现场排故路径，指导运维人员进行快速故障排查、实施应急处置等操作，让设备发挥最大效能，从而提高节能的高效性和持续性。

2）建筑智能化节能应用要点

（1）建筑能源综合管理系统

建筑能源综合管理系统应包括感知层、通讯层、系统应用层，将用能系统和设备监控子系统集成，实现基于智能化技术的运行管理。建筑能源综合管理系统应监控各用能子系统和设备的运行状态，各用能系统和设备的监控和能耗数据上传至建筑能源综合管理系统平台，进行设备管理分析、故障诊断、用能数据分析等功能，监测、展示并统计分析水、电、气、冷、热等用能数据。系统维护时，应每月检查综合能源管理系统相关用能系统和设备联动的执行情况，纠正和调整监测和控制出现的偏差，对系统的页面响应时间、控制命令响应时间、报警信号响应时间、系统报警功能等参数进行检查。系统优化时，可根据公共建筑的使用功能、建筑规模、用能特征和使用状况，逐步设置和修改控制算法和策略优化，增加和调整联动策略，均衡调节系统参数。

（2）供暖通风和空调系统

供暖通风与空调系统运维主要包括冷热源设备、空调水系统、空气调节系统和通风系统等四个部分。

冷热源设备可采用的节能策略主要包括：通过基于室外气象参数、系统运行参数、历史使用数据下的逐时的冷、热负荷预测，结合冷热源设备运行特性及分时电价政策，优化控制对冷热源设备的运行模式，降低运行费用；在保证室内舒适前提下，尽可能降低供暖水温，提高供冷水温，提高供冷热源设备运行效率；优化设备运行台数，使冷热源设备运行在高效工作区；在线诊断设备故障，保障机组安全高效运行；评价冷热源设备实际运行效率、单位供冷热量费用。

空调水系统的节能策略主要包括：建立水泵频率的特性曲线，优化运行台数及频率，保证水泵运行在高效工作区；根据负荷变化重设空调冷热水系统的供回水压差设定值，降低系统输配能耗；根据室外环境条件重设冷却水系统出水温度，以降低冷却水温度。

空调通风系统的节能策略主要包括：根据实际控制模式，对系统启停时间进行优化调整；根据室外气象参数优化调节室内温度设定值；根据气候变化合理调节新回风比，减少冷源开启时间以及用冷量；根据室内CO_2浓度监测值，实现最小新风比或最小新风量控制；根据末端用户需求动态重设变风量系统的送风静压设定点。

（3）给水、排水和生活热水系统

给水、排水及生活热水系统主要包括给水系统、排水系统、中水系统、水景和绿化喷灌水系统等部分。节能优化策略主要包括：可根据系统运行工况，定期优化水泵台数控制和启停策略；可对给排水系统的水质进行定期监测，并与区域疫情防控联动。

（4）供配电、照明和电梯系统

供配电、照明及电梯系统主要包括供配电设备、照明系统、电梯系统等，一些公共建筑商也涉及充电桩监控、分布式能源系统等方面。照明系统的节能优化策略为：室外道路灯可根据天空亮度变化进行修正；公共场所的照明，可实现自动调光或降低照度，并根据建筑使用条件和天然采光状况采取分区、分组控制措施。电梯系统节能策略主要包括：配置多台电梯的高层建筑，可按高区和低区设定电梯的联动运行；当建筑物内同一区有多部电梯时，应合理分配运行区域、停靠层站和运行时间；对自动扶梯和自动人行道宜设置搭乘人员监测装置，利用变频调速方式调节运行速度。

10.3.3 建筑智能运维特点及挑战

建筑楼宇在执行运维管理过程中会遇到许多问题。建筑种类与属性的不同导致运维管理需要了解各行业领域的专业知识，从而专业化地制定策略；信息化与智能化的缺乏使运维管理无法通过建筑状态实时调整和规范运维服务；运维操作人工完成比重大，极易导致任务在执行过程中产生疏漏，丧失准确性；在运维过程中会产生大量的资料、数据，记录表单、建筑图纸，且移交的时候非常困难；数字化概念的缺乏使后续查阅建筑资产资料时，难以对其进行全面的检阅，需重新建立了解建筑目前的状况。

面对以上种种问题，智慧建筑运维孕育而生，其运用先进科技将数字化、信息化等特性结合起来，整体提升智慧建筑运维的管理水平。作为新兴产业，智慧建筑的运维有其自身的特点和挑战，主要体现在专业性、精细化、集约化、智能化、信息化和定制化的服务。

1）精细化：智能运维系统基于信息技术和业务标准化流程，以精细化控制为手段，使用科学的方法对客户业务流程进行分析和跟进，找到控制点并进行有效的优化、重组和控制，以实现整体质量、成本、进度和服务的最佳管理目标。

2）集约化：智能运维致力于优化过程，空间规划，能源管理和其他服务，通过对资源和能源的集约利用以及对客户资源和能源的密集运营和管理。降低客户的运营成本、增加利润，最终实现提高客户营运能力的目标。

3）智能化：充分利用高新技术，并依托高效的传输网络实现智能运维和服务。智能运维的具体表现形式有智能控制、智能办公、智能安全系统、智能能源管理系统、智能资产管理维护系统、智能信息服务系统等。将所有子系统集成到用于管理和控制的统一平台中，对规划整个运维系统是一个巨大的挑战。

4）信息化：使用多样化的信息技术手段来实现业务运营的信息化，能确保管理和技术数据的分析和处理的准确性，从而做出科学的决策，同时降低成本、提高效率。

5）定制化：每个公司都有不同的个性化智慧运维需求，具体取决于客户的业务流程、工作模式、业务目标、存在的问题和要求等。定制化为客户量身定制智慧运维方案，合理规划空间过程，提高资产价值，并最终实现客户的业务目标。解决方案必须与用户需求紧密相关，而不同领域的运营和维护业务需求不尽相同，对每个行业的理解深度就至关重要，具体的建筑智能化行业面临的挑战见图 10-17。

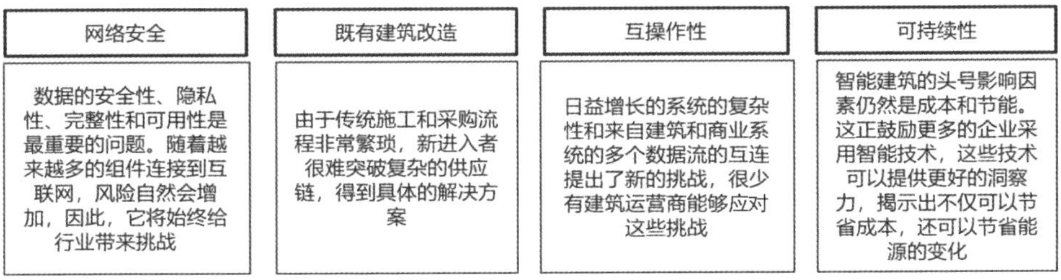

网络安全	既有建筑改造	互操作性	可持续性
数据的安全性、隐私性、完整性和可用性是最重要的问题。随着越来越多的组件连接到互联网，风险自然会增加，因此，它将始终给行业带来挑战	由于传统施工和采购流程非常繁琐，新进入者很难突破复杂的供应链，得到具体的解决方案	日益增长的系统的复杂性和来自建筑和商业系统的多个数据流的互连提出了新的挑战，很少有建筑运营商能够应对这些挑战	智能建筑的头号影响因素仍然是成本和节能。这正鼓励更多的企业采用智能技术，这些技术可以提供更好的洞察力，揭示出不仅可以节省成本，还可以节省能源的变化

图 10-17 建筑智能化行业面对的挑战

智慧建筑的运营和维护体系正在逐渐改变传统的建筑管理和服务模式。在技术系统的支持下执行数字化、可视化和标准化，并围绕这些特征集成先进的技术和技术手段，以改善智能建筑运营和维护的服务特征以及管理能效。尤其是通过 GIS、BIM、VR 和 IoT 的创新和研发，用户可以真正享受到智慧的便利和效率。该系统不仅可以快速向用户提供可视信息，还可以通过快速及时的信息收集机制来积累原始数据，改善业务流程，分析用户需求和特征，并进一步优化和调整这些资源，为用户提供有效的分析和数据支持，在整个过程中促进智慧建筑运维机制的优化和创新。

10.4 建筑运维大数据节能

10.4.1 建筑大数据应用概述

1）大数据时代建筑节能技术的由来与发展

大数据技术是近些年备受关注、被认为极具应用价值的科学技术，其在商业、金融、医疗、互联网等领域都有了较多的成功应用，但是在建筑节能领域的应用尚不多见，而基于大数据技术的建筑运行诊断优化，是未来智能建筑节能领域建设中重点关注和应用的技术之一。

建筑在运行过程中，积累了大量的数据，对这些海量数据进行深入挖掘分析，将对改善与优化建筑运行、减少建筑能耗具有重大作用。近几年，随着物联网、大数据、人工智能技术的发展，绿色建筑的智慧运维时代已经到来，其本质就是基于物联网、大数据、人工智能等技术实现建筑数据的整合、分析评判，从而实现能效管理、智慧运维、节能优化、远程监控等智能应用。

2）建筑大数据的特点

大数据是一个描述数据集的术语，不论是结构化的还是非结构化的数据，都对数据本身所对应的事物有紧密关联。一般将大数据总结为4V特点：Volume（大容量）、Velocity（速度快）、Variety（多样性）和Value（价值性）。大容量表现在数据的来源广泛，包括建筑中设备运行产生的数据、建筑本体基本信息、建筑运行逻辑和建筑各系统图纸等；速度快体现在各种数据快速传播中需要进行快速反应进行处理，甚至实时处理获取结果，这得益于电子标签或者传感器等智能设备的发展；多样性是因为数据结构的格式多样，区别于对于传统的数据库的数字理解，建筑数据囊括了结构化数据、非结构化数据与半结构化数据等，通过标准化数学表达可以将其转化为统一的数据形式进行应用处理等；有价值是因为大数据不仅仅是几个独立的数字，其背后隐含着多种有价值的信息，是一个有意义的逻辑性描述的集合。

3）大数据的分析处理技术及流程

大数据处理是利用相应的技术和设备进行各种数据加工的过程，是对这些数据的采集、存储、检索、加工、变换和传输。这些数据本身是对事实、概念或指令的一种表达形式，可由人工或自动化装置进行处理，其形式可以是数字、文字、图形或声音等，经过解释并赋予一定的意义之后，便成为信息。大数据处理的基本目的是从大量的、可能是杂乱无章的、难以理解的数据中抽取并推导出对于某些特定的人们来说是有价值、有意义的数据。

大数据分析技术包括很多种类，Manyika等人总结了26种数据分析技术，包括：A/B testing（A检验、B检验）、仿真（Simulation）、分类（Classification）、关联规则学习（Association rule learning）、回归（Regression）、监督学习（Supervised learning）、可视化（Visualization）、空间分析（Spatial analysis）、集成学习（Ensemble learning）、机器学习（Machine learning）、聚类分析（Cluster analysis）、模式识别（Pattern recognition）、情感分析（Sentiment analysis）、时序列（Time series analysis）、神经网络（Neural networks）、数据融合与数据集成（Data fusion and data integration）、数据挖掘（Data mining）、统计（Statistics）、网络分析（Network analysis）、无监督学习（Unsupervised learning）、信号处理（Signal processing）、遗传算法（Genetic algorithms）、优化（Optimization）、预测模型（Predictive modelling）、自然语言处理（Natural language processing）和众包（Crowd sourcing）。

大数据分析过程包括三个步骤：数据预处理、数据挖掘和知识表达。由于原始数据往往存在缺失、不连续和异常值等问题，数据预处理是数据分析前不可或缺的重要环节。数据挖掘是对大数据的价值进行挖掘分析的过程，常用的方法有显著性检验、聚类分析和关联规则分析等。数据挖掘会产生大量的知识信息，如何选择、解析和利用知识来获取隐藏价值，往往存在着困难和挑战，需要利用知识表达（包括知识选择和解释）对挖掘产生的知识信息进行分析，并将分析结果应用到预测控制、故障诊断和控制优化等方面。归纳来说，既要针对满足节能减排管控系统需求的数据特征，从其数据采集、数据转换、数据分组、数据组织、数据计算、数据存储、数据检索和数据排序规则上设计相应的数据处理系统架构软件和系统集成软件，并要在这些数据的准备阶段，完成这些数据的录入。待这些数据录入后，按程序的指示和要求对这些数据进行处理，最后输出满足节能减排管控系统需求的有效信息，完成基于大数据技术的节能减排管控系统数据的处理。典型大数据分析流程如图 10-18 所示。

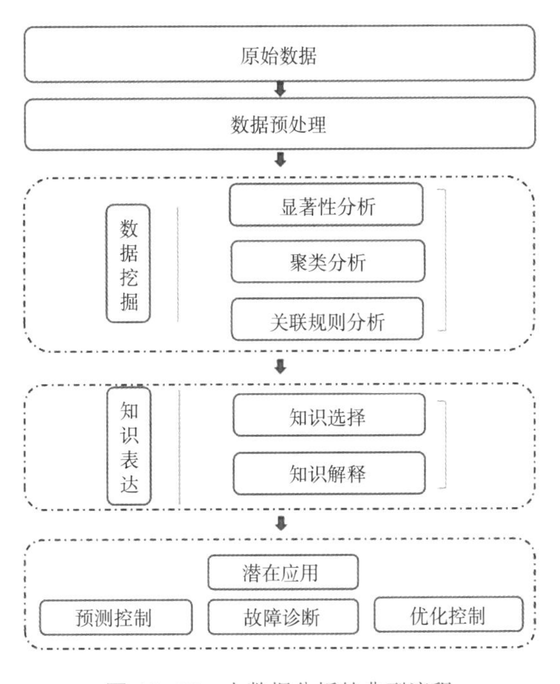

图 10-18　大数据分析的典型流程

10.4.2　运维大数据与建筑节能技术的联系

1）大数据对建筑节能技术发展的影响

大数据技术除了使新兴行业发展迅猛之外，对传统的建筑领域中节能方向也有深远的影响。大数据技术在建筑节能领域的应用也充分体现了其变化性的特点，与智能建筑相关的各类传感器所产生的数据，所采集的速度和体量都在时刻发生变化，数据流的峰值也是处于无规律的变化当中，因此，对于结构化的数据更要在周期性和事件触发的峰值数据负载做好管理和应对工作。同时，大数据技术在建筑节能领域的应用也有极其复杂的特性，所得到的数据来自多个数据源，这使得科研工作者在处理数据时要将非结构化的数据处理成结构化的数据，要控制各个层级的关系和数据之间内在的关联，否则体量非常大的存储内容将迅速失控。同时现已有很多搭建出来的大数据分析平台。

2）基于大数据技术的节能减排管控系统数据分析

大数据的重要性并不在于数据量大小，而取决于如何处理和使用它们。目前，主要可以从传感器、社交网络、开放数据库中获取一定量的数据，当与传统建筑结合使用时，可以降低成本、减少新产品的开发周期、优化产品线及智能决策。如果与高性能的分析结合，可以完成更加复杂的任务，例如：实时确定建筑内部设备运行的故障、问题和根源；短期内为建筑使用者的个人偏好作出相应改变；自我运行，重新计算出更加高效的运作模式；如果有更高级的计算机控制，还能自动修复在运行中出现的故障，运用大量数据的积累作出相应改变。这样的建筑内部系统可以配合使用，相互补充，达到智能建筑的一个新高度。比如可将大型公共建筑的能耗数据库建立的分类总结为以下几个：数据中心及建筑基本情况、分项建筑能耗、设计安装数据库和计量表原始数据库，各个数据库之间相互协调和补充，共同组成内部架构。基于大数据技术的节能减排管控系统结构示意图，见图 10-19。

目前大数据应用技术主要包括：

（1）可视化分析。数据可视化无论对于普通用户或是数据分析专家，都为基本的应用功能。数据图像化可以使用户直观地感受到结果。

（2）数据挖掘算法。通过分割、集群、孤立点分析以及各类算法挖掘数据价值。

（3）预测分析能力。数据挖掘可更快对数据承载信息进行处理分析，提升判断准确性。通过挖掘结果，预测分析可做出前瞻性策略判断。

（4）语义引擎。非结构化数据的多元化给数据分析带来新的挑战，人们需要一套新的工具进行系统性的分析及提炼数据。

（5）数据质量和数据管理。数据质量与管理是管理的最佳实践，透过标准化流程和机器对数据进行处理，可以确保获得一个预设质量的分析结果。

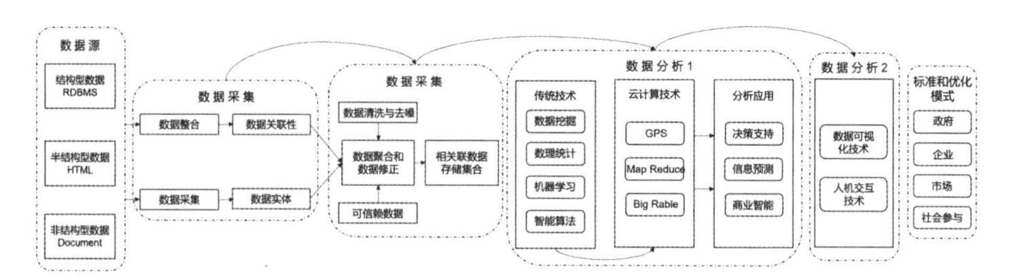

图 10–19　基于大数据技术的节能减排管控系统结构示意图

附录

Appendix

附录一　平均传热系数计算方法

一、对于一般普通的建筑，墙体的平均传热系数可以用式（附 1-1）进行简化计算：

$$K_m = \phi \cdot K \quad （附 1-1）$$

式中　K_m——外墙平均传热系数，W/（$m^2 \cdot K$）；

K——外墙主断面传热系数，W/（$m^2 \cdot K$）；

ϕ——外墙主断面传热系数的修正系数。ϕ 按墙体保温构造和传热系数综合考虑取值，其数值见附表 1-1。

二、一般情况下，单元屋顶的平均传热系数等于其主断面的传热系数。当屋顶出现明显的结构性冷桥时，屋顶平均传热系数的计算方法与墙体平均传热系数的计算方法相同。

外墙主断面传热系数的修正系数 ϕ　　**附表 1-1**

外墙传热系数限值 K_m [W/（$m^2 \cdot K$）]	外保温	
	普通窗	凸窗
0.70	1.1	1.2
0.65	1.1	1.2
0.60	1.1	1.3
0.55	1.2	1.3
0.50	1.2	1.3
0.45	1.2	1.3
0.40	1.2	1.3
0.35	1.3	1.4
0.30	1.3	1.4
0.25	1.4	1.5

附录二　关于面积和体积的计算

1. 建筑面积（A_0），应按各层外墙外包线围成的平面面积的总和计算，包括半地下室的面积，不包括地下室的面积。

2. 建筑体积（V_0），应按与计算建筑面积所对应的建筑物外表面和底层地面所围成的体积计算。

3. 换气体积（V），当楼梯间及外廊不采暖时，应按 $V=0.60V_0$ 计算；当楼梯间及外廊采暖时，应按 $V=0.65V_0$ 计算。

4. 屋面或顶棚面积，应按支承屋顶的外墙外包线围成的面积计算。

5. 外墙面积，应按不同朝向分别计算。某一朝向的外墙面积，应由该朝向的外表面积减去外窗面积构成。

6. 外窗（包括阳台门上部透明部分）面积，应按不同朝向和有无阳台分别计算，取洞口面积。

7. 外门面积，应按不同朝向分别计算，取洞口面积。

8. 阳台门下部不透明部分面积，应按不同朝向分别计算，取洞口面积。

9. 地面面积，应按外墙内侧围成的面积计算。

10. 地板面积，应按外墙内侧围成的面积计算，并应区分为接触室外空气的地板和不采暖地下室上部的地板。

11. 凹凸墙面的朝向归属应符合下列规定：

（1）当某朝向有外凸部分时，应符合下列规定：

1）当凸出部分的长度（垂直于该朝向的尺寸）小于或等于 1.5m 时，该凸出部分的全部外墙面积应计入该朝向的外墙总面积；

2）当凸出部分的长度大于 1.5m 时，该凸出部分应按各自实际朝向计入各自朝向的外墙总面积。

（2）当某朝向有内凹部分时，应符合下列规定：

1）当凹入部分的宽度（平行于该朝向的尺寸）小于 5m，且凹入部分的长度小于或等于凹入部分的宽度时，该凹入部分的全部外墙面积应计入该朝向的外墙总面积；

2）当凹入部分的宽度（平行于该朝向的尺寸）小于 5m，且凹入部分的长度大于凹入部分的宽度时，该凹入部分的两个侧面外墙面积应计入北向的外墙总面积，该凹入部分的正面外墙面积应计入该朝向的外墙总面积；

3）当凹入部分的宽度大于或等于 5m 时，该凹入部分应按各实际朝向计入各自朝向的外墙总面积。

12. 内天井墙面的朝向归属应符合下列规定：

（1）当内天井的高度大于等于内天井最宽边长的 2 倍时，内天井的全部外墙面积应计入北向的外墙总面积；

（2）当内天井的高度小于内天井最宽边长的 2 倍时，内天井的外墙应按各实际朝向计入各自朝向的外墙总面积。

附录三　地面传热系数计算

1. 地面传热系数分成周边地面和非周边地面两种传热系数，周边地面是内墙面 2m 以内的地面，周边以外的地面是非周边地面。

2. 当室内地面土层与室外土层无高差时，即 A 种情况，建筑周边地面当量传热系数按附表 3-1 取值，非周边地面当量传热系数按附表 3-2 取值。

3. 当室内地面土层高于室外土层时，即 B 种情况，建筑周边地面当量传热系数按附表 3-3 取值，非周边地面当量传热系数按附表 3-4 取值。

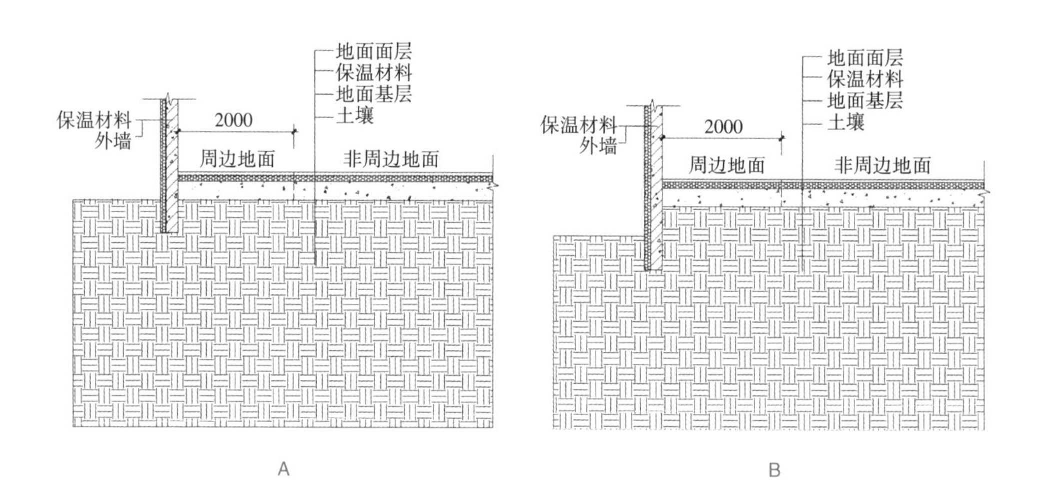

A 种周边地面当量传热系数 K_d W/（m^2·K）　　附表 3-1

保温层热阻 m^2·K/W	供暖期室外平均温度				
	西安	北京	长春	哈尔滨	海拉尔
	2.1℃	0.1℃	-6.7℃	-8.5℃	-12℃
3.00	0.05	0.06	0.08	0.08	0.08
2.75	0.05	0.07	0.09	0.08	0.09
2.50	0.06	0.07	0.10	0.09	0.11
2.25	0.08	0.07	0.11	0.10	0.11
2.00	0.09	0.08	0.12	0.11	0.12
1.75	0.10	0.09	0.14	0.13	0.14
1.50	0.11	0.11	0.15	0.14	0.15

续表

保温层热阻 $m^2 \cdot K/W$	供暖期室外平均温度				
	西安	北京	长春	哈尔滨	海拉尔
	2.1℃	0.1℃	-6.7℃	-8.5℃	-12℃
1.25	0.12	0.12	0.16	0.15	0.17
1.00	0.14	0.14	0.19	0.17	0.20
0.75	0.17	0.17	0.22	0.20	0.22
0.50	0.20	0.20	0.26	0.24	0.26
0.25	0.27	0.26	0.32	0.29	0.31
0.00	0.34	0.38	0.38	0.40	0.41

A 种非周边地面当量传热系数 K_d W/（$m^2 \cdot K$） 附表 3-2

保温层热阻 $m^2 \cdot K/W$	供暖期室外平均温度				
	西安	北京	长春	哈尔滨	海拉尔
	2.1℃	0.1℃	-6.7℃	-8.5℃	-12℃
3.00	0.02	0.03	0.08	0.06	0.07
2.75	0.02	0.03	0.08	0.06	0.07
2.50	0.03	0.03	0.09	0.06	0.08
2.25	0.03	0.04	0.09	0.07	0.07
2.00	0.03	0.04	0.10	0.07	0.08
1.75	0.03	0.04	0.10	0.07	0.08
1.50	0.03	0.04	0.11	0.07	0.09
1.25	0.04	0.05	0.11	0.08	0.09
1.00	0.04	0.05	0.12	0.08	0.10
0.75	0.04	0.06	0.13	0.09	0.10
0.50	0.05	0.06	0.14	0.09	0.11
0.25	0.06	0.07	0.15	0.10	0.11
0.00	0.08	0.10	0.17	0.19	0.21

B 种周边地面当量传热系数 K_d W/（m²·K） 附表 3–3

保温层热阻 m²·K/W	供暖期室外平均温度				
	西安	北京	长春	哈尔滨	海拉尔
	2.1℃	0.1℃	–6.7℃	–8.5℃	–12℃
3.00	0.05	0.06	0.08	0.08	0.08
2.75	0.05	0.07	0.09	0.08	0.09
2.50	0.06	0.07	0.10	0.09	0.11
2.25	0.08	0.07	0.11	0.10	0.11
2.00	0.08	0.07	0.11	0.11	0.12
1.75	0.09	0.08	0.12	0.11	0.12
1.50	0.10	0.09	0.14	0.13	0.14
1.25	0.11	0.11	0.15	0.14	0.15
1.00	0.12	0.12	0.16	0.15	0.17
0.75	0.14	0.14	0.19	0.17	0.20
0.50	0.17	0.17	0.22	0.20	0.22
0.25	0.24	0.23	0.29	0.25	0.27
0.00	0.31	0.34	0.34	0.36	0.37

B 种非周边地面当量传热系数 K_d W/（m²·K） 附表 3–4

保温层热阻 m²·K/W	供暖期室外平均温度				
	西安	北京	长春	哈尔滨	海拉尔
	2.1℃	0.1℃	–6.7℃	–8.5℃	–12℃
3.00	0.02	0.03	0.08	0.06	0.07
2.75	0.02	0.03	0.08	0.06	0.07
2.50	0.03	0.03	0.09	0.06	0.08
2.25	0.03	0.04	0.09	0.07	0.07
2.00	0.03	0.04	0.10	0.07	0.08
1.75	0.03	0.04	0.10	0.07	0.08
1.50	0.03	0.04	0.11	0.07	0.09
1.25	0.04	0.05	0.11	0.08	0.09
1.00	0.04	0.05	0.12	0.08	0.10
0.75	0.04	0.06	0.13	0.09	0.10

续表

保温层热阻 $m^2 \cdot K/W$	供暖期室外平均温度				
	西安	北京	长春	哈尔滨	海拉尔
	2.1℃	0.1℃	-6.7℃	-8.5℃	-12℃
0.50	0.05	0.06	0.14	0.09	0.11
0.25	0.06	0.07	0.15	0.10	0.11
0.00	0.08	0.10	0.17	0.19	0.21

地面、地下室热阻最小值表　　附表 3-5

室内计算温度 / 允许温差 Δt_w / 最冷月温度	12℃			18℃		
	1.7	2.0	4.0	2.0	4.0	7.9
10	—	—	—	0.29	0.07	—
9	0.02	0.02	—	0.35	0.10	—
8	0.08	0.07	—	0.40	0.13	—
7	0.14	0.13	—	0.46	0.15	—
6	0.20	0.18	0.02	0.51	0.18	0.02
5	0.26	0.24	0.04	0.57	0.21	0.03
4	0.31	0.29	0.07	0.62	0.24	0.04
3	0.37	0.35	0.10	0.68	0.26	0.06
2	0.43	0.40	0.13	0.73	0.29	0.07
1	0.49	0.46	0.15	0.79	0.32	0.09
0	0.54	0.51	0.18	0.84	0.35	0.10
–1	0.60	0.57	0.21	0.90	0.37	0.11
–2	0.66	0.62	0.24	0.95	0.40	0.13
–3	0.72	0.68	0.26	1.01	0.43	0.14
–4	0.78	0.73	0.29	1.06	0.46	0.16
–5	0.83	0.79	0.32	1.12	0.48	0.17
–6	0.89	0.84	0.35	1.17	0.51	0.18
–7	0.95	0.90	0.37	1.23	0.54	0.20
–8	1.01	0.95	0.40	1.28	0.57	0.21
–9	1.07	1.01	0.43	1.34	0.59	0.23

续表

最冷月温度 \ 室内计算温度 / 允许温差Δt_w	12℃			18℃		
	1.7	2.0	4.0	2.0	4.0	7.9
−10	1.12	1.06	0.46	1.39	0.62	0.24
−11	1.18	1.12	0.48	1.45	0.65	0.25
−12	1.24	1.17	0.51	1.50	0.68	0.27
−13	1.30	1.23	0.54	1.56	0.70	0.28
−14	1.36	1.28	0.57	1.61	0.73	0.30
−15	1.41	1.34	0.59	1.67	0.76	0.31
−16	1.47	1.39	0.62	1.72	0.79	0.32
−17	1.53	1.45	0.65	1.78	0.81	0.34
−18	1.59	1.50	0.68	1.83	0.84	0.35
−19	1.64	1.56	0.70	1.89	0.87	0.37
−20	1.70	1.61	0.73	1.94	0.90	0.38
−21	1.76	1.67	0.76	2.00	0.92	0.39
−22	1.82	1.72	0.79	2.05	0.95	0.41
−23	1.88	1.78	0.81	2.11	0.98	0.42
−24	1.93	1.83	0.84	2.16	1.01	0.43
−25	1.99	1.89	0.87	2.22	1.03	0.45
−26	2.05	1.94	0.90	2.27	1.06	0.46
−27	2.11	2.00	0.92	2.33	1.09	0.48
−28	2.17	2.05	0.95	2.38	1.12	0.49
−29	2.22	2.11	0.98	2.44	1.14	0.50
−30	2.28	2.16	1.01	2.49	1.17	0.52

附录四 建筑材料热物理性能计算参数

建筑材料热物理性能计算参数 附表 4-1

材料名称	干密度ρ (kg/m^3)	计算参数			
		导热系数λ [W/(m·K)]	蓄热系数S (周期24h) [W/(m^2·K)]	比热容C [kJ/(kg·K)]	蒸汽渗透系数μ ($\times10^{-4}$) [g/(m·h·Pa)]
普通混凝土					
钢筋混凝土	2500	1.74	17.20	0.92	0.158
碎石、卵石混凝土	2300	1.51	15.36	0.92	0.173
	2100	1.28	13.57	0.92	0.173
轻骨料混凝土					
膨胀矿渣珠混凝土	2000	0.77	10.49	0.96	—
	1800	0.63	9.05	0.96	—
	1600	0.53	7.87	0.96	—
自然煤矸石、炉渣混凝土	1700	1.00	11.68	1.05	0.548
	1500	0.76	9.54	1.05	0.900
	1300	0.56	7.63	1.05	1.050
粉煤灰陶粒混凝土	1700	0.95	11.4	1.05	0.188
	1500	0.70	9.16	1.05	0.975
	1300	0.57	7.78	1.05	1.050
	1100	0.44	6.30	1.05	1.350
黏土陶粒混凝土	1600	0.84	10.36	1.05	0.315
	1400	0.70	8.93	1.05	0.390
	1200	0.53	7.25	1.05	0.405
页岩渣、石灰、水泥混凝土	1300	0.52	7.39	0.98	0.855
页岩陶粒混凝土	1500	0.77	9.65	1.05	0.315
	1300	0.63	8.16	1.05	0.390
	1100	0.50	6.70	1.05	0.435
火山灰渣、沙、水泥混凝土	1700	0.57	6.30	0.57	0.395
浮石混凝土	1500	0.67	9.09	1.05	—

续表

材料名称	干密度ρ（kg/m³）	计算参数			
		导热系数λ [W/（m·K）]	蓄热系数S（周期24h）[W/（m²·K）]	比热容C [kJ/（kg·K）]	蒸汽渗透系数μ（$\times 10^{-4}$）[g/（m·h·Pa）]
浮石混凝土	1300	0.53	7.54	1.05	0.188
	1100	0.42	6.13	1.05	0.353
轻混凝土					
加气混凝土	700	0.18	3.10	1.05	0.998
	500	0.14	2.31	1.05	1.110
	300	0.10	—	—	—
砂浆					
水泥砂浆	1800	0.93	11.37	1.05	0.210
石灰水泥砂浆	1700	0.87	10.75	1.05	0.975
石灰砂浆	1600	0.81	10.07	1.05	0.443
石灰石膏砂浆	1500	0.76	9.44	1.05	—
无机保温砂浆	600	0.18	2.87	1.05	—
	400	0.14	—	—	—
玻化微珠保温浆料	≤ 350	0.080	—	—	—
胶粉聚苯颗粒保温砂浆	400	0.090	0.95	—	—
	300	0.070	—	—	—
砌体					
重砂浆砌筑黏土砖砌体	1800	0.81	10.63	1.05	1.050
轻砂浆砌筑黏土砖砌体	1700	0.76	9.96	1.05	1.200
灰砂砖砌体	1900	1.10	12.72	1.05	1.050
硅酸盐砖砌体	1800	0.87	11.11	1.05	1.050
炉渣砖砌体	1700	0.81	10.43	1.05	1.050
蒸压粉煤灰砖砌体	1520	0.74	—	—	—
重砂浆砌筑 26、33 及 36 孔黏土空心砖砌体	1400	0.58	7.92	1.05	0.158
模数空心砖砌体 240×115×53（13 排孔）	1230	0.46	—	—	—

续表

材料名称	干密度ρ（kg/m³）	计算参数			
		导热系数λ [W/（m·K）]	蓄热系数S（周期24h）[W/（m²·K）]	比热容C [kJ/（kg·K）]	蒸汽渗透系数μ（×10⁻⁴）[g/（m·h·Pa）]
KP1 黏土空心砖砌体 240×115×90	1180	0.44	—	—	—
页岩粉煤灰烧结承重多孔砖砌体 240×115×90	1440	0.51	—	—	—
煤矸石页岩多孔砖砌体 240×115×90	1200	0.39	—	—	—
纤维材料					
矿棉板	80～180	0.050	0.60~0.89	1.22	4.880
岩棉板	60～160	0.041	0.47~0.76	1.22	4.880
岩棉带	80～120	0.045	—	—	—
玻璃棉板、毡	＜40	0.040	0.38	1.22	4.880
玻璃棉板、毡	≥40	0.035	0.35	1.22	4.880
麻刀	150	0.070	1.34	2.10	—
膨胀珍珠岩、蛭石制品					
水泥膨胀珍珠岩	800	0.26	4.37	1.17	0.420
	600	0.21	3.44	1.17	0.900
	400	0.16	2.49	1.17	1.910
沥青、乳化沥青膨胀珍珠岩	400	0.120	2.28	1.55	0.293
	300	0.093	1.77	1.55	0.675
水泥膨胀蛭石	350	0.14	1.99	1.05	—
泡沫材料及多空聚合物					
聚乙烯泡沫塑料	100	0.047	0.70	1.38	—
聚苯乙烯泡沫塑料	20	0.039（白板） 0.033（灰板）	0.28	1.38	0.162
挤塑聚苯乙烯泡沫塑料	35	0.030（带表皮） 0.032（不带表皮）	0.34	1.38	—
聚氨酯硬泡沫塑料	35	0.024	0.29	1.38	0.234
酚醛板	60	0.034（用于墙体） 0.040（用于地面）	—	—	—
聚氯乙烯硬泡沫塑料	130	0.048	0.79	1.38	—

续表

材料名称	干密度ρ（kg/m³）	计算参数			
		导热系数λ [W/（m·K）]	蓄热系数S（周期24h）[W/（m²·K）]	比热容C [kJ/（kg·K）]	蒸汽渗透系数μ（×10⁻⁴）[g/（m·h·Pa）]
钙塑	120	0.049	0.83	1.59	—
发泡水泥	150~300	0.070	—	—	—
泡沫玻璃	140	0.050	0.65	0.84	0.225
泡沫石灰	300	0.116	1.70	1.05	—
碳化泡沫石灰	400	0.14	2.33	1.05	—
泡沫石膏	500	0.19	2.78	1.05	0.375
木材					
橡木、枫树（热流方向垂直木纹）	700	0.17	4.90	2.51	0.562
橡木、枫树（热流方向顺木纹）	700	0.35	6.93	2.51	3.000
松、木、云杉（热流方向垂直木纹）	500	0.14	3.85	2.51	0.345
松、木、云杉（热流方向顺木纹）	500	0.29	5.55	2.51	1.680
建筑板材					
胶合板	600	0.17	4.57	2.51	0.225
软木板	300	0.093	1.95	1.89	0.255
	150	0.058	1.09	1.89	0.285
纤维板	1000	0.34	8.13	2.51	1.200
	600	0.23	5.28	2.51	1.130
石膏板	1050	0.33	5.28	1.05	0.790
水泥刨花板	1000	0.34	7.27	2.01	0.240
	700	0.19	4.56	2.01	1.050
稻草板	300	0.13	2.33	1.68	3.000
木屑板	200	0.065	1.54	2.10	2.630
松散无机材料					
锅炉渣	1000	0.29	4.40	0.92	1.930
粉煤灰	1000	0.23	3.93	0.92	—
高炉炉渣	900	0.26	3.92	0.92	2.030

续表

材料名称	干密度ρ（kg/m^3）	计算参数			
		导热系数λ [W/（m·K）]	蓄热系数S（周期24h）[W/（m^2·K）]	比热容C [kJ/（kg·K）]	蒸汽渗透系数μ（$\times10^{-4}$）[g/（m·h·Pa）]
浮石、凝灰石	600	0.23	3.05	0.92	2.630
膨胀蛭石	300	0.14	1.79	1.05	—
膨胀蛭石	200	0.10	1.24	1.05	—
硅藻土	200	0.076	1.00	0.92	—
膨胀珍珠岩	120	0.070	0.84	1.17	—
	80	0.058	0.63	1.17	—
松散有机材料					
木屑	250	0.093	1.84	2.01	2.630
稻壳	120	0.06	1.02	2.01	—
干草	100	0.047	0.83	2.01	—
土壤					
夯实黏土	2000	1.16	12.99	1.01	—
	1800	0.93	11.03	1.01	—
加草黏土	1600	0.76	9.37	1.01	—
	1400	0.58	7.69	1.01	—
轻质黏土	1200	0.47	6.36	1.01	—
建筑用砂	1600	0.58	8.26	1.01	—
石材					
花岗岩、玄武岩	2800	3.49	25.49	0.92	0.113
大理石	2800	2.91	23.27	0.92	0.113
砾石、石灰岩	2400	2.04	18.03	0.92	0.375
石灰岩	2000	1.16	12.56	0.92	0.600
卷材、沥青材料					
沥青油毡、油毡纸	600	0.17	3.33	1.47	—
沥青混凝土	2100	1.05	16.39	1.68	0.075
石油沥青	1400	0.27	6.73	1.68	—
	1050	0.17	4.71	1.68	0.075

续表

材料名称	干密度ρ (kg/m³)	计算参数			
		导热系数λ [W/(m·K)]	蓄热系数S (周期24h) [W/(m²·K)]	比热容C [kJ/(kg·K)]	蒸汽渗透系数μ ($\times 10^{-4}$) [g/(m·h·Pa)]
玻璃					
平板玻璃	2500	0.76	10.69	0.84	—
玻璃钢	1800	0.52	9.25	1.26	—
金属					
紫铜	8500	407	324	0.42	—
青铜	8000	64.0	118	0.38	—
建筑钢材	7850	58.2	126	0.48	—
铝	2700	203	191	0.92	—
铸铁	7250	49.9	112	0.48	—

常用保温材料导热系数修正系数 α 值 **附表 4–2**

材料	使用部位	修正系数			
		严寒和寒冷地区	夏热冬冷地区	夏热冬暖地区	温和地区
聚苯板	室外	1.05	1.05	1.10	1.05
	室内	1.00	1.00	1.05	1.00
挤塑聚苯板	室外	1.10	1.10	1.20	1.05
	室内	1.05	1.05	1.10	1.05
聚氨酯	室外	1.15	1.15	1.25	1.15
	室内	1.05	1.10	1.15	1.10
酚醛	室外	1.15	1.20	1.30	1.15
	室内	1.05	1.05	1.10	1.05
岩棉、玻璃棉	室外	1.10	1.20	1.30	1.20
	室内	1.05	1.15	1.25	1.20
泡沫玻璃	室外	1.05	1.05	1.10	1.05
	室内	1.00	1.05	1.05	1.05

附录五　建筑热工设计常用计算方法

1. 围护结构总热阻：

$$R_0 = R_i + R + R_e \quad （附 5\text{-}1）$$

式中　R_i——内表面换热阻（$m^2 \cdot K/W$），按附表 5-1 采用；

R_e——外表面换热阻（$m^2 \cdot K/W$），按附表 5-2 采用；

R——围护结构传热热阻（$m^2 \cdot K/W$）。

内表面换热系数 α_i 及内表面换热阻 R_i 值　　附表 5-1

适用季节	表面特征	α_i	R_i
冬季和夏季	墙面、地面、表面平整或有肋状突出物的顶棚，当 $h/s \leqslant 0.3$ 时	8.7	0.11
	有肋状突出物的顶棚，当 $h/s > 0.3$ 时	7.6	0.13

注：1. 表中 h 为肋高，s 为肋间净距。
2. $\alpha_i = 1/R_i$。

外表面换热系数 α_e 及外表面换热阻 R_e 值　　附表 5-2

适用季节	表面特征	α_e	R_e
冬季	外墙、屋顶、与室外空气直接接触的地面	23.0	0.04
	与室外空气相通的不采暖地下室上面的楼板	17.0	0.06
	闷顶、外墙上有窗的不采暖地下室上面的楼板	12.0	0.08
	外墙上无窗的不采暖地下室上面的楼板	6.0	0.17
夏季	外墙和屋顶	19.0	0.05

2. 围护结构传热系数：

$$K = 1/R_0 \quad （附 5\text{-}2）$$

式中　R_0——围护结构总热阻（$m^2 \cdot K/W$）。

3. 围护结构传热阻的计算

1）单一材料层的热阻：

$$R = \frac{\delta}{\lambda} \quad （附 5\text{-}3）$$

式中　δ——材料层的厚度（m）；

λ——材料的导热系数 [W/（m·K）]，按附表 5-1 采用。

2）多层匀质材料层结构的热阻：

$$R = R_1 + R_2 + \cdots + R_n \quad （附 5-4）$$

式中 R_1、$R_2 \cdots R_n$——各层材料的热阻（$m^2 \cdot K/W$）。

3）由两种以上材料组成的、不同方向（二向或三向）非均质围护结构，当相邻部分热阻的比值小于等于 1.5 时，复合围护结构的平均热阻可按式（附 5-5）~式（附 5-8）计算：

$$\overline{R} = \frac{R_u + R_l}{2} - (R_i + R_e) \quad （附 5-5）$$

$$R_u = \frac{1}{\dfrac{f_a}{R_{ua}} + \dfrac{f_b}{R_{ub}} + \cdots + \dfrac{f_q}{R_{uq}}} \quad （附 5-6）$$

$$R_l = R_i + R_1 + R_2 + \cdots + R_j + \cdots + R_n + R_e \quad （附 5-7）$$

$$R_j = \frac{1}{\dfrac{f_a}{R_{aj}} + \dfrac{f_b}{R_{bj}} + \cdots + \dfrac{f_q}{R_{qj}}} \quad （附 5-8）$$

式中 $\overline{R}$——非匀质围护结构的平均热阻（$m^2 \cdot K/W$）；

R_u——按式（附 5-6）计算；

R_l——按式（附 5-7）计算；

f_a、$f_b \cdots f_q$——各部分面积占总面积的百分比；

R_{ua}、$R_{ub} \cdots R_{uq}$——各部分的传热阻，按式（附 5-1）计算；

R_1、$R_2 \cdots R_n$——各材料层的热阻，按式（附 5-8）计算。

R_{aj}、$R_{bj} \cdots R_{qj}$——第 j 层各部分的热阻（$m^2 \cdot K/W$），按式（附 5-3）计算。

4）由两种以上材料组成的、不同方向（二向或三向）非均质围护结构，当相邻部分热阻的比值大于 1.5 时，复合围护结构的平均热阻应按式（附 5-9）计算：

$$\overline{R} = \frac{1}{K_m} - (R_i + R_e) \quad （附 5-9）$$

式中 $\overline{R}$——非匀质围护结构的平均热阻（$m^2 \cdot K/W$）；

R_i——内表面换热阻（$m^2 \cdot K/W$），按附表 5-1 采用；

R_e——外表面换热阻（$m^2 \cdot K/W$），按附表 5-2 采用；

K_m——非匀质围护结构平均传热系数 [$W/(m^2 \cdot K)$]，按式（附 5-2）计算。

5）空气间层热阻的确定：

（1）计算封闭空气间层的热阻时，可以将空气间层假设为一固体材料，其热容等于零，导热系数通过将空气层两侧壁面的对流换热系数等效为热阻的方式求得。

（2）典型工况封闭空气间层的热阻值按附表 5-3 取用。

6）围护结构热惰性指标 D 值的计算：

（1）单一匀质材料层的热惰性指标 D 值应按式（附 5-10）计算：

$$D=R \cdot S \quad \text{（附 5-10）}$$

式中 R——材料层的热阻（$m^2 \cdot K/W$）；

S——材料的蓄热系数 [$W/(m^2 \cdot K)$]。

（2）多层匀质材料层组成的围护结构热惰性指标 D 值应按式（附 5-11）计算：

$$D=D_1+D_2+\cdots+D_n \quad \text{（附 5-11）}$$

（3）由两种以上材料组成的、不同方向（二向或三向）非均质复合围护结构的热惰性指标 $\bar{D}$ 值时，应先将非匀质复合围护结构沿平行于热流方向按不同构造划分成若干块，可按式（附 5-12）计算：

$$\bar{D}=\frac{D_1A_1+D_2A_2+\cdots+D_nA_n}{A_1+A_2+\cdots+A_n} \quad \text{（附 5-12）}$$

式中 $\bar{D}$——非匀质复合围护结构的热惰性指标，无量纲；

A_1、$A_2 \cdots A_n$——平行于热流方向的各块平壁的面积（m^2）；

D_1、$D_2 \cdots D_n$——平行于热流方向的各块平壁的热惰性指标，无量纲，按式（附 5-11）计算。

封闭空气间层热阻值（$m^2 \cdot K/W$） 附表 5-3

空气间层				辐射率									
位置	热流方向	平均温度℃	温差 K	13mm空气间层					20mm空气间层				
				0.03	0.05	0.2	0.5	0.82	0.03	0.05	0.2	0.5	0.82
水平	向上	32.2	5.6	0.37	0.36	0.27	0.17	0.13	0.41	0.39	0.28	0.18	0.13
		10.0	16.7	0.29	0.28	0.23	0.17	0.13	0.30	0.29	0.24	0.17	0.14
		10.0	5.6	0.37	0.36	0.28	0.20	0.15	0.40	0.39	0.30	0.20	0.15

续表

空气间层				辐射率									
位置	热流方向	平均温度℃	温差K	13mm空气间层					20mm空气间层				
				0.03	0.05	0.2	0.5	0.82	0.03	0.05	0.2	0.5	0.82
水平	向上	−17.8	11.1	0.30	0.30	0.26	0.20	0.16	0.32	0.32	0.27	0.20	0.16
		−17.8	5.6	0.37	0.36	0.30	0.22	0.18	0.39	0.38	0.31	0.23	0.18
		−45.6	11.1	0.30	0.29	0.26	0.22	0.18	0.31	0.31	0.27	0.22	0.19
		−45.6	5.6	0.36	0.35	0.31	0.25	0.20	0.38	0.37	0.32	0.26	0.21
45°倾斜	向上	32.2	5.6	0.43	0.41	0.29	0.19	0.13	0.52	0.49	0.33	0.20	0.14
		10.0	16.7	0.36	0.35	0.27	0.19	0.15	0.35	0.34	0.27	0.19	0.14
		10.0	5.6	0.45	0.43	0.32	0.21	0.16	0.51	0.48	0.35	0.23	0.17
		−17.8	11.1	0.39	0.38	0.31	0.23	0.18	0.37	0.36	0.30	0.23	0.18
		−17.8	5.6	0.46	0.45	0.36	0.25	0.19	0.48	0.46	0.37	0.26	0.20
		−45.6	11.1	0.37	0.36	0.31	0.25	0.21	0.36	0.35	0.31	0.25	0.20
		−45.6	5.6	0.46	0.45	0.38	0.29	0.23	0.45	0.43	0.37	0.29	0.23
垂直	水平	32.2	5.6	0.43	0.41	0.29	0.19	0.14	0.62	0.57	0.37	0.21	0.15
		10.0	16.7	0.45	0.43	0.32	0.22	0.16	0.51	0.49	0.35	0.23	0.17
		10.0	5.6	0.47	0.45	0.33	0.22	0.16	0.65	0.61	0.41	0.25	0.18
		−17.8	11.1	0.50	0.48	0.38	0.26	0.20	0.55	0.53	0.41	0.28	0.21
		−17.8	5.6	0.52	0.50	0.39	0.27	0.20	0.66	0.63	0.46	0.30	0.22
		−45.6	11.1	0.51	0.50	0.41	0.31	0.24	0.51	0.50	0.42	0.31	0.24
		−45.6	5.6	0.56	0.55	0.45	0.33	0.26	0.65	0.63	0.51	0.36	0.27
45°倾斜	向下	32.2	5.6	0.44	0.41	0.29	0.19	0.14	0.62	0.58	0.37	0.21	0.15
		10.0	16.7	0.46	0.44	0.33	0.22	0.16	0.60	0.57	0.39	0.24	0.17
		10.0	5.6	0.47	0.45	0.33	0.22	0.16	0.67	0.63	0.42	0.26	0.18
		−17.8	11.1	0.51	0.49	0.39	0.27	0.20	0.66	0.63	0.46	0.30	0.22
		−17.8	5.6	0.52	0.50	0.39	0.27	0.20	0.73	0.69	0.49	0.32	0.23
		−45.6	11.1	0.56	0.54	0.44	0.33	0.25	0.67	0.64	0.51	0.36	0.28
		−45.6	5.6	0.57	0.56	0.45	0.33	0.26	0.77	0.74	0.57	0.39	0.29
水平	向下	32.2	5.6	0.44	0.41	0.29	0.19	0.14	0.62	0.58	0.37	0.21	0.15
		10.0	16.7	0.47	0.45	0.33	0.22	0.16	0.66	0.62	0.42	0.25	0.18
		10.0	5.6	0.47	0.45	0.33	0.22	0.16	0.68	0.63	0.42	0.26	0.18

续表

空气间层				辐射率									
位置	热流方向	平均温度℃	温差K	13mm空气间层					20mm空气间层				
				0.03	0.05	0.2	0.5	0.82	0.03	0.05	0.2	0.5	0.82
水平	向下	-17.8	11.1	0.52	0.50	0.39	0.27	0.20	0.74	0.70	0.50	0.32	0.23
		-17.8	5.6	0.52	0.50	0.39	0.27	0.20	0.75	0.71	0.51	0.32	0.23
		-45.6	11.1	0.57	0.55	0.45	0.33	0.26	0.81	0.78	0.59	0.40	0.30
		-45.6	5.6	0.58	0.56	0.46	0.33	0.26	0.83	0.79	0.60	0.40	0.30

空气间层				辐射率									
位置	热流方向	平均温度℃	温差K	40mm空气间层					90mm空气间层				
				0.03	0.05	0.2	0.5	0.82	0.03	0.05	0.2	0.5	0.82
水平	向上	32.2	5.6	0.45	0.42	0.30	0.19	0.14	0.50	0.47	0.32	0.20	0.14
		10.0	16.7	0.33	0.32	0.26	0.18	0.14	0.27	0.35	0.28	0.19	0.15
		10.0	5.6	0.44	0.42	0.32	0.21	0.16	0.49	0.47	0.34	0.23	0.16
		-17.8	11.1	0.35	0.34	0.29	0.22	0.17	0.40	0.38	0.32	0.23	0.18
		-17.8	5.6	0.43	0.41	0.33	0.24	0.19	0.48	0.46	0.36	0.26	0.20
		-45.6	11.1	0.34	0.34	0.30	0.24	0.20	0.39	0.38	0.33	0.26	0.21
		-45.6	5.6	0.42	0.41	0.35	0.27	0.22	0.47	0.45	0.38	0.29	0.23
45°倾斜	向上	32.2	5.6	0.51	0.48	0.33	0.20	0.14	0.56	0.52	0.35	0.21	0.14
		10.0	16.7	0.38	0.36	0.28	0.20	0.15	0.40	0.38	0.29	0.20	0.15
		10.0	5.6	0.51	0.48	0.35	0.23	0.17	0.55	0.52	0.37	0.24	0.17
		-17.8	11.1	0.40	0.39	0.32	0.24	0.18	0.43	0.41	0.33	0.24	0.19
		-17.8	5.6	0.49	0.47	0.37	0.26	0.20	0.52	0.51	0.39	0.27	0.20
		-45.6	11.1	0.39	0.38	0.33	0.26	0.21	0.41	0.40	0.35	0.27	0.22
		-45.6	5.6	0.48	0.46	0.39	0.30	0.24	0.51	0.49	0.41	0.31	0.24
垂直	水平	32.2	5.6	0.70	0.64	0.40	0.22	0.15	0.65	0.60	0.38	0.22	0.15
		10.0	16.7	0.45	0.43	0.32	0.22	0.16	0.47	0.45	0.33	0.22	0.16
		10.0	5.6	0.67	0.62	0.42	0.26	0.18	0.64	0.60	0.41	0.25	0.18
		-17.8	11.1	0.49	0.47	0.37	0.26	0.20	0.51	0.49	0.38	0.27	0.20
		-17.8	5.6	0.62	0.59	0.44	0.29	0.22	0.61	0.59	0.44	0.29	0.22
		-45.6	11.1	0.46	0.45	0.38	0.29	0.23	0.50	0.48	0.40	0.30	0.24
		-45.6	5.6	0.58	0.56	0.46	0.34	0.26	0.60	0.58	0.47	0.34	0.26

续表

空气间层				辐射率									
位置	热流方向	平均温度℃	温差K	40mm空气间层					90mm空气间层				
				0.03	0.05	0.2	0.5	0.82	0.03	0.05	0.2	0.5	0.82
45°倾斜	向下	32.2	5.6	0.89	0.80	0.45	0.24	0.16	0.85	0.76	0.44	0.24	0.16
		10.0	16.7	0.63	0.59	0.41	0.25	0.18	0.62	0.58	0.40	0.25	0.18
		10.0	5.6	0.90	0.82	0.50	0.28	0.19	0.83	0.77	0.48	0.28	0.19
		-17.8	11.1	0.68	0.64	0.47	0.31	0.22	0.67	0.64	0.47	0.31	0.22
		-17.8	5.6	0.87	0.81	0.56	0.34	0.24	0.81	0.76	0.53	0.33	0.24
		-45.6	11.1	0.64	0.62	0.49	0.35	0.27	0.66	0.64	0.51	0.36	0.28
		-45.6	5.6	0.82	0.79	0.60	0.40	0.30	0.79	0.76	0.58	0.40	0.30
水平	向下	32.2	5.6	1.07	0.94	0.49	0.25	0.17	1.77	1.44	0.60	0.28	0.18
		10.0	16.7	1.10	0.99	0.56	0.30	0.20	1.69	1.44	0.68	0.33	0.21
		10.0	5.6	1.16	1.04	0.58	0.30	0.20	1.96	1.63	0.72	0.34	0.22
		-17.8	11.1	1.24	1.13	0.69	0.39	0.26	1.92	1.68	0.86	0.43	0.29
		-17.8	5.6	1.29	1.17	0.70	0.39	0.27	2.11	1.82	0.89	0.44	0.29
		-45.6	11.1	1.36	1.27	0.84	0.50	0.35	2.05	1.85	1.06	0.57	0.38
		-45.6	5.6	1.42	1.32	0.86	0.51	0.35	2.28	2.03	1.12	0.59	0.39

附录六 照明功率密度

住宅建筑每户照明功率密度值限值　　附表 6-1

房间或场所	照度标准值（lx）	照明功率密度（W/m²）	
		现行值	目标值
起居室	100	≤ 5.0	≤ 4.0
卧室	75		
餐厅	150		
厨房	100		
卫生间	100		

居住建筑公共机动车库照明功率密度限值 附表 6-2

房间或场所	照度标准值（lx）	照明功率密度（W/m²）	
		现行值	目标值
车道	50	≤ 1.9	≤ 1.4
车位	30		

宿舍建筑照明功率密度限值 附表 6-3

房间或场所	照度标准值（lx）	照明功率密度（W/m²）	
		现行值	目标值
居室	150	≤ 5.0	≤ 4.0
卫生间	100		
公共厕所、盥洗室、浴室	150	≤ 5.0	≤ 3.5
公共活动室	300	≤ 8.0	≤ 6.5
公用厨房	100	≤ 5.0	≤ 4.0
走廊	100	≤ 3.5	≤ 2.5

图书馆建筑照明功率密度限值 附表 6-4

房间或场所	照度标准值（lx）	照明功率密度（W/m²）	
		现行值	目标值
普通阅览室、开放式阅览室	300	≤ 8.0	≤ 6.5
目录厅（室）、出纳厅	300	≤ 10.0	≤ 8.0
多媒体阅览室	300	≤ 8.0	≤ 6.5
老年阅览室	500	≤ 13.5	≤ 9.5

办公建筑和其他类型建筑中具有办公用途场所照明功率密度限值 附表 6-5

房间或场所	照度标准值（lx）	照明功率密度（W/m²）	
		现行值	目标值
普通办公室	300	≤ 8.0	≤ 6.5
高档办公室、设计室	500	≤ 13.5	≤ 9.5
会议室	300	≤ 8.0	≤ 6.5
服务大厅	300	≤ 10.0	≤ 8.0

商店建筑照明功率密度限值 附表 6–6

房间或场所	照度标准值（lx）	照明功率密度（W/m²）	
		现行值	目标值
一般商店营业厅	300	≤ 9.0	≤ 7.0
高档商店营业厅	500	≤ 14.5	≤ 11.0
一般超市营业厅	300	≤ 10.0	≤ 8.0
高档超市营业厅	500	≤ 15.5	≤ 12.0
专卖店营业厅	300	≤ 10.0	≤ 8.0
仓储超市	300	≤ 10.0	≤ 8.0

注：一般商店营业厅、高档商店营业厅、专卖店营业厅需装设重点照明时，该营业厅的照明功率密度限值应增加 5W/m²。

旅馆建筑照明功率密度限值 附表 6–7

房间或场所		照度标准值（lx）	照明功率密度（W/m²）	
			现行值	目标值
客房	一般活动区	75	≤ 6.0	≤ 4.5
	床头	150		
	卫生间	150		
中餐厅		200	≤ 8.0	≤ 6.0
西餐厅		150	≤ 5.5	≤ 5.5
多功能厅		300	≤ 12.0	≤ 9.5
客房层走廊		50	≤ 3.5	≤ 2.5
会议室		300	≤ 8.0	≤ 6.5
大堂		200	≤ 8.0	≤ 6.0

医院建筑照明功率密度限值 附表 6–8

房间或场所	照度标准值（lx）	照明功率密度（W/m²）	
		现行值	目标值
治疗室、诊室	300	≤ 8.0	≤ 6.5
化验室	500	≤ 13.5	≤ 9.5
候诊室、挂号厅	200	≤ 5.5	≤ 4.0
病　房	200	≤ 5.5	≤ 4.0
护士站	300	≤ 8.0	≤ 6.5
走 廊	100	≤ 4.0	≤ 3.0
药 房	500	≤ 13.5	≤ 9.5

教育建筑照明功率密度限值 附表 6-9

房间或场所	照度标准值（lx）	照明功率密度（W/m^2）	
		现行值	目标值
教室、阅览室	300	≤ 8.0	≤ 6.5
实验室	300	≤ 8.0	≤ 6.5
美术教室	500	≤ 13.5	≤ 9.5
多媒体教室	300	≤ 8.0	≤ 6.5
计算机教室、电子阅览室	500	≤ 13.5	≤ 9.5
学生宿舍	150	≤ 4.5	≤ 3.5

美术馆建筑照明功率密度限值 附表 6-10

房间或场所	照度标准值（lx）	照明功率密度（W/m^2）	
		现行值	目标值
会议报告厅	300	≤ 8.0	≤ 6.5
美术品售卖区	300	≤ 8.0	≤ 6.5
公共大厅	200	≤ 8.0	≤ 6.0
绘画展厅	100	≤ 4.5	≤ 3.5
雕塑展厅	150	≤ 5.5	≤ 4.0

科技馆建筑照明功率密度限值 附表 6-11

房间或场所	照度标准值（lx）	照明功率密度（W/m^2）	
		现行值	目标值
科普教室	300	≤ 8.0	≤ 6.5
会议报告厅	300	≤ 8.0	≤ 6.5
纪念品售卖区	300	≤ 8.0	≤ 6.5
儿童乐园	300	≤ 8.0	≤ 6.5
公共大厅	200	≤ 8.0	≤ 6.0
常设展厅	200	≤ 8.0	≤ 6.0

博物馆建筑其他场所照明功率密度限值　　附表 6–12

房间或场所	照度标准值（lx）	照明功率密度（W/m²）	
		现行值	目标值
会议报告厅	300	≤ 8.0	≤ 6.5
美术制作室	500	≤ 13.5	≤ 9.5
编目室	300	≤ 8.0	≤ 6.5
藏品库房	75	≤ 3.5	≤ 2.5
藏品提看室	150	≤ 4.5	≤ 3.5

会展建筑照明功率密度限值　　附表 6–13

房间或场所	照度标准值（lx）	照明功率密度（W/m²）	
		现行值	目标值
会议室、洽谈室	300	≤ 8.0	≤ 6.5
宴会厅、多功能厅	300	≤ 12.0	≤ 9.5
一般展厅	200	≤ 8.0	≤ 6.0
高档展厅	300	≤ 12.0	≤ 9.5

交通建筑照明功率密度限值　　附表 6–14

房间或场所		照度标准值（lx）	照明功率密度（W/m²）	
			现行值	目标值
候车（机、船）室	普通	150	≤ 6.0	≤ 4.5
	高档	200	≤ 8.0	≤ 6.0
中央大厅、售票大厅		200	≤ 8.0	≤ 6.0
行李认领、到达大厅、出发大厅		200	≤ 8.0	≤ 6.0
地铁站厅	普通	100	≤ 4.5	≤ 3.5
	高档	200	≤ 8.0	≤ 6.0
地铁进出站门厅	普通	150	≤ 5.5	≤ 4.0
	高档	200	≤ 9.0	≤ 8.0

金融建筑照明功率密度限值　　附表 6-15

房间或场所	照度标准值（lx）	照明功率密度（W/m²）	
		现行值	目标值
营业大厅	200	≤ 8.0	≤ 6.0
交易大厅	300	≤ 12.0	≤ 9.5

附录七　建筑的空气调节和供暖系统运行时间、室内温度表

教育建筑

教育建筑房间分区参数表　　附表 7-1

分区名称	夏季温度℃	冬季温度℃	人员密度 m²/per	人员散热量W/per	新风量		灯光密度W/m²	设备密度W/m²
					m³/h · per	次/h		
普通教室	26	18	1.39	134	24	—	9	5
卫生间	28	16	—	134	—	—	6	5
风雨操场	28	15	6	407	19	—	9	5
餐厅	26	18	2	134	25	—	9	5
办公室	26	20	6	134	30	—	9	5
机房等非空调房间	—	—	—	134	—	—	6	5
书库	28	10	—	—	—	—	7	5
阅览室	26	20	1.9	108	20	—	9	5
视听阅览室	26	18	1.9	108	20	—	15	5
实验教室	26	18	4	134	20	—	9	5
美术教室	26	18	4	134	20	—	15	5
舞蹈教室	26	20	4	235	30	—	9	5
音乐教室	26	18	4	134	20	—	9	5
多媒体教室	26	18	4	108	20	—	9	5
厨房（加工、冷藏、储存）	27	18	5	235	—	28	9	5
更衣室	26	20	4	181	—	6	6	5
报告厅	26	18	2.5	108	14	—	9	5
健身活动室	24	19	4	235	40	—	9	5
楼梯间	—	—	—	—	—	—	5	5

续表

分区名称	夏季温度℃	冬季温度℃	人员密度 m^2/per	人员散热量W/per	新风量		灯光密度W/m^2	设备密度W/m^2
					m^3/h · per	次/h		
走廊（过道）	—	—	—	—	—	—	5	5
高级办公室	26	20	8	134	30	—	15	5

教育建筑设计运行时间表（全年） 附表 7-2

内容/时间		1	2	3	4	5	6	7	8	9	10	11	12
采暖期（℃）	工作日	10	10	10	10	10	sp-6	sp-3	sp*	sp	sp	sp	sp
	节假日	10	10	10	10	10	10	10	10	10	10	10	10
空调期（℃）	工作日	—	—	—	—	—	—	sp+2	sp	sp	sp	sp	sp
	节假日	—	—	—	—	—	—	—	—	—	—	—	—
人员在室率（%）	工作日	0	0	0	0	0	0	10	50	95	95	95	80
	节假日	0	0	0	0	0	0	0	0	0	0	0	0
照明（%）	工作日	0	0	0	0	0	0	30	80	95	95	95	80
	节假日	0	0	0	0	0	0	0	0	0	0	0	0
设备（%）	工作日	0	0	0	0	0	0	10	50	95	95	95	50
	节假日	0	0	0	0	0	0	0	0	0	0	0	0
内容/时间		13	14	15	16	17	18	19	20	21	22	23	24
采暖期（℃）	工作日	sp	sp	sp	sp	sp	sp	sp-3	sp-6	10	10	10	10
	节假日	10	10	10	10	10	10	10	10	10	10	10	10
空调期（℃）	工作日	sp	sp	sp	sp	sp	sp	—	—	—	—	—	—
	节假日	—	—	—	—	—	—	—	—	—	—	—	—
人员在室率（%）	工作日	80	95	95	95	95	30	30	0	0	0	0	0
	节假日	0	0	0	0	0	0	0	0	0	0	0	0
照明（%）	工作日	80	95	95	95	95	30	30	0	0	0	0	0
	节假日	0	0	0	0	0	0	0	0	0	0	0	0
设备（%）	工作日	50	95	95	95	95	30	30	0	0	0	0	0
	节假日	0	0	0	0	0	0	0	0	0	0	0	0

注：1. sp 为 setpoint，为不同区域的供暖空调室内设计温度（setpoint——供暖空调室内设定温度，室内温度低于供暖 setpoint 时，供暖系统开启；室内温度高于空调 setpoint 时，空调系统开启）。
2. 书库采暖及空调季为全天 24h 保证供暖空调室内设定温度。
3. 采暖期为 11 月 15 日至次年 3 月 15 日，空调期为 5 月 15 日至 9 月 15 日。其中，寒假 1 月 27 日至 2 月 28 日采暖低温运行，暑假 7 月 11 日至 9 月 1 日空调停机。

办公建筑

办公建筑房间分区参数表　　附表 7–3

分区名称	夏季温度℃	冬季温度℃	人员密度 m^2/per	人员散热量W/per	新风量		灯光密度W/m^2	设备密度W/m^2
					m^3/h · per	次/h		
高档办公室	26	20	8	134	30	—	15	15
普通办公	26	20	8	134	30	—	9	15
设计室	26	18	8	134	30	—	15	15
会议室	26	18	2.5	108	14	—	9	15
接待室	26	20	8	134	30	—	9	15
报告厅	26	18	2.5	108	14	—	9	15
多媒体区	26	20	2.5	108	30	—	15	15
展示区	26	20	2.5	108	30	—	9	15
新风机房	—	—	500	—	—	—	4	15
厨房	27	18	5	235	—	28	9	15
餐厅	26	18	2.5	134	20	—	9	15
附属用房	—	—	—	—	—	—	9	15
设备用房	—	—	—	—	—	—	6	15
健身房	24	19	4	407	30	—	9	15
走廊、大厅	26	16	50	134	20	—	5	15
楼、电梯间	—	—	—	—	—	—	5	15
工具间	—	—	—	—	—	—	5	15
卫生间	28	18	20	134	20	—	6	15
开水间	27	18	20	134	—	—	6	15
资料室 档案室	26	18	8	134	30	—	7	15
阅览室	26	18	8	108	30	—	9	15
文印间	27	18	20	134	—	—	9	15
视屏工作室	26	18	8	134	30	—	15	15
晒图室	27	18	20	134	—	10	9	15
电子信息机房	23	23	20	108	0	—	16	15
收发室	26	20	8	134	30	—	9	15
前台	26	18	30	134	20	—	9	15
垃圾收集间	—	—	—	—	—	—	5	15

续表

分区名称	夏季温度℃	冬季温度℃	人员密度 m^2/per	人员散热量W/per	新风量		灯光密度W/m^2	设备密度W/m^2
					m^3/h · per	次/h		
汽车库	—	—	—	—	—	—	4	15
库房	—	—	—	—	—	—	5	15

办公建筑设计运行时间表（全年） 附表 7–4

内容/时间		1	2	3	4	5	6	7	8	9	10	11	12
采暖期（℃）	工作日	10	10	10	10	10	sp-6	sp-3	sp	sp	sp	sp	sp
	节假日	10	10	10	10	10	10	10	10	10	10	10	10
空调期（℃）	工作日	—	—	—	—	—	—	sp+2	sp	sp	sp	sp	sp
	节假日	—	—	—	—	—	—	—	—	—	—	—	—
人员在室率（%）	工作日	0	0	0	0	0	0	10	50	95	95	95	80
	节假日	0	0	0	0	0	0	0	0	0	0	0	0
照明（%）	工作日	0	0	0	0	0	0	30	80	95	95	95	80
	节假日	0	0	0	0	0	0	0	0	0	0	0	0
设备（%）	工作日	0	0	0	0	0	0	10	50	95	95	95	50
	节假日	0	0	0	0	0	0	0	0	0	0	0	0
内容/时间		13	14	15	16	17	18	19	20	21	22	23	24
采暖期（℃）	工作日	sp	sp	sp	sp	sp	sp	sp-3	sp-6	10	10	10	10
	节假日	10	10	10	10	10	10	10	10	10	10	10	10
空调期（℃）	工作日	sp	sp	sp	sp	sp	sp	—	—	—	—	—	—
	节假日	—	—	—	—	—	—	—	—	—	—	—	—
人员在室率（%）	工作日	80	95	95	95	95	30	30	0	0	0	0	0
	节假日	0	0	0	0	0	0	0	0	0	0	0	0
照明（%）	工作日	80	95	95	95	95	30	30	0	0	0	0	0
	节假日	0	0	0	0	0	0	0	0	0	0	0	0
设备（%）	工作日	50	95	95	95	95	30	30	0	0	0	0	0
	节假日	0	0	0	0	0	0	0	0	0	0	0	0

注：采暖期为 11 月 15 日至次年 3 月 15 日，空调期为 5 月 15 日至 9 月 15 日。

酒店建筑

酒店建筑房间分区参数表　　附表 7–5

分区名称	夏季温度℃	冬季温度℃	人员密度 m^2/per	人员散热量W/per	新风量		灯光密度W/m^2	设备密度W/m^2
					m^3/h · per	次/h		
前厅（大堂）	28	18	50	134	20	—	11	15
休息厅	26	18	10	108	10	—	11	15
客房	25	22	30	108	30	—	7	15
贵宾室、会客	26	20	8	108	30	—	9	15
服务间（布草间）	26	20	8	134	—	—	6	15
商　店	25	20	10	181	30	—	11	15
办公室（商务）	26	20	6	134	30	—	9	15
会议室（多功能厅）	26	18	2.5	134	14	—	9	15
餐厅（餐饮）	26	20	2.5	235	30	—	10	15
厨房	27	18	5	235	—	28	9	15
备餐间	26	20	5	235	20	—	9	15
加工区	27	18	4	235	—	28	9	15
储藏区	27	18	0	—	—	—	5	15
清洗区	27	18	0	—	—	—	7	15
卫生间	27	18	10	134	—	—	6	15
浴室	27	25	5	407	20	—	6	15
健身房	24	19	4	407	40	—	9	15
乒乓球室	26	16	10	407	40	—	22	15
保龄球室	24	19	4	407	30	—	9	15
篮球馆	24	19	4	407	19	—	9	15
羽毛球馆	24	19	4	407	19	—	9	15
游泳馆	24	26	2.5	407	40	—	9	15
设备用房	28	16	20	134	—	—	6	15
楼、电梯间	—	—	50	—	—	—	5	15
走道	26	18	50	134	—	—	5	15
机房等非空调房间	—	—	500	—	—	—	6	15

酒店建筑设计运行时间表（全年） 附表 7-6

内容/时间		1	2	3	4	5	6	7	8	9	10	11	12
采暖期（℃）	全采暖期	sp	sp	sp	sp	sp	sp	sp	sp	sp	sp	sp	sp
空调期（℃）	全空调期	sp	sp	sp	sp	sp	sp	sp	sp	sp	sp	sp	sp
人员在室率（%）	全年	70	70	70	70	70	70	70	50	50	50	50	50
照明（%）	全年	10	10	10	10	10	10	30	30	30	30	30	30
设备（%）	全年	0	0	0	0	0	0	0	0	0	0	0	0
内容/时间		13	14	15	16	17	18	19	20	21	22	23	24
采暖期（℃）	全采暖期	sp	sp	sp	sp	sp	sp	sp	sp	sp	sp	sp	sp
空调期（℃）	全空调期	sp	sp	sp	sp	sp	sp	sp	sp	sp	sp	sp	sp
人员在室率（%）	全年	50	50	50	50	50	50	70	70	70	70	70	70
照明（%）	全年	30	30	50	50	60	90	90	90	90	80	10	10
设备（%）	全年	0	0	0	0	0	80	80	80	80	80	0	0

注：采暖期为 11 月 15 日至次年 3 月 15 日，空调期为 5 月 15 日至 9 月 15 日。

商业建筑

商业建筑房间分区参数表 附表 7-7

分区名称	夏季温度℃	冬季温度℃	人员密度 m^2/per	人员散热量W/per	新风量		灯光密度W/m^2	设备密度W/m^2
					m^3/h · per	次/h		
高档商铺	26	20	4	181	19	—	16	13
一般商铺	26	20	4	181	19	—	10	13
卸货区	—	—	—	—	—	—	6	13
走道	28	18	50	134	—	—	5	13
返品	26	20	10	134	—	—	10	13
后勤区	26	20	10	134	20	—	9	13
垃圾运转站	—	—	—	—	—	—	5	13
机房等非空调房间	—	—	—	—	—	—	6	13
休闲空间	26	18	4	134	30	—	9	13
卫生间	28	18	—	134	—	—	6	13

续表

分区名称	夏季温度℃	冬季温度℃	人员密度 m²/per	人员散热量W/per	新风量		灯光密度W/m²	设备密度W/m²
					m³/h · per	次/h		
楼梯间	—	—	50	—	—	—	5	13
共享空间	27	18	50	134	20	—	11	13
电影院	26	18	2	108	20	—	6	13
餐厅	26	18	1	134	30	—	10	13
厨房	27	18	5	235	30	—	9	13
KTV	26	18	1.5	181	20	—	6	13
溜冰场	20	20	2	235	19	—	9	13
高档超市	26	18	2.5	181	19	—	17	13
普通超市	26	18	1.5	181	16	—	11	13

商业建筑运行时间表（全年） 附表 7-8

内容/时间		1	2	3	4	5	6	7	8	9	10	11	12
采暖期（℃）	全采暖期	10	10	10	10	10	10	sp-6	sp-3	sp	sp	sp	sp
空调期（℃）	全空调期	—	—	—	—	—	—	—	sp+2	sp	sp	sp	sp
人员在室率（%）	全年	0	0	0	0	0	0	0	20	50	80	80	80
照明（%）	全年	10	10	10	10	10	10	10	50	60	60	60	60
设备（%）	全年	0	0	0	0	0	0	0	30	50	80	80	80
内容/时间		13	14	15	16	17	18	19	20	21	22	23	24
采暖期（℃）	全采暖期	sp	sp	sp	sp	sp	sp	sp	sp	sp-3	10	10	10
空调期（℃）	全空调期	sp	sp	sp	sp	sp	sp	sp	sp	—	—	—	—
人员在室率（%）	全年	80	80	80	80	80	80	80	70	50	0	0	0
照明（%）	全年	60	60	60	60	80	90	100	100	100	10	10	10
设备（%）	全年	80	80	80	80	80	80	80	70	50	0	0	0

注：采暖期为 11 月 15 日至次年 3 月 15 日，空调期为 5 月 15 日至 9 月 15 日。

医疗卫生建筑

医疗卫生建筑房间分区参数表　　附表 7-9

分区名称	夏季温度℃	冬季温度℃	人员密度 m^2/per	人员散热量W/per	新风量		灯光密度W/m^2	设备密度W/m^2
					m^3/h · per	次/h		
药房	26	20	10	134	—	2	17	20
设备间	—	—	—	134	—	—	6	20
办公	26	20	6	134	30	—	9	20
库房	28	15	—	134	—	—	5	20
治疗室、诊室	26	22	6	134	—	2	9	20
输液室	26	20	2.5	108	—	2	9	20
候诊挂号大厅	27	18	4	134	60	—	6	20
抢救室	26	20	4	181	—	2	9	20
急诊室	26	20	4	181	—	2	9	20
挂号室	26	20	6	134	30	—	9	20
化验室	26	20	10	134	—	2	15	20
病例中心	26	20	10	134	30	—	9	20
手术室	26	22	10	235	60	—	25	20
婴儿室	26	22	4	108	50	—	9	20
早产室	26	22	4	108	60	—	9	20
隔离室	26	22	10	108	30	—	9	20
分娩室	26	22	6	235	60	—	9	20
灭菌室	20	18	10	108	—	6	9	20
标本室	26	20	10	108	—	6	9	20
会议室	26	20	2.5	134	14	—	9	20
B 超	26	22	10	134	30	—	9	20
病房	26	21	5	108	—	2	5	20
餐厅	26	20	2.5	134	30	—	9	20
重症 ICU	26	21	8	181	60	—	9	20
机房等非空调房间	—	—	—	—	—	—	6	20
护士站	26	20	8	181	30	—	9	20
更衣室	26	20	4	134	—	6	6	20
卫生间	28	18	20	134	—	—	6	20

续表

分区名称	夏季温度℃	冬季温度℃	人员密度 m^2/per	人员散热量W/per	新风量		灯光密度W/m^2	设备密度W/m^2
					m^3/h · per	次/h		
楼梯间	—	—	—	—	—	—	5	20
过道	—	—	50	—	—	—	5	20
休息室	26	20	8	108	30	—	5	20

医疗卫生建筑中的住院部设计运行时间表（全年） 附表 7–10

内容/时间		1	2	3	4	5	6	7	8	9	10	11	12
采暖期（℃）	全采暖期	sp	sp	sp	sp	sp	sp	sp	sp	sp	sp	sp	sp
空调期（℃）	全空调期	sp	sp	sp	sp	sp	sp	sp	sp	sp	sp	sp	sp
人员在室率（%）	全年	90	90	90	90	9	90	90	90	90	90	90	90
照明（%）	全年	20	20	20	20	20	20	50	50	20	20	20	20
设备（%）	全年	95	95	95	95	95	95	95	95	95	95	95	95
内容/时间		13	14	15	16	17	18	19	20	21	22	23	24
采暖期（℃）	全采期	sp	sp	sp	sp	sp	sp	sp	sp	sp	sp	sp	sp
空调期（℃）	全空调期	sp	sp	sp	sp	sp	sp	sp	sp	sp	sp	sp	sp
人员在室率（%）	全年	90	90	90	90	9	90	90	90	90	90	90	90
照明（%）	全年	30	30	50	50	60	90	90	90	90	80	10	10
设备（%）	全年	95	95	95	95	95	95	95	95	95	95	95	95

注：采暖期为11月1日至次年3月31日，空调期为5月15日至9月15日。

医疗卫生建筑中的门诊楼设计运行时间表（全年） 附表 7–11

内容/时间		1	2	3	4	5	6	7	8	9	10	11	12
采暖期（℃）	全采暖期	10	10	10	10	10	10	Sp-6	sp-3	sp	sp	sp	sp
空调期（℃）	全空调期	—	—	—	—	—	—	—	sp+2	sp	sp	sp	sp
人员在室率（%）	全年	0	0	0	0	0	0	20	60	80	100	100	100
照明（%）	全年	10	10	10	10	10	10	10	50	60	60	60	60
设备（%）	全年	0	0	0	0	0	0	0	20	50	95	80	40

续表

内容/时间		13	14	15	16	17	18	19	20	21	22	23	24
采暖期（℃）	全采暖期	sp	sp	sp	sp	sp	sp	sp	sp	sp-3	5	5	5
空调期（℃）	全空调期	sp	sp	sp	sp	sp	sp	sp	sp	—	—	—	—
人员在室率（%）	全年	100	100	100	100	100	50	30	20	0	0	0	0
照明（%）	全年	60	60	60	60	80	90	100	100	100	10	10	10
设备（%）	全年	20	50	60	60	20	20	0	0	0	0	0	0

注：采暖期为11月1日至次年3月31日，空调期为5月15日至9月15日。

参考文献

1. 清华大学建筑节能研究中心 . 中国建筑节能年度发展研究报告 2022[M]. 北京：中国建筑工业出版社，2022.
2. 刘加平，董靓，孙世钧 . 绿色建筑概论 [M]. 北京：中国建筑工业出版社，2021.
3. 崔愷 . 适应寒冷气候的绿色公共建筑设计导则 [M]. 北京：中国建筑工业出版社，2021.
4. 中国城市科学研究会 . 中国绿色建筑 2021[M]. 北京：中国建筑工业出版社，2021.
5. 王清勤，孟冲，张寅平 等 . 健康建筑 2020[M]. 北京：中国建筑工业出版社，2020.
6. 王清勤，韩继红，曾捷 . 绿色建筑评价标准技术细则 [M]. 北京：中国建筑工业出版社，2019.
7. 徐伟 . 近零能耗建筑技术 [M]. 北京：中国建筑工业出版社，2021.
8. 柳孝图 . 建筑物理 [M]. 北京：中国建筑工业出版社，2010.
9. 杨柳 . 建筑物理 [M]. 北京：中国建筑工业出版社，2021.
10. 朱颖心 . 建筑环境学 [M]. 北京：中国建筑工业出版社，2016.
11. 李华东 . 高技术生态建筑 [M]. 天津：天津大学出版社，2002.
12. 江亿，林波荣等 . 住宅节能 [M]. 北京：中国建筑工业出版社，2006.
13. 李纪伟，王立雄 . 基于资源与环境综合效益的绿色建筑技术评价 [M]. 北京：中国建筑工业出版社，2019.
14. 史晓燕，王鹏 . 建筑节能技术 [M]，北京：北京理工大学出版社，2020.
15. 庄宇课题组 . 夏热冬冷地区住宅设计与绿色性能 [M]. 上海：同济大学出版社，2021.
16. 付祥钊 . 夏热冬冷地区建筑节能技术 [M]. 北京：中国建筑工业出版社，2002.
17. 张海滨，王立雄 . 建筑节能设计因素影响分析 [J]. 建筑节能 . 44（1）：45-49，2016.
18.《建筑节点构造图集》编委会 . 节能保温墙体 [M]. 北京 ：中国建筑工业出版社，2008.
19. [美] 诺伯特· 莱希纳 . 建筑师技术设计指南 [M]. 张利，周玉鹏等译 . 北京：中国建筑工业出版社，2004.
20. [德] 英格伯格· 拉格等 . 托马斯· 赫尔佐格 . 建筑＋技术 [M]. 李保峰译 . 北京：中国建筑工业出版社，2003.
21. [德] 罗伯特· 贡萨洛等 . 建筑节能设计 [M]. 马琴，万志斌译 . 北京：中国建筑工业出版社，2008.
22. 林波荣 等 . 绿色建筑性能模拟优化方法 [M]. 北京：中国建筑工业出版社，2016.
23. 冯雅，杨红 .《夏热冬冷地区居住建筑节能设计标准》中窗墙面积比的确定 [J]. 西安建筑科技大学学报（自然科学版）. 2001（4）：348-351，2001.
24. 陈福广 . 新型墙体材料手册 [M]. 北京：中国建材工业出版社，2000.
25. 党睿，刘刚 . 公共建筑室内照明设计方法与关键技术 [M]. 天津：天津大学出版社，2020.
26. 边宇 . 建筑采光 [M]. 北京：中国建筑工业出版社，2019.
27. [美] 玛丽· 古佐夫斯基 . 可持续建筑的自然光运用 [M]. 汪芳，李天骄等译 . 北京：中国建筑工业出版社，2004.

28. 中华人民共和国住房和城乡建设部 . 建筑节能与可再生能源利用通用规范 GB 55015—2021[S]. 北京：中国建筑工业出版社 .
29. 张伟，刘家明 . 智慧供热系统技术及应用 [J]. 节能与环保，2016（4）：56-57.
30. 马翠亚 . 智慧供热技术及应用 [J].2019 供热工程建设与高效运行研讨会论文集（下），2019：166-169.
31. 朱能 . 既有大型公共建筑用能系统高效运营管理技术指南 [M]. 天津：天津大学出版社，2020.
32. 曹勇，柳松 . 公共机构用能设备管理与能源调控技术指南 [M]. 北京：中国建筑工业出版社，2021.
33. 石文星等 . 空气调节用制冷技术 [M]. 北京：中国建筑工业出版社，2016.
34. 张昆，宋业辉，钱程 . 高效制冷机房性能化设计方法研究 [J]. 暖通空调 . 51（1），2021.
35. 刘艳峰，王登甲 . 太阳能利用与建筑节能 [M]. 北京：机械工业出版社，2015.
36. 王荣光，沈天行 . 可再生能源利用与建筑节能 [M]. 北京：机械工业出版社，2004.
37. 王崇杰，薛一冰等 . 太阳能建筑设计 [M]. 北京：中国建筑工业出版社，2007.
38. 何涛，李博佳，杨灵艳等 . 可再生能源建筑应用技术发展与展望 [J]. 建筑科学，2018，34（9）：135-142.
39. 陈焰华，於仲义 . 从建筑碳排放达峰看地热能的技术特性 [J]. 暖通空调，52（1）：75-80，2022.
40. 刘大龙，刘加平，杨柳 . 建筑能耗计算方法综述 [J]. 暖通空调，43（1）：95-99，2013.